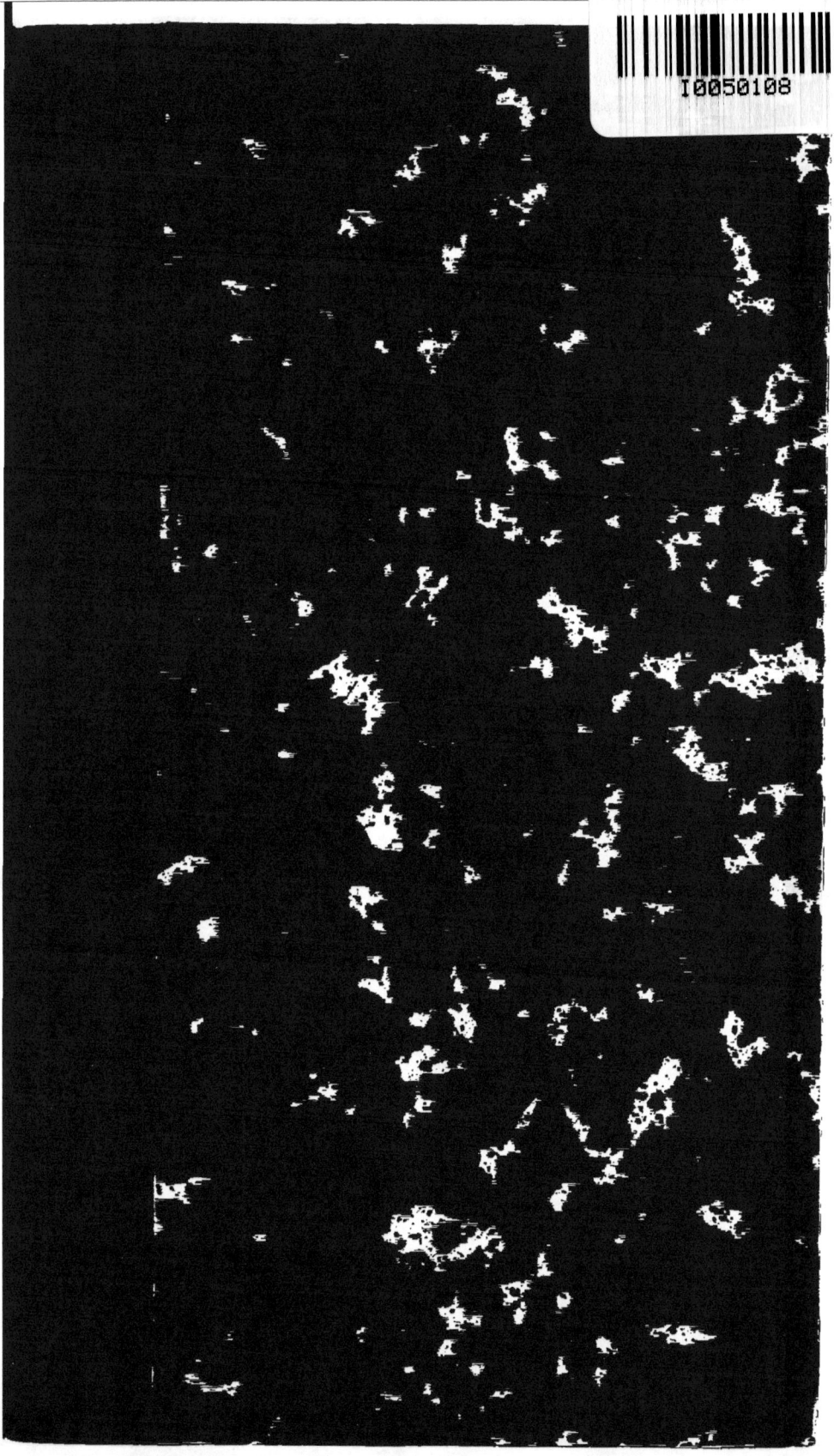

EXERCICES

D'ALGÈBRE

(PROBLÈMES ET THÉORÈMES)

TABLE DES MATIÈRES.

Sceaux. — Typ. et stér. M. et P.-E. Charaire.

EXERCICES

D'ALGÈBRE

(PROBLÈMES ET THÉORÈMES)

ÉNONCÉS ET SOLUTIONS DÉVELOPPÉES

DES QUESTIONS PROPOSÉES

dans les Cours d'Algèbre (n° 4) et (n° 3) ainsi que dans l'Algèbre
de l'Enseignement spécial

A L'USAGE

DES ÉTABLISSEMENTS D'INSTRUCTION,
DES ASPIRANTS AU BACCALAURÉAT ÈS SCIENCES ET ÈS LETTRES,
AU DIPLOME DE FIN D'ÉTUDES
AUX ÉCOLES DU GOUVERNEMENT.

PAR

M. PH. ANDRÉ

PARIS

LIBRAIRIE CLASSIQUE DE F.-E. ANDRÉ-GUÉDON

Successeur de Mme Ve Thiériot

15, RUE SÉGUIER, 15

—

1877

EXERCICES

D'ALGÈBRE

(EXERCICES, PROBLÈMES ET THÉORÈMES)

VALEURS NUMÉRIQUES DES FORMULES ET DES EXPRESSIONS ALGÉBRIQUES,
RÉDUCTION DES TERMES SEMBLABLES.

1. *Si l'on représente par* S *la surface d'un octogone régulier dont le côté est* a, *on a la formule*

$$S = 2a^2 \left(1 + \sqrt{2}\right).$$

On demande la valeur de S *pour* a $= 1^m$.

Rép. : $S = 2 \times 1^2 \left(1 + \sqrt{2}\right) = 4^{mq},828.$

2. *Si l'on désigne par* V *le volume d'un tronc de pyramide, par* B, b *et* h *ses bases et sa hauteur, on a :*

$$V = \frac{1}{3} h \left(B + b + \sqrt{Bb}\right).$$

Calculer V *pour* h $= 4^m$, B $= 3^{mq}$, b $= 2^{mq}$.

Rép. : $V = \frac{1}{3} \times 4 \left(3 + 2 + \sqrt{3 \times 2}\right) = 9^{mc},932.$

3. *Si l'on représente par* V *le volume d'un cylindre, par* R *son rayon de base et par* H *sa hauteur, on a la formule*

$$V = \pi R^2 H,$$

dans laquelle le nombre constant π, *qui représente le rapport de la circonférence au diamètre, vaut* 3,1416. *Trouver* H *pour* V $= 5^{mc}$, R $= 1^m$.

Rép. : $H = \dfrac{5}{3,1416} = 1^m,591.$

4. *On a :*

$$2x + 4 = ab - c.$$

Trouver la valeur de x *pour* a $= 8$, b $= 5$ *et* c $= 2$.

Rép. : $x = 9$.

5. *On a :*

$$4x = \frac{a + b - d}{c}.$$

Calculer x, *pour* a $= 8$, b $= 5$, d $= 4$ *et* c $= 1$

Rép. : $x = 2,75$.

6. *Trouver la valeur de* x *pour* a $= 4$ *et* b $= 6$, *dans le cas où l'on a :*

$$5x - 5,6 = \frac{ab}{a + b}.$$

Rép. : $x = 1,20$.

7. *Calculer la valeur de* x *pour* a $= 2$, b $= 3$ *et* c $= 4$. *dans le cas où l'on a :*

$$2x = \frac{abc - (a + b + c)}{a + b - c}.$$

Rép. : $x = 5,5$.

8. *Trouver, dans l'égalité*

$$\frac{a - b}{2c} = 2x + 5,$$

la valeur de x, *pour* a $= 15$, b $= 6$ *et* c $= 2$

Rép. : $x = -1,375$.

9. *On a l'égalité*

$$\frac{a - b}{a} + 5 = 2x - 5 - 2b.$$

Trouver la valeur de x, *pour* a $= 10$, b $= 5$.

Rép. : $x = 9,25$.

10. *Trouver, pour* a $= 1$, b $= 2$ *et* c $= 3$, *la valeur numérique de*

$$\frac{4a^2b + 3ab^2}{c}.$$

Rép. : Valeur numérique $= \dfrac{20}{3}$.

11. *Calculer, pour* $a = 2$ *et* $b = 3$, *la valeur numérique de*
$$5a^3b^2 - 3a^2b^3 + ab^4.$$

Rép. : Valeur numérique $= 198$.

12. *Chercher, pour* $a = 2$, $b = 0,1$ *et* $c = 2$, *la valeur numérique de*
$$\frac{1}{4}a^2b + 2ab^3 - c.$$

Rép. : Valeur numérique $= -1,896$.

13. *Dans le polynôme* $P = 3a^2 - 4a + 5b^3 - \frac{1}{3}a^2b^3$,
on a : $a = 1$ *et* $b = 4$. *Calculer la valeur numérique de* P.

Rép. : $P = 297\frac{2}{3}$.

14. *On a* $P = 5a^3b^2 - 4a^2b^3 + 2,5ab^4 - 3$. *Trouver* P, *pour*
$a = 2$ *et* $b = \frac{1}{2}$.

Rép. : $P = 5,3125$.

15. *On a* $P = 6a^4 - 4a^3 + 5a^2 - 0,2a - 7$. *Calculer* P, *pour*
$a = \frac{1}{2}$.

Rép. : $P = -6,475$.

16. *Calculer* $P = \frac{5}{7}a^2b^3 - \frac{4}{9}a^3b^2 + 0,3a^3b - 7a^4b^4 - 32$, *pour*
$a = 1$ *et* $b = 2$.

Rép. : $P = 139\frac{146}{315}$.

17. *Calculer* $P = x^6 + 6x^5a + 15x^4a^2 + 20x^3a^3 + 15x^2a^4 + 6xa^5 + a^5$, *pour* $x = 2$ *et* $a = 1$.

Rép. : $P = 729$.

18. *Calculer* $P = \dfrac{10x^3 - 5ax^2 + 3a^2x + 5a^3 + 9}{8(a+b)(a-b)}$, *pour* $x = 2$,
$a = 5$ *et* $b = 2$.

Rép. : $P = 5,45$.

19. *On donne la formule* $V = \pi R^2 H$; *exprimer la valeur de* R,
connaissant V *et* H.

Rép. : $R = \sqrt{\dfrac{V}{\pi H}}$.

La formule

$$V = \pi R^2 H$$

donne :

$$R^2 = \frac{V}{\pi H};$$

et, extrayant la racine carrée de chaque membre, on a :

$$R = \sqrt{\frac{V}{\pi H}}.$$

20. *On connaît déjà (Cours, 25) la formule :*

$$P = VD.$$

Trouver le volume d'un corps pesant 105 *kilog., et dont la densité est* 3,50.

$$\text{Rép. : } V = 50^{\text{dmc}}.$$

La formule

$$P = VD$$

donne :

$$V = \frac{P}{D};$$

et, si l'on remplace alors les lettres par leurs valeurs respectives, il vient :

$$V = \frac{105}{3,50} = 50.$$

21. *Trouver à l'aide de la même formule la densité d'un corps pesant* 30 *kilog. et dont le volume est de* 24^{dmc}.

$$\text{Rép. : } D = 1,25.$$

De la formule

$$P = VD,$$

on déduit :

$$D = \frac{P}{V},$$

et, remplaçant les lettres par leurs valeurs, on a :

$$D = \frac{30}{24} = 1,25.$$

22. *On connaît déjà (Cours, 25) la formule*

$$e = vt.$$

Trouver l'espace e parcouru en 12 *secondes par un mobile ont la vitesse v est de* 8 *mètres par seconde.*

$$\text{Rép. : } e = 8 \times 12 = 96^{\text{m}}.$$

23. *Trouver la vitesse* v *d'un mobile qui a parcouru* 120^m *en 8 secondes.*

$$\text{Rép.} : v = \frac{120}{8} = 15 \text{ mètres par seconde.}$$

24. *Si l'on désigne par* e *l'espace parcouru par un corps qui tombe librement à Paris, pendant* t *secondes, on a la formule*

$$e = \frac{1}{2} g t^2,$$

dans laquelle g, qui représente la vitesse acquise au bout d'une seconde, vaut 9^m,8088. *Trouver l'espace* e *parcouru par un corps qui tombe pendant 5 secondes.*

$$\text{Rép.} : e = \frac{1}{2} \times 9{,}8088 \times 5^2 = 122^m{,}61.$$

25. *Trouver à l'aide de la même formule le temps* t *pendant lequel tombera un corps pour parcourir* 320^m.

$$\text{Rép.} : t = \sqrt{\frac{2e}{g}} = \sqrt{\frac{2 \times 320}{9{,}8088}} = 7^{\text{sec}}{,}82.$$

26. *L'âge d'un père est* a *années et celui de son fils* b *années. L'âge du père est le triple de l'âge du fils. Exprimer algébriquement ce fait.*

L'âge du père étant égal à 3 fois l'âge du fils, ou à 3b, il en résulte qu'on a :

$$a = 3b.$$

27. *Réduire les termes semblables :* $3a^2b^3$, $5a^2b^3$, $-7a^2b^3$, $4a^2b^3$.

$$\text{Rép.} : 5a^2b^3.$$

28. *Réduire* $4ab^2 + 2a^3b - ab^2 + 5a^3b - 2a^3b + 5ab$.

$$\text{Rép.} : 5ab^2 + 5a^3b + 5ab.$$

29. *Réduire* $5a^4b^3 - \frac{1}{4}a^3b^2 + \frac{2}{3}a^4b^3 - \frac{3}{4}a^4b^3 + 3a^3b^2$.

$$\text{Rép.} : \frac{35}{12}a^4b^3 + \frac{11}{4}a^3b^2.$$

30. *Réduire* $12abx - 5abx + 2a^2b^2 - 5a^2b^2 + \frac{1}{4}a^2b^2$.

$$\text{Rép.} : 7abx - \frac{3}{4}a^2b^2.$$

EXERCICES SUR L'ADDITION.

31. *Additionner les polynômes* $3a + 3b - 4c$ *et* $3a - b + 2c$.
Rép. : Somme $= 6a + 2b - 2c$.

32. *Ajouter les polynômes* $3a^2b - 2ab^2$; $8a^2b + 2ab^2$.
Rép. : Somme $= 11a^2b$.

33. *Faire la somme des polynômes* $4a^3b^2 - 5a^4b + 2a^5$; $3a^3b^2 + 4a^5 + 3a^4b$.
Rép. : Somme $= 7a^3b^2 - 2a^4b + 6a^5$.

34. *Additionner les polynômes* $4a^3b^5 - 2a^2b^3 + 3ab$;
$5ab - 3a^3b^5 + 2a^2b^3$; $4a^2b^3 + 3a^3b^5 - ab$,
et trouver la somme pour $a = 3$ *et* $b = 2$.
Rép. : Somme $= 4a^3b^5 + 4a^2b^3 + 7ab = 5786$.

35. *Faire l'addition des polynômes* $5a^5b^4 - 7a^4b^5 + 4a^2b^2$;
$2a^5b^4 - 5ab^2 - 4ab$; $4a^4b^5 + 2a^3b$,
et trouver la somme pour $a = 2$ *et* $b = 1$.
Rép. Somme $= 5a^5b^4 - 3a^4b^5 + 2a^3b + 4a^2b^2 + 5ab^2 - 4ab = 142$.

36. *Ajouter les polynômes*
$$5a^4b^6 - 3a^3b^5 - 7a^2b^4 + 5bc,$$
$$-5a^4b^6 + 3a^2b^3 - \frac{5}{4}a^2b^4 - 2bc,$$
$$7a^4b^6 - 2a^2b^3 + 5a^2b^4 + 6bc.$$
Rép. : Somme $= 9a^4b^6 - \frac{11}{4}a^2b^4 + 7bc$.

37. *Faire l'addition suivante :*
$$2a^5b^4 - 3a^4b^5 + \frac{1}{5}a^3b^2 + 15a^2b - 5a,$$
$$-5a^5b^4 + 2a^4b^3 + 3a^3b^2 - 8a^2b + 7a,$$
$$9a^5b^4 + a^4b^3 - 5a^3b^2 + 4a^2b - \frac{5}{4}a.$$
Rép. : Somme $= 6a^5b^4 - \frac{9}{5}a^3b^2 + 11a^2b + \frac{13}{4}a$.

38. *Faire l'addition des polynômes*

$$7a^3b^5 - 4a^3b^4 + 2a^4b^5 - 3c,$$
$$8a^2 + bc - 3 + 4c - 5a^3b^5,$$
$$4a^3b^4 - 2a^4b^5 + 2c - 5a^2 + 3bc,$$
$$7 - a^2b^3 + 4a^3b^5 - \frac{3}{4}a^3 - 8.$$

Rép. : Somme $= 6a^3b^5 - a^2b^3 - \dfrac{3}{4}a^3 + 3a^2 + 4bc + 3c - 4.$

39. *Un négociant a* 2 000 *fr. en caisse, des marchandises pour* a *fr., et on lui doit* b *fr. Quel est son avoir?*

Rép. : $2\,000 + a + b.$

40. *Les trois côtés d'un triangle sont* a, b, c. *Si l'on représente par* 2p *le périmètre du triangle, que pourra-t-on écrire?*

Rép. : On peut écrire : $a + b + c = 2p.$

41. *Une personne a économisé* a *fr., en* 6 *jours, tout en dépensant* b *fr. par jour : combien a-t-elle gagné dans les* 6 *jours?*

Rép. : Elle a gagné $a + 6b.$

42. *Quelle est la somme de* 3 *nombres entiers consécutifs, le premier étant* a?

Rép. : $3a + 3.$

Les trois nombres sont $a, a+1$ et $a+2$; leur somme est par conséquent $3a + 3.$

43. *Un joueur est sorti du jeu avec* a *fr., après avoir perdu* b *fr. par partie et* 4 *fois de suite : combien avait-il en entrant au jeu?*

Rép. : $a + 4b.$

Le joueur a perdu $4b$; en se mettant au jeu, il avait donc :
$$a + 4b.$$

44. *Un fermier gagne* a *fr. la première année,* b *fr. la deuxième année,* c *fr. la troisième; il continue à exploiter la ferme dans les mêmes conditions que cette dernière année : exprimer ce qu'il aura gagné après* 9 *ans d'exploitation.*

Rép. : Le gain du fermier sera : $a + b + 7c.$

45 *Une compagnie d'ouvriers fait* a *mètres par jour, une autre* b *mètres et une troisième* c *mètres. La* 1re *compagnie a travaillé* 3 *jours,* *la* 2e, 5, *et la* 3e, 6. *On demande d'exprimer l'ouvrage total fait par ces trois compagnies.*

Rép. : L'ouvrage total est : $3a + 5b + 6c$.

EXERCICES SUR LA SOUSTRACTION.

46. *De* $2a + 3b$ *retrancher* $-2a + b$.

Rép. : Différence $= 4a + 2b$.

47. *De* $5a - 2b$ *retrancher* $5a - 4b + c$.

Rép. : Différence $= 2a + 2b - c$.

48. *De* $8a^2b + 3ab^2$ *retrancher* $-2a^2b + 4ab^2$, *et trouver le résultat de la soustraction pour* $a = 4$ *et* $b = 3$.

Rép. : Différence $= 10a^2b - ab^2 = 480 - 36 = 444$.

49. *De* $4a^2b^3 + 5ab^2 - 3b$ *retrancher* $3a^2b^3 - ab^2 + 2b$, *et trouver le résultat de la soustraction pour* $a = 4$ *et* $b = 2$.

Rép. : Différence $= a^2b^3 + 6ab^2 - 5b = 128 + 96 - 10 = 214$.

50. *De* $4ax^2 - 3a^2x^3 + 5a^3x^4 - bx^5 + b^2$ *retrancher* $-2ax^2 + 3a^2x^3 + 4a^3x^4$, *et trouver le résultat de la soustraction pour* $a = 1$, $x = 2$ *et* $b = 3$.

Rép. : Différence $= 6ax^2 - 6a^2x^3 + a^3x^4 - bx^5 + b^2 =$ $24 - 48 + 16 - 96 + 9 = -95$.

51. *Du polynôme* $8x^3 - 3ax^2 + 4a^2x^3 - 5a^3b$ *retrancher les polynômes* $5x^3 + 2ax^2 + 4a^2x - 3a^3b$ *et* $3x^3 - 4ax^2 - 3a^2x + 2a^3b$.

Rép. : Résultat $= -ax^2 + 4a^2x^3 - a^2x - 4a^3b$.

52. $5a^3b^2 - 3a^4b + 2a^5 - (a^3b^2 - 4a^4b + 3a^5) =$

Rép. : $4a^3b^2 + a^4b - a^5$.

53. $8a^4b^5 + 5a^3b^4 - 2a^3b^3 - (-2a^4b^5 + 3a^3b^4 - 2a^2b^3) =$.

Rép. : $10a^4b^5 + 2a^3b^4$.

54. $3a^4b^2 - 5a^3b^3 + 4a^2b^4 - (3a^3b^3 - 2a^2b^4 - 4a^4b^2) =$

Rép. : $7a^4b^2 - 8a^3b^3 + 6a^2b^4$.

55. $2x^4 - 3ax^5 + 4a^2x^6 - (5x^4 - 3ax^5 + 2b^3 - 3a^2x^6) =$
Rép. : $-3x^4 + 7a^2x^6 - 2b^3$.

56. $3a + b - 2\sqrt{ba} - (2a - b - 2\sqrt{ab}) =$
Rép. : $a + 2b$.

57. *De* $5x - 3ax^2 + 4a^2x^3 - 2a^3x^4 + 8a^4x^5$, *retrancher :*
$-3x + 2x^2 - 3a^2x^3 + a^3x^4 - 9a^4x^5$.
Rép. : $8x - 5ax^2 + 7a^2x^3 - 3a^3x^4 + 17a^4x^5$.

58. *Un négociant a un* actif *qui s'élève à* 20 000 *fr. d'une part et à* b *fr. d'une autre; mais son* passif *s'élève à* a *fr. ; exprimer sa fortune.*
Rép. : La fortune du négociant est $20000 + b - a$.

59. *Les trois angles* A, B, C, *d'un triangle valent* 2 *angles droits : on connaît* A *et* B : *exprimer la valeur du troisième.*
Rép. : $C = 180° - (A + B)$.

60. *Un père a* 45 *ans, et son fils* 15; *quelle était la différence de leurs âges il y a* x *années?*
Rép. : Cette différence était évidemment ce qu'elle est aujourd'hui, c'est-à-dire $45 - 15$ ou 30.

61. *Un joueur possédait* a *fr.; mais il a perdu* 3 *fois de suite* b *fr. et deux fois de suite* c *fr. : combien possède-t-il encore?*
Rép. : $a - (3b + 2c)$.

62. *Les trois côtés* a, b, c *d'un triangle valent* 2p. *On connaît* a *et* b : *quelle est la valeur du troisième côté?*
Rép. : $c = 2p - (a + b)$.

63. *Si les 3 côtés d'un triangle valent* 2p, *par quelle expression peut-on remplacer* $b + c - a$?
Rép. : $2p - 2a$.

On a, en effet :
$$2p = b + c + a = b + c - a + 2a;$$
d'où :
$$b + c - a + 2a = 2p;$$
et retranchant $2a$ à chaque membre il vient :
$$b + c - a = 2p - 2a.$$

64. *Dans une famille, le père gagne* a *fr. en 6 jours et le fils aîné* b *fr. ; mais on dépense* c *fr. par jour dans cette famille. On demande d'exprimer l'économie faite en 6 jours.*

Rép .: $a + b - 6c$.

En 6 jours, on gagne dans cette famille :

$$a + b;$$

mais puisqu'on dépense c par jour, la dépense de 6 jours sera :

$$6c,$$

et l'économie faite en 6 jours sera par conséquent :

$$a + b - 6c.$$

65. *Un réservoir reçoit l'eau de deux robinets* A *et* B. *Le robinet* A *donne* a *litres en 5 heures et le robinet* B *en donne* b *litres en 4 heures ; un troisième robinet* C *laisse échapper* c *litres en 8 heures. On demande d'exprimer ce que le réservoir reçoit d'eau par heure.*

Rép. : $\dfrac{a}{5} + \dfrac{b}{4} - \dfrac{c}{8}$.

Le robinet A donne par heure un nombre de litres égal à $\dfrac{a}{5}$, et le robinet B un nombre égal à $\dfrac{b}{4}$; d'ailleurs le robinet c en laisse écouler par heure un nombre égal à $\dfrac{c}{8}$. La quantité d'eau que reçoit le réservoir par heure est donc :

$$\frac{a}{5} + \frac{b}{4} - \frac{c}{8}.$$

EXERCICES SUR LA MULTIPLICATION.

Effectuer les multiplications suivantes :

66. 1° $a^2 \times a \times a^4$;   2° $a^3 \times a^4 \times a$;   3° $a^m \times a^n \times a^p$.

Rép. : 1° a^7;   2° a^8;   3° a^{m+n+p}.

67. 1° $3ab \times 2cd$;   2° $4a^2b \times 3ac$;   3° $5a^2b^3 \times 4a^2b$.

Rép. : 1° $6abcd$;   2° $12a^3bc$;   3° $20a^4b^4$.

68. $1°\ 4a^2x \times 3a^2x^2$; $\quad 2°\ 6a^3b^5x \times 3ab^2x$; $\quad 3°\ 4abc^2 \times 5a^2b^2d$.

Rép. : $1°\ 12a^4x^3$; $\quad 2°\ 18a^4b^7x^2$; $\quad 3°\ 20a^3b^3c^2d$.

69. $1°\ \dfrac{2}{3}a^2bc \times \dfrac{1}{3}ab^3c^2$; $\quad 2°\ \dfrac{3}{5}a^2bx^2 \times \dfrac{1}{4}a^3b^2$; $\quad 3°\ \dfrac{2}{5}abc^2 \times \dfrac{3}{7}ax^2$.

Rép. : $1°\ \dfrac{2}{9}a^3b^4c^3$; $\quad 2°\ \dfrac{3}{20}a^5b^3x^2$; $\quad 3°\ \dfrac{6}{35}a^2bc^2x^2$.

70. $1°\ (5a^2+2b)a$; $\quad 2°\ (3ad-4bc)b$; $\quad 3°\ (5ab^2-3a^2b^3) \times 3c$.

Rép. : $1°\ 5a^3+2ab$; $\quad 2°\ 3abd-4b^2c$; $\quad 3°\ 15ab^2c-9a^2b^3c$.

71. $1°\ (2a+3b)^2$; $\quad 2°\ (2a-b)^2$; $\quad 3°\ (2ax+b)^2$.

Rép. $1°\ 4a^2+12ab+9b^2$; $\quad 2°\ 4a^2-4ab+b^2$; $\quad 3°\ 4a^2x^2+4abx+b^2$.

72. $1°\ (a^2+ab+b^2)(a-b)$; $\quad 2°\ (a^2-ab+b^2)(a+b)$.

Rép. : $1°\ a^3-b^3$; $\quad 2°\ a^3+b^3$.

73. $(4a^2b-2ab+5a^3)\left(\dfrac{3}{5}ab^2-4a^2b+2a^3\right)$.

Rép. : $\dfrac{1}{5}a^3b^3-\dfrac{6}{5}a^2b^3-13a^4b^2+8a^3b^2-12a^5b-4a^4b+10a^6$.

74. $1°\ (x-2)^2 \times (x^2+5x+1)$; $\quad 2°\ (x+2)^3(3x^2-4x+5)$.

Rép. :

$1°\ x^4+x^3-15x^2+16x+4$; $\quad 2°\ 3x^5+14x^4+17x^3+6x^2+28x+40$.

75. $1°\ 2a^2b^2c \times -abc^2$; $\quad 2°\ -3ab^2c \times 2a^2x$;

$\qquad 3°\ -3a^2b^2c \times -4ab^2c^3$.

Rép. : $1°\ -2a^3b^3c^3$; $\quad 2°\ -6a^3b^2cx$; $\quad 3°\ 12a^3b^4c^4$.

76. $1°\ \dfrac{4}{5}abc^2 \times -5a^3b^2$; $\quad 2°\ -\dfrac{4}{3}a^2bx \times \dfrac{5}{4}ab^2$;

$\qquad 3°\ -\dfrac{5}{3}aby \times -\dfrac{3}{4}a^2by^2$.

Rép. : $1°\ -4a^4b^3c^2$; $\quad 2°\ -a^3b^3x$; $\quad 3°\ \dfrac{5}{4}a^3b^2y^3$.

77. *Trouver, pour a $= 2$, la valeur du produit suivant :*

$(5a^4+4a^3+8a^2-25) \times (2a^5-3a^3+4a^2-5a+7)$.

Rép. : 6307.

78. *Trouver, pour* a $=$ 1 *et pour* x $=$ 2, *la valeur du produit suivant :*

$$(4ax^3 - 5a^2x^2 + 4a^3x - 8a + 1) \times (7ax^2 - 3a^2x + 4a^3 - 5a^4 + 8).$$

Rép. : 3$_{77}$.

79. *Effectuer les multiplications suivantes :*

1° $5(a - b)^2 \times 3(a + b)$;   2° $4c(a + b)^3 \times 5c(a - b)^3$.

Rép. :   1° $15(a^3 - a^2b - ab^2 + b^3)$;   2° $20c^2(a^6 - 3a^4b^2 + 3a^2b^4 - b^6)$.

On a :   1° $5(a - b)^2 \times 3(a + b) = 5 \times 3 \times (a - b)^2 \times (a + b)$
$$= 15(a^3 - a^2b - ab^2 + b^3) ;$$
2° $4c(a + b)^3 \times 5c(a - b)^3 = 4c \times 5c \times (a + b)^3 \times (a - b)^3$
$$= 20c^2(a^6 - 3a^4b^2 + 3a^2b^4 - b^6).$$

80. *Ordonner, par rapport aux puissances croissantes de* a, *le produit*

$$5a^2b (3a^4b - 5a^2b^3 + 7a^3b^2 - 5ab^4 - 4a^5).$$

Rép. : $- 25a^3b^5 - 25a^4b^4 + 35a^5b^3 + 15a^6b^2 - 20a^7b$.

Il est évident qu'il suffit d'effectuer la multiplication indiquée, et d'ordonner ensuite le produit comme il est demandé.

81. *Remplacer chacun des binômes suivants par un produit de 2 facteurs :*

1° $m^2 - n^2$;   2° $a^4 - b^4$;   3° $4a^2 - 4b^2$;   4° $4x^2 - 1$.

On a **(74**, *Cours*) :   1° $m^2 - n^2 = (m + n) (m - n)$;
2° $a^4 - b^4 = (a^2 + b^2)(a^2 - b^2)$;   3° $4a^2 - 4b^2 = (2a + 2b) (2a - 2b)$;
$$4° \ 4x^2 - 1 = (2x + 1) (2x - 1).$$

82. *Remplacer, par des expressions équivalentes, chacun des seconds membres des égalités ci-dessous :*

1° $x = \sqrt{a^2 - b^2}$;   2° $x = \sqrt{4x^2 - 9b^2}$;   3° $x = \sqrt{a^2 - 1}$.

On a :
$$1° \ x = \sqrt{a^2 - b^2} = \sqrt{(a + b) (a - b)} ;$$
$$2° \ x = \sqrt{4x^2 - 9b^2} = \sqrt{(2x + 3b) (2x - 3b)} ;$$
$$3° \ x = \sqrt{a^2 - 1} = \sqrt{(a + 1) (a - 1)}.$$

83. *Effectuer les multiplications suivantes :*

1° $(2a + b) (2a - b)$;   2° $(3ab - 2b) (3ab + 2b)$;   3° $(4ax - 2ab)$
$$(4ax + 2ab).$$

On a (**74**, *Cours*) :

$$1° \ (2a + b) \ (2a - b) = 4a^2 - b^2 \ ;$$
$$2° \ (3ab - 2b) \ (3ab + 2b) = 9a^2b^2 - 4b^2 \ ;$$
$$3° \ (4ax - 2ab) \ (4ax + 2ab) = 16a^2x^2 - 4a^2b^2.$$

84. *Remplacer chacun des binômes suivants par un produit de 2 facteurs :*

$$1° \ 25a^2 - b^2 \ ; \quad 2° \ 9a^2b^2 - 4c^2 \ ; \quad 3° \ 16a^2x^2 - 9b^2c^2.$$

On a :

$$1° \ 25a^2 - b^2 = (5a + b) \ (5a - b) \ ;$$
$$2° \ 9a^2b^2 - 4c^2 = (3ab + 2c) \ (3ab - 2c) \ ;$$
$$3° \ 16a^2x^2 - 9b^2c^2 = (4ax + 3bc) \ (4ax - 3bc).$$

85. *Remplacer chacun des trinômes ci-dessous par un produit de 2 facteurs :*

$$1° \ a^2 + 2ab + b^2 \ ; \quad 2° \ x^2 + px + \frac{p^2}{4} \ ; \quad 3° \ 4a^2x^2 + 4abx + b^2.$$

On a (**71**, *Cours*) :

$$1° \ a^2 + 2ab + b^2 = (a + b)^2 \ ;$$
$$2° \ x^2 + px + \frac{p^2}{4} = \left(x + \frac{p}{2}\right)^2 \ ;$$
$$3° \ 4a^2x^2 + 4abx + b^2 = (2ax + b)^2.$$

86. *Quelle est la racine carrée de* $9x^2 + 30x + 25$?

On a (**72**, *Cours*) : $3x + 5$ pour la racine demandée. La vérification est facile.

87. *Trouver la racine carrée de* $x^2 - 8x + 16.$

D'après le n° **73** du *Cours*, on a $x - 4$ pour la racine demandée.

88. *On a* $x^2 - 4x$: *ajouter un terme à ce binôme de manière à obtenir un trinôme qui soit un carré parfait.*

Rép. : Le carré parfait est $x^2 - 4x + 4$.

Le terme $-4x$ pouvant être considéré comme le double produit du 1er terme par le second (n° **73**, *Cours*), le produit du 1er terme par le second sera égal à $-2x$, et par conséquent ce second terme sera -2, si l'on suppose x positif. Le carré de -2 étant 4, le carré parfait demandé sera $x^2 - 4x + 4$.

89. *Quelle différence existe-t-il entre les carrés de deux nombres* *entiers consécutifs* a *et* a $+$ 1. *Application aux carrés de* 41 *et* 42.

Rép. : $2a + 1$.

Le carré de a est a^2, et celui de $a + 1$ est (**71**, *Cours*) :
$$a^2 + 2a + 1 :$$
la différence demandée est donc $2a^2 + 1$.

Application : Le carré de 41 étant 1681, celui de 42 sera 1681 $+ 2 \times 41 + 1 = 1764$, ce qu'on peut vérifier.

90. *Trouver la différence qui existe entre les cubes de deux nombres entiers consécutifs* a *et* a $+$ 1. *Application aux cubes de* 41 *et* 42.

Rép. : $3a^2 + 3a + 1$.

Le cube de a est a^3, et celui de $a + 1$ est (**75**, *Cours*) :
$$a^3 + 3a^2 + 3a + 1 ;$$
la différence demandée est donc $3a^2 + 3a + 1$.

Application : Le cube de 41 étant 68921, celui de 42 sera :
$$68921 + 3 \times 41^2 + 3 \times 41 + 1 = 74088,$$
ce qu'on peut vérifier.

91. *Effectuer les multiplications suivantes :*

1° $(x^2 - 1)(x^2 + 1)$;   2° $(2x + 1)(2x - 1)$:   3° $(3x^3 - 1)(3x^3 + 1)$.

On a (**74**, *Cours*) :

1° $(x^2 - 1)(x^2 + 1) = x^4 - 1$;   2° $(2x + 1)(2x - 1) = 4x^2 - 1$:
3° $(3x^3 - 1)(3x^3 + 1) = 9x^6 - 1$.

92. *Décomposer* $(a + c)^2 - b^2$ *en un produit de 2 facteurs.*

D'après le n° **74** du *Cours*, on a par analogie :
$$(a + c)^2 - b^2 = (a + c + b)(a + c - b).$$

93. *Remplacer* $b^2 - (a - c)^2$ *par un produit de 2 facteurs.*

Puisqu'on a encore ici la différence de 2 carrés, on peut poser :
$$b^2 - (a - c)^2 = (b + a - c)(b - a + c).$$

94. *Remplacer* $2ac + a^2 + c^2 - b^2$ *par la différence de 2 carrés.*

L'expression $2ac + a^2 + c^2$ étant le carré de $a + c$ peut être remplacée par $(a + c)^2$, et on a par conséquent :
$$2ac + a^2 + c^2 - b^2 = (a + c)^2 - b^2.$$

95. *Remplacer* $2ac - a^2 - c^2 + b^2$ *par la différence de 2 carrés.*

On a (**73**, *Cours*) : $(a - c)^2 = a^2 - 2ac + c^2$, et par suite :
$$-(a - c)^2 = -a^2 + 2ac - c^2 = 2ac - a^2 - c^2.$$

Donc, on peut poser :
$$2ac - a^2 - c^2 + b^2 = b^2 - (a - c)^2.$$

96. *Effectuer le produit* $(x^6 + x^5 + x^4 + x^3 + x^2 + x + 1)(x - 1).$

On a :
$$(x^6 + x^5 + x^4 + x^3 + x^2 + x + 1)(x - 1) = x^7 - 1.$$

97. *Effectuer le produit* $(5a + c)\,a + 2bc$ *par* $(5a + c)\,a - 2bc.$

On a (**74**, *Cours*) :
$$[(5a + c)a + 2bc][(5a + c)a - 2bc] = (5a + c)^2 a^2 - 4b^2 c^2.$$

98. *Effectuer les opérations suivantes :*
$$(4x^3 - 5x + 3)(x - 5) + (3x^2 - \frac{2}{5}x + 2)(x + 5).$$

Si dans l'expression
$$(4x^3 - 5x + 3)(x - 5) + (3x^2 - \frac{2}{5}x + 2)(x + 5)$$

on effectue les opérations indiquées, elle devient, après toute réduction faite :
$$4x^4 - 17x^3 + \frac{48}{5}x^2 + 28x - 5.$$

99. *Effectuer les opérations suivantes :*
$$(5x^2 - 3x - 2)(x^2 + 4) - (-3x^2 + 4x - 4)(x^2 - 2).$$

On a successivement :
$$(5x^2 - 3x - 2)(x^2 + 4) - (-3x^2 + 4x - 4)(x^2 - 2)$$
$$= 5x^4 - 3x^3 + 18x^2 - 12x - 8 - (-3x^4 + 4x^3 + 2x^2 - 8x + 8)$$
$$= 5x^4 - 3x^3 + 18x^2 - 12x - 8 + 3x^4 - 4x^3 - 2x^2 + 8x - 8$$
$$= 8x^4 - 7x^3 + 16x^2 - 4x - 16.$$

100. *Décomposer en 2 facteurs les binômes suivants :*

1° $ax + bx;$ 2° $ax + x;$ 3° $ax^2 + bx^2;$ 4° $ax^2 + x^2.$

On a (**63**, *Cours*) :
$$1° \; ax + bx = x(a + b); \quad 2° \; ax + x = x(a + 1);$$
$$3° \; ax^2 + bx^2 = x^2(a + b); \quad 4° \; ax^2 + x^2 = x^2(a + 1).$$

101. *Décomposer en un produit de 2 facteurs les trinômes suivants :*

1° $a^2x + 5bx - 3b^2x$;　2° $4ax - 3a^2x + x$;　3° $5a^2x^2 + 4ax^2 - bx^2$.

On a :

$$1° \quad a^2x + 5bx - 3b^2x = x(a^2 + 5b - 3b^2) ;$$
$$2° \quad 4ax - 3a^2x + x = x(4a - 3a^2 + 1) ;$$
$$3° \quad 5a^2x^2 + 4ax^2 - bx^2 = x^2(5a^2 + 4a - b^2).$$

102. *Faire la décomposition, en 2 facteurs, des polynômes suivants :*

1° $ax^2 + x$;　2° $a^2b + ac$;　3° $ab + ab^2 - a$.

On a :

$$1° \quad ax^2 + x = x(ax + 1) ; \qquad 2° \quad a^2b + ac = a(ab + c) :$$
$$3° \quad ab + ab^2 - a = a(b + b^2 - 1).$$

103. *Faire la décomposition, en 2 facteurs, des polynômes suivants :*

1° $a^2b + ab^2 + b^3$;　2° $a^3 + a^2b - 2a$;　3° $4a^2 - 3a + 5ab$.

On a :

$$1° \quad a^2b + ab^2 + b^3 = b(a^2 + ab + b^2) ;$$
$$2° \quad a^3 + a^2b - 2a = a(a^2 + ab - 2) ;$$
$$3° \quad 4a^2 - 3a + 5ab = a(4a - 3 + 5b).$$

104. *Décomposer en 2 facteurs les polynômes suivants :*

1° $4a^3 - 4b^2$;　2° $5a^2 - 15ab$;　3° $3a^3 - 9ab^2 + 6$.

On a :

$$1° \quad 4a^3 - 4b^2 = 4(a^3 - b^2) ; \qquad 2° \quad 5a^2 - 15ab = 5a(a - 3b) ;$$
$$3° \quad 3a^2 - 9ab^2 + 6 = 3(a^2 - 3ab^2 + 2).$$

105. *Mettre en facteurs communs dans les polynômes suivants :*

1° $mn^2 + np$;　2° $m^2 + mnp$;　3° $3m^2n + 2mn^2 - 4n^3$.

On a :

$$1° \quad mn^2 + np = n(mn + p) ; \qquad 2° \quad m^2 + mnp = m(m + np) ;$$
$$3° \quad 3m^2n + 2mn^2 - 4n^3 = n(3m^2 + 2mn - 4n^2).$$

106. *Mettre en facteurs communs dans les polynômes suivants :*

1° $ab^2 - 3a^2b^3 + 4ab^4$;　2° $2ax^3 - 5x^2 + 5x$.

On a :

$$1° \quad ab^2 - 3a^2b^3 + 4ab^4 = b^2(a - 3a^2b + 4b^2) ;$$
$$2° \quad 2ax^3 - 5x^2 + 5x = x(2ax^2 - 5x + 5).$$

107. *Séparer dans chacun des polynômes suivants les facteurs communs aux termes du polynôme :*

$$1° \ 3a^2b + 3ac; \quad 2° \ 3a^2b - 9a; \quad 3° \ 4a^3 - 4a^2b + 4a.$$

On a :

$$1° \ 3a^2b + 3ac = 3a\,(ab + c); \quad 2° \ 3a^2b - 9a = 3a\,(ab - 3);$$
$$3° \ 4a^3 - 4a^2b + 4a = 4a\,(a^2 - ab + 1).$$

108. *Séparer dans chacun des polynômes suivants les facteurs communs aux termes du polynôme :*

$$1° \ 4x^3 - 8ax^2 + 4a^2x; \quad 2° \ 15ax^3 - 5a^2x^2 + 10a^3x;$$
$$3° \ 3abx^3 - 21a^2b^2x^2 - 6a^3b^3x.$$

On a :

$$1° \ 4x^3 - 8ax^2 + 4a^2x = 4x\,(x^2 - 2ax + a^2);$$
$$2° \ 15ax^3 - 5a^2x^2 + 10a^3x = 5ax\,(3x^2 - ax + 2a^2);$$
$$3° \ 3abx^3 - 21a^2b^2x^2 - 6a^3b^3x = 3abx\,(x^2 - 7abx - 2a^2b^2).$$

109. *Mettre en évidence, dans chacun des polynômes suivants, les facteurs communs aux termes du polynôme :*

$$1° \ \frac{3}{2}ax^3 - \frac{3}{4}a^2x^2; \quad 2° \ \frac{5}{12}a^4x^3 - \frac{1}{3}a^3x^2 + \frac{7}{6}a^2x; \quad 3° \ \frac{4}{7}a + \frac{9}{7}a^2 - \frac{3}{7}a^3.$$

On a :

$$1° \ \frac{3}{2}ax^3 - \frac{3}{4}a^2x^2 = \frac{3}{2}ax^2\left(x - \frac{1}{2}a\right);$$
$$2° \ \frac{5}{12}a^4x^3 - \frac{1}{3}a^3x^2 + \frac{7}{6}a^2x = \frac{1}{3}a^2x\left(\frac{5}{4}a^2x^2 - ax + \frac{7}{2}\right);$$
$$3° \ \frac{4}{7}a + \frac{9}{7}a^2 - \frac{3}{7}a^3 = \frac{1}{7}a\,(4 + 9a - 3a^2).$$

Vérifier les égalités suivantes :

110. $c(a + b) + d(a + b) = (a + b)\,(c + d).$

Pour obtenir le second membre de cette égalité, il suffit de mettre $a + b$ en facteur commun dans le 1$^\text{er}$.

111. $q^{n+1} - q^n = q^n(q - 1).$

On a :

$$q^{n+1} - q^n = q^n(q - 1),$$

car

$$q^{n+1} - q^n = q^n \times q - q^n = q^n(q - 1).$$

112. $(1+a)^{n+1} - (1+a)^n = (1+a)^n \times a.$

On a :

$$(1+a)^{n+1} - (1+a)^n = (1+a)^n \times a,$$

car

$$(1+a)^{n+1} - (1+a)^n = (1+a)^n \times (1+a) - (1+a)^n;$$

et si, dans le second membre de cette égalité, on met $(1+a)^n$ en facteur commun, il vient :

$$(1+a)^{n+1} - (1+a)^n = (1+a)^n (1+a-1) = (1+a)^n \times a.$$

113. $(aa' + bb')^2 + (ab' - ba')^2 = (a^2 + b^2)(a'^2 + b'^2).$

Si dans le 1er membre on développe les carrés et qu'on fasse la réduction des termes semblables, on aura :

$$a^2 a'^2 + b^2 b'^2 + a^2 b'^2 + b^2 a'^2 = (a^2 + b^2)(a'^2 + b'^2).$$

Mettant dans le 1er membre a^2 et b^2 en facteurs communs, il vient :

$$a^2(a'^2 + b'^2) + b^2(a'^2 + b'^2) = (a^2 + b^2)(a'^2 + b'^2).$$

On voit maintenant que le second membre n'est que le 1er dans lequel on a mis $a'^2 + b'^2$ en facteur commun.

114. $\left(\dfrac{a+b}{2}\right)^2 - \left(\dfrac{a-b}{2}\right)^2 = ab.$

On a (**74,** *Cours*) :

$$\left(\frac{a+b}{2}\right)^2 - \left(\frac{a-b}{2}\right)^2 = \frac{a+b+a-b}{2} \times \frac{a+b-a+b}{2} = ab.$$

115. $\dfrac{1}{2}(a+a')(b-b') + \dfrac{1}{2}(b+b')(a-a') = ab - a'b'.$

Pour obtenir le second membre de l'égalité donnée, il suffit d'effectuer dans le 1er les opérations indiquées.

116. $\dfrac{1}{2}(a+b)^2 + \dfrac{1}{2}(a-b)^2 = a^2 + b^2.$

On obtiendra le second membre de l'égalité donnée, si dans le 1er on fait les opérations indiquées et les simplifications possibles.

117. $(aa' + bb')^2 + (ab' - ba')^2 + a'^2 c^2 + b'^2 c^2$
$$= (a^2 + b^2 + c^2)(a'^2 + b'^2).$$

L'égalité donnée subsiste en réalité, car on a successivement :
$$(aa' + bb')^2 + (ab' - ba')^2 + a'^2 c^2 + b'^2 c^2$$

$$= a^2a'^2 + 2aa'bb' + b^2b'^2 + a^2b'^2 - 2ab'ba' + b^2a'^2 + a'^2c^2 + b'^2c^2$$
$$= a^2a'^2 + a^2b'^2 + b^2b'^2 + b^2a'^2 + a'^2c^2 + b'^2c^2$$
$$= a^2(a'^2 + b'^2) + b^2(a'^2 + b'^2) + c^2(a'^2 + b'^2);$$

et si l'on met $a'^2 + b'^2$ en facteur commun, il vient enfin :

$$(aa' + bb')^2 + (ab' - ba')^2 + a'^2c^2 + b'^2c^2 = (a^2 + b^2 + c^2)(a'^2 + b'^2).$$

118. $\left(x + \dfrac{p}{2} + \sqrt{\dfrac{p^2}{4} - q}\right)\left(x + \dfrac{p}{2} - \sqrt{\dfrac{p^2}{4} - q}\right) = x^2 + px + q.$

Il est facile de voir que le 1er membre de l'égalité donnée est le produit de 2 facteurs, dont l'un est la somme et l'autre la différence des deux expressions

$$x + \frac{p}{2} \text{ et } \sqrt{\frac{p^2}{4} - q};$$

par conséquent, leur produit sera égal à la différence des carrés de ces 2 expressions.

Or, $\left(x + \dfrac{p}{2}\right)^2 = x^2 + px + \dfrac{p^2}{4}$ et $\left(\sqrt{\dfrac{p^2}{4} - q}\right)^2 = \dfrac{p^2}{4} - q.$

Donc :

$$\left(x + \frac{p}{2} + \sqrt{\frac{p^2}{4} - q}\right)\left(x + \frac{p}{2} - \sqrt{\frac{p^2}{4} - q}\right)$$
$$= x^2 + px + \frac{p^2}{4} - \left(\frac{p^2}{4} - q\right);$$

d'où enfin, après réduction :

$$\left(x + \frac{p}{2} + \sqrt{\frac{p^2}{4} - q}\right)\left(x + \frac{p}{2} - \sqrt{\frac{p^2}{4} - q}\right) = x^2 + px + q.$$

119. *Décomposer* $4a^2c^2 - (a^2 + c^2 - b^2)^2$ *en quatre facteurs.*

On a successivement (**74**, *Cours*, et exercice **95**).

$$4a^2c^2 - (a^2 + c^2 - b^2)^2$$
$$= (2ac + a^2 + c^2 - b^2)(2ac - a^2 - c^2 + b^2)$$
$$= [(a + c)^2 - b^2][b^2 - (a - c)^2]$$
$$= (a + c + b)(a + c - b)(b + a - c)(b - a + c).$$

120. *Effectuer les produits suivants :*

1° $(1 + x)(1 + x)^2;$ 2° $(1 + x)(1 + x^2)(1 + x^4);$
3° $(1 + x)(1 + x^2)(1 + x^4)(1 + x^8).$

Et en conclure une loi de formation pour tous les produits analogues.

On a :

$$1° \ (1 + x)(1 + x^2) = 1 + x + x^2 + x^3 ;$$
$$2° \ (1 + x)(1 + x^2)(1 + x^4) = 1 + x + x^2 + x^3 + x^4 + x^5 + x^6 + x^7 ;$$
$$3° \ (1 + x)(1 + x^2)(1 + x^4)(1 + x^8 = 1 + x^2 + x^3 + x^4 + x^5 + x^6$$
$$+ x^7 + x^8 + x^9 + x^{10} + x^{11} + x^{12} + x^{13} + x^{14} + x^{15}.$$

121. *Développer :* $1° \, (a+b)^2$; $2° \, (a+b+c)^2$; $3° \, (a+b+c+d)^2$, *et trouver par analogie la loi de formation du carré d'un polynôme de* n *termes.*

On a :

$$1° \ (a + b)^2 = a^2 + b^2 + 2ab ; \quad 2° \ (a + b + c)^2 = [(a + b) + c]^2$$
$$= (a + b)^2 + 2(a + b)c + c^2 = a^2 + b^2 + c^2 + 2ab + 2ac + 2bc ;$$
$$3° \ (a + b + c + d)^2 = [(a + b + c) + d]^2$$
$$= (a + b + c)^2 + 2(a + b + c)d + d^2$$
$$= a^2 + b^2 + c^2 + d^2 + 2ab + 2ac + 2ad + 2bc + 2bd + 2cd.$$

Sans aller plus loin, nous pouvons formuler la loi suivante :

Le carré d'un polynôme se compose de la somme des carrés de tous ses termes, plus les doubles produits différents de ces termes pris deux à deux.

Cette loi n'a été vérifiée que pour des polynômes de 2, de 3 et de 4 termes ; mais il est facile de montrer qu'elle est générale, c'est-à-dire que si on l'admet pour un polynôme de n termes

$$a + b + c + d + \ldots + k,$$

elle est également vraie pour un polynôme de $n + 1$ termes

$$a + b + c + d + \ldots + k + l.$$

En effet, si l'on désigne par P le polynôme de n termes, le polynôme de $n + 1$ termes sera $P + l$, et l'on aura pour son carré :

$$P^2 + 2Pl + l^2 :$$

mais si dans cette expression on remplace P par sa valeur, il vient :

$$P^2 + 2Pl + l^2 = (a + b + c + d + \ldots + k)^2$$
$$+ 2l(a + b + c + d + \ldots + k) + l^2.$$

Or, d'après l'hypothèse, la 1ʳᵉ parenthèse est le carré du polynôme de n termes, et contient, par conséquent, la somme des carrés de tous les termes, plus les doubles produits différents de ces termes pris à à deux.

Le dernier terme l^2 est le carré du nouveau terme.

Enfin la seconde parenthèse représente les doubles produits de l par chacun des premiers termes. Donc le carré d'un polynôme de $n + 1$ termes se compose aussi de la somme des carrés de tous ses termes, plus des doubles produits différents de ces termes pris 2 à 2.

La loi étant vraie pour un polynôme de 4 termes, elle le sera pour un de 5 ; étant vraie pour un de 5, elle le sera pour un de 6, et ainsi de suite : donc elle est générale.

122. *Développer* $(3ab^3 + 4a^2b^2 + 5a^3b + 6a^4)^2$.

D'après la loi de formation du carré d'un polynôme, on aura :

$$(3ab^3 + 4a^2b^2 + 5a^3b + 6a^4)^2 = 9a^2b^6 + 16a^4b^4 + 25a^6b^2 + 36a^8$$
$$+ 24a^3b^5 + 30a^4b^4 + 36a^5b^3 + 40a^5b^3 + 48a^6b^2 + 60a^7b.$$

123. *Développer* $1^o\,(a+b)^3$; $2^o\,(a+b+c)^3$; $3^o\,(a+b+c+d)^3$, *et trouver par analogie la loi de formation du cube d'un polynôme de* n *termes.*

On a :
$$1^o\ (a+b)^3 = a^3 + 3a^2b + 3ab^2 + b^3 ;$$
$$2^o\ (a+b+c)^3 = [(a+b)+c]^3$$
$$= (a+b)^3 + 3(a+b)^2c + 3(a+b)c^2 + c^3$$
$$= a^3 + 3a^2b + 3ab^2 + b^3 + 3a^2c + 6abc + 3b^2c + 3ac^2 + 3bc^2 + c^3$$
$$= a^3 + b^3 + c^3 + 3(a^2b + a^2c + b^2c + ab^2 + ac^2 + bc^2) + 6abc ;$$
$$3^o\ (a+b+c+d)^3.$$

Si pour abréger on fait $b+c+d = \alpha$, et $c+d = \beta$, on a $\alpha = b + \beta$, et alors il vient :

$$[m] \qquad (a+b+cd)^3 = (a+\alpha)^3 = a^3 + 3a^2\alpha + 3a\alpha^2 + \alpha^3$$

mais $\alpha^2 = (b+\beta)^2 = b^2 + 2b\beta + \beta^2 = b^2 + 2b(c+d) + (c+d)^2$
$$= b^2 + 2bc + 2bd + c^2 + 2cd + d^2$$
$$\alpha^3 = (b+\beta)^3 = b^3 + 3b^2\beta + 3b\beta^2 + \beta^3$$
$$= b^3 + 3b^2(c+d) + 3b(c+d)^2 + (c+d)^3$$
$$= b^3 + 3b^2c + 3b^2d + 3b(c^2 + 2cd + d^2) + c^3 + 3c^2d + 3cd^2 + d^3$$
$$= b^3 + 3b^2c + 3b^2d + 3c^2d + 3^2bc^2 + 3bd^2 + 3cd^2 + 6bcd + c^3 + d.$$

Si dans l'égalité $[m]$ on remplace les quantités α, α^2, α^3 par leur valeur respective, on a enfin :

$$(a+b+c+d)^3 = (a+\alpha)^3 = a^3 + 3a^2(b+c+d) + 3a(b^2 + 2bc$$
$$+ 2bd + c^2 + 2cd + d^2) + b^3 + 3b^2c + 3b^2d + 3c^2d$$
$$+ 3bc^2 + 3bd^2 + 3cd^2 + 6bcd + c^3 + d^3$$
$$= a^3 + b^3 + c^3 + d^3 + 3a^2b + 3a^2c + 3a^2d + 3ab^2$$
$$+ 6abc + 6abd + 3ac^2 + 6acd + 3ad^2 + 3b^2c + 3b^2d$$
$$+ 3c^2d + 3bc^2 + 3bd^2 + 3cd^2 + 6bcd$$
$$= a^3 + b^3 + c^3 + d^3 + 3(a^2b + a^2c + a^2d + b^2c$$
$$+ b^2d + c^2d + ab^2 + ac^2 + ad^2 + bc^2 + bd^2 + cd^2)$$
$$+ 6(abc + abd + acd + bcd).$$

Des deux derniers exemples, on déduit aisément cette loi :

Le cube d'un polynôme est égal à la somme des cubes de ses termes, plus trois fois la somme des produits de l'un des termes par le carré d'un autre, plus six fois la somme des produits des termes pris 3 à 3.

Il est facile de démontrer que si l'on admet cette loi pour un polynôme de n termes, $a + b + c + d + \ldots + k$, elle est également vraie pour un polynôme de $n + 1$ termes,

$$a + b + c + d + \ldots + k + l.$$

En effet, si l'on désigne par P le polynôme de n termes, le polynôme de $n + 1$ termes sera $P + l$, et l'on aura pour son cube :

$$P^3 + 3P^2 l + 3Pl^2 + l^3.$$

Mais si dans cette expression on remplace P par sa valeur, il vient :

$$P^3 + 3P^2 l + 3Pl^2 + l^3 = (a + b + c + \ldots + k)^3 + 3(a + b$$
$$+ c \ldots + k)^2 l + 3(a + b + c + \ldots + k)l^2 + l^3.$$

Or, d'après l'hypothèse, la 1re parenthèse est le cube du polynôme de n termes, et renferme par conséquent toutes les quantités indiquées dans la loi. Le dernier terme l^3 est le cube du nouveau terme.

D'ailleurs on a (exercice **121**) :

$$3(a + b + c + d + \ldots + k)^2 l = 3(a^2 + b^2 + c^2 + \ldots + k^2$$
$$+ 2ab + 2ac + \ldots + 2ak + 2bc + \ldots + 2bk + \ldots + 2ck)l.$$

Cette expression contient donc d'une part 3 fois la somme des carrés des premiers termes par l, et de l'autre, comme il est facile de le voir, 6 fois la somme des produits des termes pris 3 à 3 et dans chacun desquels entre le facteur l.

Enfin l'expression $3(a + b + c \ldots + k)l^2$ contient ce qui manque encore au cube de $P + l$, c'est-à-dire 3 fois la somme des anciens termes par l^2, carré du nouveau terme.

La loi étant vraie pour un polynôme de 4 termes, elle le sera pour un de 5 ; étant vraie pour un de 5, elle le sera pour un de 6, et ainsi de suite : donc elle est générale.

124. *Décomposer en deux facteurs :* 1° $a^2 + b^2$; 2° $a^4 + b^4$; 3° $x^4 + 1$.

Il est facile de voir qu'on a :

$$1° \quad a^2 + b^2 = (a + b)^2 - 2ab = (a + b)^2 - \left(\sqrt{2ab}\right)^2.$$

Donc (**74**, *Cours*) :

$$a^2 + b^2 = (a + b + \sqrt{2ab})(a + b - \sqrt{2ab}).$$
$$2° \quad a^4 + b^4 = (a^2 + b^2)^2 - 2a^2 b^2 = (a^2 + b^2)^2 - (ab\sqrt{2})^2 :$$

donc :
$$a^4 + b^4 = (a^2 + b^2 + ab\sqrt{2})(a^2 + b^2 - ab\sqrt{2}).$$
$$5° \quad x^4 + 1 = (x^2 + 1)^2 - 2x^2 = (x^2 + 1)^2 - (x\sqrt{2})^2;$$
donc :
$$x^4 + 1 = (x^2 + 1 + x\sqrt{2})(x^2 + 1 - x\sqrt{2}).$$

EXERCICES SUR LA DIVISION.

125. *Diviser* $1°$ a^6 *par* a^2; $2°$ a^8 *par* a^5; $5°$ a^m *par* a^n.

Rép. : $1°$ a^4 ; $2°$ a^3 ; $5°$ a^{m-n}.

126. *A quoi équivaut l'expression* $\dfrac{a^0 + b^0 + c}{4}$, *pour* $c = 2$.

Rép. : 1.

Si, dans l'expression proposée, on remplace c par sa valeur 2, on a (**79**, *Cours*) :
$$\frac{a^0 + b^0 + c}{4} = \frac{1 + 1 + 2}{4} = 1.$$

127. *Trouver la somme* $a^0 + a^3 + a^{-1} + a^{-3}$, *pour* $a = 4$.

Rép. : $65\dfrac{17}{64}$.

On a (**79** et **80**, *Cours*) :
$$a^0 + a^3 + a^{-1} + a^{-3} = 1 + a^3 + \frac{1}{a} + \frac{1}{a^3} \cdot$$
Si l'on fait $a = 4$, il vient :
$$1 + a^3 + \frac{1}{a} + \frac{1}{a^3} = 1 + 4^3 + \frac{1}{4} + \frac{1}{4^3} = 1 + 64 + \frac{1}{4} + \frac{1}{64} + 65 + \frac{17}{64}.$$

128. *Trouver le produit de* a *par* a^{-2}. *Quel est ce produit pour* $a = 2$?

Rép. : $\dfrac{1}{2}$.

On a (**80**, *Cours*) :
$$a \times a^{-2} = a \times \frac{1}{a^2} = \frac{1}{a} :$$
d'où, en remplaçant a par sa valeur 2 :
$$a \times a^{-2} = \frac{1}{2} \cdot$$

129. *Changer l'égalité* $x = a^{-2}(a+b)^{-3}$, *en une autre équivalente, et trouver la valeur de* x *pour* a = 2 *et* b = 1.

$$\text{Rép. :} \quad x = \frac{1}{108}.$$

On a (**80**, *Cours*) :

$$x = a^{-2}(a+b)^{-3} = \frac{1}{a^2}\left(\frac{1}{(a+b)^3}\right);$$

et si l'on substitue aux lettres leur valeur respective, il vient :

$$x = \frac{1}{4} \times \frac{1}{3^3} = \frac{1}{108}.$$

130. *Diviser* 1° a^2 *par* a^{-3}; 2° a^{-m} *par* a^{-n}, *et trouver la valeur numérique des* 2 *quotients pour* a = 5, m = 4 *et* n = 3.

$$\text{Rép. :} \quad 1° \ 243 \quad ; \quad 2° \ \frac{1}{5}.$$

On a :

$$1° \ a^2 : a^{-3} = a^2 : \frac{1}{a^3} = a^2 \times a^3 = a^5;$$

et pour $a = 3$, il vient :

$$a^2 : a^{-3} = 3^5 = 243.$$

$$2° \ a^{-m} : a^{-n} = \frac{1}{a^m} : \frac{1}{a^n} = \frac{1}{a^m} \times a^n = \frac{a^n}{a^m},$$

et pour $a = 3$, $m = 4$, $n = 3$, il vient :

$$a^{-m} : a^{-n} = \frac{3^3}{3^4} = \frac{1}{3}.$$

131. *Transformer les expressions* $\frac{1}{a^3}$, $\frac{1}{a^{m+n}}$, $\frac{1}{a^{m-n}}$, *en d'autres équivalentes.*

On a (**80**, *Cours*) :

$$\frac{1}{a^3} = a^{-3} \quad ; \quad \frac{1}{a^{m+n}} = a^{-m-n} \quad ; \quad \frac{1}{a^{m-n}} = a^{-m+n}.$$

132. *Diviser* 1° $8a^5b^3$ *par* $2a^3b$; 2° $4a^3b^2$ *par* $5ab$.

On a (**81**, *Cours*) :

$$1° \ 8a^5b^3 : 2a^3b = \frac{8a^5b^3}{2a^3b} = 4a^2b^2 \ ;$$

$$2° \ 4a^3b^2 : 5ab = \frac{4a^3b^2}{3ab} = \frac{4}{3}a^2b.$$

133. *Diviser* 1° $16a^5b^4$ *par* $-2a^3b^4$; 2° $-8a^3x^2$ *par* $+4ax$.

On a (**77**, *Cours*) :

$$1° \quad 16a^5b^4 : -2a^3b^4 = -\frac{16a^5b^4}{2a^3b^4} = -8a^2 ;$$

$$2° \quad -8a^3x^2 : 4ax = -\frac{8a^3x^2}{4ax} = -2a^2x.$$

134. *Diviser :* 1° $9a^5x^3$ *par* $-3a^4x^3$;

2° $-7a^3x^2y$ *par* $-3a^2x^2$.

On a :

$$1° \quad 9a^5x^3 : -3a^4x^3 = -\frac{9a^5x^3}{3a^4x^3} = -3a ;$$

$$2° \quad -7a^3x^2y : -3a^2x^2 = \frac{7a^3x^2y}{3a^2x^2} = \frac{7}{3}ay.$$

135. *Simplifier les expressions* $\dfrac{9a^5b^3c}{3a^3bc^2}$; $\dfrac{4a^3b^4c^2}{8a^4b^2c}$.

On a (**82**, *Cours*) :

$$\frac{9a^5b^3c}{3a^3bc^2} = \frac{3a^2b^2}{c} \text{ et } \frac{4a^3b^4c^2}{8a^4b^2c} = \frac{b^2c}{2a} .$$

136. *Simplifier les expressions* $\dfrac{7a^2b^3c^2}{4a^3bc^2}$; $\dfrac{5a^6b^3c}{3a^2b^4d^2}$.

On a :

$$\frac{7a^2b^3c^2}{4a^3bc^2} = \frac{7b^2}{4a} \text{ et } \frac{5a^6b^3c}{3a^2b^4d^2} = \frac{5a^4c}{3bd^2} .$$

137. *Trouver le quotient de* $4a^3b^2 - 6a^2b + 8a^5b$ *par* $4a^3b^2$.

Le quotient demandé est (**83**, *Cours*) :

$$\frac{4a^3b^2 - 6a^2b + 8a^5b}{4a^3b^2} = \frac{2ab - 3 + 4a^3}{2ab} .$$

138. *Trouver le quotient de* $10a^3b^5 - 4a^3b^4 + 6a^5b$ *par* $-8a^2b$.

On a, pour le quotient demandé :

$$\frac{10a^3b^5 - 4a^3b^4 + 6a^5b}{-8a^2b} = -\frac{5ab^4 - 2ab^3 + 3a^3}{4} .$$

139. *Exprimer le quotient de* $8a^5b^3$ *par* $6a^2b^3 - 4a^3b^2 + 12a^4b^2$.

Ce quotient est (**85**, *Cours*) :

$$\frac{8a^5b^3}{6a^2b^3 - 4a^3b^2 + 12a^4b^2} = \frac{4a^3b}{3b - 2a + 6a^2} $$

140. *Diviser* $32x^5 + 243$ *par* $2x + 3$.

On a (**86,** *Cours*) :

$$\frac{32x^5 + 243}{2x + 3} = 16x^4 - 24x^3 + 36x^2 - 54x + 81.$$

141. *Diviser* $x^5 - 5x^4 - 8x^3 - 5x^2 + x$ *par* $x^2 + 2x + 1$.

On a pour le quotient :

$$\frac{x^5 - 5x^4 - 8x^3 - 5x^2 + x}{x^2 + 2x + 1} = x^3 - 5x^2 + x.$$

142. *Diviser* $15a^6b^4 - 16a^5b^3 + 29a^4b^6 - 15a^3b^7 + 2a^2b^8$ *par* $5a^2b^2 - 2ab^3$.

Le quotient est égal à :

$$\frac{15a^6b^4 - 16a^5b^3 + 29a^4b^6 - 15a^3b^7 + 2a^2b^8}{5a^2b^2 - 2ab^3}$$
$$= 3a^4b^2 - 2a^3b^3 + 5a^2b^4 - ab^5.$$

143. *Diviser* $6a^5 + a^4b - 13a^3b^2 - 4a^3 - \dfrac{5}{2}a^2b^3 - 5a^2b + ab^2$ $- 2a$ *par* $2a^3 + 3a^2b - 2a$.

On a :

$$\frac{6a^5 + a^4b - 13a^3b^2 - 4a^3 - \dfrac{5}{2}a^2b^3 + 11a^2b + ab^2 - 2a}{2a^3 + b\,3a^2 - 2a}$$
$$= 3a^2 - 4ab - \frac{1}{2}b^2 + 1.$$

144. *Diviser* $-6a^5 - 7a^4b + 23a^3b^2 - 4a^2b^3$ *par* $3a^3 - 4a^2b$.

Le quotient est :

$$\frac{-6a^5 - 7a^4b + 23a^3b^2 - 4a^2b^3}{3a^3 - 4a^2b} = -2a^2 - 5ab + b^2.$$

145. *Quel est le quotient et quel est le reste de la division de* $2a^5$ $- 8a^4b + 15a^3b^2 - 14a^2b^3 + 5ab^4 - 2b^5$ *par* $a^2 - 2ab + 3b^2$? *Si l'on fait* $a = 1$ *et* $b = 2$, *quel sera le quotient et quel sera le reste?*

Rép. : Le quotient demandé est $2a^3 - 4a^2b + ab^2$, et le reste est $2ab^4 - 2b^5$.

Si, dans le dividende et dans le diviseur, on fait $a = 1$ et $b = 2$, on a -50 à diviser par 21 ; par conséquent, le quotient est -2, et le reste -8.

146. *Trouver, sans effectuer l'opération, le reste de la division de* $2x^3 - 3x^2 + 2x - 5$ *par* $x - 4$.

Rép. Le reste demandé est égal à (**91**, *Cours*) :

$$2 \times 4^3 - 3 \times 4^2 + 2 \times 4 - 5 = 85.$$

147. *Trouver, sans effectuer l'opération, le reste de la division de* $2x^3 - 4x^2 - 5x + 4$ *par* $x + 3$.

Rép. Le reste de la division proposée est égal à (**93**, *Cours*) :

$$2(-3)^3 - 4(-3)^2 - 5 \times -3 + 4 = 2 \times -27 - 4 \times 9 + 15 + 4$$
$$= -71.$$

148. *Diviser* 1° $a^5 - b^5$ *par* $a - b$;   2° $a^4 - b^4$ *par* $a + b$.

1° Le quotient est (**95**, *Cours*) :

$$\frac{a^5 - b^5}{a - b} = a^4 + a^3b + a^2b^2 + ab^3 + b^4.$$

2° Le quotient est (**97**, *Cours*) :

$$\frac{a^4 - b^4}{a + b} = a^3 - a^2b + ab^2 - b^3.$$

149. *Diviser* 1° $a^5 + b^5$ *par* $a + b$;   2° $a^5 - b^5$ *par* $a + b$.

1° Le quotient est (**98**, *Cours*) :

$$\frac{a^5 + b^5}{a + b} = a^4 - a^3b + a^2b^2 - ab^3 + b^4.$$

2° Le quotient est (**97**, *Cours*) :

$$\frac{a^5 - b^5}{a + b} = a^4 - a^3b + a^2b^2 - ab^3 + b^4 - \frac{2b^5}{a + b}.$$

150. *Diviser* 1° $a^4 + 3^4$ *par* $a + 3$;   2° $a^4 + 2^4$ *par* $a - 2$.

1° Le quotient est (**98**, *Cours*) :

$$\frac{a^4 + 3^4}{a + 3} = a^3 - 3a^2 + 3^2a - 3^3 + \frac{2 \times 3^4}{a + 3} :$$

2° Le quotient est (**96**, *Cours*) :

$$\frac{a^4 + 2^4}{a - 2} = a^3 + 2a^2 + 2^2a + 2^3 + \frac{2 \times 2^4}{a - 2}.$$

151. *Démontrer que la somme et la différence de deux nombres impairs sont toujours divisibles par* 2.

. 1° *La somme de deux nombres impairs est toujours divisible par 2.*

En effet, soient $m + 1$ et $n + 1$ deux nombres impairs. Leur somme

$$m + 1 + n + 1 = m + n + 2$$

est évidemment divisible par 2, puisqu'elle se compose de 3 nombres pairs, m, n, 2.

2° *La différence de deux nombres impairs est toujours divisible par 2.*

En effet, soient $m + 1$ et $n + 1$ deux nombres impairs. Leur différence

$$m + 1 - (n + 1) = m - n$$

est évidemment divisible par 2, puisqu'elle est égale à la différence de deux nombres pairs m et n.

152. *Démontrer que la différence des carrés de deux nombres consécutifs n'est jamais divisible par 2.*

En effet, soient a et $a + 1$ deux nombres consécutifs. Le carré du premier est a^2, et le carré du second $a^2 + 2a + 1$. La différence de ces carrés, $2a + 1$, n'est évidemment pas divisible par 2, puisque $2a$ est divisible par 2, tandis que 1 ne l'est pas.

153. *Démontrer que la différence des cubes de deux nombres impairs consécutifs est divisible par 2 et non par 4.*

En effet, soient $n - 1$ et $n + 1$ deux nombres impairs consécutifs. On a :

$$(n + 1)^3 = n^3 + 3n^2 + 3n + 1$$

et

$$(n - 1)^3 = n^3 - 3n^2 + 3n - 1$$

différence $\qquad = \qquad 6n^2 \qquad + 2.$

Cette différence se composant de deux parties, l'une et l'autre divisibles par 2, est elle-même divisible par 2; mais elle ne l'est point par 4, car $6n^2$ est divisible par ce nombre, tandis que 2 ne l'est pas.

154. *Démontrer que si un nombre* n *est impair, l'expression* n³ — n *est divisible par 24.*

En effet, on a :

$$n^3 - n = n(n^2 - 1) = n(n + 1)(n - 1);$$

mais $n - 1$, n et $n + 1$ sont trois nombres entiers consécutifs dont le 1er et le dernier sont pairs. Or il est évident que l'un de ces trois nombres est divisible par 3; d'autre part, $n - 1$ et $n + 1$ étant deux nombres pairs consécutifs, on comprend sans peine que l'un de ces nombres est nécessairement divisible par 4, tandis que l'autre l'est par 2 : donc les trois nombres 2, 3 et 4 sont facteurs du produit $n(n+1)(n-1)$; par conséquent, ce produit ou $n^3 - n$ est divisible au moins par $2 \times 3 \times 4$ ou par 24.

155. *Si un polynôme entier en* x, *tel que*

$$\mathrm{A}x^m + \mathrm{B}x^{m-1} + \ldots + \mathrm{K}x + \mathrm{L},$$

est divisible par x — a, x — b, x — c, ..., *il est divisible par le produit* (x — a) (x — b) (x — c) . . . . .

Soit P le polynôme proposé et Q le quotient de ce polynôme par $x - a$; on aura, par suite :

$$\mathrm{P} = (x - a)\,\mathrm{Q}.$$

Mais P étant divisible par $x - b$, se réduit à o pour $x = b$ (**91**, *Cours*). Le second membre, devenant par cette substitution $(b - a)\mathrm{Q}$, doit être nul aussi; mais $b - a$ étant différent de o, il faut que Q devienne o. Or, Q se réduisant à o pour $x = b$ est divisible par $x - b$, et l'on a $\mathrm{Q} = \mathrm{Q}'(x - b)$; d'où :

$$\mathrm{P} = (x - a)\,(x - b)\mathrm{Q}'.$$

Le 1er membre P de cette dernière égalité étant divisible par $x - c$ se réduit à o pour $x = c$. Le second membre devenant par cette substitution $(c - a)(c - b)\mathrm{Q}'$ doit être nul aussi; mais les valeurs $c - a$, $c - b$ étant différentes de o, il faut que Q' devienne o; donc Q' est divisible par $x - c$, et l'on a $\mathrm{Q}' = \mathrm{Q}''(x - c)$, d'où :

$$\mathrm{P} = (x - a)\,(x - b)\,(x - c)\mathrm{Q}''.$$

Le même raisonnement pouvant se continuer, il en résulte que P est divisible par le produit

$$(x - a)\,(x - b)\,(x - c) \ldots$$

156. *L'égalité* $x^3 - 10x^2 - 31x - 30 = 0$ *est vérifiée par trois nombres entiers : trouver ces nombres.*

Rép. : 2, 3, 5.

Chaque valeur entière de x divisant tous les termes qui précèdent 30 doit aussi diviser 30. Les trois nombres cherchés sont donc parmi les diviseurs de 30. Or les diviseurs de ce nombre sont 2, 3, 5, 6, etc. Si 2 est l'une des valeurs de x, en substituant cette valeur de $x = 2$ dans le polynôme proposé, il deviendra égal à zéro. La substitution donne :

$$2^3 - 10 \times 2^2 + 31 \times 2 - 30 = 8 - 40 + 62 - 30 = 70 - 70 = 0.$$

2 est donc l'une des valeurs cherchées. On trouve de même que 3 et 5 sont les deux autres valeurs cherchées. Pour obtenir 3 et 5, on peut encore procéder autrement, car le polynôme proposé, s'annu-

lant pour $x = 2$, est divisible par $x - 2$. Effectuant la division, on trouve pour quotient $x^2 - 8x + 15$. Si on égale ce quotient à zéro, on pourra chercher les deux autres nombres au moyen de cette équation : $x^2 - 8x + 15 = 0$. D'ailleurs, ayant trouvé 3, on pourra encore diviser $x^2 - 8x + 15$ par $x - 3$, égaler le quotient à zéro, et trouver enfin la dernière valeur de x.

157. *Le produit de 4 nombres entiers consécutifs augmenté de leur somme est égal à 134. On demande ces 4 nombres.*

Rép. 2, 3, 4, 5.

Les quatre nombres cherchés étant

$$x - 1, \quad x, \quad x + 1, \quad x + 2,$$

l'énoncé donne lieu à l'égalité

$$(x - 1) \times x \times (x + 1)(x + 2) + x - 1 + x + x + 1 + x + 2 = 134,$$

ou :

$$x^4 + 2x^3 - x^2 + 2x + 2 = 134.$$

Retranchant 134 à chaque membre de cette égalité, il vient :

$$x^4 + 2x^3 - x^2 + 2x + 2 - 134 = 0,$$

ou :

$$x^4 + 2x^3 - x^2 + 2x - 132 = 0.$$

En essayant, comme dans l'exercice précédent, les diviseurs de 132, on trouve qu'en substituant 3 à x, le 1er membre s'annule. On a donc : $x = 3$, $x - 1 = 2$, $x + 1 = 4$ et $x + 2 = 5$. Les 4 nombres cherchés sont donc 2, 3, 4 et 5, ce qu'on peut aisément vérifier.

158. *Les cinquièmes puissances de 2 nombres entiers consécutifs diffèrent de 211 unités : trouver ces nombres.*

Rép. : 2 et 3.

L'énoncé donne l'égalité

$$(x + 1)^5 - x^5 = 211 ;$$

d'où successivement :

$$(x + 1)^2 \times (x + 1)^3 - x^5 = 211,$$
$$(x^2 + 2x + 1) \times (x^3 + 3x^2 + 3x + 1) - x^5 = 211,$$
$$5x^4 + 10x^3 + 10x^2 + 5x + 1 = 211.$$

Retranchant 211 à chaque membre de cette égalité, il vient :

$$5x^4 + 10x^3 + 10x^2 + 5x + 1 - 211 = 0,$$

ou :

$$5x^4 + 10x^3 + 10x^2 + 5x - 210 = 0.$$

Le nombre 2 annulant le 1er membre, les nombres cherchés sont 2 et 3. On a bien, en effet :

$$3^5 - 2^5 = 243 - 32 = 211.$$

EXERCICES SUR LES FRACTIONS.

Simplifier les expressions suivantes :

159. $1^\circ \dfrac{a(a+b)}{2(a^2-b^2)}$; $2^\circ \dfrac{4a(a-b)}{6(a^2-2ab+b^2)}$.

1° On a (**74**, *Cours*) :

$$\frac{a(a+b)}{2(a^2-b^2)} = \frac{a(a+b)}{2(a+b)(a-b)} = \frac{a}{2(a-b)} .$$

2° On a (**73**, *Cours*) :

$$\frac{4a(a-b)}{6(a^2-2ab+b^2)} = \frac{4a(a-b)}{6(a-b)(a-b)} = \frac{2a}{3(a-b)} .$$

160. $\dfrac{17(a^3b^2-a^2b^3)}{51(a^2b+a^2b^3)}$.

On a :

$$\frac{17(a^3b^2-a^2b^2)}{51(a^2b+a^2b^3)} = \frac{a^3b^2-a^2b^2}{3(a^2b+a^2b^3)} = \frac{a^2b(ab-b)}{3a^2b(1+b^2)} = \frac{ab-b}{3(1+b^2)} .$$
$$= \frac{b(a-1)}{3(1+b^2)} .$$

161. $\dfrac{16a^4b^2-4a^2c^2}{12a^3bc-6a^2c^2}$.

On a :

$$\frac{16a^4b^2-4a^2c^2}{12a^3bc-6a^2c^2} = \frac{4a^2(4a^2b^2-c^2)}{6a^2c(2ab-c)} = \frac{2(4a^2b^2-c^2)}{3c(2ab-c)} .$$

162. $\dfrac{x^2+2x+1}{x^2-1}$.

On a :

$$\frac{x^2+2x+1}{x^2-1} = \frac{(x+1)(x+1)}{(x+1)(x-1)} = \frac{x+1}{x-1} .$$

163. $\dfrac{a^4-b^4}{a^2+b^2}$.

On a :

$$\frac{a^4 - b^4}{a^2 + b^2} = \frac{(a^2 + b^2)(a^2 - b^2)}{a^2 + b^2} = a^2 - b^2.$$

164.
$$\frac{x^2 - 2x + 1}{x^2 + 2x - 3}.$$

Le numérateur étant le carré de $x - 1$, on essaye la division du dénominateur par $x - 1$. Cette division réussit, et le quotient est $x + 3$, de sorte qu'on a :

$$\frac{x^2 - 2x + 1}{x^2 + 2x - 3} = \frac{(x - 1)(x - 1)}{(x - 1)(x + 3)} = \frac{x - 1}{x + 3}.$$

165.
$$\frac{4x^3 - 12x^2y + 12xy^2 - 4y^3}{6x^2 - 12xy + 6y^2}.$$

4 étant facteur au numérateur et 6 au dénominateur, on a :

$$\frac{4x^3 - 12x^2y + 12xy^2 - 4y^3}{6x^2 - 12xy + 6y^2} = \frac{4(x^3 - 5x^2y + 3xy^2 - y^3)}{6(x^2 - 2xy + y^2)}$$

$$= \frac{4(x - y)^3}{6(x - y)^2} = \frac{2}{3}(x - y).$$

166.
$$\frac{2x^2 - 5x + 3}{2x^3 - 13x^2 + 23x - 12}.$$

Je cherche les valeurs de x qui annulent le numérateur de la fraction proposée. A cet effet, j'essaye (**90**, *Cours*) 1 et 3, diviseurs du dernier terme 3. Le nombre 1 seul réussit; par conséquent (**92**, *Cours*) le numérateur est divisible par $x - 1$. J'effectue la division et je trouve pour quotient

$$2x - 3.$$

Le dénominateur, s'annulant aussi pour $x = 1$, est également divisible par $x - 1$. Le quotient est

$$2x^2 - 11x + 12.$$

Enfin, si j'essaye de diviser $2x^2 - 11x + 12$ par $2x - 3$, je trouve pour quotient exact $x - 4$. Je puis donc écrire :

$$\frac{2x^2 - 5x + 3}{x^{23} - 13x^2 + 23x - 12} = \frac{(x - 1)(2x - 5)}{(x - 1)(2x^2 - 11x + 12)}$$

$$= \frac{2x - 3}{2x^2 - 11x + 12} = \frac{1}{x - 4}.$$

167.
$$\frac{2ab+a^2+b^2-c^2}{2ac+a^2+c^2-b^2}.$$

On a, comme il est facile de le voir :

$$\frac{2ab+a^2+b^2-c^2}{2ac+a^2+c^2-b^2}=\frac{(a+b)^2-c^2}{(a+c)^2-b^2}=\frac{(a+b+c)(a+b-c)}{(a+c+b)(a+c-b)}$$
$$=\frac{a+b-c}{a+c-b}.$$

168.
$$\frac{(a+b)[(a+b)^2-c^2]}{2a^2b^2+2b^2c^2+2a^2c^2-a^4-b^4-c^4}.$$

Il est facile de voir que le numérateur peut se remplacer par
$$(a+b)(a+b+c)(a+b-c).$$

On voit aussi sans peine que le dénominateur peut être remplacé par

$$4a^2b^2-2a^2b^2+2b^2c^2+2a^2c^2-a^4-b^4-c^4,$$

ou par (exercice **121**)

$$4a^2b^2-(a^2+b^2-c^2)^2=(2ab+a^2+b^2-c^2)(2ab-a^2-b^2+c^2)$$
$$=[(a+b)^2-c^2][c^2-(a-b)^2]$$
$$=(a+b+c)(a+b-c)(c+a-b)(c-a+b).$$

Donc enfin on a :

$$\frac{(a+b)[(a+b)^2-c^2]}{2a^2b^2+2b^2c^2+2a^2c^2-a^4-b^4-c^4}$$
$$=\frac{(a+b)(a+b+c)(a+b-c)}{(a+b+c)(a+b-c)(c+a-b)(c-a+b)}$$
$$=\frac{a+b}{(c+a-b)(c-a+b)}.$$

169.
$$\frac{2x^3-7x^2+2x+3}{2x^3-9x^2+10x-3}.$$

Si l'on procède identiquement comme plus haut (exercice **166**), on aura :

$$\frac{2x^3-7x^2+2x+3}{2x^3-9x^2+10x-3}=\frac{(2x+1)(x-1)(x-3)}{(2x-1)(x-1)(x-3)}=\frac{2x+1}{2x-1}.$$

Réunir en une seule fraction les expressions suivantes, et simplifier quand il y aura lieu :

170.
$$\frac{b}{a}+\frac{c}{a}+\frac{d}{e}.$$

Avant de faire la somme des fractions proposées, il est évident qu'il faut les réduire au même dénominateur; on a donc (**103** et **104**, *Cours*) :

$$\frac{b}{a} + \frac{c}{a} + \frac{d}{e} = \frac{be}{ae} + \frac{ce}{ae} + \frac{ad}{ae} = \frac{be + ce + ad}{ae}.$$

171.
$$\frac{b}{a} + \frac{c}{a} + \frac{c}{f}.$$

Il est facile de voir qu'on a :

$$\frac{b}{a} + \frac{c}{a} + \frac{c}{f} = \frac{bf}{af} + \frac{cf}{af} + \frac{ac}{af} = \frac{bf + cf + ac}{af}.$$

172.
$$\frac{m}{12ab^2} + \frac{n}{6a^2b} + \frac{p}{9a^2b^2}.$$

On voit sans peine que $36a^2b^2$ peut servir de dénominateur commun; on a donc :

$$\frac{m}{12ab^2} + \frac{n}{6a^2b} + \frac{p}{9a^2b^2} = \frac{m \times 3a}{12ab^2 \times 3a} + \frac{n \times 6b}{6a^2b \times 6b} + \frac{p \times 4}{9a^2b^2 \times 4}$$

$$= \frac{3am + 6bn + 4p}{36a^2b^2}.$$

173.
$$\frac{a}{a-b} + \frac{b}{c} + \frac{d}{b}.$$

Le dénominateur commun étant égal au produit des dénominateurs des fractions proposées, ou à $bc(a-b)$, il vient :

$$\frac{a}{a-b} + \frac{b}{c} + \frac{d}{b} = \frac{abc}{bc(a-b)} + \frac{b^2(a-b)}{bc(a-b)} + \frac{cd(a-b)}{bc(a-b)}$$

$$= \frac{abc + b^2(a-b) + cd(a-b)}{bc(a-b)}.$$

174.
$$5a - \left(\frac{2a-b}{2}\right).$$

Prenant 2 pour dénominateur commun, on a (voir la règle de la soustraction) :

$$3a - \left(\frac{2a-b}{2}\right) = \frac{6a}{2} - \left(\frac{2a-b}{2}\right) = \frac{6a}{2} - \frac{2a}{2} + \frac{b}{2} = \frac{4a}{2} + \frac{b}{2} = \frac{4a+b}{2}.$$

175.
$$5a - 2b - \frac{3a-2b}{1}.$$

Il est facile de voir qu'on a :

$$5a - 2b - \frac{3a - 2b}{4} = \frac{20a}{4} - \frac{8b}{4} - \frac{3a - 2b}{4}$$

$$= \frac{20a}{4} - \frac{8b}{4} - \frac{3a}{4} + \frac{2b}{4} = \frac{17a - 6b}{4}.$$

176.
$$3a + 4b - \frac{-2a + 3b - c}{5}.$$

On a évidemment :

$$3a + 4b - \frac{-2a + 3b - c}{5} = \frac{15a}{5} + \frac{20b}{5} + \frac{2a}{5} - \frac{3b}{5} + \frac{c}{5}$$

$$= \frac{17a + 17b + c}{5}.$$

177.
$$3x - 2y + 2a - \frac{3x + 2y - 2a - c}{3}.$$

On a :

$$3x - 2y + 2a - \frac{3x + 2y - 2a - c}{3}$$

$$= \frac{15x}{3} - \frac{6y}{3} + \frac{6a}{3} - \frac{3x}{3} - \frac{2y}{3} + \frac{2a}{3} + \frac{c}{3} = \frac{12x - 8y + 8a + c}{3}.$$

178.
$$\frac{a}{a+b} + \frac{b}{a^2 - b^2} - \frac{b}{a-b}.$$

On voit sans difficulté que $a^2 - b^2$ peut servir de dénominateur commun, et alors on a :

$$\frac{a}{a+b} + \frac{b}{a^2 - b^2} - \frac{b}{a-b} = \frac{a(a-b)}{a^2 - b^2} + \frac{b}{a^2 - b^2} - \frac{b(a+b)}{a^2 - b^2}$$

$$= \frac{a^2 - 2ab + b - b^2}{a^2 - b^2}.$$

179.
$$\frac{a-b}{a^2 - b^2} + \frac{a+b}{a^2 + 2ab + b^2} + \frac{a}{a+b}.$$

Si l'on divise les deux termes de la 1re fraction par $a - b$, et les deux termes de la seconde par $a + b$, on aura :

$$\frac{a-b}{a^2 - b^2} + \frac{a+b}{a^2 + 2ab + b^2} + \frac{a}{a+b} = \frac{1}{a+b} + \frac{1}{a+b} + \frac{a}{a+b} = \frac{2+a}{a+b}.$$

180.
$$\frac{a-b}{a^2-2ab+b^2}+\frac{a+b}{a^2-b^2}+1.$$

Si l'on opère comme dans l'exercice précédent, et qu'on réduise 1 en fraction, il vient :

$$\frac{a-b}{a^2-2ab+b^2}+\frac{a+b}{a^2-b^2}+1=\frac{1}{a-b}+\frac{1}{a-b}+\frac{a-b}{a-b}=\frac{2+a-b}{a-b}.$$

181.
$$r+\frac{2\,R\,r}{R-r}+\frac{Rr-r^2}{R+r}.$$

Réduisant r en fraction, on a :

$$r+\frac{2Rr}{R+r}+\frac{Rr+r^2}{R+r}=\frac{r(R+r)}{R+r}+\frac{2Rr}{R+r}+\frac{Rr-r^2}{R+r}=\frac{4Rr}{R+r}.$$

182.
$$R^2-\left[\frac{(R-r)R}{R+r}\right]^2.$$

Il est évident qu'on a successivement :

$$R^2-\left[\frac{(R-r)R}{R+r}\right]^2=R^2-\frac{(R-r)^2R^2}{(R+r)^2}=\frac{R^2(R+r)^2}{(R+r)^2}-\frac{(R-r)^2R^2}{(R+r)^2}$$

$$=\frac{R^2(R^2+2Rr+r^2)-(R^2-2Rr+r^2)R^2}{(R+r)^2}$$

$$=\frac{R^2(R^2+2Rr+r^2-R^2+2Rr-r^2)}{(R+r)^2}=\frac{4R^3r}{(R+r)^2}.$$

183.
$$\frac{a^2b-ab^2}{a^2-b^2}+\frac{a^3+a^2b}{a^2+2ab+b^2}-\frac{a^2-2ab}{a+b}.$$

Il est facile de voir que $a+b$ peut servir de dénominateur commun, car on a :

$$\frac{a^2b-ab^2}{a^2-b^2}+\frac{a^3+a^2b}{a^2+2ab+b^2}-\frac{a^2-2ab}{a+b}$$

$$=\frac{ab(a-b)}{a^2-b^2}+\frac{a^2(a+b)}{(a+b)(a+b)}-\frac{a^2-2ab}{a+b}$$

$$\frac{ab}{a+b}+\frac{a^2}{a+b}-\frac{a^2-2ab}{a+b}=\frac{3ab}{a+b}.$$

184.
$$\frac{b^2x^2}{a^2}-\frac{b^2}{a^2}(x^2-a^2).$$

On a, en effectuant :

$$\frac{b^2x^2}{a^2}-\frac{b^2}{a^2}(x^2-a^2)=\frac{b^2x^2}{a^2}-\frac{b^2x^2}{a^2}+\frac{b^2a^2}{a^2}=b^2.$$

185. .
$$\frac{a-b}{c-d} \times \frac{c^2-d^2}{a^2-b^2} \times (a+b).$$

On a, comme il est facile de le voir :

$$\frac{a-b}{c-d} \times \frac{c^2-d^2}{a^2-b^2} \times (a+b) = \frac{a-b}{c-d} \times \frac{(c-d)(c+d)}{(a-b)(a+b)} \times (a+b) = c+d.$$

186.
$$\frac{R^2 r^2}{(R+r)^3} [4(R^2+r^2+Rr)-3(R^2+r^2)-2Rr].$$

Si l'on effectue les calculs indiqués entre crochets, on a :

$$\frac{R^2 r^2}{(R+r)^3} [4(R^2+r^2+Rr)-3(R^2+r^2)-2Rr]$$

$$= \frac{R^2 r^2}{(R+r)^3} (4R^2+4r^2+4Rr-3R^2-3r^2-2Rr)$$

$$= \frac{R^2 r^2}{(R+r)^3} (R^2+r^2+2Rr) = \frac{R^2 r^2}{R+r}.$$

187. *Démontrer que toute fraction* $\frac{a}{b}$ *plus petite ou plus grande que l'unité augmente ou diminue quand on ajoute à ses deux termes une même quantité* m.

Si à chaque terme de la fraction $\frac{a}{b}$ on ajoute la quantité m, on a la nouvelle fraction $\frac{a+m}{b+m}$. Or, pour comparer les deux fractions $\frac{a}{b}$ et $\frac{a+m}{b+m}$, il suffit évidemment de les réduire au même dénominateur : la 1re est équivalente à $\frac{ab+bm}{b(b+m)}$, et la seconde à $\frac{ab+bm}{b(b+m)}$.

Ces deux fractions ont même dénominateur, et leurs numérateurs ont une partie commune ab ; il s'agit donc simplement de comparer les produits am et bm. Or, si la fraction est plus petite que l'unité, on a :

$$a < b,$$

et par suite :

$$am < bm.$$

Donc, dans ce cas, la seconde fraction est plus grande que la première.

Si, au contraire, la fraction $\frac{a}{b}$ est plus grande que l'unité, on a :

$$a > b,$$

et par suite :

$$am > bm.$$

Donc, dans ce cas, la seconde fraction est plus petite que la première.

Il résulte de là qu'une fraction, telle que

$$\frac{a+m}{b+m},$$

se rapproche toujours de l'unité pour $a < b$, de même que pour
$$a > b.$$

Ainsi la fraction $\frac{4+2}{7+2}$ est plus près de l'unité que la fraction $\frac{4}{7}$;

de même, l'expression $\frac{9+2}{7+2}$ est plus près de l'unité que $\frac{9}{7}$.

188. *Mettre 3 en facteur commun dans* 3x — 1.

Il est évident qu'on a :

$$3x - 1 = 3\left(x - \frac{1}{3}\right).$$

189. *Mettre* x² *en facteur commun dans le polynôme* x²+px+q.

On a, comme il est facile de le voir :

$$x^2 + px + q = x^2\left(1 + \frac{p}{x} + \frac{q}{x^2}\right).$$

190. *Mettre* a *en facteur commun dans l'expression* ax²+bx+c.

On a évidemment :

$$ax^2 + bx + c = a\left(x^2 + \frac{bx}{a} + \frac{c}{a}\right).$$

191. *Diviser* $\frac{a^2 - 2ab + b^2}{a^2 - b^2}$ *par* $\frac{(ab - b^2) \times 2d}{a + b}$.

On voit sans peine que le dividende

$$\frac{a^2 - 2ab + b^2}{a^2 - b^2} = \frac{(a-b)(a-b)}{(a+b)(a-b)} = \frac{a-b}{a+b}.$$

Le diviseur

$$\frac{(ab - b^2) \times 2d}{a + b} = \frac{b(a-b) \times 2d}{a + b}.$$

On a donc à diviser :

$$\frac{a-b}{a+b} \text{ par } \frac{b(a-b) \times 2d}{a + b}.$$

Le quotient est égal à

$$\frac{a-b}{a+b} \times \frac{a+b}{b(a-b) \times 2d} = \frac{1}{2bd}.$$

192. *Diviser* $\dfrac{6x^2 - 5x - 6}{15x^2 + 10x}$ *par* $\dfrac{2x - 3}{6x^2 + 4x}$.

Le dividende :

$$\frac{6x^2 - 5x - 6}{15x^2 + 10x} = \frac{6x^2 - 5x - 6}{5x(3x + 2)}.$$

Le dénominateur de l'expression $\dfrac{6x^2 - 5x - 6}{5x(3x + 2)}$ étant divisible par $3x + 2$, on essaye de diviser aussi le numérateur par $3x + 2$. La division réussit et donne $2x - 3$ pour quotient. Il vient donc :

$$\frac{6x^2 - 5x - 6}{15x^2 + 10x} = \frac{(3x + 2)(2x - 3)}{5x(3x + 2)} = \frac{2x - 3}{5x}.$$

Il ne s'agit plus par conséquent que de diviser $\dfrac{2x - 3}{5x}$ par $\dfrac{2x - 3}{6x^2 + 4x}$. Le quotient est :

$$\frac{2x - 3}{5x} \times \frac{6x^2 + 4x}{2x - 3} = \frac{6x^2 + 4x}{5x} = \frac{6x + 4}{5}.$$

193. *Vérifier l'égalité*

$$\frac{6x^4 - 5x^3 - 9x^2 + 14x - 5}{2x^2 - 3x + 1} = 3x^2 + 2x - 5 + \frac{5x - 2}{2x^2 - 3x + 1}.$$

Pour vérifier l'égalité proposée, il suffit de transformer le second membre de cette égalité en une seule fraction ; on a, en effet :

$$3x^2 + 2x - 5 + \frac{5x - 2}{2x^2 - 3x + 1} = \frac{(2x^2 - 3x + 1)(3x^2 + 2x - 5) + 3x - 2}{2x^2 - 3x + 1}$$

$$= \frac{6x^4 - 5x^3 - 9x^2 + 14x - 5}{2x^2 - 3x + 1}.$$

Transformer chaque expression suivante en une fraction ordinaire :

194. 1° $a - \dfrac{1}{1 + \dfrac{1}{a}}$; 2° $a + \dfrac{1}{\dfrac{1}{a} + \dfrac{1}{b}}$; 3° $\dfrac{\dfrac{b}{c} + \dfrac{d}{a}}{1 - \dfrac{bd}{ac}}$.

Rép. : 1° $\dfrac{a^2}{a + 1}$; 2° $\dfrac{a^2 + 2ab}{a + b}$; 3° $\dfrac{ab + cd}{ac - bd}$.

1° On doit retrancher de a l'expression $\dfrac{1}{1 + \dfrac{1}{a}}$, c'est-à-dire le quotient de 1 divisé par $1 + \dfrac{1}{a}$; mais $1 + \dfrac{1}{a} = \dfrac{a+1}{a}$.

On a par conséquent :

$$\cfrac{1}{1 + \cfrac{1}{a}} = \cfrac{1}{\cfrac{a+1}{a}} = 1 \times \frac{a}{a+1} = \frac{a}{a+1}.$$

Par suite :

$$a - \cfrac{1}{1 + \cfrac{1}{a}} = a - \frac{a}{a+1} = \frac{a^2 + a - a}{a+1} = \frac{a^2}{a+1}.$$

$2°$ On a de même :

$$a + \cfrac{1}{\cfrac{1}{a} + \cfrac{1}{b}} = a + \cfrac{1}{\cfrac{b}{ab} + \cfrac{a}{ab}} = a + \cfrac{1}{\cfrac{b+a}{ab}} = a + 1 \times \frac{ab}{b+a}$$

$$= a + \frac{ab}{a+b} = \frac{a^2 + 2ab}{a+b}.$$

$3°$ On a aussi :

$$\cfrac{\cfrac{b}{c} + \cfrac{d}{a}}{1 - \cfrac{bd}{ac}} = \cfrac{\cfrac{ab}{ac} + \cfrac{cd}{ac}}{\cfrac{ac - bd}{ac}} = \cfrac{\cfrac{ab+cd}{ac}}{\cfrac{ac+bd}{ac}} = \frac{ab+cd}{ac} \times \frac{ca}{ac-bd} = \frac{ab+cd}{ac-bd}.$$

195. $\quad 1° \quad \cfrac{1 - \cfrac{a^3}{b^3}}{\cfrac{1}{b^2} - \cfrac{a}{b^3}} \quad ; \quad 2° \quad \cfrac{1 - \cfrac{3b}{a} + \cfrac{3b}{a^2} - \cfrac{b^3}{a^3}}{2\left(1 - \cfrac{2b}{a} + \cfrac{b^2}{a^2}\right)}.$

Rép. : $1°$ $b^2 + ba + a^2$ $\quad ; \quad$ $2°$ $\dfrac{a-b}{2a}$.

$1°$ On a successivement :

$$\cfrac{1 - \cfrac{a^3}{b^3}}{\cfrac{1}{b^2} - \cfrac{a}{b^3}} = \cfrac{\cfrac{b^3 - a^3}{b^3}}{\cfrac{b - a}{b^3}} = \frac{b^3 - a^3}{b^3} \times \frac{b^3}{b-a} = \frac{b^3 - a^3}{b-a} = b^2 + ba + a^2.$$

$2°$ Il vient successivement :

$$\cfrac{-\cfrac{3b}{a} + \cfrac{3b}{a^2} - \cfrac{b^3}{a^3}}{2\left(1 - \cfrac{2b}{a} + \cfrac{b^2}{a^2}\right)} = \cfrac{\cfrac{a^3 - 3a^2b + 3ab^2 - b^3}{a^3}}{2\left(\cfrac{a^2 - 2ab + b^2}{a^2}\right)} = \cfrac{\cfrac{a^3 - 3a^2b + 3ab^2 - b^3}{a^3}}{}$$

$$\times \frac{a^2}{2(a^2 - 2ab + b^2)} = \frac{(a-b)^3}{2a(a-b)^2} = \frac{a-b}{2a}.$$

196. *Vérifier l'égalité :*

$$\frac{\dfrac{1}{a+b}+\dfrac{1}{a-b}}{2-\dfrac{a+b}{a-b}}\times\frac{1-\dfrac{2b}{a+b}}{1+\dfrac{a-b}{a+b}}=\frac{1}{a+b}.$$

Soit d'abord la première expression du premier membre de l'égalité proposée ; on voit sans difficulté que

$$\frac{\dfrac{1}{a+b}+\dfrac{1}{a-b}}{2-\dfrac{a+b}{a-b}}=\frac{\dfrac{a-b}{a^2-b^2}+\dfrac{a+b}{a^2-b^2}}{\dfrac{2a-2b-a-b}{a-b}}=\frac{\dfrac{2a}{a^2-b^2}}{\dfrac{a-b}{a-b}}=\frac{2a}{a^2-b^2}.$$

On a pour la seconde expression :

$$\frac{1-\dfrac{2b}{a+b}}{1+\dfrac{a-b}{a+b}}=\frac{\dfrac{a+b-2b}{a+b}}{\dfrac{a+b+a-b}{a+b}}=\frac{\dfrac{a-b}{a+b}}{\dfrac{2a}{a+b}}=\frac{a-b}{a+b}\times\frac{a+b}{2a}=\frac{a-b}{2a}.$$

Le produit des deux expressions qui composent le premier membre est donc égal à

$$\frac{2a}{a^2-b^2}\times\frac{a-b}{2a}=\frac{a-b}{a^2-b^2}=\frac{1}{a+b}.$$

EXERCICES SUR LA RÉSOLUTION DES ÉQUATIONS DU 1er DEGRÉ.

ÉQUATIONS A UNE INCONNUE.

Résoudre les équations suivantes :

197. $3x-18=54.$

Rép. : $x=24.$

198. $4x-5=45-6x.$

Rép. : $x=5.$

199. $12x-26=\dfrac{5x-6}{3}+7.$

Rép. : $x=3.$

200. $\dfrac{6x-3}{7}+4=2x-\dfrac{x}{4}.$

Rép. : $x=4.$

201. $\dfrac{2x}{3}-\dfrac{x}{2}+\dfrac{4x}{5}=29.$

Rép. : $x=30.$

202. $\dfrac{5x}{3}+\dfrac{3x}{4}-36,25=0.$

Rép. : $x=15.$

203. $\dfrac{2x-5}{4x-5}=\dfrac{5}{7}$.

Rép. : $x=5$.

204. $\dfrac{7x-\dfrac{1}{3}}{9x-\dfrac{5}{4}}=\dfrac{8}{5}$.

Rép. : $x=\dfrac{1}{3}$.

205. $\dfrac{2(3x-2)}{5(2x-5)}=\dfrac{14}{9}$.

Rép. : $x=5$.

206. $\dfrac{5x(x-5)}{4(2x-1)}+\dfrac{5}{14}=\dfrac{11}{28}$.

Rép. : $x=4$.

207. $\dfrac{5x+5}{19}+\dfrac{41-5x}{5}=\dfrac{5x-11}{4}$.

Rép. : $x=7$.

208. $\dfrac{15}{2x-3}=\dfrac{59}{5x-7}$.

Rép. : $x=4$.

209. $\dfrac{x-5}{5}=4\left(\dfrac{x}{5}-2\right)-5$.

Rép. : $x=20$.

210. $x+4-\dfrac{9x-54}{5}+4{,}8=9x$.

Rép. : $x=6$.

211. $\dfrac{5000+x}{7}=1000+\dfrac{x-1000}{7}-\dfrac{5000+x}{49}$.

Rép. : $x=18000$.

212. $(x-1)^2+x^2=(x+1)^2$.

Rép. : $x=4$.

213. $ax-b=c$.

Rép. : $x=\dfrac{b+c}{a}$.

214. $ax-bx=a^2-b^2$.

Rép. : $x=a+b$.

215. $\dfrac{x}{a}+\dfrac{x}{b}=1$.

Rép. : $x=\dfrac{ab}{a+b}$.

216. $\dfrac{x}{a}+\dfrac{x}{b}-\dfrac{x}{c}=1$.

Rép. : $x=\dfrac{abc}{ac+bc-ab}$.

On a successivement :

$$\frac{x}{a} + \frac{x}{b} - \frac{x}{c} = 1,$$

$$\frac{bcx}{abc} + \frac{acx}{abc} - \frac{abx}{abc} = 1,$$

$$x(ac + bc - ab) = abc;$$

d'où :

$$x = \frac{abc}{ac + bc - ab}.$$

217.
$$\frac{ax - b}{c} = bx.$$

Rép. : $x = \dfrac{b}{a - bc}.$

L'équation

$$\frac{ax - b}{c} = bx$$

donne :

$$ax - b = bcx;$$

d'où :

$$x = \frac{b}{a - bc}.$$

218.
$$\frac{ax - bx}{a + b} = a - b.$$

Rép. : $x = a + b.$

On a :

$$\frac{ax - bx}{a + b} = a - b;$$

d'où :

$$x(a - b) = a^2 - b^2,$$

et par suite :

$$x = a + b.$$

219.
$$\frac{a + b}{x} = \frac{1}{a^2 - ab + b^2}.$$

Rép. : $x = a^3 + b^3.$

De

$$\frac{a + b}{x} = \frac{1}{a^2 - ab + b^2},$$

on déduit immédiatement :

$$x = (a^2 - ab + b^2)(a + b) = a^3 + b^3.$$

220.
$$x^2 + 3bx + b^2 = \frac{x^3 + b^3}{x + b} + 2bc.$$

$$\text{Rép. : } x = \frac{c}{2}.$$

De

$$x^2 + 3bx + b^2 = \frac{x^3 + b^3}{x + b} + 2bc,$$

on tire, en effectuant la division indiquée dans le second membre :

$$x^2 + 3bx + b^2 = x^2 - xb + b^2 + 2bc;$$

d'où :

$$x = \frac{c}{2}.$$

221.
$$\frac{2bx}{3a^2} - \frac{x + b}{a - b} = \frac{x - b^2}{a + b} - \frac{2x}{a}.$$

$$\text{Rép. : } x = \frac{3a^2(a - ab + b + b^2)}{2(a^2 - b^2 - 3ab)}.$$

L'équation étant :

$$\frac{2bx}{3a^2} - \frac{x + b}{a - b} = \frac{x - b^2}{a + b} - \frac{2x}{a},$$

il est facile de voir qu'on peut prendre :

$$3a^2 \times (a - b)(a + b)$$

pour le dénominateur commun des fractions. On multipliera donc le numérateur de la première par $(a - b)(a + b)$ ou par $a^2 - b^2$; le numérateur de la seconde par $3a^2(a + b)$ ou par $3a^3 + 3a^2b$; celui de la troisième par $3a^2(a - b)$ ou par $3a^3 - 3a^2b$; enfin celui de la quatrième par $3a(a - b)(a + b)$ ou par $3a^3 - 3ab^2$. On aura alors l'équation

$$2a^2bx - 2b^3x - 3a^3x - 3a^2bx - 3a^3b - 3a^2b^2$$
$$= 3a^3x - 3a^2bx - 3a^3b^2 + 3a^2b^3 - 6a^3x + 6ab^2x;$$

d'où, après réduction,

$$2a^2bx - 2b^3x - 6ab^2x = 3a^3b - 3a^3b^2 + 3a^2b^2 + 3a^2b^3;$$

on a donc :

$$x = \frac{3a^3b - 3a^3b^2 + 3a^2b^2 + 3a^2b^3}{2a^2b - 2b^3 - 6ab^2},$$

ou :

$$x = \frac{3a^2b(a - ab + b + b^2)}{2b(a^2 - b^2 - 3ab)},$$

ou encore :

$$x = \frac{3a^2(a - ab + b + b^2)}{2(a^2 - b^2 - 3ab)}.$$

222. $(x + a)(x - a) - \dfrac{2x(b - c)}{a} = \dfrac{b^2c}{a} + x^2.$

$$\text{Rép. : } x = \frac{a^3 + b^2c}{2(c - b)}.$$

Il est facile de voir qu'on a successivement :

$$(x + a)(x - a) - \frac{2x(b - c)}{a} = \frac{b^2c}{a} + x^2,$$

$$a(x^2 - a^2) - 2bx + 2cx = b^2c + ax^2,$$

$$ax^2 - a^3 - 2bx + 2cx = b^2c + ax^2,$$

$$x = \frac{a^3 + b^2c}{2(c - b)}.$$

223. $(x + a)(x + b) - b(a + b) = x^2 + \dfrac{2bc}{a}.$

$$\text{Rép. : } x = \frac{b(ab + 2c)}{a(a + b)}.$$

On a successivement :

$$(x + a)(x + b) - b(a + b) = x^2 + \frac{2bc}{a},$$

$$x^2 + ax + bx + ab - ab - b^2 = x^2 + \frac{2bc}{a},$$

$$a^2x + abx - ab^2 = 2bc,$$

$$x = \frac{b(ab + 2c)}{a(a + b)}.$$

224. $\dfrac{an + x - a}{n} = 2a + \dfrac{x - 2a}{n} - \dfrac{an + x - a}{n^2}.$

$$\text{Rép. : } x = a(n - 1)^2.$$

Si l'on multiplie par n^2 les deux membres de l'équation proposée, elle devient :

$$an^2 + nx - an = 2an^2 + nx - 2an - an - x + a,$$

et par suite :

$$x = an^2 - 2an + a,$$

ou :

$$x = a(n^2 - 2n + 1),$$

ou encore :

$$x = a(n - 1)^2.$$

ÉQUATIONS A DEUX INCONNUES.

225. $\quad x + y = 7,$
$\qquad x - y = 1.$

Rép. : $x = 4$, $y = 3.$

226. $\quad 2x + y = 7,$
$\qquad 5x - 3y = 12.$

Rép. : $x = 3$, $y = 1.$

227. $\quad y = 2x,$
$\qquad x + y = 3.$

Rép. : $x = 1$, $y = 2.$

228. $\quad 5x + 2y = 14,$
$\qquad 5x - 8y = 12.$

Rép. : $x = 4$, $y = 1.$

229. $\quad 5x - 7y = 6,$
$\qquad 5x + 2y = 51.$

Rép. : $x = 9$, $y = 3.$

230. $\quad \dfrac{x}{y} = 2,$
$\qquad x + 2y = 12.$

Rép. : $x = 6$, $y = 3.$

231. $\quad 4x - \dfrac{2}{5}y = 8,$
$\qquad 5x + 2y = 27.$

Rép. : $x = 3$, $y = 6.$

232. $\quad \dfrac{5}{4}x - \dfrac{2}{3}y = 1,$
$\qquad 2y + 5x = 22.$

Rép. : $x = 4$, $y = 3.$

233. $\quad 2x - \dfrac{7}{3}y = -29,$
$\qquad \dfrac{1}{3}x + \dfrac{1}{4}y = 4,75.$

Rép. : $x = 3$, $y = 15.$

234. $\quad \dfrac{x}{2} - \dfrac{y}{5} = 2,$
$\qquad \dfrac{3x}{4} - \dfrac{2y}{5} = 2.$

Rép. : $x = 8$, $y = 10.$

235. $\quad 0,5x + 0,1y = 1,9,$
$\qquad \dfrac{2x}{3} - \dfrac{5}{4}y = -1.$

Rép. : $x = 3$, $y = 4.$

236. $\quad \dfrac{5x + 5y}{2} - \dfrac{2x - y}{5} = 7\dfrac{1}{6},$
$\qquad \dfrac{5(x - y)}{3} + \dfrac{2x + 5y}{5} = \dfrac{22}{5}$

Rép. : $x = 4$, $y = 3.$

237. $\quad 5x - 4y = 0,$
$\qquad \dfrac{2x}{5} + \dfrac{y}{2} = 4,1.$

Rép. : $x = 4$, $y = 5.$

238. $\quad \dfrac{5}{x} - \dfrac{4}{y} = \dfrac{13}{15},$
$\qquad \dfrac{8}{x} + \dfrac{5}{y} = \dfrac{11}{5}.$

Rép. : $x = 3$, $y = 5.$

239.
$$\frac{\frac{x}{3} + \frac{y}{2}}{x - y} = 2,$$
$$\frac{x + y}{\frac{x}{2} - \frac{2y}{5}} = 7 + \frac{1}{7}.$$

Rép. : $x = 6$, $y = 4$.

240.
$$\frac{3x}{100} + \frac{5y}{100} = 1\,262,45,$$
$$\frac{x}{y} = \frac{5}{4}.$$

Rép. : $x = 18055$, $y = 14428$.

Pour résoudre le système proposé (exercice **239**), on opère comme il a été indiqué plus haut (exercice **194**).

241.
$$x - y = 6,$$
$$x^2 - y^2 = 480.$$

Rép. : $x = 43$, $y = 37$.

242.
$$\frac{\frac{x}{2} - \frac{y}{3}}{\frac{5x}{4} - \frac{7y}{8}} = \frac{8}{3},$$
$$0,2x - 0,5y = 0,2.$$

Rép. : $x = 8$, $y = 6$.

Ex. 241. Pour résoudre le système proposé, on divise membre à membre la seconde équation par la première, et on a la nouvelle équation
$$x + y = 80.$$

On n'a plus, par conséquent, qu'à résoudre le système
$$x - y = 6,$$
$$x + y = 80,$$
lequel donne :
$$x = 43 \text{ et } y = 37.$$

Ex. 242. On opère comme il a été indiqué plus haut (ex. **194**).

243.
$$\frac{x + y}{x - y} \times \frac{1}{x + y} - 2 = 10,$$
$$\frac{x}{y} = \frac{9}{8}.$$

Rép. : $x = \frac{3}{4}$, $y = \frac{2}{3}$.

244.
$$\frac{5x - 2}{4 - 3y} = \frac{1}{2},$$
$$\frac{3x + 5}{y - 1} = \frac{2}{3}.$$

Rép. : $x = -\frac{35}{47}$, $y = \frac{26}{141}$.

245. $3x + 2y + 6\dfrac{3x + y - 11}{2} = 50,$
$$4x - 5y - 4\frac{3x + y - 11}{2} = -7.$$

Rép. : $x = 4$, $y = 5$.

246
$$2x + y = a,$$
$$\frac{x}{y} = b.$$

Rép. : $x = \dfrac{ab}{2b + 1}$, $y = \dfrac{a}{2b + 1}$.

247.
$$x + ay = b,$$
$$x - by = c.$$

Rép. : $x = \dfrac{b^2 + ac}{a + b}$, $y = \dfrac{b - c}{a + b}$.

248.
$$b = \dfrac{x}{y - h},$$
$$ay = d + x.$$

Rép. : $x = \dfrac{b(d - ah)}{a - b}$, $y = \dfrac{d - bh}{a - b}$.

249.
$$\dfrac{x}{b} = \dfrac{a - y}{a},$$
$$\dfrac{x}{y} = \dfrac{m}{n}.$$

Rép. : $x = \dfrac{abm}{am + bn}$,
$$y = \dfrac{abn}{am + bn}.$$

250.
$$x + y = a,$$
$$\dfrac{1}{\dfrac{x}{a} + \dfrac{y}{b}} = c.$$

Rép. : $x = \dfrac{a(b - ac)}{c(b - a)}$,
$$y = \dfrac{ab(c - 1)}{c(b - a)}.$$

251.
$$\dfrac{x}{a} + \dfrac{y}{b} = c,$$
$$\dfrac{x}{a'} + \dfrac{y}{b'} = c'.$$

Rép. : $x = \dfrac{a(a'b'c' - a'bc)}{ab' - ba'}$,
$$y = \dfrac{b(acb' - a'b'c')}{ab' - ba'}.$$

252.
$$\dfrac{a}{x} + \dfrac{b}{y} = c,$$
$$\dfrac{a'}{x} - \dfrac{b'}{y} = c'.$$

Rép. : $x = \dfrac{ab' + ba'}{bc' + cb'}$,
$$y = \dfrac{ab' + ba'}{ca' - ac'}.$$

On peut résoudre sans difficulté le système de l'exercice **252** par l'une des méthodes connues, ou mieux encore employer deux inconnues auxiliaires.

On pose, par exemple :

$$\frac{1}{x} = x' \text{ et } \frac{1}{y} = y',$$

et le système proposé devient :

$$ax' + by' = c,$$
$$a'x' - b'y' = c'.$$

Résolvant ces deux équations, on obtient les valeurs de x' et de y', desquelles on déduit aisément x et y.

253.
$$\dfrac{ax}{2} - \dfrac{2by}{3} = 2(a - c),$$
$$\dfrac{4ax}{3} + by = a + 3c.$$

Rép. : $x = \dfrac{40a - 24c}{25a}$, $y = \dfrac{57c - 45a}{25b}$.

ÉQUATIONS A PLUS DE DEUX INCONNUES.

234.
$$x + 4y - 2z = 5,$$
$$x - 8y + 12z = 21,$$
$$2x + y + 3z = 15.$$

Rép. : $x = 1$, $y = 2$, $z = 3$.

235.
$$2x + 5y + 4z = 17,$$
$$3x + 2y - z = 2,$$
$$5x + 3y - 2z = 2.$$

Rép. : $x = -1$, $y = 3$, $z = 1$.

236.
$$5x + 5y - 2z = 25,$$
$$3x - y + 4z = 55,$$
$$2x + 7y + 5z = 73.$$

Rép. : $x = 7$, $y = 2$, $z = 9$.

237.
$$5x - 5y + 2z = 19,$$
$$4x + 5y - 5z = 51,$$
$$3x + 7y - 4z = 51.$$

Rép. : $x = 5$, $y = 4$, $z = 3$.

238.
$$2x - 3y - z = 1,$$
$$3x + 2y - 2z = 13,$$
$$5x - 4y - 2z = 11.$$

Rép. : $x = 5$, $y = 2$, $z = 3$.

239.
$$25x - 55y + 52z = 118,$$
$$24x + 75y - 42z = 53,$$
$$-51x + 67y + 52z = 185.$$

Rép. : $x = 1,17$; $y = 2,11$; $z = 5,17$.

Ex. **239.** Les valeurs de x , y et z ne sont qu'approchées.

260.
$$x + y + 5z + v = 14,$$
$$4x + 2y + z + v = 25,$$
$$2x + y + 5z - v = 16,$$
$$5x - 4y - z + v = 7.$$

Rép. : $x = 4$, $y = 5$, $z = 2$, $v = 1$.

261.
$$x + y - z + 2v = 8,$$
$$x - y + 2z + v = 9,$$
$$-x + 2y + z - v = 2,$$
$$2x + y + z + v = 11.$$

Rép. : $x = 1$, $y = 2$, $z = 3$, $v = 4$.

262.
$$x + y + 2v + 3z = 18,$$
$$x + 2y + v + z = 17,$$
$$y + 5v - 4z = 9,$$
$$v - z = 2.$$

Rép. : $x = 5$, $y = 4$, $z = 1$, $v = 3$.

263.
$$5z + 2u - 5y = 18,$$
$$3x + y - 4u = 9,$$
$$x + 7y - 6u = 53,$$
$$5z - 2x - 8y + 2u = 15.$$

Rép. : $x = 6$, $y = -1$, $z = 5$, $u = 2$.

264.
$$x + y = 8,$$
$$y + v = 7,$$
$$v - 2t = 2,$$
$$t + z = 3,$$
$$z + u = 9,$$
$$u - x = 2.$$

Rép. : $x = 5$, $y = 3$, $z = 2$, $t = 1$, $u = 7$, $v = 4$.

265.
$$x + y = 8,$$
$$x + v = 11,$$
$$x + t = 6,$$
$$x + u = 12,$$
$$u + z = 9,$$
$$v - 2t = 4.$$

Rép. : $x = 5$, $y = 3$, $z = 2$, $t = 1$, $u = 7$, $v = 6$.

266. $\dfrac{2x}{3} + \dfrac{5y}{2} + 2z = 15,$

$x - 3y + z = 1,$

$\dfrac{5(3x - y)}{2} + 2,5 - 4z = 4.$

Rép. : $x = 3$, $y = 2$, $z = 4$.

267. $\dfrac{x}{3} + \dfrac{y}{5} + \dfrac{2z}{7} = 58,$

$\dfrac{5x}{4} + \dfrac{y}{6} + \dfrac{z}{3} = 76,$

$\dfrac{x}{2} - \dfrac{y}{5} + \dfrac{7z}{40} = \dfrac{147}{5}.$

Rép. : $x = 12$, $y = 30$, $z = 168$.

268. $\dfrac{1}{x} + \dfrac{5}{y} + \dfrac{2}{z} = 2,$

$\dfrac{4}{x} - \dfrac{6}{y} + \dfrac{8}{z} = 2,$

$\dfrac{5}{z} - \dfrac{3}{y} + \dfrac{2}{z} = 2.$

Rép. : $x = 2$, $y = 5$, $z = 4$.

269. $\dfrac{2x - y}{2} + 12 = \dfrac{5(2t - z)}{5} + 10,1,$

$\dfrac{7x - 5z}{2} + y - \dfrac{t}{5} = 0,5,$

$x + y - \dfrac{2t}{5} + z = 2,$

$\dfrac{z}{2} + y + x - t = 0.$

Rép. : $x = 1$, $y = 1$, $z = 2$, $t = 3$.

270. $x + y = d,$

$ax = y,$

$bx = z.$

Rép. :

$x = \dfrac{d}{a+1}$, $y = \dfrac{ad}{a+1}$, $z = \dfrac{bd}{a+1}.$

271. $x + 3(y + z + t) = 26,$

$2y + 3(x + z + t) = 29,$

$z + 3(x + y + t) = 24,$

$t + 3(x + y + z) = 22.$

Rép. : $x = 2$, $y = 1$, $z = 3$, $t = 4.$

Si l'on désigne la somme des inconnues par s, le système proposé (ex. **271**) devient

$x + 3(s - x) = 26$: d'où $x = \dfrac{3s - 26}{2}.$

$2y + 3(s - y) = 29$: d'où $y = 3s - 29.$

$z + 3(s - z) = 24$: d'où $z = \dfrac{3s - 24}{2}.$

$t + 3(s - t) = 22$: d'où $t = \dfrac{3s - 22}{2}.$

Donc on a :

$$\dfrac{3s - 26}{2} + 3s - 29 + \dfrac{3s - 24}{2} + \dfrac{3s - 22}{2} = s :$$

d'où

$$13s = 130,$$

et par suite

$$s = 10.$$

La valeur de s, portée dans celle de x, donne

$$x = \frac{3 \times 10 - 26}{2} :$$

d'où

$$x = 2.$$

On trouve de même les valeurs de y, de z et de t, qui sont

$$y = 1 \quad , \quad z = 3 \quad , \quad t = 4.$$

272. $5x + (y + z + t) = 11,$
$5y + 2(x + z + t) = 17,$
$5z + 2(x + y + t) = 20,$
$5t + 3(x + y + z) = 27.$

273. $x + y + z = 5,$
$92x + 85y = 90(x + y),$
$85y + 80z = 82(y + z).$

Rép. : $x = 1, y = 1, z = 2, t = 3.$ Rép. : $x = 2,5$; $y = 1$; $z = 1,5.$

Ex. **272.** On suit la même marche que dans l'ex. **271.**

274. $5x + 2(y + z + t) = 17,$
$5y + (x + z + t) = 11,$
$6z + 5(x + y + t) = 36,$
$t + 3(x + y + z) = 15.$

Rép. : $x = 1 \quad , \quad y = 2 \quad , \quad z = 1 \quad , \quad t = 3.$

On détermine les valeurs des inconnues comme plus haut (Ex. **271**).

275. $y + z + t - x = a,$
$x + z + t - y = b,$
$x + y + t - z = c.$
$x + y + z - t = d.$

Rép. : $x = \dfrac{b + c + d - a}{4} \quad , \quad y = \dfrac{a + c + d - b}{4} \quad , \quad z = \dfrac{a + b + d - c}{4} ,$

$$t = \frac{a + b + c - d}{4}.$$

Si l'on représente encore la somme des inconnues par s, le système proposé devient

$$(s - x) - x = a \quad : \quad \text{d'où} \quad x = \frac{s - a}{2},$$

$$(s - y) - y = b \quad : \quad \text{d'où} \quad y = \frac{s - b}{2},$$

$$(s - z) - z = c \quad : \quad \text{d'où} \quad z = \frac{s - c}{2},$$

$$(s - t) - t = d \quad : \quad \text{d'où} \quad t = \frac{s - d}{2}.$$

On a donc :

$$\frac{s-a}{2} + \frac{s-b}{2} + \frac{s-c}{2} + \frac{s-d}{2} = s;$$

d'où

$$s = \frac{a+b+c+d}{2}.$$

Si l'on porte cette valeur de s dans les valeurs trouvées pour x, y, z et t, il vient :

$$x = \frac{b+c+d-a}{4},$$

$$y = \frac{a+c+d-b}{4},$$

$$z = \frac{a+b+d-c}{4},$$

$$t = \frac{a+b+c-d}{4}.$$

276.
$$x + y + z = 1,$$
$$ax + by + cz = d,$$
$$a^2x + b^2y + c^2z = d^2.$$

Rép. : $x = \dfrac{(d-b)(d-c)}{(a-b)(a-c)}$, $y = \dfrac{(a-d)(d-c)}{(a-b)(b-c)}$, $z = \dfrac{(a-d)(b-d)}{(a-c)(b-c)}$.

Pour résoudre le système proposé, on emploiera avec avantage la méthode de réduction.

Multipliant la première équation par c et la retranchant ensuite de la seconde, on obtient :

$$(m) \qquad (a-c)x + (b-c)y = d-c.$$

De même, si l'on multiplie la deuxième équation du système proposé par c, et qu'on la retranche alors de la troisième, il vient

$$(n) \qquad a(a-c)x + b(b-c)y = d(d-c).$$

Si maintenant ou multiplie l'équation [m] par b et qu'on la retranche ensuite de l'équation [n], on a :

$$a(a-c)x - b(a-c)x = d(d-c) - b(d-c).$$

Mettant dans cette dernière équation $(a-c)x$ en facteur commun dans le premier membre et $d-c$ dans le second, il vient :

$$(a-b)(a-c)x = (d-b)(d-c):$$

d'où

$$x = \frac{(d-b)(d-c)}{(a-b)(a-c)}.$$

La valeur de x étant portée dans la relation $[m]$, on a successivement

$$\frac{(a-c)(d-b)(d-c)}{(a-b)(a-c)} + (b-c)y = (d-c),$$

$$(b-c)y = d-c - \frac{(d-b)(d-c)}{(a-b)},$$

$$(b-c)y = \frac{(a-b)(d-c)-(d-b)(d-c)}{a-b},$$

$$y = \frac{ad-bd-ac+bc-d^2+bd+cd-bc}{(a-b)(b-c)},$$

$$y = \frac{ad-ac+cd-d^2}{(a-b)(b-c)},$$

$$y = \frac{a(d-c)+d(c-d)}{(a-b)(b-c)},$$

$$y = \frac{a(d-c)-d(d-c)}{(a-b)(b-c)},$$

$$y = \frac{(a-d)(d-c)}{(a-b)(b-c)}.$$

Les valeurs de x et de y portées dans la première équation du système proposé donnent :

$$z = \frac{(a-d)(b-c)}{(a-c)(b-c)}.$$

277.
$$\frac{x}{a} = \frac{y}{b} + \frac{z}{c},$$
$$x + y + z = d.$$

Rép. : $x = \dfrac{ad}{a+b+b}$, $y = \dfrac{bd}{a+b+c}$, $z = \dfrac{cd}{a+b+c}$.

Des deux premières équations, on déduit :

$$\frac{x+y+z}{a+b+c} = \frac{x}{a} = \frac{y}{b} = \frac{z}{c},$$

ou, en remplaçant la somme $x+y+z$ par d, sa valeur :

$$\frac{d}{a+b+c} = \frac{x}{a} = \frac{y}{b} = \frac{z}{c};$$

d'où

$$x = \frac{ad}{a+b+c} , \quad y = \frac{bd}{a+b+c} , \quad z = \frac{cd}{a+b+c}.$$

278.
$$ax = by = cz.$$

$$\frac{1}{x} + \frac{1}{y} + \frac{1}{z} = \frac{1}{d}.$$

Rép. : $x = \dfrac{d(a+b+c)}{a}$, $y = \dfrac{d(a+b+c)}{b}$, $z = \dfrac{d(a+b+c)}{c}$.

Les deux premières équations donnent :

$$y = \frac{ax}{b},$$

$$z = \frac{ax}{c};$$

substituant ces valeurs dans la seconde, il vient :

$$\frac{1}{x} + \frac{b}{ax} + \frac{c}{ax} = \frac{1}{d},$$

ou

$$\frac{a}{ax} + \frac{b}{ax} + \frac{c}{ax} = \frac{1}{d} :$$

d'où

$$x = \frac{d(a+b+c)}{a}.$$

Portant la valeur de x dans celles de y et de z, il vient :

$$y = \frac{d(a+b+c)}{b},$$

$$z = \frac{d(a+b+c)}{c}.$$

279. $ax^3 = by^3 = cz^3.$

$$\frac{1}{x} + \frac{1}{y} + \frac{1}{z} = \frac{1}{d}.$$

Rép. : $x = \dfrac{d(\sqrt[3]{a} + \sqrt[3]{b} + \sqrt[3]{c})}{\sqrt[3]{a}}$, $y = \dfrac{d(\sqrt[3]{a} + \sqrt[3]{b} + \sqrt[3]{c})}{\sqrt[3]{b}}$,

$$z = \frac{d(\sqrt[3]{a} + \sqrt[3]{b} + \sqrt[3]{c})}{\sqrt[3]{c}}.$$

Il est facile de voir que les deux premières équations peuvent s'écrire :

$$x\sqrt[3]{a} = y\sqrt[3]{b} = z\sqrt[3]{c},$$

et alors on retombe entièrement dans le système de l'exercice précédent.

280. $\dfrac{xyz}{x+z}=a$, $\dfrac{xyz}{y+z}=b$, $\dfrac{xyz}{x+y}=c$.

En renversant les rapports, on peut écrire :

$$\frac{x+z}{xyz}=\frac{1}{a}\quad,\quad\frac{y+z}{xyz}=\frac{1}{b}\quad,\quad\frac{x+y}{xyz}=\frac{1}{c},$$

ou

$$\frac{x}{xyz}+\frac{z}{xyz}=\frac{1}{a}\quad,\quad\frac{y}{xyz}+\frac{z}{xyz}=\frac{1}{b}\quad,\quad\frac{x}{xyz}+\frac{y}{xyz}=\frac{1}{c},$$

ou encore :

$$[K]\quad\frac{1}{yz}+\frac{1}{xy}=\frac{1}{a}\quad,\quad\frac{1}{xz}+\frac{1}{xy}=\frac{1}{b}\quad,\quad\frac{1}{yz}+\frac{1}{xz}=\frac{1}{c}.$$

Faisant la somme de ces équations membre à membre, on aura :

$$\frac{2}{yz}+\frac{2}{xy}+\frac{2}{xz}=\frac{1}{a}+\frac{1}{b}+\frac{1}{c}:$$

d'où

$$\frac{1}{yz}+\frac{1}{xy}+\frac{1}{xz}=\frac{1}{2}\left(\frac{1}{a}+\frac{1}{b}+\frac{1}{c}\right).$$

Si, de cette équation, on retranche successivement chacune des équation du système [K], il vient :

$$\frac{1}{xz}=\frac{1}{2}\left(\frac{1}{b}+\frac{1}{c}-\frac{1}{a}\right)\ ,\ \frac{1}{yz}=\frac{1}{2}\left(\frac{1}{a}+\frac{1}{c}-\frac{1}{b}\right)\ ,\ \frac{1}{xy}=\frac{1}{2}\left(\frac{1}{a}+\frac{1}{b}-\frac{1}{c}\right).$$

Remplaçant dans ces équations les trois seconds membres, qui sont connus, par $\dfrac{1}{m},\dfrac{1}{n},\dfrac{1}{p}$, il ne reste plus qu'à résoudre le système

$$[L]\qquad\begin{aligned}xz&=m,\\ yz&=n,\\ xy&=p.\end{aligned}$$

Multipliant ces trois équations membre à membre, il vient :

$$x^2y^2z^2=mnp:$$

d'où

$$xyz=\sqrt{mnp}.$$

Divisant maintenant cette dernière équation successivement par chacune des équations du système [L], on a :

$$x=\frac{\sqrt{mnp}}{n}\quad,\quad y=\frac{\sqrt{mnp}}{m}\quad,\quad z=\frac{\sqrt{mnp}}{p}.$$

281. $\begin{aligned}a^3+a^2x+ay+z&=0,\\ b^3+b^2x+by+z&=0,\\ c^3+c^2x+cy+z&=0.\end{aligned}$

Rép. : $x=-(a+b+c)$, $y=ab+ac+bc$, $z=-abc$.

Si, de la première équation, on retranche successivement la deuxième et la troisième, on a le nouveau système

$$a^3 - b^3 + (a^2 - b^2)x + (a - b)y = 0.$$
$$a^3 - c^3 + (a^2 - c^2)x + (a - c)y = 0.$$

Divisant alors la première de ces équations par $a - b$, et la seconde par $a - c$, il vient :

$$[m] \qquad a^2 + ab + b^2 + (a + b)x + y = 0.$$
$$[n] \qquad a^2 + ac + c^2 + (a + c)x + y = 0.$$

Retranchant ensuite ces équations membre à membre, pour éliminer y, on a :

$$a(b - c) + b^2 - c^2 + (b - c)x = 0.$$

Si l'on divise maintenant par $b - c$, on trouve :

$$x = -(a + b + c).$$

Cette valeur, portée dans l'équation $[n]$, donne :

$$y = ab + ac + bc.$$

Enfin, si l'on porte les valeurs de x et de y dans la première équation du système proposé, on a :

$$z = -abc.$$

282.
$$ax + b(y + z + v) = c,$$
$$ay + b_1(z + v + x) = c_1,$$
$$az + b_2(v + x + y) = c_2,$$
$$av + b_3(x + y + z) = c_3.$$

Si l'on fait

$$x + y + z + v = s,$$

le système proposé peut s'écrire :

$$ax + b(s - x) = c,$$
$$ay + b_1(s - y) = c_1,$$
$$az + b_2(s - z) = c_2,$$
$$av + b_3(s - v) = c_3.$$

Ces équations donnent :

$$[m] \qquad x = \frac{c - bs}{a - b} \;,\quad y = \frac{c_1 - b_1 s}{a - b_1} \;,\quad z = \frac{c_2 - b_2 s}{a - b_2} \;;\quad v = \frac{c_3 - b_3 s}{a - b_3}.$$

Donc on a :

$$s = \frac{c - bs}{a - b} + \frac{c_1 - b_1 s}{a - b_1} + \frac{c_2 - b_2 s}{a - b_2} + \frac{c_3 - b_3 s}{a - b_3}.$$

Cette équation donne la valeur de s, laquelle, portée dans le système $[m]$, fera connaître les valeurs de x, y, z, v.

CAS D'IMPOSSIBILITÉ ET D'INDÉTERMINATION.

283.
$$5x - \frac{13}{7} = \frac{63x + 3}{21} - 2.$$

$$\text{Rép. : } x = \frac{0}{0}.$$

Si l'on résout l'équation proposée, on trouve
$$x(63 - 63) = 39 - 39.$$

Or, quelle que soit la valeur de x, on a
$$x \times 0 = 0 :$$

d'où
$$x = \frac{0}{0}.$$

Il y a donc *indétermination*.

284.
$$\frac{x}{5} + 2 + \frac{5x}{12} = \frac{5x - 7}{4}.$$

$$\text{Rép. : } x = \frac{5}{0}.$$

On déduit de l'équation donnée
$$9x - 9x = 3 :$$

d'où
$$x = \frac{3}{0}.$$

Il y a donc *impossibilité*.

285.
$$\frac{3(x + 1)}{2} + \frac{5 - x}{2} - 3 = x + 1.$$

$$\text{Rép. : } x = \frac{0}{0}.$$

L'équation proposée devient
$$2x + 2 = 2x + 2 :$$

d'où
$$x = \frac{0}{0}.$$

Il y a donc *indétermination*.

286. $\quad 3(2x+1) - \dfrac{2(5x+3)}{3} + \dfrac{4(x+1)}{3} = 4x + \dfrac{7}{3}.$

$$\text{Rép. : } x = \frac{0}{0}.$$

Si l'on résout cette équation, on trouve :
$$12x + 7 = 12x + 7 ;$$
d'où :
$$x = \frac{0}{0}.$$

Il y a par conséquent *indétermination*.

287. $\quad \dfrac{5x-3}{2} - \dfrac{4}{5} + \dfrac{2x}{3} = \dfrac{19x-8}{6} - \dfrac{1}{2}.$

$$\text{Rép. : } x = \frac{14}{0}.$$

Résolvant l'équation donnée, il vient :
$$95x - 95x = 14 ;$$
d'où :
$$x = \frac{14}{0}.$$

Il y a donc *impossibilité*.

288. $\quad \dfrac{21x}{5} + 6y = 141 - 5x + y,$

$$\dfrac{87x}{5} - \dfrac{2y}{5} = 159 + \dfrac{3x}{5} - \dfrac{57y}{3}.$$

$$\text{Rép. : Il y a } impossibilité.$$

Si dans les équations proposées on chasse les dénominateurs et qu'on réduise, il vient :
$$36x + 25y = 705,$$
$$252x + 175y = 2385.$$

Or, il est facile de voir que ces équations sont incompatibles ; car on a :
$$252x + 175y = (36x + 25y) \times 7,$$
tandis qu'on n'a pas :
$$2385 \text{ égal à } 705 \times 7.$$

Il y a donc incompatibilité et, par suite, *impossibilité*.

289.
$$\frac{x}{6} = \frac{y}{9} + \frac{5}{3},$$
$$\frac{x}{16} = \frac{y}{24} + \frac{5}{8}.$$

Rép. : Il y a *indétermination*.

Si l'on chasse les dénominateurs, les équations proposées sont remplacées par les deux suivantes :
$$3x - 2y = 30,$$
$$3x - 2y = 30,$$
qui rentrent l'une dans l'autre; il y a donc *indétermination*.

290.
$$\frac{x}{2} + \frac{y}{4} - 2z = \frac{10}{4} \qquad [1],$$
$$\frac{3x}{2} - y + \frac{5z}{2} = 7 \qquad [2],$$
$$4x - 3y + z = 17,5 \qquad [3].$$

Rép. : Il y a *impossibilité*.

Si l'on élimine y d'abord entre [1] et [2], puis entre [2] et [3], on a :
$$7x - 11z = 34,$$
$$\text{et} \quad 7x - 11z = 28,$$
équations évidemment incompatibles; d'où résulte l'*impossibilité*.

291.
$$\frac{x}{2} + \frac{y}{4} - 2z = 2,5 \qquad [1],$$
$$\frac{3x}{2} - y + \frac{5z}{2} = \frac{14}{4} \qquad [2],$$
$$\frac{8x}{3} - y + \frac{2z}{3} - \frac{2}{3} = 12 \qquad [3].$$

Rép. : Il y a *indétermination*.

Si l'on élimine y d'abord entre [1] et [2], puis entre [2] et [3], on trouve :
$$7x - 11z = 34,$$
$$\text{et} \quad 7x - 11z = 34,$$
équations qui rentrent l'une dans l'autre; d'où l'*indétermination*.

292.
$$\frac{3x}{2} - \frac{2y - 5z}{2} = 4,$$
$$x - \frac{y - t}{3} = 1,$$
$$\frac{5z - x - 2t}{2} = 1,$$
$$2z - \frac{y + 3t}{5} = 1.$$

Rép. : Il y a *impossibilité*.

Si l'on chasse les dénominateurs, les équations proposées sont remplacées par les suivantes :

$$3x - 2y + 5z = 8, \qquad [1]$$
$$3x - y + t = 3, \qquad [2]$$
$$5z - x - 2t = 2, \qquad [3]$$
$$10z - y - 3t = 5. \qquad [4]$$

La seconde équation donne $t = 3 + y - 3x$; si l'on porte cette valeur dans [3], on a, après réduction :

$$5x - 2y + 5z = 8.$$

Or, cette équation est évidemment incompatible avec [1], et, par suite, le système proposé est *impossible*.

PROBLÈMES DU 1ᵉʳ DEGRÉ.

293. *Quel est le nombre dont la moitié et le quart valent* $66\frac{3}{4}$?

Rép. : 89.

L'énoncé donne lieu à l'équation

$$\frac{x}{2} + \frac{x}{4} = 66,75 :$$

d'où $\qquad\qquad\qquad x = 89.$

La vérification est facile.

294. *Un nombre est les* $\frac{3}{4}$ *d'un autre, leur somme est* 96. *On demande ces deux nombres.*

Rép. : $54\frac{6}{7}$ et $41\frac{1}{7}$.

Si l'on désigne l'un des nombres par x, l'autre sera évidemment $\dfrac{3x}{4}$, et, par suite, on aura l'équation

$$x + \frac{5x}{4} = 96,$$
$$7x = 384 :$$

d'où

$$x = 54\frac{6}{7};$$

l'autre nombre est par conséquent :

$$54\frac{6}{7} \times \frac{3}{4} = 41\frac{1}{7}.$$

295. *Quel est le nombre qui, divisé par 8, donne un quotient tel qu'en le retranchant de 104 on trouve 40 pour reste ?*

Rép. : 512.

Soit x le nombre cherché. Son quotient par 8 est $\dfrac{x}{8}$; on a donc l'équation

$$104 - \frac{x}{8} = 40 :$$

d'où

$$x = 512.$$

296. *La différence de deux nombres est 493, et leur quotient 30. On demande ces deux nombres.*

Rép. : 17 et 510.

Le plus petit des deux nombres étant représenté par x, l'autre sera $x + 493$, et l'on aura par conséquent l'équation

$$\frac{x + 493}{x} = 30 :$$

d'où

$$x = 17.$$

L'autre nombre est donc $493 + 17$ ou 510.

297. *Trouver deux nombres tels qu'en ajoutant le double du second au premier on trouve 20 pour somme, et que la différence entre le triple du premier et le quart du second soit 10.*

Rép. : 4 et 8.

Soient x et y les deux nombres cherchés. D'après l'énoncé, on a les deux équations

$$x + 2y = 20,$$

$$3x - \frac{y}{4} = 10 :$$

d'où

$$x = 4 \text{ et } y = 8.$$

298. *En revendant une propriété 3800 fr., on a perdu $\frac{1}{20}$ du prix d'achat. Combien l'avait-on achetée ?*

Rép. : 4000 fr.

Soit x le prix d'achat. Le $\dfrac{1}{20}$ de ce prix, ou $\dfrac{x}{20}$, augmenté de 3800 fr., doit évidemment égaler le prix d'achat.

Donc on a l'équation

$$3800 + \frac{x}{20} = x :$$

d'où

$$x = 4000 \text{ fr.}$$

La propriété a donc coûté 4000 fr.

299. *La différence des carrés de deux nombres consécutifs est 25 : trouver ces nombres.*

Rép. : 12 et 13.

Si l'on désigne le plus petit des deux nombres par x, l'autre sera $x + 1$, et l'on aura par conséquent l'équation

$$(x + 1)^2 - x^2 = 25,$$

ou

$$2x + 1 = 25 :$$

d'où

$$x = 12.$$

Les nombres cherchés sont donc 12 et 13.

300. *Partager 5425 fr. entre trois personnes de manière que la 1re ait $\frac{1}{5}$ de plus que la 2e, et la 3^e $\frac{5}{12}$ de plus que la 2e.*

Rép. : 1re, 1800 fr. ; 2e, 1500 fr. ; 3e, 2125 fr.

Soit x la part de la 2e ; la 1re aura $x + \dfrac{x}{5}$, et la 3e, $x + \dfrac{5x}{12}$. On aura donc :

$$x + x + \frac{x}{5} + x + \frac{5x}{12} = 5425 :$$

d'où

$$x = 1500.$$

La part de la 1re sera $1500 + \dfrac{1500}{5}$ ou 1800 fr.

La part de la 3e sera $1500 + \dfrac{5}{12} \times 1500$ ou 2125 fr.

Vérification : $1800 + 1500 + 2125 = 5425$ fr.

301. *Un père a 30 ans de plus que son fils, et dans 4 ans l'âge du père sera quadruple de l'âge du fils. Quel est l'âge du père et celui du fils?*

Rép. : Le père a 36 ans et le fils 6.

L'âge actuel du fils étant représenté par x, celui du père le sera par $x + 30$. D'ailleurs, dans quatre ans, le fils aura $x + 4$, et le père $x + 34$, et comme alors l'âge du père sera quadruple de l'âge du fils, on a l'équation

$$x + 54 = 4(x + 4) :$$

d'où

$$x = 6.$$

Le fils a donc 6 ans et le père 36 ans. Dans quatre ans, le fils aura 10 ans et le père 40. Alors l'âge du père sera bien le quadruple de l'âge du fils.

302. *Un père a 41 ans, et son fils 5. Dans combien d'années l'âge du père ne sera-t-il plus que le triple de l'âge du fils?*

Rép. : Dans 13 ans.

Soit x le temps demandé. Le père aura alors $41 + x$ et le fils $5 + x$; et comme dans ce moment l'âge du père est le triple de l'âge du fils, on a l'équation

$$41 + x = 3(5 + x) :$$

d'où :

$$x = 13.$$

C'est donc dans 13 ans que le père n'aura plus que le triple de l'âge du fils, ce qu'on peut vérifier aisément.

303. *Partager le nombre 525 en deux parties, de manière qu'en* *divisant l'une par 25 et l'autre par 30 on trouve 20 pour la somme des quotients.*

$$\text{Rép. : } 375 \text{ et } 150.$$

Si l'une des parties est x, l'autre sera $525 - x$; d'où l'équation

$$\frac{x}{25} + \frac{525 - x}{30} = 20 :$$

d'où

$$x = 375.$$

L'une des parties étant 375, l'autre est $525 - 375$ ou 150. On a bien, en effet,

$$\frac{375}{25} + \frac{150}{30} = 20.$$

304. *Trouver un nombre tel que son produit par 5 surpasse d'autant le nombre 20 qu'il est lui-même au-dessous de 20.*

$$\text{Rép. : } \frac{40}{6}.$$

Si l'on représente le nombre cherché par x, l'énoncé donne l'équation

$$5x - 20 = 20 - x :$$

d'où

$$x = \frac{40}{6}.$$

On a bien, en effet,

$$5 \times \frac{40}{6} - 20 = 20 - \frac{40}{6}.$$

305. *Un homme laisse en mourant une certaine fortune : le $\frac{1}{5}$ est employé à la construction d'une salle d'asile; $\frac{1}{6}$ doit servir à fonder un bureau de bienfaisance; $\frac{4}{7}$ sont destinés à deux cousins; il y a 1000 fr. pour les pauvres. On sait en outre que les frais de succession et autres s'élèvent à 8100 fr. On demande : 1° la fortune de cet homme; 2° ce qui a été employé à la salle d'asile; 3° ce qu'il y aura pour le bureau de bienfaisance; 4° la part de chaque cousin.*

$$\text{Rép. : } 147000 \text{ fr.} ; \quad 29400 \text{ fr.} ; \quad 24500 \text{ fr.} ; \quad 42000 \text{ fr.}$$

Si l'on désigne la fortune du défunt par x, l'énoncé donne immédiatement l'équation

$$\frac{x}{5} + \frac{x}{6} + \frac{4x}{7} + 1000 + 8100 = x :$$

d'où :
$$x = 147\,000.$$

La fortune du défunt étant de 147 000 fr., il y a 29 400 fr. pour la salle d'asile, le bureau de bienfaisance recevra 24 500 fr., et chaque cousin aura 42 000 fr.

306. *Deux voitures partent d'un même lieu; l'une fait en moyenne* 6Km *à l'heure et l'autre* 10Km. *On demande à quelle distance du point de départ la seconde atteindra la première, celle-ci étant partie 2 heures avant la seconde.*

Rép. : 30Km.

Soit x la distance cherchée. Pendant que la seconde voiture parcourra cette distance, la première parcourra la même distance, moins les 12Km qu'elle a déjà de faits avant le départ de la seconde. Ainsi les distances $x - 12$ et x sont parcourues dans le même temps.

Pour la première, ce temps est évidemment $\dfrac{x-12}{6}$, et pour la seconde $\dfrac{x}{10}$. On a donc l'équation

$$\frac{x-12}{6} = \frac{x}{10} :$$

d'où
$$x = 30.$$

La distance demandée est par conséquent de 30Km.

La première voiture mettra 2 heures plus 3 ou 5 heures pour parcourir cette distance; la seconde mettra 3 heures.

307. *Combien faut-il allier d'or et de cuivre pour obtenir un lingot au titre de 0,900 et pesant* 1 250 *grammes?*

Rép. : 1 125 grammes d'or à 125 grammes de cuivre.

Si l'on désigne le poids de l'or par x, on a immédiatement

$$\frac{x}{1\,250} = \frac{9}{10} :$$

d'où
$$x = 1\,125 \text{ grammes.}$$

Le poids de l'or étant 1 125 grammes, celui du cuivre sera 1 250 — 1 125 ou 125 grammes.

308. *Une pièce d'orfévrerie pèse* 458 *grammes ; son titre est* 0,79.

ALGÈBRE (EXERCICES).

Combien faudra-t-il lui enlever de grammes de cuivre pour faire de l'argent au titre 0,900 ?

$$\text{Rép.} : 55^{\text{gr}},978.$$

La pièce d'orfèvrerie contient en argent pur $458 \times 0,79$. Si l'on représente par x le nouveau poids qu'elle aura lorsque son titre sera à 0,900, la quantité d'argent qu'elle contiendra sera $x \times 0,900$. Mais comme le poids de l'argent n'a pas été modifié, on a l'équation

$$x \times 0,900 = 458 \times 0,79 :$$

d'où

$$x = \frac{458 \times 0,79}{0,900} = 402,022.$$

Le poids du cuivre à enlever sera donc :

$$458^{\text{gr}} - 402,022 = 55^{\text{gr}},978.$$

309. *Une personne paye 105 fr. avec 29 pièces, tant de 2 fr. que de 5 fr. : combien donne-t-elle de pièces de chaque espèce ?*

$$\text{Rép.} : \text{14 pièces de 2 fr. et 15 pièces de 5 fr.}$$

Si l'on désigne par x le nombre de pièces de 2 fr., et par y le nombre de pièces de 5 fr., l'énoncé donne les équations

$$x + y = 29,$$
$$2x + 5y = 105 :$$

d'où

$$x = 14 \quad \text{et} \quad y = 15.$$

La personne donne donc 14 pièces de 2 fr. et 15 pièces de 5 fr., ce qu'on peut aisément vérifier.

310. *On coule dans une usine 480 pièces en fonte; les unes pèsent 12^{kg} et les autres 20^{kg}; le poids total des 480 pièces est $7\,520^{\text{kg}}$. On demande le nombre de pièces de chaque espèce.*

$$\text{Rép.} : \text{260 pièces de 12 kilog. et 220 pièces de 20 kilog.}$$

Soient x et y les nombres de pièces de 12 kilog. et de 20 kilog.; on a, d'après l'énoncé, les équations

$$x + y = 480,$$
$$12x + 20y = 7\,520 :$$

d'où

$$x = 260 \quad \text{et} \quad y = 220.$$

Il y a donc 260 pièces de 12 kilog. et 220 pièces de 20 kilog. La vérification est facile.

311. *La distance de Paris à Lyon est de* 512^{Km}. *L'express parti de Lyon à 11 heures du matin fait* 40^{Km} *à l'heure. Un train omnibus sorti de Paris à 1 heure du soir, se rendant à Lyon, fait* 32^{Km} *à l'heure. A quelle heure et à quelle distance de chaque ville la rencontre aura-t-elle lieu?*

Rép. : 7 heures du soir; à 192^{Km} de Paris et 320^{Km} de Lyon.

Soit x le temps qui doit s'écouler jusqu'au moment de la rencontre des trains. Le train parti de Lyon aura parcouru dans le temps x un nombre de kilomètres égal à $40x$, et celui parti de Paris un nombre égal à $32x$; mais le train de Lyon a déjà parcouru 80 kilomètres avant le départ de celui de Paris : on a donc l'équation

$$80 + 40x + 32x = 512 :$$

d'où

$$x = 6 \text{ heures.}$$

La rencontre aura donc lieu 6 heures après le départ du train de Paris, c'est-à-dire à 7 heures du soir; d'ailleurs à 32×6 ou 192 kilom. de Paris et à $40 \times 6 + 80$ ou 320 kilom. de Lyon.

312. *Le quotient de deux nombres est* 4, *le reste de leur division est* 76. *Trouver chacun de ces deux nombres, leur différence étant* 430.

Rép. : 548 et 118.

Si l'on désigne par x et y les 2 nombres demandés, l'énoncé donne immédiatement

$$\frac{x}{y} = 4 + \frac{76}{y},$$
$$x - y = 430 :$$

d'où

$$x = 548 \text{ et } y = 118.$$

Il est facile de vérifier que les nombres 548 et 118 répondent bien à la question.

313. *Trouver une fraction équivalente à* $\frac{7}{5}$, *et telle que la somme de ses termes soit* 135.

Rép. : $\frac{63}{75}$.

Si l'on désigne le numérateur de la fraction cherchée par x et son dénominateur par y, on a les deux équations

$$\frac{x}{y} = \frac{7}{8},$$
$$x + y = 135 :$$

d'où

$$x = 63 \quad \text{et} \quad y = 72.$$

La fraction demandée est donc $\dfrac{63}{72}$.

314. *Trouver une fraction équivalente à $\frac{5}{7}$, et telle que la diffé-rence de ses termes soit 24.*

$$\text{Rép. : } \frac{60}{84}.$$

Soit $\dfrac{x}{y}$ la fraction cherchée. L'énoncé donne

$$\frac{x}{y} = \frac{5}{7},$$
$$y - x = 24 :$$

d'où

$$x = 60 \quad \text{et} \quad y = 84.$$

La fraction demandée est donc $\dfrac{60}{84}$.

315. *On a acheté trois objets : le premier, augmenté de la moitié du prix des deux autres, a coûté 129 fr.; le second, augmenté de la moi-tié du prix des deux autres, a coûté 151 fr.; enfin le troisième, aug-menté également de la moitié du prix des deux autres, a coûté 144 fr. On demande le prix de chaque objet.*

Rép. : 46 fr.   ,   90 fr.   et   76 fr.

Soient x , y et z les prix des trois objets. On a, d'après l'é-noncé,

$$x + \frac{y}{2} + \frac{z}{2} = 129,$$
$$y + \frac{x}{2} + \frac{z}{2} = 151,$$
$$z + \frac{x}{2} + \frac{y}{2} = 144 :$$

d'où

$$x = 46 \quad , \quad y = 90 \quad , \quad z = 76.$$

Le premier objet coûte 46 francs, le second 90 francs et le troisième 76 francs. La vérification est facile.

316. *On a partagé une somme inconnue entre deux personnes : la part de la première égale les $\frac{3}{4}$ de celle de la seconde; on sait de plus qu'en ajoutant le $\frac{1}{10}$ de la première part aux $\frac{4}{5}$ de la seconde on obtient 100 fr. Trouver la somme entière et chacune des parts.*

Rép. : 200 fr.; 1ʳᵉ part, 85ᶠ,71 ; 2ᵉ part, 114ᶠ,29.

La part de la seconde étant x, celle de la première sera $\dfrac{3x}{4}$ et, en se conformant à l'énoncé, on aura l'équation

$$\frac{3x}{4 \times 10} + \frac{4x}{5} = 100 :$$

d'où

$$x = 114,29.$$

La seconde part étant 114ᶠ,29, la première sera $\dfrac{114,29 \times 3}{4}$ ou 85ᶠ,71. La somme entière sera égale à $114,29 + 85,71 = 200$ fr.

317. *Un domestique gagne 300 fr. par an, et doit, en outre, recevoir une certaine gratification; 10 mois après son entrée en maison, il sort et reçoit 240 fr. et la gratification entière. On demande la valeur de la gratification.*

Rép. : 60 fr.

Soit x la valeur de la gratification. Le domestique gagnait par an

$$300 + x,$$

par mois

$$\frac{300 + x}{12}.$$

Mais dans dix mois il a gagné

$$240 + x.$$

Le gain d'un mois sera donc encore exprimé par

$$\frac{240 + x}{10},$$

d'où l'équation

$$\frac{300 + x}{12} = \frac{240 + x}{10}.$$

Résolvant, on trouve

$$x = 60.$$

318. *Un fermier a destiné* $32\,000^{\text{kg}}$ *de foin à la nourriture de 25 têtes de bétail pendant 160 jours d'hiver; après 45 jours de consommation, son bétail augmente de 4 têtes. Combien lui faudra-t-il acheter de foin, s'il ne veut pas diminuer la ration?*

Rép. : Il doit acheter 3680 kilog.

Soit x la quantité de foin à acheter. Pour nourrir une tête pendant un jour dans le premier cas, il faut une quantité de foin exprimée par

$$\frac{32\,000}{160 \times 25}.$$

D'autre part, après 45 jours, le fermier a 4 têtes à nourrir en plus. Ces 4 têtes devront donc être nourries pendant 160 jours moins 45 ou 115 jours, et la nourriture d'une tête en un jour sera :

$$\frac{x}{115 \times 4};$$

mais comme la ration n'a pas été changée on a l'équation

$$\frac{x}{115 \times 4} = \frac{32\,000}{160 \times 25} :$$

d'où

$$x = 3680 \text{ kilog.}$$

Ainsi le fermier devra acheter 3680 kilog. de foin, s'il ne veut pas diminuer la ration de ses animaux.

319. *Une personne place les* $\frac{4}{5}$ *de ses fonds à 4 %, et le reste à 5 %; elle retire en tout 2940 fr. d'intérêt annuel. Quelle est sa fortune, et quelle somme a-t-elle placée à chaque taux?*

Rép. : 70000 fr. de fortune : 56000 à 4 %, 14000 à 5 %.

Soit x la fortune demandée. La somme placée à 4 % sera $\frac{4x}{5}$, son intérêt sera $\frac{4}{100} \times \frac{4x}{5}$ ou $\frac{16x}{500}$.

La somme placée à 5 % sera $x - \frac{4x}{5}$ ou $\frac{x}{5}$: son intérêt sera

$$\frac{5}{100} \times \frac{x}{5} \quad \text{ou} \quad \frac{5x}{500} :$$

d'où l'équation

$$\frac{16x}{500} + \frac{5x}{500} = 2940 \text{ fr.}$$

Résolvant, on trouve

$$x = 70000.$$

Cette personne possédait donc 70000 fr. Elle avait $70000 \times \frac{4}{5}$ ou 56000 fr. de placés à 4 %, et 70000 fr. moins 56000 fr. ou 14000 fr. de placés à 5 %.

320. *Un rentier a 24000 fr. de placés, dont une partie à 4f,50 % et l'autre partie à 6 %; il retire le même intérêt que si toute la somme était placée à 5 %. Combien ce rentier a-t-il de placé à 4,50 et combien à 6 %?*

Rép. : 16000 fr. à 4,50 % ; 8000 fr. à 6 %.

Si l'on représente par x la somme placée à 4,50 % et par y celle placée à 6 %, il est facile de voir qu'on a les deux équations

$$x + y = 24000,$$

$$\frac{4,5x}{100} + \frac{6y}{100} = 24000 \times \frac{5}{100} :$$

d'où

$$x = 16000 \quad , \quad y = 8000.$$

La vérification est facile.

16000 fr. à 4,50 % rapportent. . . . . 720 fr.

8000 fr. à 6 % rapportent. . . . . 480 fr.
                                            ⎯⎯⎯⎯⎯
                                              1200 fr.

24000 fr. à 5 % rapportent également. . . . . . . 1200 fr.

321. *Deux sommes qui rapportent ensemble 1410 fr. d'intérêt par an sont dans le rapport de 2 à 3. On demande ces deux sommes, sachant que la plus petite est placée à 5 % par an, et la plus grande à 4,50 %.*

Rép. : 12000 fr. à 5 % et 18000 fr. à 4f,50 %.

Soient x et y les deux sommes dont il s'agit.

La plus petite rapporte par an

$$\frac{5x}{100};$$

la plus grande rapporte

$$\frac{4,5y}{100};$$

d'ailleurs les sommes x et y, étant entre elles dans le rapport de 2 à 3, on a les deux équations

$$\frac{5x}{100} + \frac{4,5y}{100} = 1410,$$

$$\frac{x}{y} = \frac{2}{3} :$$

d'où

$$x = 12000 \quad , \quad y = 18000.$$

La somme placée à 5 % est donc 12000 fr., et celle placée à 4,50 % est 18000 fr. ; ce qui est facile à vérifier.

322. *Partager le nombre 257 en trois parties dont les carrés soient proportionnels aux nombres 3, 5, 7. On évaluera chacune des trois parties demandées à 0,001 près.*

Rép. : 67,304 ; 86,888 ; 102,808.

Soient x, y et z les nombres cherchés, l'énoncé donne

$$\frac{x^2}{3} = \frac{y^2}{5} = \frac{z^2}{7} :$$

d'où

$$\frac{x}{\sqrt{3}} = \frac{y}{\sqrt{5}} = \frac{z}{\sqrt{7}} \cdot\cdot$$

Mais on a

$$\frac{x+y+z}{\sqrt{3}+\sqrt{5}+\sqrt{7}} = \frac{257}{\sqrt{3}+\sqrt{5}+\sqrt{7}} = \frac{x}{\sqrt{3}} = \frac{y}{\sqrt{5}} = \frac{z}{\sqrt{7}} :$$

d'où l'on tire

$$x = \frac{257 \times \sqrt{3}}{\sqrt{3}+\sqrt{5}+\sqrt{7}} = 67,304,$$

$$y = \frac{257 \times \sqrt{5}}{\sqrt{3}+\sqrt{5}+\sqrt{7}} = 86,888,$$

$$z = \frac{257 \times \sqrt{7}}{\sqrt{3}+\sqrt{5}+\sqrt{7}} = 102,808.$$

Total égal. . . . . 257.

323. *Partager une somme A en parties proportionnelles à quatre nombres donnés a, b, c, d.*

Les quatre parties de la somme A, étant désignées par x, y, z et t, on a

$$x+y+z+t = A,$$
$$\frac{x}{a} = \frac{y}{b} = \frac{z}{c} = \frac{t}{d}.$$

Mais on a

$$\frac{x+y+z+t}{a+b+c+d} = \frac{A}{a+b+c+d} = \frac{x}{a} = \frac{y}{b} = \frac{z}{c} = \frac{t}{d} :$$

d'où

$$x = \frac{Aa}{a+b+c+d},$$

$$y = \frac{Ab}{a+b+c+d},$$

$$z = \frac{Ac}{a+b+c+d},$$

$$t = \frac{Ad}{a+b+c+d}.$$

324. *Combien faut-il revendre ce qui a coûté 140 fr. pour gagner 20 °/₀ sur le prix de vente?*

Rép. : 175 fr.

Soit x le prix de vente. Le 20 °/₀ de x est $\frac{20x}{100}$. On a donc l'équation

$$x = 140 + \frac{20x}{100};$$

d'où

$$x = 175 \text{ fr.}$$

Le bénéfice 35 fr. représente bien le 20 °/₀ de 175 fr.

325. *Un orfèvre a deux lingots d'argent : le premier est au titre 0,900 et le second au titre 0,750. Combien doit-il prendre de chaque lingot pour obtenir un troisième lingot du poids de 4^Kg et au titre 0,840?*

Rép. : $2^{Kg},4$ au titre 0,900 et $1^{Kg},6$ au titre 0,750.

Si l'on désigne par x le poids à prendre du premier lingot et par y le poids à prendre du second, l'énoncé donne

$$x + y = 4;$$
$$0,900x + 0,750y = 0,840 \times 4;$$

d'où

$$x = 2^{Kg},4 \quad ; \quad y = 1^{Kg},6.$$

Il y a $2^{Kg},4$ au titre 0,900 et $1^{Kg},6$ au titre 0,750.

$2^{Kg},4$ au titre 0,900 donnent en argent pur $\quad 0,900 \times 2,4 = 2^{Kg},16,$
$1^{Kg},6$ au titre 0,750 donne en argent pur $\quad 0,750 \times 1,6 = 1^{Kg},20.$

L'argent pur contenu dans le nouveau lingot est donc : $\overline{3^{Kg},36.}$

On a de même : $\quad 0,840 \times 4 = 3^{Kg},36.$

326. *Un père a aujourd'hui le triple de l'âge de son fils, et il y a 12 ans l'âge du père était le sextuple de l'âge du fils. Quel est l'âge de ce dernier?*

Soit x l'âge du fils. Le père a aujourd'hui $3x$. Il y a 12 ans, il avait donc $3x - 12$. Le fils avait à cette époque $x - 12$; mais alors l'âge du père égalait 6 fois l'âge du fils. Donc on a l'équation

$$3x - 12 = 6(x - 12) :$$

d'où

$$x = 20.$$

Le fils a aujourd'hui 20 ans, et le père 60. Il y a 12 ans, le fils avait 8 ans et le père 48. Le nombre 48 est bien égal à 8×6.

327. *Si l'on ajoute 3 au numérateur d'une fraction et qu'on retranche 4 à son dénominateur, elle devient égale à 1; mais si à cette même fraction on retranche 3 au numérateur et qu'on ajoute 2 au dénominateur, elle devient égale à $\frac{1}{3}$. Trouver cette fraction.*

$$\text{Rép. : } \frac{9}{16}.$$

Soit $\dfrac{x}{y}$ la fraction demandée. L'énoncé donne les deux équations

$$\frac{x + 3}{y - 4} = 1,$$

$$\frac{x - 3}{y + 2} = \frac{1}{3} :$$

d'où l'on tire

$$x = 9 \quad \text{et} \quad y = 16.$$

328. *Un négociant a vendu une première fois 75 doubles-décalitres de blé et 32 d'orge pour $338^f,85$; une seconde fois, il en a vendu au même prix 100 de blé et 82 d'orge pour $522^f,60$. On demande le prix du double-décalitre de blé et d'orge.*

$$\text{Rép. : } 5^f,75 \text{ le double-décalitre de blé};$$
$$1^f,80 \text{ le double-décalitre d'orge}.$$

Si l'on désigne par x le prix du double-décalitre de blé et par y le prix du double-décalitre d'orge, on aura, d'après l'énoncé, les deux équations

$$75x + 32y = 338,85,$$
$$100x + 82y = 522,60 :$$

d'où

$$x = 5,75 \quad , \quad y = 1,80.$$

329. *Partager* 5356 *en trois parties réciproquement proportionnelles aux trois nombres* 20 , 30 *et* 40.

Rép. : 2472 , 1648 , 1236.

Les trois nombres réciproquement proportionnels aux nombres 20, 30, 40 sont $\frac{1}{20}$, $\frac{1}{30}$, $\frac{1}{40}$. Si donc on désigne par x, y et z les trois parties dont la somme est 5356, on aura les trois équations

$$\frac{x}{\dfrac{1}{20}} = \frac{y}{\dfrac{1}{30}} = \frac{z}{\dfrac{1}{40}},$$

$$x + y + z = 5356;$$

on déduit des deux premières

$$20x = 30y = 40z,$$

ou

$$2x = 3y = 4z.$$

On a donc à résoudre le système

$$2x = 3y = 4z,$$
$$x + y + z = 5356,$$

lequel donne

$$x = 2472 \quad , \quad y = 1648 \quad , \quad z = 1236.$$

330. *Trois personnes veulent acheter en commun une propriété pour* 80000 *fr. La première pourrait payer cette somme seule si elle avait le* $\frac{1}{5}$ *de ce que possède la seconde, le* $\frac{1}{7}$ *de la troisième et* 15000 *fr. en plus; pour fournir la même somme, il manque à la seconde le* $\frac{1}{4}$ *de ce qu'a la première, le* $\frac{1}{5}$ *de la troisième et* 4750 *fr.; enfin la troisième pourrait payer la somme entière si la première lui donne le* $\frac{1}{9}$ *de ce qu'elle possède et la seconde le* $\frac{1}{10}$. *On demande la somme dont chaque personne peut disposer.*

Rép. : 1ʳᵉ 45000 fr. ; 2ᵉ 50000 fr. ; 3ᵉ 70000 fr.

Si l'on représente par x, y et z les sommes que possèdent les trois personnes, l'énoncé donne ces trois équations

$$x + \frac{y}{5} + \frac{z}{7} + 15000 = 80000,$$

$$y + \frac{x}{4} + \frac{z}{5} + 4750 = 80000,$$

$$z + \frac{x}{9} + \frac{y}{10} = 80000;$$

d'où

$$x = 45000,$$
$$y = 50000,$$
$$z = 70000.$$

331. *8 litres d'une première espèce de vin et 12 litres d'une autre produisent un mélange dont le prix moyen est de 0^f,39 le litre. On sait en outre que 15 litres de la première espèce et 6 litres de la seconde produisent un mélange du prix moyen de 0^f,34 \frac{2}{7} le litre. On demande le prix du litre de chacune de ces deux espèces de vins.*

Rép. : 1re espèce, 0^f,30; 2e espèce, 0^f,45.

D'une part, 8 litres de la première espèce et 12 litres de la seconde donnent un mélange de 20 litres; d'autre part, 15 litres de la première espèce et 6 litres de la seconde produisent un mélange de 21 litres : si donc on désigne par x et y les prix du litre des deux espèces de vin, on aura les deux équations

$$8x + 12y = 0,39 \times 20,$$
$$15x + 6y = 0,34\frac{2}{7} \times 21 :$$

d'où

$$x = 0,30 \quad , \quad y = 0,45.$$

332. *Deux fontaines coulent dans un même bassin : la première le remplirait seule en 3 heures, et les deux emploieraient ensemble 1^h \frac{1}{5}. On demande le temps que la seconde emploierait pour remplir le bassin.*

Rép. : 2 heures.

La première fontaine remplit le bassin en 3 heures. Soit x le temps que mettrait la seconde, et 1 la capacité du bassin.

En 1 heure, les deux fontaines remplissent une capacité égale à

$$\frac{1}{3} + \frac{1}{x};$$

mais comme en 1^h \frac{1}{5} le bassin est rempli, on a évidemment l'équation

$$\left(\frac{1}{3} + \frac{1}{x}\right) \times \left(1\frac{1}{5}\right) = 1,$$

ou :

$$\left(\frac{1}{3} + \frac{1}{x}\right)\frac{6}{5} = 1;$$

d'où :

$$x = 2.$$

La seconde fontaine mettrait donc 2 heures, si elle coulait seule, pour remplir le bassin. On peut aisément vérifier.

333. *Trois terrassiers creusent un fossé : le 1er et le 2e le creuseraient en 1 jour $\frac{5}{7}$, le 2e et le 3e le creuseraient en 2 jours $\frac{2}{9}$, et le 1er et le 3e le creuseraient en 1 jour $\frac{7}{8}$. Combien de temps chaque terrassier seul mettrait-il pour creuser le fossé ?*

Rép. : 1er, 3 jours ; 2e, 4 jours ; 3e, 5 jours.

Si l'on suppose que le premier terrassier mette x jours pour creuser seul le fossé, le second y jours et le troisième z jours, on aura, d'après le raisonnement de l'exercice qui précède,

$$\left(\frac{1}{x} + \frac{1}{y}\right) \times \left(1 \tfrac{5}{7}\right) = 1,$$

$$\left(\frac{1}{y} + \frac{1}{z}\right) \times \left(2 \tfrac{2}{9}\right) = 1,$$

$$\left(\frac{1}{x} + \frac{1}{z}\right) \times \left(1 \tfrac{7}{8}\right) = 1 :$$

d'où on déduit

$$\frac{1}{x} + \frac{1}{y} = \frac{7}{12},$$

$$\frac{1}{y} + \frac{1}{z} = \frac{9}{20},$$

$$\frac{1}{x} + \frac{1}{z} = \frac{8}{15}.$$

Si l'on pose $\frac{1}{x} = x'$, $\frac{1}{y} = y'$, $\frac{1}{z} = z'$, il vient :

(a)

$$x' + y' = \frac{7}{12},$$

$$y' + z' = \frac{9}{20},$$

$$x' + z' = \frac{8}{15}.$$

Faisant la somme de ces trois équations, on a

$$2x' + 2y' + 2z' = \frac{94}{6} :$$

d'où

$$x' + y' + z' = \frac{47}{60}.$$

Si de cette dernière équation on retranche successivement chacune des équations du système (a), on obtient :

$$z' = \frac{1}{5} \quad , \quad x' = \frac{1}{5} \quad , \quad y' = \frac{1}{4} :$$

d'où

$$z = 5 \quad , \quad x = 5 \quad , \quad y = 4.$$

Ainsi il faudrait 3 jours au premier terrassier pour creuser le fossé, 4 au second et 5 au troisième.

334. *La somme des deux chiffres d'un nombre est 10 ; si l'on intervertit l'ordre de ces chiffres, on obtient un nouveau nombre qui renferme 54 unités de plus que le premier. Quel est ce premier nombre?*

Rép. : 28.

Si l'on désigne par x les dizaines du nombre cherché et par y ses unités, le nombre des unités formé par le chiffre des dizaines sera $10x$; on aura donc les deux équations

$$x + y = 10,$$
$$10x + y = 10y + x - 54 :$$

d'où

$$x = 2 \quad , \quad y = 8.$$

Le nombre cherché est 28. Si l'on renverse l'ordre de ces chiffres, on aura 82 ; or, on a bien

$$82 - 28 = 54.$$

335. *Quelle est la distance parcourue par une voiture dont les petites roues ont $0^m,80$ de diamètre, et les grandes $1^m,40$? On sait d'ailleurs que les premières ont fait 2000 tours de plus que les secondes.*

Rép. : $11\,686^m,77$ environ.

La circonférence des grandes roues est de $4^m,40$ environ, et celle des petites de $2^m,51$ environ. Soit x la distance parcourue. Pour parcourir cette distance, les petites roues ont fait un nombre de tours égal à $\dfrac{x}{2,51}$, et les grandes, un nombre égal à $\dfrac{x}{4,4}$. Mais les petites ayant fait 2000 tours de plus que les grandes, on a l'équation

$$\frac{x}{2,51} = \frac{x}{4,4} + 2000 :$$

d'où

$$x = 11\,686,77.$$

Ainsi la distance parcourue est de $11\,686^m,77$ environ.

336. *On a du vin de deux qualités : si on mélange 4ᴵᴵᴵ de la première espèce à 2ᴵᴵᴵ de la seconde, on obtient du vin qui vaut 24 fr. l'hectolitre ; mais si on mélange 2ᴵᴵᴵ de la première espèce à 3ᴵᴵᴵ de la seconde, on a du vin qui vaut 26ᶠ,40 l'hectolitre. On demande le prix de l'hectolitre de chaque espèce de vin.*

Rép. : 21 fr. ; 30 fr.

Soient x et y les prix de l'hectolitre de chaque espèce de vin. Les 6 hectolitres du premier mélange valent $4x + 2y$, ou 24×6. De même, les 5 hectolitres du second mélange valent $2x + 3y$, ou $26,40 \times 5$. On a donc les deux équations

$$4x + 2y = 24 \times 6,$$
$$2x + 3y = 26,40 \times 5 :$$

d'où

$$x = 21 \quad , \quad y = 30.$$

L'hectolitre de la première espèce vaut donc 21 fr., et l'hectolitre de la seconde 30 fr. : ce qu'on peut aisément vérifier.

337. *Deux nombres diffèrent de 4 unités, la différence de leurs carrés est 144 : trouver ces deux nombres.*

Rép. : 20 et 16.

Si l'on désigne les nombres cherchés par x et y, on a, d'après l'énoncé,

$$x - y = 4,$$
$$x^2 - y^2 = 144.$$

Divisant membre à membre la seconde équation par la première, il vient :

$$x + y = 36.$$

Pour déterminer x et y, on a donc les deux équations

$$x + y = 36,$$
$$x - y = 4 :$$

d'où

$$x = 20 \quad , \quad y = 16.$$

On a bien :

$$20 - 16 = 4,$$
$$\text{et } 20^2 - 16^2 = 144.$$

338. *Une personne place une partie de sa fortune à 5 % et l'autre partie à 4 % ; elle a ainsi 1 240 fr. de revenu. Si la somme qui est placée à 4 % l'était à 5, et réciproquement, son revenu augmen* *terait de* 40 *fr. On demande la somme placée à* 5 °/₀ *et celle placée à* 4 °/₀.

Rép. : 16000 fr. à 4 °/₀ et 12000 fr. à 5 °/₀.

Si l'on désigne par x la somme placée à 5 °/₀, et par y celle placée à 4 °/₀, on aura pour l'intérêt de la première somme $\dfrac{5x}{100}$;

l'intérêt de la seconde sera $\dfrac{4y}{100}$: d'où cette première équation

$$\frac{5x}{100} + \frac{4y}{100} = 1240.$$

On trouve, avec la même facilité, cette seconde équation :

$$\frac{4x}{100} + \frac{5y}{100} = 1240 + 40 = 1280.$$

De ces deux équations, on déduit

$$x = 16000 \qquad , \qquad y = 12000.$$

On trouve donc 16000 fr. pour la somme placée à 5 °/₀ et 12000 fr. pour la somme placée à 4 °/₀. La vérification est facile.

339. *On demande de partager* 9246 *fr. entre* 4 *personnes, de manière que, quand la* 1ʳᵉ *prendra* 2 *fr., la* 2ᵉ *en prendra* 3, *et quand celle-ci en prendra* 5, *la* 3ᵉ *en prendra* 6; *enfin, lorsque la* 4ᵉ *prendra* 4 *fr, la* 3ᵉ *en prendra* 3.

Rép. : 1ʳᵉ, 1380 fr. ; 2ᵉ, 2070 fr. ; 3ᵉ, 2484 fr. ; 4ᵉ, 3312 fr.

Si l'on représente par x , y , z et t les quatre parts, on aura, d'après l'énoncé, les quatre équations suivantes :

$$x + y + z + t = 9246,$$
$$\frac{x}{y} = \frac{2}{3},$$
$$\frac{y}{z} = \frac{5}{6},$$
$$\frac{t}{z} = \frac{4}{3}.$$

Résolvant ces équations, on trouve :

$$x = 1380 \quad , \quad y = 2070 \quad , \quad z = 2484 \quad , \quad t = 3312.$$

La vérification est facile. La somme des quatre parts est bien 9246 fr. ; d'ailleurs

$$\frac{x}{y} = \frac{1380}{2070} = \frac{2}{3}, \text{ etc.}$$

340. *On a de l'eau-de-vie à* 41° *et à* 65°. *On prend* 5 *litres de la première qu'on mélange avec une certaine quantité de la seconde, on a ainsi de l'eau-de-vie à* 50°. *Combien le mélange contient-il de litres?*

Rép. : 8 litres.

Si l'on désigne par x le nombre de litres à 65°, il est facile de voir qu'on a l'équation

$$41 \times 5 + 65x = 50(5 + x):$$

d'où

$$x = 3.$$

Le mélange contiendra donc 5 litres plus 3 litres ou 8 litres.

341. *On demande la quantité d'eau qui a été ajoutée à* 50 *litres de vin à* 33 *centimes et à* 60 *litres à* 40 *centimes pour obtenir un mélange qui vaut* 30 *centimes le litre.*

Rép. : 5 litres à la première espèce, et 20 litres à la seconde.

Soient x et y les deux nombres de litres d'eau qui ont été ajoutés aux deux espèces de vin. Dans le premier cas, on aura $(50 + x)$ litres qui vaudront 33×50, ou $30(50 + x)$: d'où l'équation

$$(1) \qquad 33 \times 50 = 30(50 + x).$$

Dans le second cas, on aura $(60 + y)$ litres qui vaudront 40×60, ou $30(60 + y)$: d'où cette autre équation :

$$(2) \qquad 40 \times 60 = 30(60 + y).$$

Résolvant (1) et (2), on a

$$x = 5 \quad , \quad y = 20.$$

On a donc ajouté 5 litres d'eau dans le premier cas et 20 dans le second ; le mélange contient donc en tout 25 litres d'eau, et se compose d'un nombre de litres égal à

$$50 + 60 + 25 = 135.$$

Comme vérification, on a bien

$$33 \times 50 + 40 \times 60 = 30 \times 135.$$

342. *Le colza d'hiver rend en moyenne* 32 °/₀ *de son poids d'huile, et la navette d'été* 30 °/₀. *Dans une fabrique, on a obtenu, avec* 4 700^{kg} *de graines des deux espèces,* 1 468^{kg} *d'huile.* 1° *Combien a-t-on employé de kilogrammes de graines de chaque espèce?* 2° *Combien a-t-on obtenu d'huile de chaque espèce?*

Rép. : 1° 2900 kilog. de colza et 1 800 kilog. de navette ; 2° 928 kilog. d'huile de colza et 540 kilog. d'huile de navette.

Représentant par x la quantité de colza et par y celle de navette, on déduit aisément de l'énoncé les deux équations

$$x + y = 4700,$$
$$0,32x + 0,30y = 1468 :$$

d'où

$$x = 2900 \quad , \quad y = 1800.$$

Puisqu'il y a 2900 kilog. de colza, la quantité d'huile produite par cette graine sera

$$2900 \times 0,32 \quad \text{ou} \quad 928 \text{ kilog.}$$

De même la quantité produite par la navette d'été sera

$$1800 \times 0,30 \quad \text{ou} \quad 540 \text{ kilog.}$$

343. *On fond ensemble 200 grammes d'un lingot d'or au titre de 0,750 et un lingot d'or pur; on obtient ainsi un lingot au titre 0,840. On demande le poids du lingot d'or pur et le poids du lingot au titre 0,840.*

Rép. : $112^{gr},5$ d'or pur; le poids du lingot au titre 0,840 sera de $312^{gr},5$.

Soit x la quantité d'or pur que l'on prend. Le poids du nouveau lingot sera en grammes $200 + x$, et la quantité d'or pur qu'il contiendra sera égale à $(200 + x)840$; mais la quantité d'or pur qu'il contient est aussi égale à $200 \times 750 + x \times 1000$: d'où l'équation

$$200 \times 750 + 1000x = (200 + x)840 :$$

d'où

$$x = 112,5.$$

On prendra donc $112^{gr},50$ d'or pur, et le poids du lingot au titre 0,840 sera de $200^{gr} + 112,50$ ou de $312^{gr},5$.

344. *Un négociant a vendu 12 hectolitres de vin à raison de 24 fr. l'hectolitre; mais il n'a que du vin qu'il peut donner à $0^f,30$ le litre et à $0^f,20$ le litre. Combien devra-t-il prendre de litres de chaque espèce pour livrer les 12 hectolitres à 24 fr. l'un?*

Rép. : 480 lit. à $0^f,30$ et 720 lit. à $0^f,20$.

Si l'on représente par x le nombre de litres à $0^f,30$ et par y le nombre de litres à 0^f20, comme le mélange doit être de 12 hectol. on de 1200 litres, on aura cette première équation

$$(1) \qquad\qquad x + y = 1200.$$

D'ailleurs le prix des 1200 litres sera égal à $0,30 \times x + 0,20 \times y$;

mais il sera aussi égal à $0,24 \times 1200$: d'où cette seconde équation

(2) $0,30x + 0,20y = 0,24 \times 1200$.

Résolvant (1) et (2), on trouve

$x = 480$ litres   , $y = 720$ litres.

345. *Une personne laisse* 134000 fr. *à partager entre 4 héritiers: la part du 1ᵉʳ est à celle du 2ᵉ comme 2 est à 3 ; celle du 2ᵉ au 3ᵉ comme 5 est à 6, et enfin celle du 3ᵉ au 4ᵉ comme 3 est à 4. Quelle est la part de chaque héritier? On sait que divers frais s'élèvent à 10 %, de l'héritage.*

Rép. : 1ᵉʳ 18800 fr. ; 2ᵉ 28200 fr. ; 3ᵉ 33840 fr. ; 4ᵉ 45120 fr.

Le 6 %, de 134000 fr. est égal à $1340,00 \times 6 = 8040$ fr. Il reste donc à partager $134000 - 8040 = 125960$ fr.

Les 4 parts étant désignées par x, y, z et t, on a

$$x + y + z + t = 125960,$$
$$\frac{x}{y} = \frac{2}{3},$$
$$\frac{y}{z} = \frac{5}{6},$$
$$\frac{z}{t} = \frac{3}{4} :$$

d'où l'on tire

$x = 18800$ fr. , $y = 28200$ fr. , $z = 33840$ fr. , $t = 45120$ fr.

Il est facile de vérifier.

346. *Trouver deux nombres qui soient dans le rapport de* m *à* n, *et tels que, en ajoutant* a *à chacun d'eux, les sommes soient dans le rapport de* p *à* q.

$$\text{Rép. :}\quad \frac{am(p-q)}{qm-pn}\quad ,\quad \frac{an(p-q)}{qm-pn}.$$

Si l'on désigne par x et y les nombres cherchés, on a, d'après l'énoncé

$$\frac{x}{y} = \frac{m}{n},$$
$$\frac{x+a}{y+a} = \frac{p}{q}.$$

Résolvant ces deux équations, on trouve

$$x = \frac{am(p-q)}{qm-pn}\quad ,\quad y = \frac{an(p-q)}{qm-pn}.$$

Comme vérification, on a d'abord

$$\frac{\dfrac{am(p-q)}{qm-pn}}{\dfrac{an(p-q)}{qm-pn}} = \frac{am(p-q)}{qm-pn} \times \frac{qm-pn}{an(p-q)} = \frac{m}{n}.$$

En second lieu, on a

$$\frac{am(p-q)}{qm-pn} + a = \frac{am(p-q) + a(qm-pn)}{qm-pn} = \frac{ap(m-n)}{qm-pn},$$

et

$$\frac{an(p-q)}{qm-pn} + a = \frac{an(p-q) + a(qm-pn)}{qm-pn} = \frac{aq(m-n)}{qm-pn}.$$

Le rapport des deux nouveaux nombres est donc égal à

$$\frac{ap(m-n)}{qm-pn} \times \frac{qm-pn}{aq(m-n)} = \frac{p}{q}.$$

347. *Quel nombre faut-il ajouter aux deux termes de la fraction $\dfrac{a}{b}$ pour qu'elle prenne une valeur double?* (*Discussion.*)

$$\text{Rép. :} \quad \frac{ab}{b-2a}.$$

Soit x le nombre cherché. D'après l'énoncé, on doit avoir

[1] $$\frac{a+x}{b+x} = \frac{2a}{b}.$$

Résolvant cette équation, on trouve

[2] $$x = \frac{ab}{b-2a}.$$

Discussion. — Trois cas peuvent se présenter, car on peut avoir :

$$1° \; b > 2a \quad ; \quad 2° \; b = 2a \quad ; \quad 3° \; b < 2a.$$

1er *Cas.* Si l'on a $b > 2a$, la valeur de x est positive et le problème peut être résolu.

2° *Cas.* Si l'on a $b = 2a$, le dénominateur $b - 2a = 0$, et alors la valeur de x prend la forme de $\dfrac{m}{0} = \infty$, c'est-à-dire qu'aucune valeur de x ne peut satisfaire à la question, et que par conséquent le problème est impossible. Il est facile de s'assurer qu'il en est bien ainsi, en transportant dans l'équation [1] l'hypothèse $b = 2a$; cette

équation devient en effet $\dfrac{a + x}{2a + x} = \dfrac{2a}{2a} = 1$.

Mais pour qu'une fraction soit égale à l'unité il faut que son numérateur soit égal à son dénominateur. Or cela ne peut évidemment avoir lieu pour aucune valeur de x.

3° *Cas.* Si l'on a $b < 2a$, la valeur de x est négative ; cette valeur convient encore à la question, mais il faut avoir soin de l'ajouter avec son signe à la fraction $\dfrac{a}{b}$.

Soit, par exemple, la fraction $\dfrac{3}{5}$ dans laquelle $a = 3$, $b = 5$. Si l'on porte ces valeurs dans la formule [2], il vient

$$x = \frac{15}{5 - 6} = -15.$$

Si l'on ajoute algébriquement cette valeur aux deux termes de la fraction $\dfrac{3}{5}$, elle devient $\dfrac{3 - 15}{5 - 15} = \dfrac{-12}{-10} = \dfrac{6}{5}$, fraction qui est bien le double de la fraction $\dfrac{3}{5}$.

348. *En alliant* $312^{gr},5$ *d'un premier lingot d'argent et* 1250^{gr} *d'un deuxième, on obtient un alliage au titre* 0,900. *Mais en alliant* 220^{gr} *et* 280^{gr} *des mêmes lingots, on obtient un alliage au titre* 0,840. *On demande les titres des lingots employés.*

Rép. : 0,700 et 0,950.

Soient x et y les titres demandés. Le premier lingot contient en argent $312,5x$ et le second $1250y$. D'ailleurs le poids de l'alliage étant $312,5 + 1250$ ou $1562^{gr},5$, cet alliage contient en argent pur $1562,5 \times 0,900$; on a donc l'équation

[1] $312,5x + 1250y = 1562,5 \times 0,900$.

On a de même

[2] $220x + 280y = 500 \times 0,840$.

Résolvant [1] et [2], on trouve

$$x = 0,700 \text{ et } y = 0,950.$$

Le premier lingot était donc au titre 0,700 et le second au titre 0,950.

349. *Un orfévre a deux lingots : le premier est composé de*
$2^{\text{Kg}},160$ *d'or et de* 240^{gr} *de cuivre; le second est formé de* $1^{\text{Kg}},200$ *d'or*
et de 400^{gr} *de cuivre. Combien doit-il prendre de chaque lingot pour*
en obtenir un troisième qui contienne $1^{\text{Kg}},680$ *d'or et* 320^{gr} *de cuivre?*

Rép. : $1^{\text{Kg}},2$ du premier lingot et $0^{\text{Kg}},8$ du second.

Soient x et y les deux nombres cherchés. Le premier lingot
pèse $2^{\text{Kg}},160 + 240^{\text{gr}} = 2^{\text{Kg}},400$. Le second pèse $1^{\text{Kg}},600$. On peut
donc dire : $2^{\text{Kg}},400$ du premier lingot contiennent en or $2^{\text{Kg}},160$ et en
cuivre $0^{\text{Kg}},240$; par suite, 1 kilog. contient en or $\dfrac{2,160}{2,400}$, et 1 kilog.
du même lingot contient en cuivre $\dfrac{0,240}{2,400}$; d'où il résulte que x kilog.
du premier lingot contiennent en or $\dfrac{2,160x}{2,400}$ de kilog., et en cuivre
$\dfrac{0,240x}{2,400}$ de kilog.; de même y kilog. du second lingot renferment
$\dfrac{1\,200y}{1,600}$ de kilog. d'or, et $\dfrac{0,400y}{1,600}$ de kilog. de cuivre.

Si l'on simplifie les diverses expressions trouvées, on a alors les
deux équations

$$\frac{216x}{240} + \frac{12y}{16} = 1,680,$$

$$\frac{24x}{240} + \frac{4y}{16} = 0,32 :$$

d'où

$$x = 1,2 \quad , \quad y = 0,80.$$

Ainsi il faudra prendre $1^{\text{Kg}},20$ du premier lingot et $0^{\text{Kg}},8$ du second. Comme vérification, on a

$$\frac{216 \times 1,2}{240} + \frac{12 \times 0,8}{16} = 1^{\text{Kg}},680,$$

et

$$\frac{24 \times 1,2}{240} + \frac{4 \times 0,8}{16} = 0^{\text{Kg}},320.$$

350. *Les deux aiguilles d'une montre sont sur midi : à quelle*
heure aura lieu la prochaine rencontre? Combien y aura-t-il de ren-
contres des deux aiguilles de midi à minuit?

Rép. : $1^{\text{h}} 5^{\text{m}} \dfrac{5}{11}$; 11 rencontres.

La grande aiguille parcourt 60 divisions par heure et la petite 5. Si donc la première rencontre a lieu après x heures, les deux aiguilles auront parcouru les deux nombres de divisions $60x$ et $5x$; mais la grande aiguille étant sur midi avec la petite devra, pour atteindre de nouveau la petite, parcourir les 60 divisions du cadran, et en outre les divisions parcourues par la petite aiguille; donc on a cette équation

$$60x = 60 + 5x :$$

d'où

$$x = 1^h 5^m \frac{5}{11}.$$

La première rencontre ayant lieu après $1^h 5^m \dfrac{5}{11}$ ou $\dfrac{12}{11}$ d'heure, dans 12 heures il y aura un nombre de rencontres égal à

$$12 : \frac{12}{11} = 11 \text{ rencontres.}$$

351. *On a 36^{Kg} d'eau qui contiennent 200^{gr} de sel en dissolution : combien faut-il ajouter d'eau ordinaire pour que 20^{Kg} du nouveau mélange ne contiennent plus que 80^{gr} de sel?*

Rép. : 14 kilog.

Soit x le poids d'eau à ajouter. Le poids total de l'eau sera $36 + x$. D'ailleurs 1 gramme de sel sera contenu dans un poids d'eau égal à $\dfrac{36 + x}{200}$, et 80 grammes dans un poids égal à $\dfrac{(36 + x) \times 80}{200}$; mais ce poids devant être égal à 20 kilog., on a l'équation

$$\frac{(36 + x) \times 80}{200} = 20 :$$

d'où

$$x = 14.$$

Ainsi il faudra ajouter 14 kilog. d'eau pour que 20 kilog. du nouveau mélange ne contiennent plus que 80 grammes de sel. La vérification est facile. Après avoir ajouté les 14 kilog. d'eau, le mélange est de $36^{Kg} + 14$ ou 50 kilog.; il arrive donc que 50 kilog. ne contiennent que 200 grammes de sel; par suite, 20 kilog. de mélange ne contiennent que 80 grammes de sel.

352. *3 robinets servent à alimenter un bassin; un 4e sert à le vider. Le 1er robinet, s'il était seul ouvert, remplirait le bassin en 4^h, le 2e en 5^h et le 3e en 8^h. Le 4e robinet le viderait en 6^h. On ouvre les 4 robinets : au bout de combien de temps le bassin sera-t-il rempli?*

Rép. : 2 heures 26 minutes 44 secondes.

Soit x le temps nécessaire pour remplir le bassin. Si l'on représente la capacité du bassin par 1, on voit qu'il se remplit, dans 1 heure (exercice **332**), une partie du bassin égale à

$$\frac{1}{4} + \frac{1}{5} + \frac{1}{8} - \frac{1}{6}.$$

Dans x heures, il se remplira x fois plus; mais comme x représente précisément le temps nécessaire pour remplir en entier le bassin, on a l'équation

$$\left(\frac{1}{4} + \frac{1}{5} + \frac{1}{8} - \frac{1}{6}\right)x = 1 :$$

d'où

$$x = \frac{120}{49} = 2^h\ 26^m\ 44^s.$$

353. *3 robinets servent à alimenter un bassin; un 4ᵉ sert à le vider. Le 1ᵉʳ robinet, s'il était seul ouvert, remplirait le bassin en a heures, le 2ᵉ en b heures, le 3ᵉ en c heures. Le 4ᵉ robinet le viderait en d heures. On ouvre les 4 robinets : au bout de combien de temps le bassin sera-t-il rempli?* (*Discussion.*)

$$\text{Rép. : } x = \frac{abcd}{abc + acd + abd - abc}.$$

D'après l'exercice précédent, on a l'équation

$$\left(\frac{1}{a} + \frac{1}{b} + \frac{1}{c} - \frac{1}{d}\right)x = 1 :$$

d'où l'on tire

$$x = \frac{abcd}{bcd + acd + abd - abc}.$$

Discussion. Pour que la valeur de x soit positive, c'est-à-dire pour que le problème puisse être résolu dans le sens de l'énoncé, il est évident qu'il faut avoir

$$bcd + acd + abd > abc.$$

354. *Un employé peut disposer de 2 heures pour faire une promenade; il part dans une voiture qui fait 12ᴷᵐ à l'heure. A quelle distance du point de départ l'employé doit-il quitter la voiture pour être de retour à l'heure fixée? Il ne compte faire que 4ᴷᵐ à l'heure en revenant.*

$$\text{Rép. : 6 kilomètres.}$$

Soit x la distance demandée, ou le nombre de kilomètres que l'employé peut faire en voiture. Puisqu'il fait 12 kilomètres à l'heure, pour parcourir cette distance, il mettra un temps égal à $\dfrac{x}{12}$, et pour revenir, puisqu'il fait 4 kilomètres à l'heure, un temps égal à $\dfrac{x}{4}$; mais la somme de ces temps est égale à 2 heures. Donc on a

$$\frac{x}{12} + \frac{x}{4} = 2 :$$

d'où

$$x = 6.$$

Ainsi l'employé pourra faire 6 kilomètres en voiture.

355. *On a deux points* A *et* B *distants de* 225^{Km}. *Les* 100^{Kg} *de charbon de terre coûtent* $2^f,40$ *en* A *et* $2^f,80$ *en* B. *On demande le point de la ligne* AB *où le charbon coûte le même prix, soit qu'il vienne de* A *ou de* B. *On sait d'ailleurs qu'on paie pour le transport* $0^f,0073$ *par kilomètre et par* 100^{Kg} *pour le charbon venant de* A, *et* $0^f,0064$ *pour le charbon venant de* B.

Rép. : $134^{Km},306$ du point A.

Soit C le point cherché. Si nous posons $AC = x$, nous aurons $BC = 225 - x$. Déterminons maintenant les prix de 100^{Kg} de charbon amenés des points A et B en C.

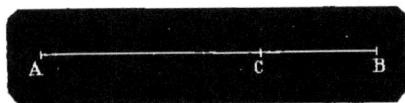

Fig. 1.

Au point A, les 100 kilog. de charbon coûtent $2^f,40$; le prix du transport pour les 100 kilog. et pour x^{Km} sera $0,0073x$.

Arrivés en C, les 100 kilog. de charbon coûteront donc

$$2^f,40 + 0,0073x.$$

De même, les 100 kilog. de charbon venant de B coûteront, rendus en C

$$2^f,80 + 0,0064(225 - x).$$

Mais en C, le prix devant être le même, soit que le charbon vienne de A ou de B, on a l'équation

$$2,40 + 0,0073x = 2,80 + 0,0064(225 - x) :$$

d'où

$$x = 134,306.$$

C'est donc à $134^{Km},306$ du point A que le charbon coûtera le même prix, soit qu'il vienne de A, soit qu'il vienne de B, ce qui est facile à vérifier.

A $134^{Km},326$ de A, les 100 kilog. de charbon coûteront

$$2^f,40 + 0,0073 \times 134,306 = 3^f,38.$$

A $225 - 134,306$ ou à $90^{Km},694$ de B, les 100 kilog. coûteront

$$2^f,80 + 0,0064 \times 90,694 = 3^f,38.$$

356. *3 joueurs conviennent qu'à chaque partie le perdant doublera l'argent des deux autres; ils perdent chacun une partie, puis ils se retirent avec 120 fr. chacun. Quelles étaient les mises?*

Rép. : 1re mise, 195 fr.; 2e, 105 fr.; 3e, 60 fr.

Si l'on suppose que le joueur x perde la première partie, le joueur y la seconde et le joueur z la troisième ; après la première partie le joueur y aura $2y$ et le joueur z aura $2z$; mais le joueur x n'aura plus que $x - y - z$, puis qu'il a dû donner y au second joueur et z au troisième. A la seconde partie, l'argent du premier joueur est doublé, ainsi que celui du troisième. Le premier a donc $2x - 2y - 2z$ et le troisième $4z$. Quant au second, il a $2y$ moins ce qu'il a donné au premier et au troisième, ou

$$2y - (x - y - z) - 2z = 3y - x - z.$$

Faisant le même raisonnement pour la troisième partie, on trouve que le premier possède après cette partie

$$4x - 4y - 4z,$$

le second

$$6y - 2z - 2x,$$

le troisième

$$7z - y - x.$$

Mais comme alors chacun des joueurs possède 120 fr., on a les trois équations

[a]
$$4x - 4y - 4z = 120,$$
$$6y - 2z - 2x = 120,$$
$$7z - y - x = 120.$$

Résolvant ces trois équations, on trouve

$$x = 195 \text{ fr.} \quad , \quad y = 105 \text{ fr.} \quad , \quad z = 60 \text{ fr.}$$

Remarque. Il est facile de voir que les trois joueurs possèdent en tout 360 fr.; donc l'une des trois équations ci-dessus aurait pu être remplacée par cette autre

$$x + y + z = 360,$$

ce qui aurait permis de résoudre plus rapidement le système [a].

357. *On a 3 lingots d'or pesant ensemble* 5^{Kg} *et aux titres 920, 850, 800 millièmes. En alliant les deux premiers, on obtiendrait de l'or au* *titre* 0,900, *et en alliant les deux derniers, de l'or au titre* 0,820. *On demande le poids de chaque lingot.*

$$\text{Rép. : } 2^{\text{Kg}},5 \quad ; \quad 1^{\text{Kg}} \quad ; \quad 1^{\text{Kg}},5.$$

Soient x, y, z les poids demandés. D'après l'énoncé, on a d'abord cette première équation

$$[1] \qquad x + y + z = 5.$$

D'ailleurs les deux premiers lingots contiennent ensemble en or pur

$$0,920x + 0,850y ;$$

mais le poids formé par l'alliage de ces deux lingots est $x + y$, et il se trouve au titre 0,900; donc cet alliage contient aussi en or pur $0,900\,(x + y)$; donc on a cette seconde équation

$$[2] \qquad 0,920x + 0,850y = 0,900\,(x + y).$$

Un raisonnement identique sur les deux derniers lingots fournit cette troisième équation

$$[3] \qquad 0,850y + 0,800z = 0,820\,(y + z).$$

Résolvant le système que donnent les équations [1], [2] et [3], on trouve

$$x = 2,5 \quad ; \quad y = 1 \quad ; \quad z = 1,5.$$

Ainsi le 1ᵉʳ lingot pèse $2^{\text{Kg}},5$; le 2ᵉ, 1^{Kg} et le 3ᵉ, $1^{\text{Kg}},5$.

358. *Deux fûts contiennent, l'un* a *litres de bordeaux, l'autre* b *litres de bourgogne. On propose de tirer simultanément de chaque fût une même quantité de vin qui soit telle que, en mettant dans chaque fût le liquide extrait de l'autre, les deux mélanges soient identiques. On appliquera la formule au cas où* a = 100 *et* b = 60.

$$\text{Rép. Formule : } \frac{ab}{a + b} \cdot$$

Soit x la quantité de vin qu'il faut extraire de chaque fût. Si l'on retranche du premier fût x litres de bordeaux et qu'on les remplace par x litres de bourgogne, le rapport de la quantité de vin de Bordeaux à la quantité de vin de Bourgogne sera $\dfrac{a - x}{x}$. D'autre part, si l'on retranche du second fût x litres de bourgogne et qu'on les remplace par x litres de bordeaux, le rapport de la quantité de vin de Bordeaux à la quantité de vin de Bourgogne sera $\dfrac{x}{b - x}$. Mais ces deux rapports devant être égaux, on a l'équation

$$\frac{a-x}{x} = \frac{x}{b-x}.$$

Ajoutant à chaque numérateur son dénominateur, il vient

$$\frac{a}{x} = \frac{b}{b-x}.$$

Faisant la somme des numérateurs et celle des dénominateurs, on a

$$\frac{a+b}{b} = \frac{a}{x} :$$

d'où

$$x = \frac{ab}{a+b}.$$

Si l'on applique à cette formule les nombres donnés, on trouve :

$$x = \frac{100 \times 60}{100 + 60} = \frac{6000}{160} = 37,5.$$

Vérification : $100 - 37,5 = 62,5$; $60 - 37,5 = 22,5$.

Dans le premier fût, le rapport du vin de Bourgogne au vin de Bordeaux est $\frac{37,5}{62,5} = \frac{3}{5}$; dans le second fût, ce rapport est $\frac{22,5}{37,5} = \frac{5}{5}$.

359. *Une personne donne à ses neveux une propriété d'une certaine étendue, à la condition que le premier prendra 2 ares et $\frac{1}{12}$ de la superficie restante, le second 4 ares et $\frac{1}{12}$ de la nouvelle superficie restante, et ainsi de suite pour tous les neveux. Ceux-ci vendent la propriété en commun, pour éviter le partage, à raison de 20 fr. l'are. Il est stipulé dans la donation que chaque neveu doit recevoir la même somme. Quel est le nombre des neveux? combien chacun a-t-il reçu?*

Rép. : 11 neveux ; chacun a reçu 440 fr.

D'après les conditions du partage, chaque neveu a droit à la même étendue de terrain.

Soit x le nombre d'ares que la propriété renferme.

Le 1er doit avoir 2 ares plus le $\frac{1}{12}$ du reste ; il aura donc

$$2 + \frac{x-2}{12} \quad \text{ou} \quad \frac{22+x}{12}.$$

Le second doit avoir 4 ares plus le $\frac{1}{12}$ du reste. Or, si de x on retranche 4 ares, et en outre la part du premier, il restera

$$x - 4 - \frac{22 + x}{12}.$$

Cette expression divisée par 12 donne

$$\frac{x}{12} - \frac{4}{12} - \frac{22 + x}{12 \times 12}.$$

Donc le second aura

$$4 + \frac{x}{12} - \frac{4}{12} - \frac{22 + x}{12 \times 12}.$$

Mais comme toutes les portions sont égales, les 2 premières donnent l'équation

$$\frac{22 + x}{12} = 4 + \frac{x}{12} - \frac{4}{12} - \frac{22 + x}{12 \times 12} :$$

d'où

$$x = 242.$$

La propriété a donc une superficie de 242 ares. Le 1er ayant 2 ares plus le $\frac{1}{12}$ du reste aura 2 ares $+ \frac{240}{12}$, ou 2 ares $+ 20 = 22$ ares.

Si chaque neveu a 22 ares, le nombre des neveux sera $\frac{242}{22} = 11$.

Par suite chacun d'eux recevra $20 \times 22 = 440$.

360. *Une personne laisse en mourant sa fortune à ses neveux. D'après les dispositions du testament, l'aîné doit avoir a fr., plus le $\frac{1}{n}$ du reste; le 2º, 2a plus le $\frac{1}{n}$ du nouveau reste; le 3º, 3a plus le $\frac{1}{n}$ du 3º reste, et ainsi des autres. Ce partage effectué, il se trouve que tous les héritiers possèdent la même somme. On demande : 1º le bien du défunt; 2º le nombre des héritiers; 3º la portion de chacun.*

Rép. : Bien du défunt $a(n-1)^2$; portion de chaque neveu $a(n-1)$; nombre des héritiers $n - 1$.

Ce problème n'est évidemment que le précédent généralisé. Soit x le bien du défunt.

Le premier neveu devant avoir a plus le $\frac{1}{n}$ du reste aura

$$a + \frac{x - a}{n} \quad \text{ou} \quad \frac{an + x - a}{n}.$$

Le second devant avoir 2a plus le $\frac{1}{n}$ du reste aura (exercice précédent)

$$2a + \frac{x - 2a}{n} - \frac{an + x - a}{n^2}.$$

Les deux premières portions donnent l'équation

$$\frac{an + x - a}{n} = 2a + \frac{x - 2a}{n} - \frac{an + x - a}{n^2}.$$

Multipliant chaque membre par n^2, il vient

$$an^2 + nx - an = 2an^2 + nx - 2an - an - x + a :$$

d'où

$$x = a(n^2 - 2n + 1),$$

ou encore

$$x = a(n - 1)^2.$$

Ainsi $a(n - 1)^2$ représente le bien du défunt.

Le premier des neveux devant avoir a plus le $\frac{1}{n}$ du reste, sa portion sera

$$a + \frac{a(n - 1)^2 - a}{n} = a(n - 1).$$

Pour trouver le nombre des neveux, il suffit évidemment de diviser le bien total par la portion du premier. Or on a

$$\frac{a(n - 1)^2}{a(n - 1)} = n - 1.$$

Les trois inconnues de la question sont donc :

$a(n - 1)^2$ pour le bien du défunt;
$a(n - 1)$ pour la portion de chaque neveu;
$n - 1$ pour le nombre des héritiers.

Remarque. — On s'est basé pour résoudre cette question sur l'égalité des deux premières portions; mais il est facile de démontrer que l'une quelconque est bien $a(n - 1)$.

Supposons qu'on ait déjà trouvé p parts égales à $a(n - 1)$, et voyons quelle est la valeur de celle du rang $p + 1$. Comme une part vaut $a(n - 1)$, p parts vaudront $a(n - 1) \times p$ ou $ap(n - 1)$, et par conséquent celle du rang $p + 1$ sera d'abord $a(p + 1)$, [puisque le 1er, le 2e, le 3e, ..., le $(p + 1)^e$ commencent par prélever $a, 2a, 3a, ... a(p + 1)$], plus $\dfrac{a(n - 1)^2 - ap(n - 1) - a(p + 1)}{n}$, c'est-à-dire en tout,

$$a(p + 1) + \frac{a(n - 1)^2 - ap(n - 1) - a(p + 1)}{n};$$

mais cette expression simplifiée devient égale à $a(n - 1)$. Donc la portion du rang $p + 1$ est aussi $a(n - 1)$, d'où l'on peut conclure que toutes les parts sont égales.

361. *On doit une somme de 1200 fr. On voudrait s'acquitter à l'aide de 3 billets égaux : le 1er dans 4 mois, le 2e dans 8 mois, et le*

3° *dans un an. Quel doit être le montant de chaque billet, si l'on tient compte de l'intérêt à* 6 °/₀ ?

Rép. : 415ᶠ,90.

A 6 °/₀ :

L'intérêt de 100 fr. pour 4 mois est de . . . . . . 2 fr.;

L'intérêt de 100 fr. pour 8 mois est de . . . . . . 4 fr.;

Enfin l'intérêt de 100 fr. pour 1 an est de. . . . . 6 fr.

Soit x le montant de chaque billet.

On peut faire ce raisonnement pour le premier billet.

Un billet de 102 fr. payable dans 4 mois vaut 100 fr. aujourd'hui,

— de 1 — $\dfrac{100}{102}$ —

— de x — $\dfrac{100x}{102}$ —

Pour le deuxième billet, on a de même $\dfrac{100x}{104}$,

Pour le troisième billet — $\dfrac{100x}{106}$.

Puisque la somme de ces trois billets doit être égale à 1 200 fr., on a l'équation

$$\frac{100x}{102} + \frac{100x}{104} + \frac{100x}{106} = 1\,200,$$

ou

$$x\left(\frac{1}{102} + \frac{1}{104} + \frac{1}{106}\right) = 12.$$

Réduisant les fractions au même dénominateur, on a :

$$x\left(\frac{2\,956}{281\,112} + \frac{2\,703}{281\,112} + \frac{2\,652}{281\,112}\right) = 1\,200,$$

d'où

$$x = \frac{12 \times 281\,112}{8\,111} = 415^{\mathrm{f}},90.$$

Chaque billet étant de 415ᶠ,90, la somme des trois billets est égale à 1 247ᶠ,70, dont 1 200 fr. de capital et 47ᶠ,70 d'intérêt.

Comme vérification, on peut calculer ce que vaut actuellement le billet de 415ᶠ,90 payable dans 4 mois; de même, ce que vaut actuellement le même billet payable dans 8 mois et dans 1 an : la somme de ces trois valeurs sera égale à 1 200 fr.

362. *On a* 3 *lingots d'argent : le* 1er *au titre* 0,950; *le* 2° *au*

titre 0,700 *et le* 3e *au titre* 0,920. *En fondant ensemble ces* 3 *lingots,
on obtient* 3^{Kg},240 *d'un nouveau lingot, au titre* 0,900. *On demande
comment l'alliage a été fait, sachant qu'on a d'abord pris* 2^{Kg},10 *au
litre* 0,950.

Rép. : 2^{Kg},10 au titre 0,950 ; 0^{Kg},580 $\dfrac{10}{11}$ au titre 0,700 ;

0^{Kg},559 $\dfrac{1}{11}$ au titre 0,920.

Soient x et y les poids des lingots au titre 0,700 et au titre 0,920.
Puisque l'alliage doit peser 3^{Kg},240 et qu'on prend d'abord pour
faire cet alliage 2^{Kg},10 au titre 0,950, on a cette première équation

[1] $x + y = 3,240 - 2,10 = 1,14.$

D'ailleurs la quantité d'argent pur que contient l'alliage de
3^{Kg},240 est égale à

$$2,10 \times 0,950 + 0,700x + 0,920y,$$

ou encore égale à

$$3,240 \times 0,900.$$

Donc, on a cette seconde équation

$$2,10 \times 0,950 + 0,700x + 0,920y = 3,240 \times 0,900,$$

ou

[2] $2,10 \times 95 + 70x + 92y = 3,24 \times 90.$

Résolvant [1] et [2], on trouve :

$$x = 0,580 \frac{10}{11} \quad , \quad y = 0,559 \frac{1}{11}.$$

Ainsi le nouveau lingot contiendra 2^{Kg},10 au titre 0,950,
0^{Kg},580 $\dfrac{10}{11}$ au titre 0,700 et 0^{Kg},559 $\dfrac{1}{11}$ au titre 0,920.

La vérification est facile.
Le nouveau lingot de 3^{Kg},240 au titre 0,900 contient en argent
pur 2^{Kg},916.
Or :

2^{Kg},10   au titre 0,950 contiennent en argent pur 2,10×0,95 = 1^{Kg},995 ,

0^{Kg},580 $\frac{10}{11}$ —   0,700   —   0,580$\frac{10}{11}$×0,7 = 0,406 $\frac{7}{11}$;

0^{Kg},559 $\frac{1}{11}$ —   0,920   —   0,559$\frac{1}{11}$×0,92 = 0,514 $\frac{4}{11}$;

Total...................... 2^{Kg},916

Les trois lingots qui entrent dans l'alliage contiennent donc aussi
2^{Kg},916 d'argent pur.

363. *Un commerçant vend un mélange de café à raison de 4 fr. le kilogramme; il fait ainsi un gain brut de 25 %. Comment le mélange s'est-il fait? On sait que le commerçant gagne autant sur 10 kilogrammes de la première espèce que sur 16 de la seconde. Combien le commerçant a-t-il payé chaque espèce de café?*

Rép. : $2^f,96$; $3^f,35$; 10 kilog. pour 16 kilog.

Puisque ce commerçant fait un gain brut de 25 %, ce qui est revendu 125 fr. a coûté 100 fr.; par conséquent, ce qui est revendu 4 fr. a coûté $\dfrac{100 \times 4}{125} = 3^f,20$. Le commerçant gagne donc $4 - 3^f,20$ ou $0^f,80$ par kilogramme de mélange.

Si donc on désigne par x le gain sur 1 kilog. de café de la première espèce et par y le gain sur 1 kilog. de la seconde espèce, on aura cette équation

[1] $10x = 16y$;

et si l'on considère le gain fait sur 10 kilog. de la première espèce et 16 kilog. de la seconde, on a cette autre équation

[2] $10x + 16y = 0,80 \times 26 = 20,80.$

Résolvant [1] et [2], on trouve :

$$x = 1,04 \quad \text{et} \quad y = 0,65.$$

Le commerçant a donc acheté la 1re qualité $4^f - 1^f,04 = 2^f,96$;
—   —   2e qualité $4^f - 0^f,65 = 3^f,35.$

Il est d'ailleurs évident qu'on a pris 10 kilog. de la première espèce pour 16 kilog. de la seconde.

10 kilog. à $2^f,96 = 29^f,60,$
16 kilog. à $3^f,35 = 53^f,60.$
Total. . . . . $\overline{83^f,20.}$
Gain 25 %. . . . . . $20^f,80.$
Prix de vente. . . . . . $\overline{104^f,60.}$

Pour 26 kilog. à 4 fr., on trouve aussi 104 fr.

364. *Les 3 aiguilles d'une montre à secondes sont sur midi. A quelle heure se rencontreront dans le tour du cadran : 1° l'aiguille des heures et celle des secondes; 2° l'aiguille des minutes et celle des secondes; 3° les 3 aiguilles; 4° combien de rencontres de l'aiguille des heures et des secondes; 5° de l'aiguille des minutes et des secondes; 6° des 3 aiguilles?*

Rép. 1° $1^m \dfrac{1}{719}$ après midi; 2° $1^m \dfrac{1}{59}$ après midi; 3° à midi;

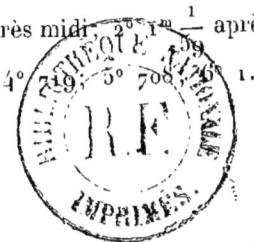

4° 719; 5° 708; 6° 1.

1° L'aiguille des secondes parcourt 3600 divisions par heure, et l'aiguille des heures 5. Si donc la première rencontre a lieu après x heures, les deux aiguilles auront parcouru les deux nombres de divisions $3600x$ et $5x$. Mais l'aiguille des secondes étant sur midi avec les deux autres aiguilles devra, pour atteindre de nouveau celle des heures, parcourir les 60 divisions du cadran et en outre l'espace parcouru par l'aiguille des heures; donc on a cette équation

$$3600x = 60 + 5x :$$

d'où on tire

$$x = \frac{60}{3595}.$$

Cette fraction d'heure donne évidemment un nombre de minutes égal à

$$\frac{60 \times 60}{3595} = 1^{\text{m}} \frac{1}{719}.$$

La première rencontre de l'aiguille des secondes et des heures a donc lieu à $1^{\text{m}} \dfrac{1}{719}$ après midi.

Faisant un raisonnement identique au précédent, on voit que le temps qui s'écoule entre la première rencontre et la seconde est donné par la même équation

$$3600x = 60 + 5x :$$

d'où encore

$$x = 1^{\text{m}} \frac{1}{719}.$$

La seconde rencontre a donc lieu à $2^{\text{m}} \dfrac{2}{719}$, et ainsi de suite.

2° L'aiguille des secondes parcourt 3600 divisions par heure et l'aiguille des minutes 60. Si donc on répète le raisonnement qui vient d'être fait, on trouve que le temps demandé est donné par l'équation

$$3600x = 60 + 60x :$$

d'où on tire

$$x = \frac{60}{3540}.$$

Cette fraction d'heure donne un nombre de minutes égal à

$$\frac{60 \times 60}{3540} = 1^{\text{m}} \frac{1}{59}.$$

La première rencontre de l'aiguille des secondes et des minutes a donc lieu à $1^{\text{m}} \dfrac{1}{59}$ après midi.

Faisant le même raisonnement, on trouve que le temps qui s'écoule entre la première rencontre et la seconde est encore $1^{\text{m}} \dfrac{1}{59}$

La seconde rencontre a donc lieu à $2^m \dfrac{2}{59}$, et ainsi de suite.

3° L'aiguille des secondes fait le tour du cadran en 1 minute, la grande aiguille en 60 minutes et la petite en 12 heures ou 720 minutes. A partir du moment où les trois aiguilles sont sur midi, la plus prochaine rencontre aura donc lieu après un certain nombre de fois 1 minute, un certain nombre de fois 60 minutes et enfin un certain nombre de fois 720 minutes. Le temps demandé est donc un nombre de minutes divisible à la fois par 1, par 60 et par 720. C'est par conséquent dans 720 minutes, plus petit multiple des nombres 1, 60 et 720, que la première rencontre aura lieu; et comme 720 minutes font 12 heures, la rencontre des trois aiguilles n'a jamais lieu que sur 12 heures.

4° Il y a 12 heures de midi à minuit. D'ailleurs une rencontre de l'aiguille des secondes et de celle des heures a lieu après $\dfrac{60}{3595}$ d'heure : il y aura donc autant de rencontres que $\dfrac{60}{3595}$ sont contenus de fois dans 12 heures. Or, on a

$$12 : \dfrac{60}{3595} = 719 \text{ rencontres.}$$

5° De même, le nombre de rencontres de l'aiguille des secondes et de celle des minutes est

$$12 : \dfrac{60}{5540} = 708 \text{ rencontres.}$$

6° Les trois aiguilles ne se rencontrant que sur midi, il n'y a qu'une rencontre par 12 heures.

365. *Les 3 aiguilles d'une montre à secondes sont ensemble sur midi. On demande à quelle heure l'aiguille des secondes partagera en deux parties égales l'angle des deux autres.*

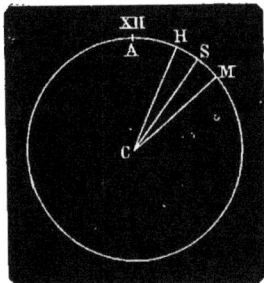

Fig. 2.

Rép. : $1^m \dfrac{13}{1427}$ pour la première fois.

Si l'on suppose que le fait demandé ait lieu pour la première fois après x heures, et lorsque les trois aiguilles occupent les positions

CH , CS , CM ,

l'aiguille des heures aura parcouru $5x$ (exercice précédent), celle des minutes $60x$ et celle des secondes $3600x$. Mais pour prendre la position CS l'aiguille des secondes a dû parcourir les 60 divisions du cadran et en outre l'arc AS; d'ailleurs

$$AS = AH + \frac{HM}{2} = AH + \frac{AM - AH}{2}$$

$$= 5x + \frac{60x - 5x}{2} = 5x + \frac{55x}{2}.$$

On a donc l'équation

$$3600x = 60 + 5x + \frac{55x}{2} :$$

d'où

$$x = \frac{120}{7135}.$$

Cette fraction d'heure est égale à $1^{m} \dfrac{15}{1427}$.

Déterminons maintenant à quelle époque le fait demandé aura lieu pour la seconde fois. L'aiguille des secondes passe une seconde fois au milieu de l'arc HM déplacé, mais après avoir fait un nouveau tour du cadran : l'équation est donc cette fois

$$3600x = 120 + 5x + \frac{55x}{2} :$$

d'où

$$x = 2\frac{26}{1427}.$$

On voit que cette valeur est double de la première. Pour la troisième fois, elle serait triple, etc.

366. *Soient* s, s′, s″ *les surfaces de 3 prés dans lesquels l'herbe est d'égale hauteur et croît d'une mouvement uniforme. Le* 1ᵉʳ *pré a nourri* n *bœufs pendant* t *jours; le second* n′ *bœufs pendant* t′ *jours : on demande combien de bœufs le* 3ᵉ *pré pourra nourrir pendant* t″ *jours* (*problème de Newton*).

On appliquera la formule à :

s = 60 *ares,* n = 75 *bœufs,* t = 12 *jours* ; s′ = 72, n′ = 81, t′ = 15 ; s″ = 96 , t″ = 18.

Rép. : $\dfrac{s''}{ss'} \cdot \dfrac{snt(t''-t) - s'nt(t''-t')}{t''(t'-t)}$; 100 bœufs.

Soient h la hauteur primitive de l'herbe dans les trois prés, v la longueur dont l'herbe croît par jour, q le volume d'herbe que chaque bœuf mange par jour, et enfin x le nombre de bœufs demandé.

Le premier troupeau a mangé un volume d'herbe exprimé par

$$nqt ;$$

mais ce volume se compose de la quantité d'herbe sh qui existait dans le pré avant l'entrée des bœufs, et du volume svt qui a poussé pendant leur séjour. Donc on a l'équation

[1] $$nqt = s(h + vt).$$

On trouve avec la même facilité les deux autres équations

[2] $$n'qt' = s'(h + vt'),$$
[3] $$xqt'' = s''(h + vt'').$$

Tirant de [1] et de [2] les valeurs de h et de v et substituant ces valeurs dans [3] (la lettre q disparaît), il vient

$$x = \frac{s''}{ss'} \cdot \frac{sn't'(t'' - t) - s'nt(t'' - t')}{t''(t' - t)}.$$

Appliquant à cette formule les nombres donnés, on a

$$x = \frac{96}{60 \times 72} \times \frac{60 \times 81 \times 15(18 - 12) - 72 \times 75 \times 12(18 - 15)}{18(15 - 12)},$$

ou $$x = 100.$$

Ainsi le troisième pré pourra nourrir 100 bœufs pendant 18 jours.

QUESTIONS DE GÉOMÉTRIE.

367. *La différence entre les deux côtés d'un triangle est* d, *la bissectrice de l'angle compris par ces côtés détermine sur le 3° côté deux segments* m *et* n. *On demande le périmètre du triangle.*

Si le triangle ABC répond à l'énoncé de la question, on a d'abord

[1] $$x - y = d,$$

puis (*Cours de géométrie,* **212**)

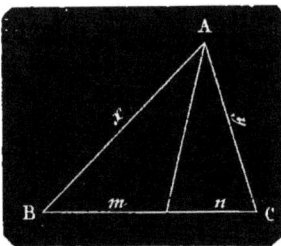

Fig. 3.

[2] $$\frac{x}{y} = \frac{m}{n}.$$

Résolvant [1] et [2], on trouve

$$x = \frac{dm}{m - n} \quad , \quad y = \frac{dn}{m - n}.$$

Le périmètre cherché est donc égal à

$$\frac{dm}{m - n} + \frac{dn}{m - n} + m + n = \frac{dm + dn + m^2 - n^2}{m - n}.$$

368. *Trouver, sur l'un des côtés d'un angle A, un point O également distant du second côté et d'un point D situé sur le 1er côté.*

Soit DE perpendiculaire à AC. Il s'agit de déterminer le point O de manière que l'on ait OD = OK. Si l'on fait pour abréger

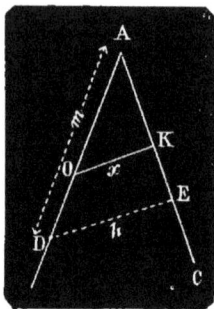

$$DE = h \, , \; AD = m \, , \; OD = OK = x,$$

les triangles semblables AOK, ADE, donnent

$$\frac{x}{h} = \frac{m - x}{m} :$$

d'où

$$x = \frac{hm}{h + m}.$$

On voit que la longueur demandée

$$x = OD = OK$$

est une 4e proportionnelle aux trois lignes h, m et $h + m$.

369. *Décrire une circonférence tangente à une autre circonférence donnée C, et qui touche, en un point donné A, une droite donnée MN. (Discussion.)*

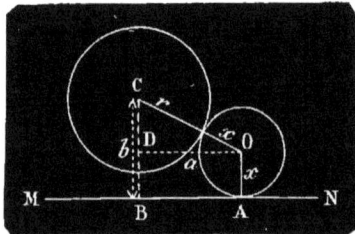

Le triangle rectangle COD donne

$$(r + x)^2 = a^2 + (b - x)^2 :$$

d'où

$$x = \frac{a^2 + b^2 - r^2}{2(r + b)}.$$

Discussion. Pour que le problème soit possible, on doit avoir

$$r^2 < a^2 + b^2.$$

Or, si l'on suppose la ligne AC menée, le triangle ABC donne $a^2 + b^2 = AC^2$; donc r doit être moindre que AC, par conséquent le point A doit être extérieur au cercle donné C.

Si l'on a $r^2 > a^2 + b^2$, la valeur de x est négative, et alors, si l'on prend sa valeur absolue, on a le rayon d'un cercle tangent intérieurement au cercle donné C, et touchant la droite donnée au point A qui, dans ce cas, est intérieur au cercle C.

370. *Trouver, sur la base a d'un triangle, un point tel, que la* *somme de ses distances aux deux autres côtés soit égale à une ligne donnée* l.

Soit O le point demandé et OE, OF les distances de ce point

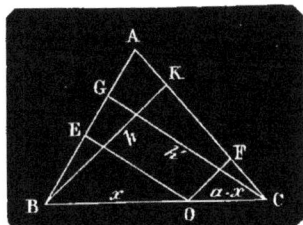

Fig. 6.

aux côtés AB , AC. On doit donc avoir OE + OF = *l*; d'ailleurs les hauteurs *h* et *h'* du triangle ABC sont connues. Par suite, si l'on fait $\overline{BO} = x$, on a OC = $a - x$, et il vient, à cause de la similitude des triangles,

$$\frac{OE}{h'} = \frac{x}{a} \quad : \quad \text{d'où} \quad OE = \frac{h'x}{a},$$

$$\text{et} \quad \frac{OF}{h} = \frac{a-x}{a} \quad : \quad \text{d'où} \quad OF = \frac{h(a-x)}{a}.$$

Donc

$$OE + OF = \frac{h'x}{a} + \frac{h(a-x)}{a} = l :$$

d'où on déduit

$$x = \frac{a(l-h)}{h'-h}.$$

371. *On connaît une corde* a, *inscrite dans une circonférence, et la flèche* b *de l'arc qu'elle sous-tend. Trouver le rayon de la circonférence.*

Soit *x* le rayon cherché. La figure donne d'abord

$$\overline{AC}^2 = b^2 + \frac{a^2}{4},$$

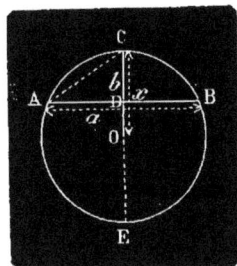

Fig. 7.

et aussi (*Cours de géomét.,* **241**, *remarque*),

$$\overline{AC}^2 = CE \times b = 2x \times b.$$

Égalant ces deux valeurs de $\overline{AC}^2$, il vient

$$2bx = b^2 + \frac{a^2}{4} :$$

d'où

$$x = \frac{a^2 + 4b^2}{8b}.$$

372. *On donne les trois côtés* a, b, c *d'un triangle. Trouver les deux segments déterminés par la hauteur correspondante au côté* b.

Soit ABC le triangle donné: il s'agit de déterminer

$$AD = b - x \text{ et } DC = x.$$

Or, on a d'une part

$$h^2 = a^2 - x^2,$$

et de l'autre

$$h^2 = c^2 - (b - x)^2 = c^2 - b^2 - x^2 + 2bx.$$

Égalant ces valeurs de h^2, il vient, après réduction,

$$a^2 = c^2 - b^2 + 2bx :$$

d'où

$$x = \frac{a^2 + b^2 - c^2}{2b}.$$

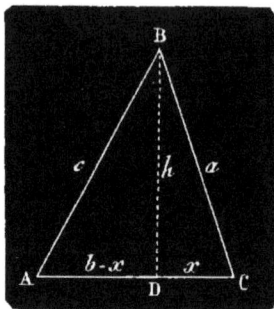

Fig. 8.

Telle est la valeur du segment DC ; l'autre, $b - x$, sera égal à

$$b - \frac{a^2 + b^2 - c^2}{2b} = \frac{2b^2 - a^2 - b^2 + c}{2b}$$

$$= \frac{b^2 + c^2 - a^2}{2b}.$$

Comme vérification, on a

$$\frac{a^2 + b - c^2}{2b} + \frac{b^2 + c^2 - a^2}{2b} = b,$$

ou

$$\frac{2b^2}{2b} = b,$$

ou enfin

$$b = b.$$

373. *On donne un triangle isocèle dont la base est* 2a *et la hauteur* h. *On y inscrit une circonférence, et l'on mène à cette circonférence une tangente parallèle à la base du triangle. Trouver la longueur de cette parallèle et le rayon du cercle. On appliquera la formule à* 2a = 6ᵐ *et à* h = 8ᵐ.

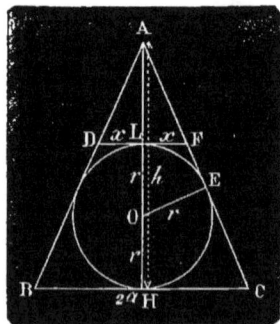

Fig. 9.

Rép. : 2ᵐ,88 ; 2ᵐ,08.

Les triangles AOE, AHC étant semblables, on a, d'après la figure,

$$\frac{h - r}{b} = \frac{r}{a} :$$

d'où

$$r = \frac{ah}{a + b}.$$

Mais $b^2 = a^2 + h^2$: d'où $b = \sqrt{a^2 + h^2}$;

donc

[1] $$r = \frac{ah}{a + \sqrt{a^2 + h^2}}.$$

D'ailleurs les triangles semblables ALF, AHC donnent

$$\frac{x}{a} = \frac{h - 2r}{h} :$$

d'où

$$x = \frac{ah - 2ar}{h}.$$

La valeur de $2r$ subdivisée dans la valeur de x donne

[2] $$x = \frac{a\sqrt{a^2 + h^2} - a^2}{a + \sqrt{a^2 + h^2}}.$$

Remplaçant dans [1] et [2] les lettres par leurs valeurs, on trouve

$$x = 2^m,88 \quad , \quad r = 2^m,08.$$

374. *Inscrire dans un triangle donné un rectangle semblable à un rectangle donné.*

Soient m et n les dimensions du rectangle connu, x et y celles du rectangle cherché, enfin b et h la base et la hauteur du triangle donné.

Si l'on suppose le problème résolu, la figure donne, par suite des triangles semblables,

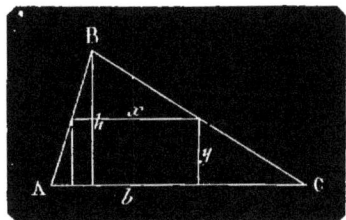

Fig. 19.

[1] $$\frac{x}{b} = \frac{h - y}{h}.$$

D'ailleurs on a, d'après l'énoncé,

[2] $$\frac{x}{y} = \frac{m}{n}.$$

Résolvant [1] et [2], on trouve

$$x = \frac{bhm}{bn + hm} \quad , \quad y = \frac{bhn}{bn + hm}.$$

Pour la construction des lignes x et y, on peut se reporter au *Cours de géométrie*, n° **340.**

Comme vérification, on trouve bien que le rapport des valeurs de x et de y est égal à $\frac{m}{n}$.

375. *Inscrire dans un triangle dont la base est* b *et la hauteur* h *un rectangle dont le périmètre est* 2p. (*Discussion.*)

Soient x et y les dimensions du rectangle demandé.

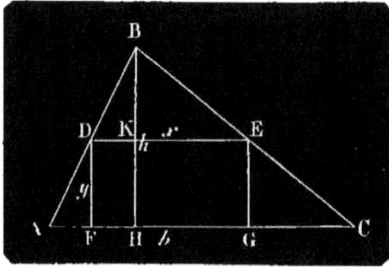

Fig. 11.

D'après l'énoncé, on a cette première équation

$$2x + 2y = 2p,$$

ou

$$[1] \quad x + y = p.$$

D'ailleurs, par suite de la similitude des triangles ABC, BDE, on a cette seconde équation

$$[2] \quad \frac{x}{b} = \frac{h - y}{h}.$$

Résolvant [1] et [2], on trouve

$$x = \frac{b(p - h)}{b - h} \quad , \quad y = \frac{h(b - p)}{b - h}.$$

Discussion. Pour que le problème soit possible, il faut que les valeurs de x et de y soient positives.

Ne considérant que les dénominateurs, on peut avoir

$$1° \ b > h \quad ; \quad 2° \ b < h \quad ; \quad 3° \ b = h.$$

1° $b > h$. Il faut, pour que x et y soient positifs, qu'on ait en même temps

$$p > h \text{ et } b > p.$$

Donc x et y ne seront positifs qu'autant qu'on aura

$$b > p > h.$$

Ainsi, pour que le problème soit possible, le demi-périmètre du rectangle donné doit être compris entre la base du triangle et sa hauteur.

Si avec $b > h$, on a $p < h$, la valeur de x devient négative et celle de y reste positive. Le problème proposé est donc impossible. Mais on peut interpréter cette solution : il suffit pour cela de changer x en $-x$ dans les équations [1] et [2]: alors on a

$$y - x = p \text{ et } \frac{-x}{b} = \frac{h - y}{h} \quad \text{ou} \quad \frac{x}{b} = \frac{y - h}{h}.$$

On voit sans peine que ces équations répondent à l'énoncé suivant :

Construire dans le plan d'un triangle un rectangle dont les côtés aient une différence donnée p, *dont deux sommets soient sur la base du triangle et dont les deux autres se trouvent sur les prolongements des côtés du triangle.*

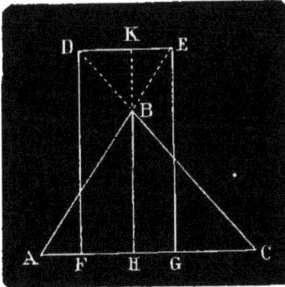

Fig. 12.

Si avec $b > h$, on a $p > b$, il vient à *fortiori* $p > h$. Alors dans ce cas x est positif et y est négatif. Pour interpréter cette solution, on change y en $-y$ dans [1] et [2], et on a

$$x - y = p$$

et

$$\frac{x}{b} = \frac{h + y}{h}.$$

Il est facile de voir que ces équations répondent à cet énoncé :

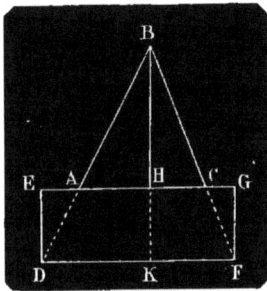

Fig. 13.

Construire dans le plan d'un triangle un rectangle dont les côtés aient une différence donnée p, *et dont deux sommets soient sur la base du triangle et dont les deux autres soient sur les prolongements des côtés* BA , BC.

2° $b < h$. Les valeurs des inconnues peuvent évidemment s'écrire

$$x = \frac{b(h - p)}{h - b} \quad , \quad y = \frac{h(p - b)}{h - b}.$$

Alors, pour que x et y soient positifs, il faut que l'on ait

$$p < h \text{ et } b < p,$$

ce qui donne $b < p < h$; c'est-à-dire p encore compris entre b et h.

3° $b = h$, avec p différent de b et de h. Dans ce cas, les valeurs de x et de y prennent la forme $\frac{m}{o}$ et sont par conséquent infinies.

$b = h$, avec $p = b = h$. Dans ce cas, les valeurs de x et de y prennent la forme $\frac{o}{o}$, et alors le problème est indéterminé.

376. *On demande d'inscrire dans un triangle dont la base est* b *et la hauteur* h *un rectangle appuyé sur la base* b, *et dont la différence de ses dimensions soit* d.

Si l'on représente par x et y les dimensions du rectangle demandé, on a cette première équation

[1] $$x - y = d.$$

D'autre part, la similitude des triangles ABC, DBE donne

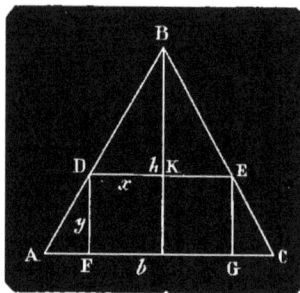

Fig. 14.

$$[2] \qquad \frac{x}{b} = \frac{h - y}{h}.$$

Résolvant [1] et [2], on trouve

$$x = \frac{b(h + d)}{h + b} \quad , \quad y = \frac{h(b - d)}{h + b},$$

pour les dimensions du rectangle. Comme vérification, on obtient d pour la différence de ces dimensions.

377. *Inscrire dans un rectangle donné* ABCD *un rectangle semblable à un autre rectangle donné* A'B'C'D'.

Je suppose le problème résolu. Soit donc EFGH le rectangle demandé.

J'appelle m et n les côtés du rectangle donné A'B'C'D', auquel EFGH doit être semblable, et je prends pour inconnues x et y, segments de la base $b = $ DC et de la hauteur $h = $ BC du rectangle ABCD.

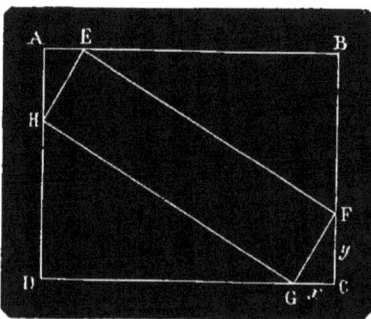

Fig. 15.

J'ai alors DG $= b - x$ et DH $=$ BF $= h - y$; d'ailleurs les triangles rectangles DHG, CGF sont semblables; car l'angle HGF étant droit, les angles GFC et DGH sont égaux comme étant l'un et l'autre complémentaires du même angle CGF.

On a donc

$$\frac{x}{h - y} = \frac{y}{b - x} = \frac{\text{FG}}{\text{HG}} = \frac{n}{m} :$$

d'où

$$\frac{x}{h - y} = \frac{n}{m},$$

$$\frac{y}{b - x} = \frac{n}{m}.$$

On tire de ces équations

$$[1] \qquad\qquad mx + ny = nh,$$

$$[2] \qquad\qquad nx + my = nb.$$

Résolvant [1] et [2], il vient

$$x = \frac{n(mh - nb)}{m^2 - n^2},$$

$$y = \frac{n(mb - nh)}{m^2 - n^2}.$$

Si l'on pose $\dfrac{m}{n} = p$, on a $m = pn$ et $m^2 = p^2 n^2$. Substituant les valeurs de m et m^2 dans celles de x et de y, il vient

$$x = \frac{ph - b}{p^2 - 1},$$

$$y = \frac{pb - h}{p^2 - 1}.$$

Les longueurs x et y étant connues, il sera toujours facile de construire le rectangle EFGH.

On voit d'ailleurs que le problème ne sera possible qu'autant qu'on aura

$$b < ph \quad \text{et} \quad h < pb.$$

378. *Inscrire un carré dans un triangle, et dire sur quel côté s'appuie le plus grand carré.*

Soit le triangle ABC. Désignant par c un côté BC quelconque, par h la hauteur AD correspondante et par x le côté du carré devant s'appuyer sur BC, nous aurons, à cause de la similitude des triangles ALM, ABC,

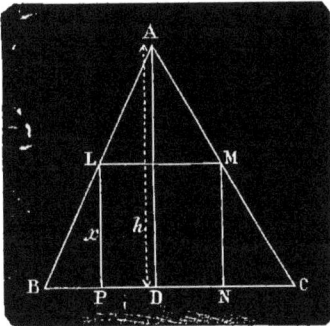

Fig. 16.

$$\frac{x}{c} = \frac{h - x}{h} :$$

d'où

$$x = \frac{ch}{c + h}.$$

On voit que x est une quatrième proportionnelle aux grandeurs c, h et $c + h$.

Désignons par c' un autre côté AC, par h' la hauteur correspondante à ce côté et par x' le côté du carré devant s'appuyer sur AC, nous aurons encore

$$x' = \frac{c'h'}{c' + h'}.$$

Enfin, soient c'' l'autre côté AB, h'' la hauteur correspondante et

x'' le côté du carré devant s'appuyer sur AB, il vient

$$x'' = \frac{c''h''}{c'' + h''}.$$

Pour comparer les trois valeurs x, x', x'', nous ferons remarquer que $ch = c'h' = c''h'' = 2$ fois la surface du triangle. Les numérateurs de ces trois fractions étant égaux, nous comparerons les dénominateurs.

Or il est évident que la valeur de x sera plus grande dans la fraction qui aura le plus petit dénominateur.

L'égalité $ch = c'h'$ donne

$$\frac{c'}{c} = \frac{h}{h'} = \frac{c' - h}{c - h'}.$$

L'hypothèse $c' < c$ donne aussi $h < h'$ et $c' - h < c - h'$, ou $c' + h' < c + h$:

d'où $$\frac{c'h'}{c' + h'} > \frac{ch}{c + h};$$

par suite, nous aurons $x' > x$; le plus grand carré sera donc appuyé sur le plus petit côté.

379. *Calculer le périmètre d'un octogone régulier en fonction du rayon du cercle circonscrit.* $R = 3^m,5_0$.

Rép. : $21^m,4_2$.

Soient AB le côté du carré inscrit, $AC = x$ le côté de l'octogone régulier et $OC = OA = R$.

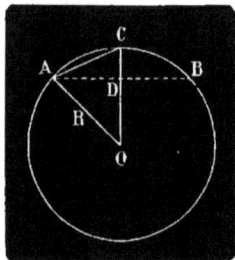

Le triangle AOC donne (*Géom.*, n° **233**)

$$x^2 = R^2 + R^2 - 2R \times OD,$$

ou $$x^2 = 2R^2 - 2R \times OD.$$

Mais $OD = \dfrac{AB}{2}$; d'ailleurs (*Géom.*, n° **234**)

$AB = R\sqrt{2}$; par suite, $OD = \dfrac{R}{2}\sqrt{2}$.

On a alors

$$x^2 = 2R^2 - 2R \times \frac{R}{2}\sqrt{2} :$$

d'où $$x = R\sqrt{2 - \sqrt{2}}.$$

Fig. 17.

Il est évident que le périmètre demandé, ou P, est égal à 8 fois la valeur de x; donc

$$P = 8R\sqrt{2 - \sqrt{2}}.$$

Remplaçant R par sa valeur, on a enfin

$$P = 8 \times 5,5\sqrt{2 - \sqrt{2}} = 21^m,4_2.$$

380. *Trouver les côtés d'un triangle en fonction des médianes.*

Soit ABC un triangle dont les côtés sont x, y, z et les médianes correspondantes m, m', m''.

Le triangle ABM donne (*Géom.*, n° **233**)

$$z^2 = m^2 + \overline{BM}^2 - 2BM \times DM,$$

ou

$$[1] \quad z^2 = m^2 + \frac{x^2}{4} - x \times DM.$$

De même le triangle ACM donne

$$[2] \quad y^2 = m^2 + \frac{x^2}{4} + x \times DM.$$

Additionnant membre à membre [1] et [2], on a

$$[3] \quad z^2 + y^2 = 2m^2 + \frac{x^2}{2}.$$

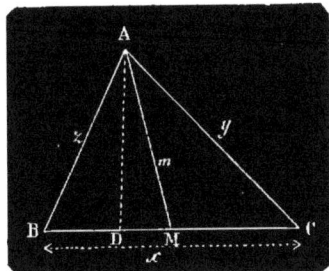

Fig. 18.

On trouve avec la même facilité les deux relations suivantes :

$$[4] \qquad x^2 + z^2 = 2m'^2 + \frac{y^2}{2},$$

$$[5] \qquad x^2 + y^2 = 2m''^2 + \frac{z^2}{2}.$$

Si l'on additionne membre à membre [3], [4], [5], et qu'on fasse passer les termes inconnus dans le premier membre, il vient

$$\frac{3}{2}(x^2 + y^2 + z^2) = 2(m^2 + m'^2 + m''^2) :$$

d'où

$$x^2 + y^2 + z^2 = \frac{4}{3}(m^2 + m'^2 + m''^2).$$

Si de cette dernière équation on retranche successivement les équations [3], [4] et [5], on trouve

$$x^2 = \frac{4}{9}(2m'^2 + 2m''^2 - m^2),$$

$$y^2 = \frac{4}{9}(2m^2 + 2m''^2 - m'^2),$$

$$z^2 = \frac{4}{9}(2m^2 + 2m'^2 - m''^2) :$$

d'où enfin

$$x = \frac{2}{3}\sqrt{2m'^2 + 2m''^2 - m^2},$$

$$y = \frac{2}{3}\sqrt{2m^2 + 2m''^2 - m'^2},$$

$$z = \frac{2}{3}\sqrt{2m^2 + 2m'^2 - m''^2}.$$

381. *Trouver le rayon d'un cercle équivalent en surface à trois cercles donnés.*

Si l'on appelle c, c', c'' les surfaces des cercles donnés, r, r', r'' leurs rayons, X la surface du cercle cherché, x son rayon, on a

$$\frac{c}{r^2} = \frac{c'}{r'^2} = \frac{c''}{r''^2} = \frac{X}{x^2} ;$$

or,

ou a donc aussi

$$c + c' + c'' = X :$$

$$x^2 = r^2 + r'^2 + r''^2.$$

Pour construire x, on pose $r^2 + r'^2 = d^2$, et l'on a

$$x^2 = d^2 + r''^2.$$

Donc x est l'hypoténuse d'un triangle rectangle dont les deux autres côtés sont d et r''.

382. *On demande les dimensions d'un rectangle dont le périmètre a 320 mètres. On sait d'ailleurs qu'il est semblable à un autre rectangle ayant 25 mètres de base et 15 mètres de hauteur.*

Rép. : 100^m et 60^m.

Si l'on appelle x et y les dimensions du rectangle cherché, on a, d'après l'énoncé,

$$2x + 2y = 320,$$

et

$$\frac{x}{y} = \frac{25}{15}.$$

Résolvant ces équations, on trouve

$$x = 100 \quad , \quad y = 60.$$

Les dimensions du rectangle sont donc 100^m et 60^m.

383. *On donne le périmètre et la hauteur d'un triangle rectangle. Trouver la surface de ce triangle.*

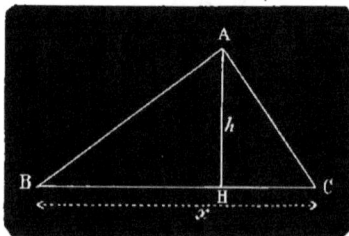

Fig. 19.

Soit ABC un triangle rectangle dont l'angle droit est en A. Si l'on représente son périmètre par d, sa hauteur par h et sa base par x, on aura d'abord

$$AB + AC = d - x.$$

Faisant ensuite

$$AB - AC = y,$$

il vient (*Algèbre*, n° **9**)

$$AB = \frac{d - x + y}{2},$$

$$AC = \frac{d - x - y}{2}.$$

Mais le triangle rectangle ABC donne

$$\overline{BC}^2 = \overline{AB}^2 + \overline{AC}^2,$$

ou

[*m*] $$x^2 = \frac{d^2 - 2dx + x^2 + y^2}{2}.$$

On a d'ailleurs, par suite de la similitude des triangles rectangles ABC, ACH

$$\frac{BC}{AC} = \frac{AB}{AH},$$

ou

$$AH \times BC = AB \times AC,$$

ou encore

[*n*] $$hx = \frac{d - x + y}{2} \times \frac{d - x - y}{2} = \frac{d^2 - 2dx + x^2 - y^2}{4}.$$

Mais la relation [*m*] donne

$$y^2 = x^2 + 2dx - d^2,$$

et la relation [*n*]

$$y^2 = x^2 + d^2 - 2dx - 4hx.$$

Égalant ces valeurs de y^2, il vient

$$x^2 + 2dx - d^2 = x^2 + d^2 - 2dx - 4hx :$$

d'où on tire, après réduction,

$$x = \frac{d^2}{2(h + d)}.$$

La surface demandée sera donc égale à

$$\frac{d^2}{2(h + d)} \times \frac{h}{2} = \frac{hd^2}{4(h + d)}.$$

384. *Trouver le rayon de la circonférence inscrite à un triangle rectangle, connaissant l'hypoténuse* a *et les côtés* b *et* c *de l'angle droit.*

Rép. : Rayon $r = \dfrac{bc}{a + b + c}.$

Soient ABC un triangle rectangle en A, O le centre de la circonférence inscrite, r le rayon cherché de cette circonférence.

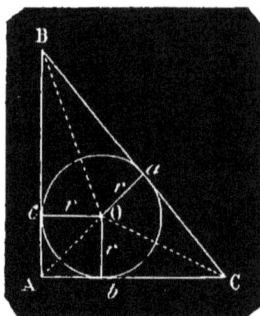

La surface du triangle ABC est évidemment

$$\frac{ar}{2} + \frac{br}{2} + \frac{cr}{2} = \frac{bc}{2} :$$

d'où

$$r = \frac{bc}{a+b+c}.$$

Fig. 20.

385. *Trouver l'aire d'un hexagone régulier en fonction de son apothème.*

Rép. : Surface $= 2a^2 \sqrt{3}$.

Soit ABCDEF l'hexagone régulier. On sait qu'il se compose de six triangles égaux au triangle AOB. Pour obtenir la surface de l'hexagone, il suffit donc de multiplier par 6 celle du triangle AOB. Or, on a

[1] $\qquad$ Surface AOB $= \dfrac{a}{2} \times x.$

Mais le triangle rectangle AOH donne

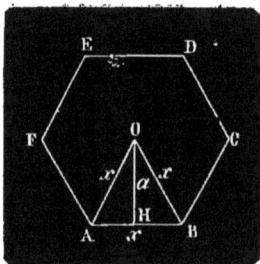

$$x^2 = a^2 + \frac{x^2}{4} :$$

d'où

$$x = \frac{2a}{\sqrt{3}} = \frac{2a \times \sqrt{3}}{\sqrt{3} \times \sqrt{3}} = \frac{2a\sqrt{3}}{3}.$$

Portant dans [1] cette valeur de x, il vient

$$\text{Surface AOB} = \frac{a}{2} \times \frac{2a\sqrt{3}}{3} = \frac{a^2\sqrt{3}}{3}.$$

Fig. 21.

Par suite

$$\text{Surface hexagone} = \frac{6a^2\sqrt{3}}{3} = 2a^2\sqrt{3}.$$

386. *Trouver les dimensions d'un rectangle tel que si on augmente sa hauteur de 2 mètres et qu'on diminue sa base de 2^m,50, sa superficie ne change pas; mais si, au contraire, on augmente sa base*

*de 2 mètres et qu'on diminue sa hauteur de $2^m,5o$, sa superficie dimi-
nue de 45 mètres carrés.*

Rép. : $4o^m$ et $5o^m$.

Si l'on représente par x la base du rectangle et par y sa hauteur, on a, d'après l'énoncé, les deux équations

$$(x - 2,5)(y + 2) = xy,$$
$$(x + 2)(y - 2,5) = xy - 45.$$

Si l'on résout ces équations, on trouve

$$x = 4o \text{ et } y = 5o.$$

La vérification est facile.

387. *Décrire, des sommets d'un triangle comme centres, trois circonférences qui se touchent mutuellement.*

Soient x, y, z les rayons des trois cercles, et a, b, c les côtés du
triangle ABC, opposés aux angles A, B, C.

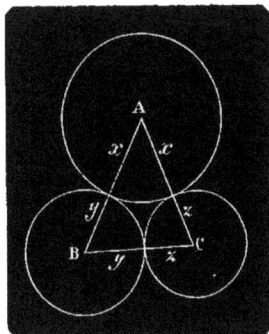

Fig. 22.

D'après la figure, on a les trois équations

$$y + z = a,$$
$$x + z = b,$$
$$x + y = c.$$

Ce système, très-facile à résoudre
(*Cours*, n° **142**, exemple III), donne

$$x = \frac{b + c - a}{2}, \quad y = \frac{a + c - b}{2},$$
$$z = \frac{a + b - c}{2}.$$

388. *Trouver l'aire d'un triangle en fonction de ses côtés. Cas du
triangle équilatéral.*

Rép. : Surface $ABC = \sqrt{p(p - a)(p - b)(p - c)}$.

Soient a, b, c les trois côtés du triangle et h sa hauteur.

On a   surface $ABC = \frac{a}{2} \times h.$ [1]

Or, la figure donne

$$h^2 = b^2 - \overline{DC}^2;$$ [2]

mais (*Cours de géométrie*, n° **233**) on a

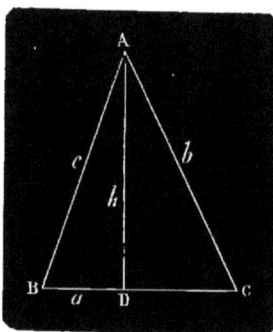

$$c^2 = a^2 + b^2 - 2a \times DC :$$

d'où

$$DC = \frac{a^2 + b^2 - c^2}{2a}.$$

Portant cette valeur dans la relation [2], il vient

$$h^2 = b^2 - \left(\frac{a^2 + b^2 - c^2}{2a}\right)^2,$$

ou

$$h^2 = \frac{4a^2 b^2 - (a^2 + b^2 - c^2)^2}{4a^2}.$$

Appliquant le principe de la différence des carrés, on a

$$h^2 = \frac{(2ab + a^2 + b^2 - c^2)(2ab - a^2 - b^2 + c^2)}{4a^2},$$

ou

$$h^2 = \frac{[(a+b)^2 - c^2][c^2 - (a-b)^2]}{4a^2}.$$

Appliquant le même principe, et extrayant la racine carrée, on obtient

$$h = \frac{\sqrt{(a+b+c)(a+b-c)(c+a-b)(c-a+b)}}{2a}.$$

Faisant $a + b + c = 2p$, et substituant dans cette valeur de h, on a

$$h = \frac{\sqrt{2p \times 2(p-c) \times 2(p-b) \times 2(p-a)}}{2a},$$

ou

$$h = \frac{4\sqrt{p(p-a)(p-b)(p-c)}}{2a},$$

ou encore

$$h = \frac{2\sqrt{p(p-a)(p-b)(p-c)}}{a}.$$

Portant cette dernière valeur de h dans la relation [1], il vient

$$\text{Surface ABC} = \frac{a}{2} \times \frac{2\sqrt{p(p-a)(p-b)(p-c)}}{a},$$

ou enfin

$$\text{Surface ABC} = \sqrt{p(p-a)(p-b)(p-c)}.$$

Application de la formule précédente au cas du triangle équila-téral.

Dans le cas du triangle équilatéral, on a

$$a = b = c \text{ et } p = \frac{3a}{2};$$

par suite, la formule devient

$$\sqrt{\frac{3a}{2}\left(\frac{3a}{2} - a\right)\left(\frac{3a}{2} - a\right)\left(\frac{3a}{2} - a\right)} :$$

ou

$$\sqrt{\frac{3a}{2} \times \frac{a}{2} \times \frac{a}{2} \times \frac{a}{2}},$$

ou enfin

$$\frac{a^2}{4}\sqrt{3}.$$

389. *Déterminer l'aire d'un trapèze en fonction de ses côtés. Cas du trapèze isocèle.*

Rép. :

$$S = \frac{1}{4} \cdot \frac{a+c}{a-c}\sqrt{(a+b+d-c)(b+c+d-a)(a+b-c-d)(a+d-b-c)}.$$

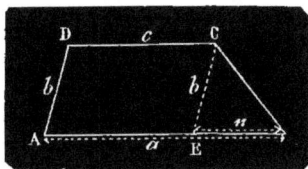

Fig. 24.

Si l'on mène CE parallèle à DA, on détermine le triangle BCE dont les trois côtés sont connus, car $n = a - c$. Or, on a (exercice précédent) pour la hauteur h de ce triangle

$$h = \frac{\sqrt{(n+b+d)(n+d-b)(n+b-d)(b+d-n)}}{2n}.$$

Remplaçant dans cette égalité n par sa valeur $a - c$, il vient

$$h = \frac{\sqrt{(a-c+b+d)(a-c+d-b)(a-c+b-d)(b+d-a+c)}}{2(a-c)}.$$

Mais cette hauteur est aussi celle du trapèze; donc on a :

$$S = \frac{a+c}{2} \times h,$$

ou

$$S = \frac{1}{4} \cdot \frac{a+c}{a-c} \sqrt{(a+b+d-c)(b+c+d-a)(a+b-c-d)(a+d-b-c)}.$$

Dans le cas du trapèze isocèle $b = d$, alors la formule précédente devient

$$S' = \frac{1}{4} \cdot \frac{a+c}{a-c} \sqrt{(a+2b-c)(2b+c-a)(a-c)^2}.$$

390. *Trouver l'aire d'un triangle en fonction de ses médianes. Cas du triangle équilatéral.*

On sait (exercice de géom., **56**) que le point O est situé au deux

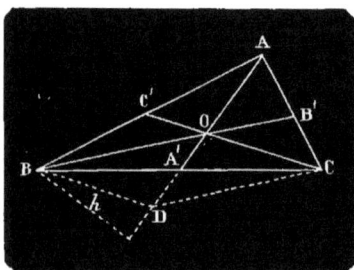

Fig. 25.

tiers de AA', et par suite à une distance de BC égale au tiers de la hauteur du triangle proposé (exercice de géométrie, **220**). Cela étant dit, si l'on construit le parallélogramme BOCD, on aura le triangle

$$OBC = OBD = \frac{1}{3} ABC = h \times \frac{OD}{2}.$$

D'ailleurs les trois médianes étant désignées par a', b', c', on a

$$OD = \frac{2}{3} a', \ OB = \frac{2}{3} b', \ BD = \frac{2}{3} c'.$$

Il est maintenant facile d'appliquer au triangle OB'D la formule de l'exercice **388**. On a, en effet,

$$h = \frac{\sqrt{\frac{2}{3}(a'+b'+c') \times \frac{2}{3}(a'+b'-c') \times \frac{2}{3}(a'+c'-b') \times \frac{2}{3}(b'+c'-a')}}{2 \times \frac{2}{3} a'}.$$

Faisant $a' + b' + c' = 2p'$, et substituant dans la relation précédente, il vient

$$h = \frac{\sqrt{\frac{4}{3} \times p' \times \frac{4}{3}(p'-a') \times \frac{4}{3}(p'-b') \times \frac{4}{3}(p'-c')}}{2 \times \frac{2}{3} a'},$$

ou

$$h = \frac{16}{9} \frac{\sqrt{p'(p'-a')(p'-b')(p'-c')}}{2 \times \frac{2}{3} a'}.$$

donc

$$\text{OBD ou } \frac{1}{5}\text{ABC} = \frac{a'}{3} \times \frac{4\sqrt{p'(p'-a')(p'-b')(p'-c')}}{3a'};$$

par suite

$$\text{ABC} = \frac{4}{5}\sqrt{p'(p'-a')(p'-b')(p'-c')}.$$

Cas du triangle équilatéral. On a : $a' = b' = c'$, et alors il vient

$$\text{ABC} = \frac{4}{5}\sqrt{\frac{3a'}{2}\left(\frac{3a'}{2}-a'\right)\left(\frac{3a'}{2}-a'\right)\left(\frac{3a'}{2}-a'\right)},$$

ou

$$\text{ABC} = \frac{4}{5}\sqrt{\frac{3a'}{2}\times\frac{a'}{2}\times\frac{a'}{2}\times\frac{a'}{2}},$$

ou enfin

$$\text{ABC} = \frac{a'^2\sqrt{3}}{3}.$$

391. *Déterminer l'aire d'un triangle en fonction de ses hauteurs. Cas du triangle équilatéral.*

La surface du triangle étant désignée par S, ses côtés par a, b, c, et les hauteurs correspondantes par h, h', h'', on a

$$2S = ah = bh' = ch'' :$$

d'où on tire

$$\frac{S}{h} = \frac{a}{2} \quad ; \quad \frac{S}{h'} = \frac{b}{2} \quad ; \quad \frac{S}{h''} = \frac{c}{2}.$$

Donc on a

$$p = \frac{S}{h} + \frac{S}{h'} + \frac{S}{h''} = \frac{S(h'h'' + hh'' + hh')}{hh'h''},$$

et

$$p - a = \frac{S(h'h'' + hh'' + hh')}{hh'h''} - \frac{2S}{h} = \frac{S(hh' + hh'' - h'h'')}{hh'h''}.$$

De même

$$p - b = \frac{S(h'h'' + hh' - hh'')}{hh'h''} \quad \text{et} \quad p - c = \frac{S(h'h'' + hh' - hh'')}{hh'h''}.$$

Si, pour simplifier, on remplace les produits des 4 numérateurs des valeurs de $p, p-a, p-b, p-c$ par $S^4.H$ et que l'on applique la formule trouvée (exercice **388**), il vient

$$S = \sqrt{\frac{S^4.H}{(hh'h'')^4}},$$

ou

$$S = \frac{S^2\sqrt{H}}{(hh'h'')^2} :$$

d'où on tire enfin

$$S = \frac{(hh'h'')^2}{\sqrt{H}}.$$

Cas du triangle équilatéral. On a $h = h' = h''$ et alors les 4 valeurs de $p, p — a, p — b, p — c$ deviennent

$$\frac{3Sh^2}{h^3}, \frac{Sh^2}{h^3}, \frac{Sh^2}{h^3}, \frac{Sh^2}{h^3} \quad \text{ou} \quad \frac{3S}{h}, \frac{S}{h}, \frac{S}{h}, \frac{S}{h},$$

par conséquent

$$S = \sqrt{\frac{3S^4}{h^4}},$$

ou

$$S = \frac{S^2\sqrt{3}}{h^2},$$

ou encore

$$S = \frac{h^2}{\sqrt{3}},$$

ou enfin

$$S = \frac{h^2\sqrt{3}}{3}.$$

392. *Les côtés d'un triangle et sa surface sont exprimés par quatre nombres entiers consécutifs. Trouver ces nombres.*

Rép. : 3 , 4 , 5 et 6.

Soient $x — 1, x, x + 1, x + 2$ les quatre nombres dont il s'agit. Pour appliquer la formule de l'exercice **388**, on remarquera que

$$2p = x — 1 + x + x + 1 = 3x, \quad \text{d'où} \quad p = \frac{3}{2}x ;$$

$$p — a = \frac{3}{2}x — (x — 1) = \frac{x}{2} + 1 = \frac{1}{2}(x + 2) ;$$

$$p — b = \frac{3}{2}x — x = \frac{x}{2} \quad ; \quad p — c = \frac{3}{2}x — x — 1 = \frac{x}{2} — 1 = \frac{1}{2}(x — 2).$$

On a donc pour le carré de la surface

$$(x + 2)^2 = \frac{3x}{2} \times \frac{x + 2}{2} \times \frac{x}{2} \times \frac{x — 2}{2} ;$$

et si l'on divise les deux membres de cette équation par $x + 2$, il vient

$$x + 2 = \frac{3x^2}{16}(x — 2),$$

ou

$$3x^3 — 6x^2 — 16x — 32 = 0.$$

Les valeurs entières de x qui vérifient cette équation doivent diviser 32. On essaie les diviseurs de ce nombre, excepté 1, car $x - 1$ doit au moins être égal à 1. Le nombre 4 seul réussit : donc $x = 4$, $x - 1 = 3$, $x + 1 = 5$, $x + 2 = 6$. Le triangle demandé a donc 3, 4, 5 pour côtés et 6 pour surface. Il est rectangle, car on a $5^2 = 4^2 + 3^2$.

393. *La surface d'un triangle rectangle est de 150 mètres carrés, l'hypoténuse a 25 mètres : on demande les deux côtés de l'angle droit.*

Rép. : 20^m et 15^m.

Soient b et c les deux côtés de l'angle droit. L'énoncé donne

[1]
$$\frac{b \times c}{2} = 150,$$

et

[2]
$$b^2 + c^2 = 25^2.$$

Si à l'égalité [2] on ajoute $2bc$, on obtiendra le carré de $b + c$, c'est-à-dire $b^2 + c^2 + 2bc$. Or on trouve la valeur de $2bc$ en multipliant par 4 les deux membres de la relation [1]. Ainsi on a

[3]
$$2bc = 150 \times 4,$$

et par suite, en additionnant [2] et [3], il vient

$$b^2 + c^2 + 2bc = (b + c)^2 = \overline{25}^2 + 150 \times 4 :$$

d'où

$$b + c = \sqrt{25^2 + 150 \times 4} = \sqrt{625 + 600} = 35.$$

D'ailleurs, si à l'égalité [2] on retranche $2bc$, on obtient le carré de $b - c$, c'est-à-dire $b^2 + c^2 - 2bc$. On trouve ainsi

$$b^2 + c^2 - 2bc = (b - c)^2 = 25^2 - 150 \times 4 :$$

d'où

[5]
$$b - c = \sqrt{25^2 - 150 \times 4} = 5.$$

Actuellement, on connaît la somme et la différence de deux nombres; il est facile d'en déduire ces nombres. On trouve, par la méthode connue (*Algèbre*, n° **65**) :

$$b = 20,$$
$$c = 15.$$

394. *On donne les bases* B *et* b *d'un trapèze, et sa hauteur* h : *calculer la hauteur du triangle formé par les prolongements des côtés non parallèles du trapèze. On interprétera la solution négative.*

Soit x la hauteur du triangle. La figure donne

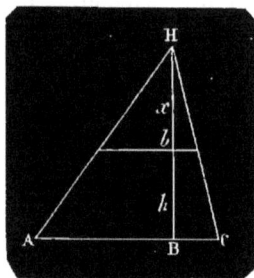

Fig. 26.

$$\frac{b}{B} = \frac{x}{x + h},$$

d'où

$$x = \frac{bh}{B - b}.$$

Si l'on a $B < b$, la valeur de x est négative et alors le sommet du triangle est au-dessous de la base inférieure du trapèze.

395. *Calculer l'aire d'un trapèze, sachant que sa hauteur est égale à la demi-somme de ses bases, que la différence entre les 2 bases est 1 mètre, et que la plus grande base est égale à l'hypoténuse d'un triangle rectangle dont les deux côtés de l'angle droit seraient la petite base et la hauteur du trapèze.*

Rép. : 4^{mq}.

Soient x la grande base, y la petite et h la hauteur, on a

[1] $$\frac{x + y}{2} = h,$$

[2] $$x - y = 1,$$

[3] $$x^2 = y^2 + h^2.$$

L'équation [3] peut se transformer en celle-ci :

$$x^2 - y^2 = (x + y)(x - y) = h^2 \quad (Algèbre, \text{ n}^\circ \textbf{33}).$$

En multipliant membre à membre les deux premières, il vient

$$(x + y)(x - y) = 2h :$$

d'où

$$h^2 = 2h,$$

et

$$h = 2.$$

Si l'on substitue la valeur de h dans la relation [1], les équations [1] et [2] donnent :

$$x = 2,5$$

et

$$y = 1,5.$$

On aura donc :

$$\text{Trapèze} = \left(\frac{2,5 + 1,5}{2}\right) \times 2 = 4^{mq}.$$

396. *On a un trapèze dont les bases ont 80 mètres et 60 mètres, la hauteur a 24 mètres; à 6 mètres de la grande base, on mène une parallèle qui détermine deux trapèzes : on demande la surface de chacun d'eux.*

Rép. : 1215^{mq} et 465^{mq}.

La surface du trapèze donné est

$$(80 + 60) \times \frac{24}{2} = 1680.$$

Soit S la surface de l'un des trapèzes, la surface de l'autre sera 1680 — S. Alors on a, d'après la figure,

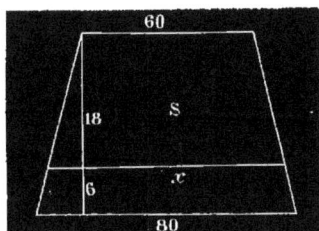

$$(x + 60) \times \frac{18}{2} = S,$$

$$(x + 80) \times \frac{6}{2} = 1680 - S.$$

Résolvant ces équations, on trouve

Fig. 27.

$$x = 75^m \text{ et } S = 1215^{mq}.$$

La surface de l'autre trapèze est donc

$$(75 + 80) \times \frac{6}{2} = 1680 - S = 465^{mq}.$$

397. *On a un trapèze dont les bases ont 60 mètres et 40 mètres, et la hauteur 20 mètres. Une parallèle aux bases divise la surface de ce trapèze en deux parties qui sont dans le rapport de 3 à 4. On demande la longueur de la parallèle.*

Rép. : $49^m,57.$

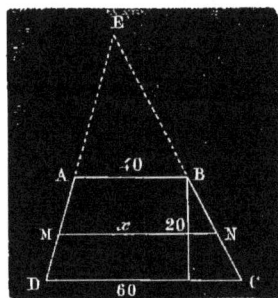

On prolonge les côtés non parallèles du trapèze jusqu'à leur rencontre, et alors, si l'on représente la surface du triangle ABE par s, celle du trapèze ABNM par S, la figure donne (*Cours de géométrie*, n° **318**)

$$\frac{x^2}{40^2} = \frac{s + S}{S};$$

Fig. 28.

d'où

$$x = \sqrt{\frac{40^2(s + S)}{S}}.$$

Mais on a (exercice **394**)

$$s = \frac{40 \times 20}{60 - 40} \times \frac{40}{2} = 800.$$

D'ailleurs, si l'on suppose que S représente la plus petite partie du trapèze ABCD divisé en parties qui soient entre elles comme 3 est à 4, on a

$$S = \frac{ABCD \times 3}{7} = \frac{1\,000 \times 3}{7}.$$

Donc enfin

$$x = \sqrt{\frac{40^2\left(800 + \dfrac{1\,000 \times 3}{7}\right)}{800}} = 49^m,5_7.$$

398. *Le rayon* R *d'un cercle étant donné, on demande de déterminer sur le diamètre* AB *une distance* AC, *telle que, si au point* C *on élève* CD *perpendiculaire à* AB, *et qu'on fasse ensuite tourner la figure autour de* AB, *le rapport des volumes décrits par les deux segments* AMD *et* DNB *soit égal à* ¼.

$$\text{Rép. : } AC = \frac{2}{5}R.$$

On a (*Cours de géométrie,* n° **610**)

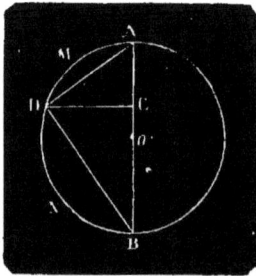

Fig. 29.

$$\text{Vol. AMD} = \frac{\pi AD^2 \times AC}{6},$$

$$\text{Vol. BND} = \frac{\pi BD^2 \times BC}{6}.$$

D'après l'énoncé, on a donc

$$\frac{\pi AD^2 \times AC \times 6}{6 \times \pi BD^2 \times BC} = \frac{1}{4},$$

ou

$$\frac{AD^2 \times AC}{BD^2 \times BC} = \frac{1}{4}.$$

Mais on sait (*Géométrie*) que

$$\frac{AD^2}{BD^2} = \frac{AC}{BC};$$

d'où

$$\frac{AD^2 \times AC}{BD^2 \times BC} = \frac{AC^2}{BC^2} = \frac{1}{4};$$

par suite

$$\frac{AC}{BC} = \frac{1}{2}.$$

Représentant AC par x, il vient

$$\frac{x}{2R - x} = \frac{1}{2},$$

ou enfin

$$x = \frac{2}{3} R.$$

399. *L'une des bases d'un trapèze égale 10 mètres, la hauteur est de 4 mètres, la surface a 32 mètres carrés. A une distance de 1 mètre de la base donnée, on lui mène une parallèle : on demande la longueur de la partie de cette droite comprise·dans l'intérieur du trapèze.*

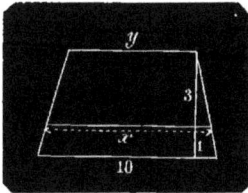

Fig. 30.

Rép. : 9^m.

D'après l'énoncé et la figure, on a

$$(10 + y) \times \frac{4}{2} = 32,$$

$$(10 + x) \times \frac{1}{2} = 32 - (x + y)\frac{3}{2}.$$

Résolvant ces équations, on trouve

$$y = 6 \quad \text{et} \quad x = 9.$$

400. *On donne un point D, où se trouve un puits, sur l'un des côtés d'un triangle ABC : mener par ce point une ligne qui partage le triangle en 2 parties équivalentes.*

Soit ABC le triangle donné, et partagé comme il est demandé par une ligne DK, partant du point donné D.

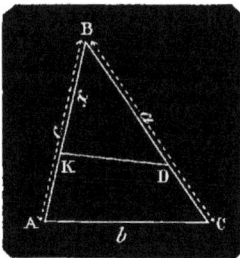

Fig. 31.

Soient a, b, c les trois côtés du triangle ABC, et $x =$ BK une distance telle que si l'on joint le point donné D au point K on ait BDK $= \dfrac{ABC}{2}$. Appelant T le triangle total, on a BDK $= \dfrac{T}{2}$. Mais $\dfrac{T}{2}$ et T, ayant un angle commun en B, donnent (*Exercices de géométrie*, **359**)

$$\frac{\frac{T}{2}}{T} = \frac{BD \times x}{a \times c},$$

ou
$$\frac{1}{2} = \frac{x \times BN}{a \times c} ;$$

d'où
$$x = \frac{a \times c}{2BN}.$$

Donc x est quatrième proportionnelle aux trois lignes connues a, c, $2BN$.

401. *Mener une parallèle à la base d'un triangle de manière à former un trapèze de périmètre donné.*

Soient a, b, c les trois côtés du triangle donné, $2p$ le périmètre du triangle et $2p'$ le périmètre du trapèze demandé.

On voit aisément que

périmètre $AMN + 2p' = 2p + 2x$;

par suite

[1]   périmètre $AMN = 2p + 2x - 2p'$.

Mais on a

$$\frac{AM}{c} = \frac{AN}{b} = \frac{x}{a},$$

ou

$$\frac{AM + AN + x}{a + b + c} = \frac{x}{a},$$

ou encore

$$\frac{\text{périmètre } AMN}{2p} = \frac{x}{a} :$$

d'où

$$\text{périmètre } AMN = \frac{2px}{a}.$$

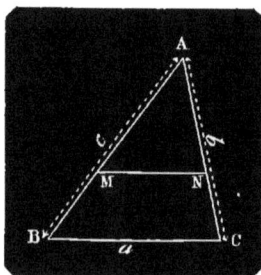

Fig. 32.

Substituant cette valeur dans [1], il vient

$$\frac{2px}{a} = 2p + 2x - 2p' :$$

d'où enfin

$$x = \frac{a(p - p')}{p - a}.$$

Il est évident que p est toujours $> p' > a$: le problème est donc toujours possible.

La valeur de $x = MN$ étant connue, il est facile de construire MN.

402. *Un tronc de pyramide, dont la hauteur est de 5 mètres, a pour bases deux hexagones réguliers dont les côtés ont 5 mètres et 2 mètres ; en menant un plan parallèle à la base, on obtient un hexagone dont le côté a 2ᵐ,60 : 1° à quelle distance de la base supérieure la section a-t-elle été menée, et 2° quel est le rapport des deux troncs de pyramide?*

$$\text{Rép. : } 1° \text{ à } 5^{m} ; \quad 2° \text{ rapport} = 1,016.$$

1° Soient h la hauteur du tronc, h' la hauteur de la petite pyramide supérieure au tronc, et h'' la distance entre la base supérieure du tronc et le plan mené parallèlement aux bases. La hauteur totale de la pyramide est évidemment $h + h'$: d'où les équations

$$\frac{h'}{h + h'} = \frac{2}{3},$$

$$\frac{h'}{h + h''} = \frac{2}{2,60}.$$

La première équation donne

$$h' = 2h = 10.$$

Cette valeur de h' portée dans la seconde équation donne

$$\frac{10}{10 + h''} = \frac{2}{2,60},$$

ou

$$26 = 20 + 2h'',$$

d'où

$$h'' = 3.$$

2° Pour trouver en second lieu le rapport demandé, représentons la pyramide totale par P, la petite par p, et la pyramide formée de la petite et de la partie supérieure du tronc par p'. Nous aurons (*Géométrie*, n° **492**)

$$\frac{p}{2^3} = \frac{p'}{(2,6)^3} = \frac{P}{3^3} = r :$$

d'où

$$p = 2^3 r \quad ; \quad p' = (2,6)^3 r \quad ; \quad P = 3^3 r.$$

Le rapport demandé est égal à

$$\frac{p' - p}{P - p'} = \frac{(2,6)^3 r - 2^3 r}{3^3 r - (2,6)^3 r} = \frac{(2,6)^3 - 2^3}{3^3 - (2,6)^3} = 1,016.$$

403. *Calculer le volume engendré par un triangle dont les côtés*

*ont respectivement 2 mètres, 3 mètres, 4 mètres, et qui fait une révo-
lution entière autour du côté de 4 mètres.*

$$\text{Rép. : } V = 8^{mc},838.$$

En tournant autour de BC, le triangle ABC engendrera deux cônes

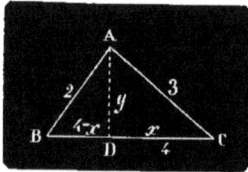

qui auront une base commune, et dont le rayon sera la hauteur y du triangle. Si l'on désigne le volume cherché par V, on a, d'après la figure :

$$V = \pi y^2 \times \frac{x}{3} + \pi y^2 \times \frac{4-x}{3} = \frac{4}{3}\pi y^2.$$

Fig. 33.

Il s'agit de déterminer y^2 ; on a

$$y^2 = 9 - x^2,$$
$$y^2 = 4 - (4-x)^2 = 4 - x^2 - 16 + 8x.$$

Égalant ces valeurs de y^2, il vient

$$9 - x^2 = 4 - x^2 - 16 + 8x,$$

ou après réduction,

$$8x = 21 :$$

d'où

$$x = 2,625.$$

On a, par suite, .

$$y^2 = 9 - (2,625)^2 = 2,11 \text{ environ}.$$

Donc enfin

$$V = \frac{4}{3}\pi \times 2,11 = 8^{mc},838.$$

404. *Le côté d'un hexagone régulier égale 1 mètre. On demande de calculer à 0,001 près le volume engendré par l'hexagone régulier tournant autour d'un de ses côtés.*

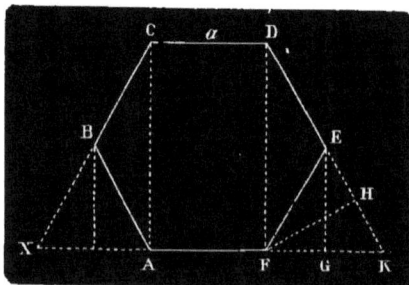

Fig. 34.

$$\text{Rép. : } 14^{mc},137.$$

Le volume demandé se compose de trois parties : du cylindre engendré par le rectangle ACDF, et des volumes engendrés par les triangles égaux ABC, DEF. Le cylindre ACDF a pour rayon (*Géomét.*) $AC = a\sqrt{3}$ et pour hauteur a; par conséquent son volume $v = 3\pi a^3$.

Si l'on représente par v' le volume engendré par DEF, on a (*Cours de géométrie*, n° **600**, 2°),

$$v' = \text{surface DE} \times \frac{1}{3} \text{ FH.}$$

Or, la surface décrite par DE est celle du tronc de cône engendré par DEGF; donc (*Géométrie*, n° **525**)

$$\text{surface DE} = \pi \times \text{DE (DF} + \text{EG)};$$

mais $\text{DE} = a$, $\text{DF} = \text{AC} = a\sqrt{3}$,   et $\text{EG} = \dfrac{\text{DF}}{2} = \dfrac{a\sqrt{3}}{2}$;

par suite,

$$\text{surface DE} = \pi a\left(a\sqrt{3} + \frac{a\sqrt{3}}{2}\right),$$

ou encore

$$\text{surface DE} = \frac{3}{2}\pi a^2 \sqrt{3}.$$

Le triangle FEK étant équilatéral, on a

$$\text{FH} = \frac{a}{2}\sqrt{3},$$

et

$$\frac{1}{3}\text{ FH} = \frac{a}{6}\sqrt{3}:$$

donc

$$v' = \frac{3}{2}\pi a^2 \sqrt{3} \times \frac{a}{6}\sqrt{3},$$

ou

$$v' = \frac{3}{4}\pi a^3.$$

Le volume engendré par ABC est aussi $\dfrac{3}{4}\pi a^3$.

Appelant V le volume total, on a donc

$$V = v + 2v' = 3\pi a^3 + \frac{3}{2}\pi a^3,$$

ou

$$V = \frac{9}{2}\pi a^3.$$

Remplaçant a par sa valeur 1^m, il vient :

$$V = \frac{9}{2}\pi = 14^{mc},137.$$

405. *Un cône de 8 mètres de hauteur a pour base un cercle de 2 mètres de rayon. On coupe ce cône à 3 mètres du sommet par un* *plan parallèle à la base. Quel est le volume du tronc de cône ainsi obtenu?*

Rép. : 28^{mc},783.

Soient V le volume du cône total, v le volume du petit cône ayant 5^m de hauteur, H et h les hauteurs de ces deux cônes. Il est évident que le volume cherché est égal à

$$V - v.$$

Or on a

$$\frac{V}{v} = \frac{H^3}{h^3},$$

ou

$$\frac{V - v}{V} = \frac{H^3 - h^3}{H^3},$$

ou, en remplaçant les lettres par leur valeur respective,

$$\frac{V - v}{\frac{1}{3}\pi \times 2^2 \times 8} = \frac{64 - 9}{64} :$$

d'où enfin

$$V - v = \frac{3,14 \times 4 \times 8 \times 55}{3 \times 64} = 28,783.$$

Le volume du tronc est donc de 28^{mc},783.

406. *Trouver la hauteur à laquelle il faut s'élever au-dessus de la surface de la terre pour découvrir une zone d'une surface donnée A.*

Soient $x = AS$ la hauteur inconnue, et $y = AD$ la hauteur de la zone visible.

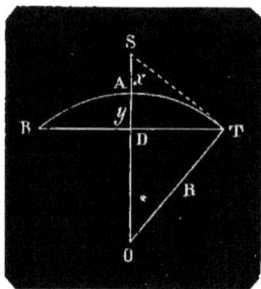

Fig. 35.

On a (*Cours de géométrie*, n° 586),

[1] $A = 2\pi R y.$

D'ailleurs le triangle rectangle OTS donne

$$R^2 = OS \times OD$$

ou

[2] $R^2 = (R + x)(R - y).$

La valeur de y tirée de [1] et portée dans [2] donne

$$x = \frac{AR}{2\pi R^2 - A}.$$

Telle est l'expression de la hauteur demandée. On voit que le problème sera possible tant qu'on aura $A < 2\pi R^2$, c'est-à-dire tant que l'aire donnée sera moindre que l'hémisphère.

QUESTIONS DE PHYSIQUE,
DE MÉCANIQUE ET DE COSMOGRAPHIE.

407. *Un litre d'air pèse* $1^{gr},293$: *trouver le poids du mètre cube d'hydrogène, la densité de ce gaz étant* 0,0692.

Rép. : $89^{gr},4756.$

Un litre d'air pesant $1^{gr},293$, le mètre cube pèse 1293^{gr}. Soit x le poids du mètre cube d'hydrogène; le volume étant le même, les poids sont dans le rapport des densités; celle de l'air étant prise pour unité, on a donc

$$\frac{x}{1293} = \frac{0,0692}{1} :$$

$$x = 1293 \times 0,0692 = 89^{gr},4756.$$

408. *On a dans un premier vase de l'eau à* 12°, *et dans un second de l'eau à* 62° : *combien faut-il prendre de kilogrammes d'eau dans chacun d'eux pour former un bain de* 280 *kilogrammes à* 28°?

Rép. : $190^{Kg},4$ à 12°, et $89^{Kg},6$ à 62°.

Soient x et y les nombres de kilogrammes d'eau à prendre à 12° et à 62°. On trouve, d'après l'énoncé, immédiatement cette première équation

[1] $\qquad\qquad x + y = 280.$

D'ailleurs l'eau à 12° et l'eau à 62° doivent produire la même quantité de chaleur que les 280 kilog. d'eau à 28°; on a donc cette seconde équation

[2] $\qquad\qquad 12x + 62y = 280 \times 28.$

Résolvant [1] et [2], il vient

$$x = 190^{Kg},4 \qquad , \qquad y = 89^{Kg},6.$$

409. *Un parallélipipède de glace dont les dimensions sont de* $4^m,50,$ $12^m,40$ *et* $16^m,20$ *plonge dans l'eau de mer ; la densité de la glace est* 0,930, *et celle de l'eau de mer* 1,026. *On demande quelle sera la hauteur du parallélipipède au-dessus de la surface de la mer.*

Rép. : $0^m,421.$

Si l'on désigne par P le poids en kilogrammes du parallélipipède de glace, on a

$$P = 45 \times 124 \times 162 \times 0,930.$$

D'autre part, si l'on représente par x la hauteur du volume qui se trouve dans l'eau, le poids en kilogrammes de l'eau de mer déplacée par la glace sera

$$x \times 124 \times 162 \times 1,026.$$

Mais puisque le corps flotte, ce poids est égal au précédent; donc, on a

$$x \times 124 \times 162 \times 1,026 = 45 \times 124 \times 162 \times 0,95 :$$

d'où

$$x = \frac{45 \times 124 \times 162 \times 0,95}{124 \times 162 \times 1,026} = 40^{dm},79.$$

La hauteur du parallélipipède au-dessus de la surface de la mer est donc

$$45^{dm} - 40^{dm},79 = 4^{dm},21 = 0^{m},421.$$

410. *Un cône en fer ayant* $0^m,06$ *de rayon et* $0^m,20$ *de hauteur plonge dans le mercure par son sommet. On demande le rapport de la hauteur du cône immergé à la hauteur totale du cône, la densité du fer étant* $7,79$ *et celle du mercure* $13,596$.

$$\text{Rép. : } \frac{1,98}{2,38}.$$

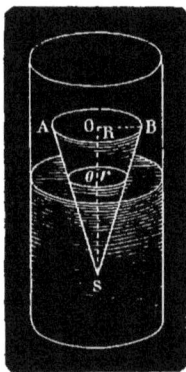

Fig. 36.

Pour abréger, soient h la hauteur SO du cône, h' la hauteur So de la partie immergée, R et r les rayons de ces deux cônes, d la densité du fer et d' celle du mercure. Le volume du grand cône est

$$\frac{\pi R^2 h}{3},$$

et son poids

$$\frac{\pi R^2 h d}{3}.$$

De même, le poids du cône de mercure déplacé est

$$\frac{\pi r^2 h' d'}{3}.$$

Mais ces poids sont égaux; on a donc, en supprimant le facteur commun $\frac{\pi}{3}$,

$$R^2 h d = r^2 h' d' :$$

d'où

[1]
$$\frac{h'}{h} = \frac{R^2}{r^2} \times \frac{d}{d'}.$$

Mais, par suite de la similitude des triangles, on a

$$\frac{R}{r} = \frac{h}{h'}.$$

Portant cette valeur dans [1], il vient

$$\frac{h'}{h} = \frac{h^2}{h'^2} \times \frac{d}{d'},$$

ou

$$\frac{h'^3}{h^3} = \frac{d}{d'},$$

et, par suite,

[2]
$$\frac{h'}{h} = \frac{\sqrt[3]{d}}{\sqrt[3]{d'}}.$$

Quel que soit donc le rayon du cône, on voit que les hauteurs des deux cônes sont en raison inverse des racines cubiques des densités du corps immergé et du liquide.

En remplaçant dans la formule [2] d et d' par leur valeur respective, on a

$$\frac{h'}{h} = \frac{1,98}{2,38}.$$

411. *Une sphère en bois s'enfonce des $\frac{1}{3}$ de son rayon dans l'eau pure : calculer la densité de ce bois.*

Rép. : 0,925.

Le poids de la sphère de bois est évidemment égal au poids du segment sphérique d'eau déplacée. Donc les volumes V, V' de ces deux corps sont inversement proportionnels à leurs densités d et 1 : d'où

$$\frac{V}{V'} = \frac{1}{d}.$$

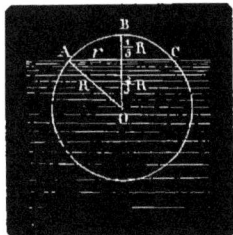

Fig. 37.

Déterminons les volumes V et V' en fonction de R

$$V = \frac{4}{3}\pi R^3,$$

V' = V — segment sphérique ABC.

Or (*Géom*, n° **613**),

$$\text{segment sphérique ABC} = \frac{1}{2}\pi r^2 \times \frac{R}{3} + \frac{1}{6}\pi \times \left(\frac{R}{3}\right)^3;$$

mais la figure donne

$$r^2 = R^2 - \left(\frac{2}{3}R\right)^2 = \frac{5R^2}{9}:$$

d'où

$$\text{seg. sph. ABC} = \frac{1}{2}\pi \times \frac{5R^2}{9} \times \frac{R}{3} + \frac{1}{6}\pi \times \frac{R^3}{27}:$$

ou, en effectuant,

$$\text{seg. sph. ABC} = \frac{8\pi R^3}{81};$$

par suite

$$V' = \frac{4}{3}\pi R^3 - \frac{8\pi R^3}{81} = \frac{100\pi R^3}{81};$$

donc

$$\frac{V}{V'} = \frac{4}{3}\pi R^3 : \frac{100}{81}\pi R^3 = \frac{27}{25} = \frac{1}{d}:$$

d'où

$$d = \frac{25}{27} = 0,925.$$

412. *Déterminer les volumes de deux liquides dont la densité est pour l'un* 1,3, *et pour l'autre* 0,7 ; *on sait d'ailleurs qu'en les mélangeant le volume est égal à* 3 *litres et la densité à* 0,9.

Rép. : 1^dmc et 2^dmc.

Si l'on désigne par v et v' les volumes demandés, on a d'abord

[1] $\qquad v + v' = 3.$

Le poids de chaque liquide, d'après la formule connue P = VD, est $\qquad v \times 1,3$ et $v' \times 0,70$:

d'où cette autre équation

[2] $\qquad 1,3v + 0,7v' = 3 \times 0,9.$

Résolvant [1] et [2], on trouve

$$v = 1 \text{ et } v' = 2.$$

413. *On forme un alliage de deux métaux dont les densités sont* d *et* d'. *On prend à cet effet* p^kg *du premier métal et* p' *du second; le volume subit une contraction de* $\frac{1}{\alpha}$ *par unité. On demande la densité de cet alliage.*

Soit x la densité cherchée. Le poids total de l'alliage est $p + p'$; par conséquent, d'après la formule $P = VD$, on a

$$\text{volume de l'alliage} = \frac{p + p'}{x} ;$$

et

$$\text{volume des métaux} = \frac{p}{d} + \frac{p'}{d'} .$$

D'ailleurs la contraction des métaux est égale à

$$\left(\frac{p}{d} + \frac{p'}{d'}\right) \frac{1}{\alpha} .$$

Le volume de l'alliage est donc aussi égal à

$$\frac{p}{d} + \frac{p'}{d'} - \left(\frac{p}{d} + \frac{p'}{d'}\right) \frac{1}{\alpha},$$

ou à (en mettant $\frac{p}{d} + \frac{p'}{d'}$ en facteur commun)

$$\left(\frac{p}{d} + \frac{p'}{d'}\right) \left(1 - \frac{1}{\alpha}\right).$$

L'équation du problème est donc

$$\frac{p + p'}{x} = \left(\frac{p}{d} + \frac{p'}{d'}\right) \left(1 - \frac{1}{\alpha}\right) :$$

d'où

$$x = \frac{p + p'}{\left(\dfrac{p}{d} + \dfrac{p'}{d'}\right) \left(1 - \dfrac{1}{\alpha}\right)} .$$

Dans le cas où la contraction est nulle, on a simplement

$$x = \frac{p + p'}{\dfrac{p}{d} + \dfrac{p'}{d'}} .$$

414. *On a un lingot d'argent au titre* t *et pesant* a *grammes. Quel poids d'un second lingot au titre* t′ *faut-il lui ajouter pour obtenir un troisième lingot au titre* t″ *(Discussion)?*

Soit x le poids demandé. L'argent pur contenu dans le premier lingot est égal à at; l'argent pur enlevé au second lingot pour l'ajouter au premier est $t'x$; d'ailleurs le poids du troisième lingot est $a + x$, et l'argent pur qu'il contient est par conséquent égal à $(a + x) t''$.

Mais cet argent doit égaler celui qui est contenu dans le prémier lingot, plus l'argent enlevé au second. L'équation du problème est donc

$$ta + t'x = (a + x)t'' :$$

d'où

$$x = \frac{a(t - t'')}{t'' - t'}.$$

Discussion. Pour que le problème soit possible, i faut que la valeur de x soit positive.

Ne considérant que le dénominateur, on peut avoir :

$$1° \; t'' > t' \quad ; \quad 2° \; t'' < t' \quad ; \quad 3° \; t'' = t'.$$

$1° \; t'' > t'$. Il faut, pour que x soit positif, qu'on ait en même temps

$$t > t'',$$

c'est-à-dire qu'on doit avoir

$$t > t'' > t'.$$

Ainsi le nouveau titre devra être compris entre les titres t et t' des lingots.

Si en même temps que $t'' > t'$, on a $t < t''$, le numérateur de l'expression est négatif, par suite x est négatif, et le problème est impossible ; ce qui est du reste facile à comprendre ; car les deux premiers lingots étant à des titres t et t' inférieurs au titre t'', on ne peut, en les alliant, obtenir un lingot au titre t''.

Si, toujours dans la même hypothèse de $t'' > t'$, on a $t'' = t$, il vient

$$x = \frac{0}{t'' - t'} = 0 ;$$

ce qui indique qu'il ne faut rien prendre du second lingot.

$2° \; t'' < t'$. Si en même temps on a $t < t''$, il en résulte $t < t'' < t'$. Alors le dénominateur et le numérateur de la fraction sont l'un et l'autre négatifs ; par conséquent x est encore positif, et le problème reste possible, ce qui se conçoit sans peine, puisque t'' garde une valeur comprise entre t et t'.

Si, avec $t'' < t'$, on a $t'' < t$, la valeur de x est négative et le problème est impossible. Cette impossibilité est d'ailleurs évidente : elle tient à ce que le titre t'' est inférieur à chacun des deux autres t et t'.

$3° \; t'' = t'$. Si on a en même temps t différent de t'', l vient

$$x = \frac{(t - t'')a}{0} = \infty.$$

Le problème est alors impossible.

Avec $t'' = t'$, si l'on a aussi $t = t''$, il en résulte $x = \frac{0}{0}$, et le problème est indéterminé.

415. *On a un tube de section constante recourbé en U : on y verse du mercure qui s'élève d'abord dans les deux branches au même niveau. Cela posé, on verse dans l'une d'elles une colonne d'eau de $0^m,1$ de hauteur. On demande de combien le niveau du mercure s'abaissera dans cette branche au-dessous du niveau primitif. La densité du mercure est $13,59$.*

Rép. : $0^m,00367$.

Soit KL le niveau primitif du mercure, il s'abaisse de x dans la branche de gauche et s'élève de x au-dessus du même plan dans la branche de droite. On a donc une colonne de mercure de base b et ayant $2x$ de hauteur qui fait équilibre à une colonne d'eau de même base ayant $0^m,1$ de hauteur.

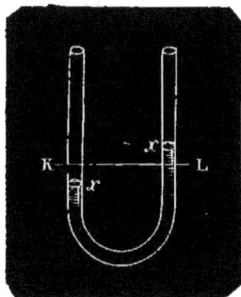

Or le poids de la colonne de mercure est égal à

$$b \times 2x \times 13,59,$$

et le poids de la colonne d'eau est

$$b \times 0,1 \times 1.$$

Fig. 38.

Mais ces deux poids sont égaux. On a donc l'équation

$$b \times 2x \times 13,59 = b \times 0,1 \times 1 :$$

d'où

$$x = 0,00367.$$

416. *On a deux vases communicants : l'un contient du mercure jusqu'à la hauteur de $0^m,275$; l'autre contient un liquide qui s'élève à $1^m,52$. Ces deux colonnes se font équilibre. On demande la densité du second liquide par rapport au mercure et par rapport à l'eau. On prendra $13,596$ pour la densité du mercure.*

Rép. : 1° $0,181$; 2° $2,46$.

Les hauteurs des deux colonnes de liquide, au-dessus de leur surface de séparation, étant inversement proportionnelles aux densités de ces liquides, on a, si l'on représente par x la densité du liquide et par 1 celle du mercure,

$$\frac{x}{1} = \frac{0,275}{1,52} :$$

d'où

$$x = 0,181.$$

La densité du mercure par rapport à l'eau étant $13,596$, si l'on désigne par y la densité du liquide par rapport à l'eau, on a

$$\frac{y}{15,596} = \frac{0,275}{1,52},$$

ou

$$\frac{y}{15,596} = 0,181 :$$

d'où

$$y = 15,596 \times 0,181 = 2,46.$$

417. *On a un cylindre de bois de* $0^m,40$ *de longueur; la densité de ce bois est* $0,65$; *on fixe à la partie inférieure du cylindre de bois un autre cylindre en fer de même diamètre, ayant* $0^m,01$ *de longueur, et dont la densité est* $7,78$. *On demande de quelle longueur le système plonge dans l'eau.*

Rép. : $0^m,338$.

Soit x la longueur totale dont le système s'enfonce dans l'eau.

Si l'on désigne par R le rayon de la colonne d'eau déplacée, le poids de cette eau sera

$$\pi R^2 x \times 1.$$

D'ailleurs le poids du système auquel cette colonne d'eau fait équilibre est égal à (en prenant le décimètre pour unité)

$$\pi R^2 \times 4 \times 0,65 + \pi R^2 \times 0,1 \times 7,78;$$

l'équation du problème est donc

$$\pi R^2 x \times 1 = \pi R^2 \times 4 \times 0,65 + \pi R^2 \times 0,1 \times 7,78 :$$

d'où

$$x = 4 \times 0,65 + 0,1 \times 7,78 = 3^{dm},378 \text{ ou } 0^m,338 \text{ environ.}$$

418. *D'après Vitruve, la couronne de Hiéron, roi de Syracuse, pesait* 20 *livres. Archimède trouva qu'elle perdait* 1 *livre* $\frac{1}{4}$ *dans l'eau. En la supposant formée d'or et d'argent, on demande ce qu'elle contenait de chacun de ces métaux, la densité de l'or étant* $19,25$ *et celle de l'argent* $10,47$.

Rép. : $15^{liv},15$ d'or et $4^{liv},85$ d'argent.

Si l'on représente par x la quantité d'or contenue dans la couronne, et par y la quantité d'argent, on a cette première équation

$$x + y = 20.$$

Il est facile de trouver une seconde équation; car la densité de l'or étant 19,25, le volume d'or qui pèse dans l'air $19^{liv},25$ ne pèse dans l'eau, d'après le principe d'Archimède, que $18^{liv},25$. Alors on peut donc dire : Si sur $19^{liv},25$ d'or pesées dans l'eau on perd 1^{liv}, sur 1^{liv} seulement on perdra $\dfrac{1}{19,25}$, et sur x livres on perdra $\dfrac{x}{19,25}$. De même on trouvera que la perte faite sur y livres d'argent est $\dfrac{y}{10,47}$. Or, la perte faite sur l'alliage des deux métaux est égale à $1^{liv},25$: donc on a cette autre équation

[2]
$$\frac{x}{19,25} + \frac{y}{10,47} = 1,25.$$

Résolvant [1] et [2], on trouve
$$x = 15^{liv},15 \quad ; \quad y = 4^{liv},85.$$

419. *On veut lester un cylindre de bois, ayant 1 mètre de longueur, de manière qu'il affleure dans l'eau jusqu'à sa partie supérieure. On prend pour lest un cylindre de platine de même section droite que le cylindre de bois, et l'on fixe ce cylindre de platine à la partie inférieure du cylindre de bois, de façon qu'il en soit le prolongement. La densité du bois est 0,5 et celle du platine 21,5. On demande la longueur à donner au cylindre de platine pour satisfaire à la condition énoncée.*

Rép. : $0^m,023$.

Si pour abréger on désigne par h, d et r la hauteur, la densité et le rayon du cylindre de bois, et par h', d' et r' les mêmes éléments du cylindre de platine, on a :

Poids du cylindre de bois. . . . . . . $= \pi r^2 h \times d$.
Poids du cylindre de platine . . . . . $= \pi r^2 h' \times d'$.
Poids de la colonne d'eau déplacée. . $= \pi r^2 (h + h') \times 1$.

Mais ce dernier poids faisant équilibre à la somme des deux autres, on a l'équation
$$\pi r^2 h \times d + \pi r^2 h' \times d' = \pi r^2 (h + h'),$$
ou
$$hd + h'd' = h + h' :$$
d'où
$$h' = \frac{h(1 - d)}{d' - 1}.$$

Substituant aux lettres leurs valeurs respectives, il vient
$$h' = 0^m,023.$$

420. *Quel est le rapport des poids* x *et* y *de plomb et de liège qu'il* *faut attacher ensemble pour que ce système se tienne en équilibre dans une masse d'eau? On prendra pour densité du plomb* 11,35 *et pour celle du liége* 0,24.

Rép. : 3,4726.

L'équilibre a lieu parce que la poussée de l'eau est égale à la somme des poids du plomb et du liége.

D'ailleurs la poussée est égale au poids de l'eau déplacée par le plomb et par le liége.

Or, d'après la formule $P = VD$, on a $\dfrac{x}{11,35}$ pour le volume du plomb et $\dfrac{y}{0,24}$ pour le volume du liége. Le volume de l'eau déplacée est donc

$$\frac{x}{11,35} + \frac{y}{0,24};$$

mais son poids est représenté par le même nombre, puisque la densité de l'eau est prise pour unité; on a donc

$$\frac{x}{11,35} + \frac{y}{0,24} = x + y.$$

C'est la seule équation qu'on peut tirer de l'énoncé de la question; mais comme on veut connaître le rapport $\dfrac{x}{y}$, il suffit de transformer la relation précédente de manière à obtenir ce rapport, ce qui du reste peut se faire très-facilement, car, au lieu de l'équation trouvée, on peut écrire

$$x - \frac{x}{11,35} = \frac{y}{0,24} - y,$$

ou

$$x\left(1 - \frac{1}{11,35}\right) = y\left(\frac{1}{0,24} - 1\right),$$

ou encore

$$x \times \frac{10,35}{11,35} = y \times \frac{0,76}{0,24},$$

d'où enfin

$$\frac{x}{y} = \frac{0,76}{0,24} : \frac{10,35}{11,35} = \frac{76}{24} \times \frac{1135}{1035} = 3,4726.$$

421. *Pour exploiter une mine de sel gemme, on a percé dans un terrain salifère un trou de sonde, dans lequel on a introduit un tuyau de* 100 *mètres de long, qui ne remplit pas exactement l'ouverture, et qui dépasse le sol de* 1 *mètre; il plonge de* 0ᵐ,75 *dans une dissolution sa-*

line dont la densité est 1,3 ; on verse de l'eau douce dans l'intervalle qui sépare le tuyau des parois du trou de sonde. On demande à quelle hauteur la dissolution s'élèvera dans le tuyau.

Rép. : $75^m,58$.

La longueur du tuyau depuis le niveau du sol jusqu'au niveau de la dissolution dans la mine est de $100^m - 1^m - 0,75$ ou $98^m,25$. On peut supposer le niveau constant dans la mine ; donc on aura deux vases communiquants. Quand l'intervalle qui sépare le tuyau des parois du trou de sonde sera rempli d'eau douce, l'un de ces vases aura $98^m,25$ de hauteur, rempli d'eau dont la densité est 1 ; l'autre aura x^m de hauteur rempli d'un liquide dont la densité est 1,3 ; donc on a

$$\frac{x}{1} = \frac{98,25}{1,3} :$$

d'où

$$x = 75^m,58.$$

422. *On peut énoncer ainsi la loi de Mariotte :* La température restant la même, le volume d'une masse donnée de gaz est en raison inverse de la pression qu'elle supporte. *Cette loi étant connue, démontrer que le produit du volume par la pression est constant.*

En effet, si l'on désigne par V le volume du gaz à la pression H, et par V' le volume à la pression H', on a, d'après la loi énoncée

$$\frac{V}{V'} = \frac{H'}{H} :$$

d'où

$$VH = V'H'. \qquad\qquad \text{C. q. f. d.}$$

423. *Le coefficient de dilatation linéaire du fer est 0,0000118, ce qui veut dire qu'une barre de fer se dilate des 0,0000118 de sa longueur, lorsque la température s'élève de 1° centigrade à partir de 0°. On demande la longueur d'une barre de fer à 85° ayant 3 mètres à 0°.*

Rép. : $3^m,003009$.

De 0° à 1°, une barre de 1^m se dilate de $0^m,0000118$, une barre de 3^m se dilatera de $0^m,0000118 \times 3$, et pour passer de 0° à 85° elle se dilatera de $0^m,0000118 \times 3 \times 85$. Si l'on appelle L la longueur de la barre à 85°, on aura donc l'équation

$$L = 3^m + 0^m,0000118 \times 3 \times 85,$$

ou encore

$$L = 3 \times (1 + 0^m,0000118 \times 85) = 3^m,003009.$$

424. *On donne la longueur* l *d'une barre à zéro : son coefficient de dilatation linéaire étant* k, *trouver sa longueur* l' *à la température* t.

De $0°$ à $1°$, une barre de 1^m se dilate de k, une barre l se dilatera de kl, et pour passer de 0 à t degrés elle se dilatera de $kl \times t$. A t degrés, la barre l aura par conséquent une longueur

$$l + klt.$$

Cette longueur étant représentée par l', on a donc l'équation

$$l' = l + klt,$$

ou encore

$$l' = l(1 + kt).$$

425. *Le coefficient de dilatation cubique d'un corps est l'augmentation que subit l'unité de volume, lorsque la température s'élève de* $0°$ *à* $1°$.

On donne le volume V *d'un corps à zéro : son coefficient de dilatation cubique étant* D^1, *trouver son volume* V' *à la température* t.

Un raisonnement identique à celui qui précède donne

$$V' = V(1 + Dt).$$

426. *Trouver :* $1°$ *le volume d'un corps solide à zéro;* $2°$ *à* $24°,7$, *sachant que ce corps a* 1^{dmc} *à* $15°,4$, *et que son coefficient de dilatation cubique est* $\frac{1}{8500}$.

Rép. : $1°$ $0^{dmc},99819$; $2°$ $1^{dmc},00109$.

$1°$ La formule de l'exercice précédent donne

$$V = \frac{V'}{1 + Dt};$$

et, si dans cette expression on remplace les lettres par leurs valeurs, il vient

$$V = \frac{1}{1 + \frac{1}{8500} \times 15,4} = \frac{8500}{8500 + 15,4} = 0^{dmc},99819.$$

$2°$ Si dans la formule

$$V' = V(1 + Dt)$$

---

1. Le coefficient de dilatation cubique est *sensiblement* triple du coefficient de dilatation linéaire; aussi fait-on souvent $D = 3k$.

on substitue aux lettres leurs valeurs, il vient

$$V' = 0,99819 \left(1 + \frac{1}{8500} \times 24,7\right) = 1^{\text{dmc}},00109.$$

427. *La densité d'un corps est d_t à la température t degrés : quelle est : 1° la densité $d_{t'}$ de ce corps à t' degrés? 2° connaissant la densité à zéro trouver sa densité à t', le coefficient de dilatation cubique de ce corps étant D.*

1° La densité d'un corps est évidemment en raison inverse du volume que prend le corps en se dilatant. Si donc on désigne par V_0 le volume d'un corps à zéro, par V_t le volume à t degrés et par $V_{t'}$ le volume à t', on a

$$\frac{d_{t'}}{d_t} = \frac{V_t}{V_{t'}}.$$

Mais on sait (exercice **425**) que

$$\frac{V_t}{V_{t'}} = \frac{V_0(1 + Dt)}{V_0(1 + Dt')} = \frac{1 + Dt}{1 + Dt'};$$

donc

$$\frac{d_{t'}}{d_t} = \frac{1 + Dt}{1 + Dt'} :$$

d'où

$$d_{t'} = d_t \frac{1 + Dt}{1 + Dt'}.$$

2° Si l'on connaît la densité à zéro, et qu'on demande la densité à t', la formule précédente devient

$$d_{t'} = d_0 \frac{1 + Dt_0}{1 + Dt'} = \frac{1}{1 + Dt'}.$$

428. *La densité du fer est 7,788 à 0° : quel est à 100° le poids de 1^{dmc} de fer, le coefficient de dilatation cubique de ce métal étant 0,0000354?*

$$\text{Rép. : } 7,761.$$

D'après la dernière formule, déterminée dans l'exercice précédent, on a

$$d_{100°} = d_0 \frac{1 + Dt_0}{1 + D \times 100} = 7,788 \times \frac{1}{1 + 0,0000354 \times 100} :$$

d'où, en effectuant les calculs,

$$d_{100°} = 7,761.$$

429. *Le volume d'un gaz à zéro est* V : *quel sera son volume* V' *à* t *degrés, le coefficient de dilatation étant* α *et la pression restant constante?*

Le coefficient de dilatation des gaz est l'accroissement de l'unité de volume de zéro à 1°.

Faisant le même raisonnement que pour la dilatation linéaire (exercice **424**), on a

$$V' = V + \alpha Vt,$$

ou

$$V' = V(1 + \alpha t).$$

430. *On connaît le volume* V' *d'un gaz à* t *degrés : trouver son volume* V *à zéro, la pression restant constante et le coefficient de dilatation étant* α.

La formule de l'exercice précédent donne

$$V = \frac{V'}{1 + \alpha t}.$$

431. *On a 25 litres d'air à* 8° : *calculer le volume à* 20°, *la pression restant constante et le coefficient de dilatation de l'air étant* 0,00367.

Rép. : 26^l,06.

D'après la formule de l'exercice précédent, le volume V des 25 litres à zéro est

$$V = \frac{25}{1 + 0,00367 \times 8} = 24^l,28.$$

Le volume V' des 25 litres à 20° est donc (formule de l'exercice **429**)

$$V' = 24,28(1 + 0,00367 \times 20) = 26^l,06.$$

432. *Le volume d'un gaz à* t *degrés et à la pression* H *est* V' : *on demande le volume* V *de la même masse de gaz à zéro et à la pression* H'. *On sait d'ailleurs que le coefficient de dilatation du gaz est* α.

On sait (exercice **430**) que dans la formule

$$V = \frac{V'}{1 + \alpha t},$$

la fraction $\dfrac{V'}{1 + \alpha t}$ représente le volume du gaz à zéro. Mais ce gaz est encore à la pression H. Pour le ramener à la pression H', il suffit de poser, d'après l'exercice **422**,

$$VH' = \frac{V'}{1 + \alpha t} \times H :$$

d'où

$$V = \frac{V'H}{(1 + \alpha t)H'}.$$

433. *On donne* 12 *litres d'air à* 28° *et à la pression* 0^m,74 : *quel sera le volume à zéro et à la pression* 0^m,76, *le coëfficient de dilatation de l'air étant* 0,00367?

Rép. : 10^l,59.

Il suffit évidemment de remplacer les lettres par leurs valeurs dans la formule de l'exercice précédent; alors on a

$$V = \frac{12 \times 74}{(1 + 0,00367 \times 28) \times 76} = 10^l,59.$$

434. *Deux cordes, l'une en fer, d'une densité de* 7,7, *l'autre en platine, d'une densité de* 21,2, *de même longueur, de même diamètre, tendues par un même poids, sont mises en vibration : la corde en fer fait en une seconde* 880 *vibrations. On demande le nombre de vibrations que doit exécuter, en une seconde, la corde en platine, sachant, toutes choses égales d'ailleurs, que le nombre de vibrations d'une corde est inversement proportionnel à la racine carrée de sa densité.*

Rép. : 530 vibrations.

Désignant par x le nombre de vibrations que doit exécuter, en une seconde, la corde en platine, on a, d'après l'énoncé du principe,

$$\frac{x}{880} = \frac{\sqrt{7,7}}{\sqrt{21,12}} :$$

d'où

$$x = 530 \text{ vibrations.}$$

435. *Une corde en fer est tendue par un poids de* 12^{kg},5 ; *elle fait* 1350 *vibrations par seconde : on demande le nombre de vibrations qu'elle doit faire, si le poids de* 12^{kg},5 *est remplacé par un poids de* 20^{kg},7. *On sait que le nombre de vibrations d'une corde est proportionnel à la racine carrée du poids tenseur.*

Rép. : 1737 vibrations.

ALGÈBRE (EXERCICES).   10

Appelant x le nombre cherché de vibrations, on a, d'après le principe énoncé,

$$\frac{x}{1350} = \frac{\sqrt{20,7}}{\sqrt{12,5}} :$$

d'où

$$x = 1737 \text{ vibrations.}$$

436. *Calculer la puissance calorifique d'un stère de bois de charme (bois sec) qui pèse* 330^Kg, *et qui se compose de bois de quartiers et de bois de rondins. On sait, d'après les expériences de M. Chevandier, que le stère de bois de charme sec, bois de quartiers, père* 370^Kg, *et développe, par la combustion,* 1532082 *unités de chaleur ou calories*[1], *tandis qu'un stère du même bois de rondins pèse* 298^Kg *et développe* 1234029 *calories.*

Rép. : 1366365 calories.

Il serait facile de calculer la puissance calorifique du stère pesant 130 kilog., si l'on connaissait la quantité de chaque espèce de bois qu'il renferme. Soient donc x et y les volumes des deux espèces de bois. On a évidemment cette première équation

[1]　　　　　　　　$x + y = 1.$

Mais la densité du bois de quartiers étant 0,370 et celle du bois de rondins 0,298, on a cette seconde équation

[2]　　　　　$0,370x + 0,298y = 330.$

Résolvant [1] et [2], on trouve

$$x = 444^{\text{dmc}} \quad ; \quad y = 556^{\text{dmc}}.$$

La puissance calorifique du stère pesant 330^Kg est donc

$$1532082 \times 0,444 + 1234029 \times 0,556 = 1366365.$$

437. *La chaleur spécifique*[2] *du fer est* 0,1138, *celle de l'eau étant prise pour unité : quelle quantité de houille faudra-t-il pour élever de* 0° *à* 100 *degrés une masse de fer pesant* 120^Kg ? *On supposera qu'on peut utiliser* 6000 *calories par kilog. de houille.*

Rép. : 0^Kg,227.

Soit x le poids demandé de houille. On utilisera avec ce poids un nombre de calories égal à

$$6000 \times x.$$

1. On appelle *unité de chaleur* ou *calorie* la quantité de chaleur nécessaire pour élever de 0° à 1° la température d'un kilogramme d'eau.
2. On entend par *chaleur spécifique* ou *capacité calorifique* d'un corps le nombre de calories nécessaires pour élever de zéro à 1° la température de 1^Kg de ce corps.

D'ailleurs, pour élever 1^{Kg} d'eau de zéro à 1°, il faut 1 calorie,

— 1^{Kg} d'eau de zéro à 100°, il faut 100 calories,

— 120^{Kg} d'eau de zéro à 100°, il faut 100 × 120 ca-

lories.

Si la capacité calorifique du fer était 2, 3, 4,..., fois plus grande que celle de l'eau, il faudrait 2, 3, 4,...., fois plus de calories : ce nombre de calories sera par conséquent

$$100 \times 120 \times 0,1138.$$

On a donc l'équation

$$6000x = 100 \times 120 \times 0,1138 :$$

d'où

$$x = 0^{Kg},227.$$

438. *On met 7^{Kg} d'un corps à la température de 120° dans 33^{Kg},12 d'eau à 14°,5 ; le mélange prend une température de 22°. On demande la chaleur spécifique de ce corps.*

Rép. : 0,3621.

Soit c la chaleur spécifique demandée. Si le corps dont il s'agit était de l'eau, il perdrait, lorsque sa température s'abaisse de 120° à 22°, un nombre de calories égal à

$$7 \times (120 - 22).$$

Mais sa chaleur spécifique étant c, la perte de calories sera

$$7 \times (120 - 22) \times c.$$

D'autre part, le nombre des calories absorbées par l'eau est

$$33,12 \times (22° - 14,5).$$

Or il est évident que le nombre de calories perdues est égal au nombre de calories absorbées ; donc on a l'équation

$$7 \times (120 - 22) \times c = 33,12 (22 - 14,5) :$$

d'où

$$c = 0,3621.$$

439. *Un morceau de platine pesant 60^{gr} est placé dans un four et y reste un temps suffisant pour en avoir la température ; on le retire ensuite, et on le plonge dans 170^{gr} d'eau à 8° ; on observe que la température de l'eau s'élève à 20°. On demande la température du four. On sait d'ailleurs que la capacité calorifique du platine est 0,0329.*

Rép. : 1053°.

On sait que 60^{gr} = 0^{Kg},06 ; 170^{gr} = 0^{Kg},17. Soit t la température cherchée. En se refroidissant de t degrés à 20°, le platine a cédé un nombre de calories égal à

$$0,06 \times (t - 20) \times 0,0329.$$

De même l'eau, dont la capacité calorifique est 1, pour s'échauffer de 8° à 20°, a absorbé un nombre de calories égal à

$$0,17 \times (20 - 8).$$

Mais la quantité de chaleur absorbée par l'eau est évidemment la même que celle qui est perdue par le platine ; on a donc l'équation

$$0,06 \times (t - 20) \times 0,0329 = 0,17 (20 - 8):$$

d'où

$$t = 1053°.$$

440. *Un vase en cuivre pesant* 0^{Kg},534 *renferme* 60^{Kg} *d'eau à* 15°,5. *On plonge dans cette eau* 25^{Kg} *d'un métal à* 80°. *La température de l'eau monte à* 26°,4. *On demande la capacité calorifique de ce métal, celle du cuivre étant* 0,0951.

Rép. : 0,4885.

Soit c la capacité calorifique du métal. La chaleur cédée par ce métal est

$$25 \times (80 - 26,4)c.$$

La chaleur absorbée par les 60 kilog. d'eau est

$$60 \times (26°,4 - 15°,5).$$

La chaleur absorbée par le vase est

$$0,534 \times (26°,4 - 15°,5) \times 0,0951.$$

Or il est évident que la quantité de chaleur cédée est égale à la quantité de chaleur absorbée ; donc on a l'équation

$$25 \times (80-26,4) \times c = 60 \times (26,4-15,5) + 0,534 \times (26,4-15,5) \times 0,0951:$$

d'où

$$c = 0,4885.$$

441. *Combien faut-il de kilog. de vapeur d'eau pour porter un bain de* 260^{Kg} *d'eau de* 12° *à* 28°, *la chaleur de vaporisation de l'eau étant* 540 [1]?

Rép. : 6^{Kg},797.

Soit x le poids de vapeur demandé. 1 kilog. de vapeur cédant

---

1. « Toute vaporisation, dit M. Jamin, est accompagnée d'une disparition de chaleur. Cette loi se prouve par la constance du point d'ébullition : puisqu'un liquide bouillant sur un foyer conserve toujours la même température,

540 calories en se condensant, x kilog. cèderont un nombre de calories égal à

$$540 \times x.$$

Mais les x kilog. d'eau qu'on obtiendra à 100° en passant à 28° cèderont encore un nombre de calories égal à

$$(100 - 28) \times x.$$

D'autre part, les 260 kilog. d'eau, en s'échauffant par la condensation de la vapeur de 12° à 28°, absorberont une quantité de chaleur exprimée par

$$260(28 - 12).$$

On a donc l'équation

$$540x + (100 - 28)x = 260(28 - 12) :$$

d'où

$$x = 6^{\text{Kg}},797.$$

442. *On fait condenser* 8^{Kg} *de vapeur d'eau à* 100° *dans* 260^{Kg} *d'eau à* 7° : *quelle doit être la température de la masse liquide?*

Rép. : 25°,89.

Soit t la température demandée. En se condensant, les 8 kilog. de vapeur cèdent un nombre de calories égal à

$$540 \times 8.$$

Mais les 8 kilog. d'eau à 100° produits par les 8 kilog. de vapeur à 100° cèdent en outre pour déscendre à t degrés un nombre de calories égal à

$$(100 - t) \times 8.$$

D'autre part, les 260 kilog. d'eau, en s'échauffant de 7° à $t°$, absorbent en calories

$$(t - 7) \times 260.$$

On a donc l'équation

$$540 \times 8 + (100 - t) \times 8 = (t - 7) \times 260,$$

ou

$$(540 + 100 - t) \times 8 = (t - 7) \times 260 :$$

d'où

$$t = 25°,89.$$

il faut que la chaleur de ce foyer soit absorbée par la vapeur et disparaisse sans qu'il y ait aucun effet thermométrique produit. »

Cette chaleur, employée seulement à changer l'état du liquide, a été désignée jusqu'ici sous le nom de *chaleur latente*. On dit plus généralement aujourd'hui *chaleur de vaporisation*.

Quand on dit que la chaleur de vaporisation de l'eau est 540 (MM. Favre et Silbermann ont trouvé 536) cela signifie donc que 1^{Kg} d'eau emprunte pour se vaporiser 540 calories; lorsque le kilog. de vapeur repasse à l'état liquide, les 540 calories redeviennent libres.

443. *On fait passer* 34^{Kg},26 *de vapeur d'eau à* 100° *dans une masse d'eau de* 2 500^{Kg} *à* 16°. *Cette eau est contenue dans un réservoir en laiton pesant* 122^{Kg}. *On demande la température du mélange, sachant que la chaleur spécifique du laiton est* 0,0939.

Rép. : 24°,7.

Soit t la température demandée. Par leur condensation, les 34^{Kg},26 de vapeur cèdent en calories

$$540 \times 34,26.$$

Mais l'eau produite par les 34^{Kg},26 de vapeur cèdent encore un nombre de calories égal à

$$(100 - t) \times 34,26.$$

D'autre part, les 2 500 kilog. d'eau, en passant de 16° à t°, absorbent une quantité de chaleur représentée par

$$(t - 16°) \times 2 500.$$

Le réservoir, en passant de 16° à t°, absorbe aussi une quantité de chaleur exprimée par

$$(t - 16) \times 122 \times 0,0939.$$

Or la quantité de chaleur cédée est égale à la quantité de chaleur absorbée ; on a donc l'équation

$$540 \times 34,26 + (100 - t) \times 34,26 = (t - 16) \times 2500 + (t - 16) \times 122 \times 0,0939 :$$

d'où l'on tire

$$t = 24°,7.$$

444. *On mêle* 8^{Kg} *de glace à* 50^{Kg} *d'eau à* 60°. *On demande la température du mélange. On sait d'ailleurs que la chaleur de fusion de l'eau est* 79; *c'est-à dire que* 1^{Kg} *de glace, pour se fondre et donner de l'eau à zéro, absorbe* 79 *calories* [1].

Rép. : 47°,36.

Soit t la température demandée; les 8 kilog. de glace absorbent pour se fondre un nombre de calories égal à

$$79 \times 8.$$

---

1. MM. de La Provostaye et Desains ont trouvé 79,25 pour la chaleur de fusion de la glace. « Toute fusion, dit M. Jamin, est accompagnée d'une des-« truction de chaleur, et toute solidification d'une production de chaleur. La « *chaleur de fusion* d'un corps est le nombre de calories que l'unité de poids « de ce corps absorbe, par le seul fait de sa fusion, ou qu'il *dégage* quand il « passe de l'état liquide à l'état solide, sans que sa température change. » Cette chaleur, qui cesse d'être sensible au thermomètre pendant la fusion, était aussi désignée sous le nom de *chaleur latente.*

Les 5o kilog. d'eau, pour passer de 6o° à $t°$, abandonnent un nombre de calories égal à

$$(6o - t) \times 5o.$$

Mais il y a évidemment égalité entre la quantité de chaleur absorbée et la quantité de chaleur cédée; on a donc l'équation

$$(6o - t) \times 5o = 79 \times 8 :$$

d'où

$$t = 47°,36.$$

445. *On pratique une cavité dans un morceau de glace, et on y enferme* 4^{Kg} *de cuivre dont la température a été portée préalablement à* 100°. *On demande le poids de la glace fondue, sachant que le calorique spécifique du cuivre est* 0,095 *et que la chaleur de fusion de la glace est* 79.

Rép. : $0^{Kg},481$.

Soit x le poids en kilogrammes de la glace fondue. Cette quantité de glace absorbe un nombre de calories égal à

$$79 \times x.$$

D'autre part, les 4 kilog. de cuivre, en se refroidissant de 100° à zéro, cèdent un nombre de calories exprimé par

$$4 \times 100 \times 0,095.$$

On a donc l'équation

$$79 \times x = 400 \times 0,095 :$$

d'où

$$x = 0^{Kg},481.$$

446. *Quel poids de glace a-t-on projeté dans* 16o *litres d'eau pour que la température de cette eau descende, par suite de la fusion de la glace, de* 6o° *à* 28°? *On sait que la chaleur de fusion de la glace est* 79.

Rép. : $47^{Kg},7$.

Les 16o litres d'eau pèsent 16o kilog. Soit x le poids demandé. La chaleur absorbée par ces x kilog. de glace pour la fusion seule est

$$79 \times x;$$

et cette eau, pour monter de zéro à 28°, absorbe encore une quantité de chaleur égale à

$$28 \times x.$$

D'autre part, les 16o kilog. d'eau, pour passer de 6o° à 28°, cèdent en chaleur

$$16o \times (6o - 28).$$

La chaleur absorbée étant égale à la chaleur cédée, on a l'équation

$$79x + 28x = 160(60 - 28) :$$

d'où

$$x = 47^{Kg},7.$$

447. *L'eau est un composé d'oxygène et d'hydrogène, dans la proportion d'un volume d'oxygène et de deux volumes d'hydrogène. La densité de l'oxygène par rapport à l'air est 1,106; celle de l'hydrogène, 0,069, et celle de l'eau, 773,28. Trouver combien il entre de litres de chacun des deux gaz dans un litre d'eau pure.*

Rép. : 621,6 d'oxygène et 1243^l,2 d'hydrogène.

Soient x et y le nombre de litres de chacun des deux gaz. Puisqu'un litre d'eau pure pèse 1 000 grammes, 1 litre d'air pèse 773,28 fois moins, ou $\dfrac{1\,000}{773,28}$; par suite 1 litre d'oxygène pèse $\dfrac{1\,000 \times 1,106}{773,28}$ et x litres pèsent

$$\frac{1\,000 \times 1,106 \times x}{773,28}.$$

De même y litres d'hydrogène pèsent

$$\frac{1\,000 \times 0,069 \times y}{773,28}.$$

Mais la somme de ces deux poids représente le poids du litre d'eau, ou 1 000 grammes; on a donc cette première équation

$$[1] \qquad \frac{1\,000 \times 1,106 \times x}{773,28} + \frac{1\,000 \times 0,069 \times y}{773,28} = 1\,000.$$

D'ailleurs les nombres de litres de chaque gaz, ou les volumes, sont dans le rapport de 1 à 2; on a donc cette seconde équation

$$[2] \qquad \frac{x}{y} = \frac{1}{2}.$$

Résolvant [1] et [2], on trouve

$$x = 621^l,6 \quad ; \quad y = 1\,243^l,2.$$

448. *Un mobile part d'un point A, avec une vitesse de 4^m par seconde : 18 secondes après, il part du même point A un second mobile qui atteint le 1er au bout de 2 minutes. On demande la vitesse du second mobile.*

Rép. : 4^m,6.

Soit v la vitesse du second mobile. Dans 2 minutes ou 120 secondes, il parcourra $120v$. D'ailleurs le premier mobile parcourt, avant le départ du second, 18×4, et pendant que le second est en marche, 120×4.

Or, lorsque le second mobile a atteint le premier, ils ont l'un et l'autre parcouru la même distance. Donc on a l'équation

$$120v = 18 \times 4 + 120 \times 4 :$$

d'où
$$v = 4^m,6.$$

La vérification est facile.

449. *Les espaces parcourus par un corps qui tombe librement sont proportionnels aux carrés des temps employés à les parcourir. Connaissant cette loi de la chute des corps, on demande combien de secondes mettrait une pierre pour arriver au fond d'un puits de mine qui a* 180^m. *On sait d'ailleurs qu'un corps qui tombe librement parcourt* $4^m,9044$ *dans la* 1re *seconde.*

Rép. : 6 secondes.

Soit x le temps demandé, on a, d'après la loi,

$$\frac{x^2}{1^2} = \frac{180}{4,9044} :$$

d'où
$$x = \sqrt{\frac{180}{4,9044}} = 6 \text{ secondes environ.}$$

450. *Deux mobiles M, M' partent d'un point A au même instant, et vont dans la même direction, le mobile M avec une vitesse de* 4^m *par seconde, le mobile M' avec une vitesse de* 6^m *par seconde; un* 3e *mobile, M'', part d'un point B en même temps que les deux autres et s'avance à leur rencontre. Le mobile M'' parcourt* 7^m *à la seconde, et la distance* $AB = 120^m$: *on demande au bout de combien de secondes le mobile M' sera à égale distance des deux autres.*

Rép. : 8 secondes.

Soit x le temps demandé. Au bout de ce temps, le mobile M aura parcouru $4x$; le mobile M', $6x$, et le mobile M'', $7x$.

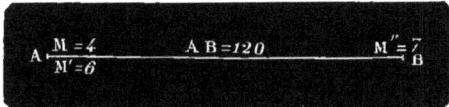

Fig. 39.

Mais la distance entre le mobile M et le mobile M' étant toujours $6x - 4x$ ou $2x$, la distance entre le mobile M' et le mobile M'' devra être aussi $2x$. On

peut donc poser l'équation

$$4x + 2x + 2x + 7x = 120 :$$

d'où

$$x = 8 \text{ secondes.}$$

Vérification. — Le mobile M aura parcouru 32^m après 8 secondes. Le mobile M′ aura parcouru 48^m et le mobile M″ 56^m. Or on a

$$48 - 32 = 16.$$

La distance qui sépare le mobile M″ du mobile M′ est bien aussi 16; car on a bien

$$120 - (56 + 48) = 120 - 104 = 16.$$

451. *Deux mobiles partent en même temps d'un même point, le 1er avec une vitesse de 4^m par seconde; le second avec une vitesse de 7^m par seconde, et ils suivent la même droite dans le même sens. Un 3e mobile part du même point 5 secondes après les autres avec une vitesse de 6^m par seconde, et suit le même chemin que les 2 premiers. On demande après combien de secondes il se trouvera entre les deux mobiles, et à égale distance de chacun d'eux.*

Rép. : 55 secondes.

Soit x le temps demandé. Le premier mobile aura alors parcouru $4x + 4 \times 5$, le second $7x + 7 \times 5$ et le troisième $6x$. Si D est le point cherché, on aura $AD = 6x$; d'ailleurs le premier mobile aura parcouru la distance AC, le second la distance AB; de plus, on a

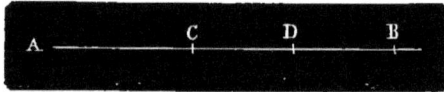

Fig. 40.

$$CD = BD.$$

Mais

$$CD = AD - AC = 6x - 4x - 4 \times 5,$$

et

$$BD = AB - AD = 7x + 7 \times 5 - 6x.$$

On a donc l'équation

$$6x - 4x - 4 \times 5 = 7x + 7 \times 5 - 6x :$$

d'où

$$x = 55.$$

Vérification. — Le premier mobile aura parcouru un nombre de mètres égal à $(55 + 5) \times 4 = 240^m$; le second aura parcouru $(55 + 5) \times 7 = 420^m$, et le troisième $55 \times 6 = 330^m$. Or on a bien

$$330 - 240 = 420 - 330 = 90^m.$$

452. *Un paquebot, faisant le service de Douvres à Calais, fait la* *traversée en 2 heures par un vent favorable. Au sortir de Calais, le vent lui est contraire ; il fait 6 milles de moins que par un temps favorable. Au milieu de sa course, le vent change et sa vitesse augmente de 2 milles. Il se trouve qu'arrivé à Douvres il a mis les $\frac{5}{7}$ du temps qu'il eût mis si sa vitesse eût été tout le temps la même que dans la 1re moitié. On demande la distance de Douvres à Calais, et les vitesses du paquebot.*

Soit x la vitesse pendant la première traversée. La distance, étant parcourue en 2 heures, est $2x$, la moitié de la distance est donc x. Pendant la première moitié du retour, la vitesse est $x-6$, et, d'après la formule $e=vt$, le temps employé pour cette partie de la traversée est $\dfrac{x}{x-6}$; pendant la seconde moitié, la vitesse est $x-4$, et le temps employé pour cette partie de la traversée est $\dfrac{x}{x-4}$. Le temps employé pour le retour est donc

$$\frac{x}{x-6}+\frac{x}{x-4}.$$

Mais si pendant toute la traversée la vitesse eût été la même que pendant la première moitié du retour, il aurait fallu un temps deux fois plus considérable ou

$$\frac{2x}{x-6}.$$

D'après l'énoncé, on a donc

$$\frac{x}{x-6}+\frac{x}{x-4}=\frac{5}{7}\times\frac{2x}{x-6},$$

ou

$$\frac{1}{x-6}+\frac{1}{x-4}=\frac{5}{7}\times\frac{2}{x-6} :$$

d'où

$$x=7^{\text{milles}},5.$$

La vitesse dans la première traversée étant $7^{\text{milles}},5$, la distance est de 15 milles. La vitesse dans la première moitié du retour est $7,5-6$ ou $1^{\text{mille}},5$, et dans la seconde moitié $3^{\text{milles}},5$.

453. *Deux mobiles partent en même temps d'un même point d'une circonférence, leur mouvement est uniforme et a lieu dans le même sens. Ils s'arrêtent lorsqu'ils sont revenus ensemble au point de départ. Le 1er met 12 heures pour faire un tour, et le second 105. Cela posé, on demande : 1° le nombre d'heures qui s'écouleront entre chaque rencontre ; 2° le nombre des rencontres ; 3° le nombre d'heures pendant lesquelles ils* *auront marché ; 4° le nombre de tours qu'ils auront fait l'un et l'autre.*

Rép. : 1° 70^h ; 2° 3^t ; 3° 210^h ; 4° 5 et 2.

Si l'on représente par 1 la circonférence (voir exercice **350**), il arrive que le premier mobile parcourt en une heure $\dfrac{1}{42}$ de la circonférence et le second $\dfrac{1}{105}$. Si donc la première rencontre a eu lieu après x heures, le premier mobile avait alors parcouru $\dfrac{1}{42} \times x$ ou $\dfrac{x}{42}$, et le second $\dfrac{x}{105}$. Mais les deux mobiles partant ensemble, pour que le premier puisse, après avoir dépassé le second, l'atteindre de nouveau, il doit parcourir la circonférence entière et en outre la distance parcourue par le second : donc on a l'équation.

$$\frac{x}{42} = 1 + \frac{x}{105} :$$

d'où
$$x = 70.$$

C'est après 70 heures que la première rencontre a eu lieu. D'ailleurs le second parcourant par heure $\dfrac{1}{105}$ de la circonférence a donc parcouru avant d'être atteint $\dfrac{70}{105}$ de la circonférence ou les $\dfrac{2}{3}$.

Il est évident qu'à chaque $\dfrac{2}{3}$ de la circonférence il y a une rencontre ; donc le nombre des rencontres sera 3, quotient du plus petit nombre entier 2 $\left(\text{ou } \dfrac{6}{3}\right)$ de circonférences divisible par $\dfrac{2}{3}$.

D'autre part, puisque la première rencontre a eu lieu après 70 heures, et qu'il y a eu trois rencontres, ils ont marché pendant $70 \times 3 = 210$ heures ; le nombre de tours faits par le premier sera par conséquent $\dfrac{210}{42} = 5$; le nombre de tours faits par le second sera $\dfrac{210}{105} = 2$.

454. *Quelle force faut-il appliquer à l'extrémité d'un levier de* 1^m,10 *de longeur pour faire équilibre à un poids de* 54^{kg}, *appliqué à l'autre extrémité, laquelle est éloignée de* 0^m,60 *du point d'appui? On sait d'ailleurs que deux forces se font équilibre à l'aide d'un levier, lorsque leurs intensités sont en raison inverse des bras de levier auxquels elles sont appliquées.*

Rép. : 64^{kg},8.

Soient le levier AB et c le point d'appui placé à $0^m,60$ du point

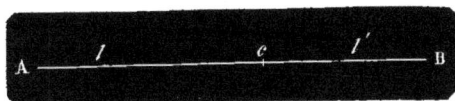

Fig. 41.

A où se trouve appliqué le poids de 54^{Kg}. Si l'on désigne par l, l' les longueurs Ac, cB des bras de levier, et par x le poids qui doit être appliqué en B pour établir l'équilibre, on a

$$\frac{x}{54} = \frac{l}{l'},$$

par suite

$$x = \frac{l \times 54}{l'};$$

d'où

$$x = \frac{0,60 \times 54}{0,50} = 64^{Kg},8.$$

455. *On pèse un corps dans l'un des plateaux d'une balance, et l'on constate que pour lui faire équilibre il faut placer dans l'autre plateau un poids de 1^{Kg}. On met ensuite le corps dans le 2° plateau et l'on trouve qu'il faut placer $1^{Kg},2$ dans le 1er pour qu'il y ait de nouveau équilibre. On demande : 1° le rapport qui existe entre les longueurs des deux bras de cette balance; 2° le poids réel du corps.*

Rép. : 1° $0,913$; 2° $1^{Kg},0954.$

1° Soient P le poids réel du corps, et l et l' les longueurs des deux bras de levier de la balance (fig. 41), on a, d'après les données

$$[1] \qquad \frac{l}{l'} = \frac{1}{P},$$

et

$$[2] \qquad \frac{l}{l'} = \frac{P}{1,2}.$$

Si l'on multiplie ces égalités membre à membre, on a

$$\frac{l}{l'} \times \frac{l}{l'} = \frac{1}{P} \times \frac{P}{1,2},$$

ou

$$\frac{l^2}{l'^2} = \frac{1}{1,2};$$

on trouve par suite

$$\frac{l}{l'} = \sqrt{\frac{1}{1,2}} = 0,913.$$

2° Si l'on divise les égalités [1] et [2] membre à membre, il vient

$$\frac{l^{j}}{l^{l}} :: \frac{l^{j}}{l^{l}} = \frac{11}{P^{j}} :: \frac{P^{j}}{1,2},$$

ou

$$\frac{l^{j}}{l^{l}} \times \frac{l^{l}}{l} = \frac{11}{P} \times \frac{1,2}{P},$$

ou encore

$$1 = \frac{1,2}{P^{2}} :$$

d'où

$$P = \sqrt{1,2} = 1^{Kg},0954.$$

456. *La durée des oscillations d'un pendule est proportionnelle à la racine carrée de la longueur de ce pendule. Le pendule qui bat la seconde à Paris a* $0^{m},99384$. *On demande quelle longueur on devrait donner à un pendule pour que la durée d'une oscillation fût de* $\frac{1}{4}$ *de seconde.*

Rép. : $0^{m},062115$.

Soit x la longueur demandée ; on a, d'après l'énoncé et les données de la question,

$$\frac{\sqrt{x}}{\sqrt{0,99384}} = \frac{\frac{1}{4}}{1} = \frac{1}{4}.$$

En élevant au carré chaque membre, il vient

$$\frac{x}{0,99384} = \frac{1}{16} :$$

d'où

$$x = \frac{0,99384}{16} = 0^{m},062115.$$

457. *Les carrés des temps des révolutions des planètes autour du soleil sont entre eux comme le cube de leur distance moyenne à cet astre (loi de Képler).*

La distance moyenne de la planète Mars au soleil est $1,52369$, *en prenant pour unité la distance de la terre au soleil. Trouver en jours la durée de la révolution de cette planète, sachant que la terre effectue sa révolution sidérale en* $365^{j},256$.

Rép. : $686^{j},97$.

Soit x la durée de la révolution de la planète Mars. On a, d'après les données et la loi de Képler,

$$\frac{x^{2}}{(365,256)^{2}} = \frac{(1,52369)^{3}}{1^{3}} :$$

d'où $\qquad x^2 = (1,52369)^3 \times (365,206)^2.$

En effectuant les calculs, on trouve

$$x = 686^{\mathrm{j}},97.$$

458. *La durée d'une révolution de la terre autour du soleil étant supposée égale à* $365^{\mathrm{j}},256$*, on demande de calculer le demi-grand axe de l'ellipse décrite par une planète dont la révolution se fait en* $1143^{\mathrm{j}},796$*. On prendra pour unité de longueur le demi-grand axe de l'ellipse décrite par la terre.*

Rép. : $2,14043$.

Soit x le demi-grand axe demandé. Les cubes des grands axes des orbites des planètes étant, d'après la loi de Képler, proportionnels aux carrés des temps des révolutions, on aura

$$\frac{x^3}{1} = \frac{1143,796^2}{365,256^2}.$$

d'où $\qquad x = \sqrt{\dfrac{1143,796^2}{365,256^2}} = 2,14043.$

EXERCICES SUR LES NOTIONS DE GÉOMÉTRIE ANALYTIQUE.

459. *Trouver l'équation du cercle rapportée à son centre et à deux diamètres perpendiculaires.*

Si l'on prend deux diamètres perpendiculaires A'A, B'B, le triangle rectangle OMP donne l'équation

$$x^2 + y^2 = r^2,$$

fournie par les deux coordonnées x et y d'un point quelconque M du cercle. C'est là l'équation du cercle rapportée à son centre et à deux diamètres perpendiculaires.

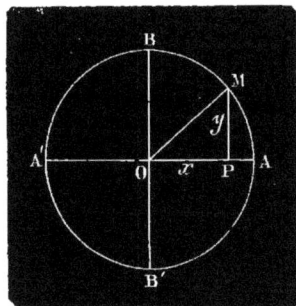

Fig. 42.

460. *Trouver l'équation de l'ellipse rapportée à son centre et à ses axes.*

Si l'on prend les deux axes A'A, B'B de la courbe pour axes des coordonnées, on a x et y pour les deux coordonnées d'un point quelconque M de la courbe.

On sait d'ailleurs (*Cours de géométrie*) que $A'A = 2a$, $B'B = 2b$, $F'F = 2c$; par suite, on a

$$[1] \qquad u + v = 2a.$$

Mais

$$[2] \qquad u^2 = (c + x)^2 + y^2 = c^2 + 2cx + x^2 + y^2$$

et

$$[3] \qquad v^2 = (c - x)^2 + y^2 = c^2 - 2cx + x^2 + y^2 ;$$

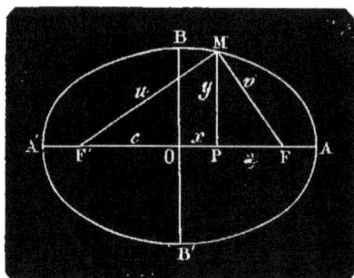

Fig. 43.

par conséquent

$$[4] \qquad u^2 - v^2 = 4cx.$$

Divisant membre à membre [1] et [4], il vient

$$[5] \qquad u - v = \frac{2cx}{a}.$$

Ensuite, si l'on ajoute ou retranche membre à membre [1] et [3], on a

$$[6] \qquad u = a + \frac{cx}{a},$$

$$[7] \qquad v = a - \frac{cx}{a}.$$

Substituant cette valeur de v dans la relation [3], il vient

$$\left(a - \frac{cx}{a}\right)^2 = c^2 - 2cx + x^2 + y^2,$$

ou

$$a^2 - 2cx + \frac{c^2 x^2}{a^2} = c^2 - 2cx + x^2 + y^2,$$

ou encore

$$a^2 y^2 + (a^2 - c^2)x^2 = a^2(a^2 - c^2).$$

Mais comme on peut remplacer $a^2 - c^2$ par b^2, il vient

$$a^2 y^2 + b^2 x^2 = a^2 b^2 ;$$

et, divisant les deux membres par $a^2 b^2$, on a enfin, pour équation de l'ellipse,

$$\frac{x^2}{a^2} + \frac{y^2}{b^2} = 1.$$

461. *Trouver l'équation de l'hyperbole rapportée à son centre et à ses axes.*

On a (*Cours de géométrie*)

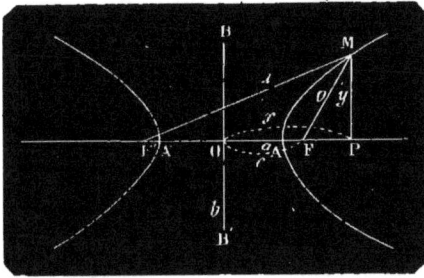

Fig. 44.

[1] $u - v = 2a;$

puis, comme dans l'exercice précédent,

[2] $u^2 - v^2 = 4cx.$

Enfin un calcul semblable, en tout, à celui qu'on vient de faire conduit à l'équation

$$\frac{x^2}{a^2} - \frac{y^2}{b^2} = 1.$$

462. *Trouver l'équation de la parabole rapportée à son axe et à la tangente au sommet.*

Si l'on représente le paramètre par p, on a (*Cours de géométrie*, n° **693**) l'équation $y^2 = 2px.$

EXERCICES SUR LE CALCUL DES RADICAUX.

Transformer les expressions suivantes en d'autres équivalentes :

463. 1° $\sqrt{4a^2b^2}$;   2° $2\sqrt{4a^2b^4}.$

On a :

  1° $\sqrt{4a^2b^2} = 2ab$;   2° $2\sqrt{4a^2b^4} = 4ab^2.$

464. 1° $3\sqrt{25a^4b^2c^2}$;   2° $6a\sqrt{a^2b^2c^4}.$

On a :

  1° $3\sqrt{25a^4b^2c^2} = 15a^2bc$;   2° $6a\sqrt{a^2b^2c^4} = 6a^2bc^2.$

465. 1° $4\sqrt{3a^4b^2c}$;   2° $5\sqrt{8a^2bc}.$

On a :

  1° $4\sqrt{3a^4b^2c} = 4a^2b\sqrt{3c}$;   2° $3\sqrt{8a^2bc} = 6a\sqrt{2bc}.$

466. 1° $\sqrt{24} + 2\sqrt{6}$;   2° $5\sqrt{18} - \sqrt{2}.$

On a :

  1° $\sqrt{24} + 2\sqrt{6} = 4\sqrt{6}$;   2° $5\sqrt{18} - \sqrt{2} = 8\sqrt{2}.$

467.   1° $5\sqrt{12}+\sqrt{3}$;   2° $2\sqrt{27}-\frac{3}{4}\sqrt{3}$.

On a :

$$1°   5\sqrt{12}+\sqrt{3}=11\sqrt{3} ;   2°   2\sqrt{27}-\frac{3}{4}\sqrt{3}=\frac{21}{4}\sqrt{3}.$$

468.   1° $\sqrt{\dfrac{16a^3b^2c^4de}{9a^4b^3c^5d^2}}$;   2°. $\sqrt{\dfrac{18a^3b^2c^3d^2e}{24a^4b^2c^2de^2}}$

On a :

$$1°   \sqrt{\frac{16a^3b^2c^4de}{9a^4b^3c^5d^2}}=\frac{4}{3}\sqrt{\frac{e}{abcd}} ;   2°   \sqrt{\frac{18a^3b^2c^3d^2e}{24a^4b^2c^2de^2}}=\frac{1}{2}\sqrt{\frac{3cd}{ae}}.$$

469. $2\sqrt{5}+3\sqrt{49}-\frac{1}{4}\sqrt{80}.$

On a :

$$2\sqrt{5}+3\sqrt{49}-\frac{1}{4}\sqrt{80}=2\sqrt{5}+21-\sqrt{5}=21+\sqrt{5}.$$

470. $\sqrt{63}+\frac{1}{2}\sqrt{112}-\frac{3}{8}\sqrt{28}.$

On a :

$$\sqrt{63}+\frac{1}{2}\sqrt{112}-\frac{3}{8}\sqrt{28}=3\sqrt{7}+\frac{1}{2}\sqrt{16\times7}-\frac{6}{8}\sqrt{7}=\frac{17}{4}\sqrt{7}.$$

471. $\dfrac{\sqrt{16a^2b^2c}}{\sqrt{4a^2b^3}}+\dfrac{2ab\sqrt{4a^4c^3}}{3\sqrt{b^3c^2}}.$

On a :

$$\frac{\sqrt{16a^2b^2c}}{\sqrt{4a^2b^3}}+\frac{2ab\sqrt{4a^4c^3}}{3\sqrt{b^3c^2}}=\sqrt{\frac{16a^2b^2c}{4a^2b^3}}+\frac{2ab}{3}\sqrt{\frac{4a^4c^3}{b^3c^2}}$$

$$=2\sqrt{\frac{c}{b}}+\frac{2ab}{3}\times\frac{2a^2}{b}\sqrt{\frac{c}{b}}=2\sqrt{\frac{c}{b}}+\frac{4a^3}{3}\sqrt{\frac{c}{b}}=2\left(1+\frac{2a^3}{3}\right)\sqrt{\frac{c}{b}}$$

$$=2\left(\frac{3+2a^3}{3}\right)\sqrt{\frac{c}{b}}.$$

472. $\dfrac{3a^2\sqrt{24a^2b^3c^2d^5x^4}}{2\sqrt{8a^3b^2c^3d^2x^3}}.$

On a :

$$\frac{3a^2\sqrt{24a^2b^3c^2d^5x^4}}{2\sqrt{8a^3b^2c^3d^2x^3}}=\frac{3a^2}{2}\sqrt{\frac{24a^2b^3c^2d^5x^4}{8a^3b^2c^3d^2x^3}}=\frac{3a^2d}{2}\sqrt{\frac{3bdx}{ac}}.$$

473. $\qquad \sqrt{16a^4b^3c^2 - 12a^3b^2c^2 + 2a^2b^2c}.$

On a :

$$\sqrt{16a^4b^3c^2 - 12a^3b^2c^2 + 2a^2b^2c} = \sqrt{a^2b^2(16a^2bc^2 - 12ac^2 + 2c)}$$
$$= ab\sqrt{16a^2bc^2 - 12ac^2 + 2c}.$$

474. $\qquad \sqrt{36a^2b^3c^3 - 8a^2b^3c^2 + 4a^3b^2}.$

On a :

$$\sqrt{36a^2b^2c^3 - 8a^2b^3c^2 + 4a^3b^2} = \sqrt{a^2b^2(9c^3 - 2bc^2 + a)}$$
$$= 2ab\sqrt{9c^3 - 2bc^2 + a}.$$

475. $\qquad \dfrac{\sqrt{5a^2c - 10ac^2 + 5c^3}}{\sqrt{a^2 - 2ac + c^2}}.$

On a :

$$\frac{\sqrt{5a^2c - 10ac^2 + 5c^3}}{\sqrt{a^2 - 2ac + c^2}} = \sqrt{\frac{5a^2c - 10ac^2 + 5c^3}{a^2 - 2ac + c^2}} = \sqrt{\frac{5c(a^2 - 2ac + c^2)}{a^2 - 2ac + c^2}} = \sqrt{5c}.$$

476. $\qquad \dfrac{3(a-b)\sqrt{8(a^2-b^2)(a+b)}}{(a+b)\sqrt{(a^2-b^2)(a-b)}}.$

On a :

$$\frac{3(a-b)\sqrt{8(a^2-b^2)(a+b)}}{(a+b)\sqrt{(a^2-b^2)(a-b)}} = \frac{3(a-b)}{a+b}\sqrt{\frac{8(a^2-b^2)(a+b)}{(a^2-b^2)(a-b)}} = \frac{6(a-b)}{a+b}\sqrt{\frac{2(a+b)}{a-b}}.$$

477. $\qquad 2\sqrt{-16} + 8\sqrt{-4} - \sqrt{-25}.$

On a :

$$2\sqrt{-16} + 8\sqrt{-4} - \sqrt{-25} = 2\sqrt{16 \times -1} + 8\sqrt{4 \times -1} - \sqrt{25 \times -1} = 19\sqrt{-1}.$$

478. $\qquad 4\sqrt{-8} + 3\sqrt{-32} - 2\sqrt{-2}.$

On a :

$$4\sqrt{-8} + 3\sqrt{-32} - 2\sqrt{-2} = 18\sqrt{-2} = 18\sqrt{2 \times -1} = 18\sqrt{2}\sqrt{-1}.$$

479. $\qquad 2a + \sqrt{-b^2c^2} - a + \sqrt{-4b^2c^2}.$

On a :

$$(2a + \sqrt{-b^2c^2} - a + \sqrt{-4b^2c^2} = a + bc\sqrt{-1} + 2bc\sqrt{-1} = a + 3bc\sqrt{-1}.$$

480. $$4ab + \sqrt{-3a^2b^2} + \sqrt{-12a^2b^2}.$$

On a :

$$4ab + \sqrt{-3a^2b^2} + \sqrt{-12a^2b^2} = 4ab + ab\sqrt{-3} + 2ab\sqrt{-3}$$
$$= 4ab + 3ab\sqrt{-3} = ab(4 + 3\sqrt{-3}) = ab(4 + 3\sqrt{3}\sqrt{-1}).$$

481. $$(4 + \sqrt{12}) \times \sqrt{3}.$$

On a :

$$(4 + \sqrt{12}) \times \sqrt{3} = 4\sqrt{3} + \sqrt{12} \times \sqrt{3} = 4\sqrt{3} + \sqrt{36} = 6 + 4\sqrt{3}.$$

482. $$(14 - \sqrt{8}) \times \sqrt{2}.$$

On a :

$$(14 - \sqrt{8}) \times \sqrt{2} = 14\sqrt{2} - \sqrt{8} \times \sqrt{2} = 14\sqrt{2} - \sqrt{16} = 14\sqrt{2} - 4.$$

483. $$(4 + \sqrt{12})(3 - \sqrt{2}).$$

On a :

$$(4 + \sqrt{12})(3 - \sqrt{2}) = 3 \times 4 + 3\sqrt{12} + 4 \times -\sqrt{2} + \sqrt{12} \times -\sqrt{2}$$
$$= 12 + 6\sqrt{3} - 4\sqrt{2} - \sqrt{24} = 12 + 6\sqrt{3} - 4\sqrt{2} - 2\sqrt{6} = 2(6 + 3\sqrt{3} - 2\sqrt{2} - \sqrt{6}).$$

484. $$(3 - 2\sqrt{3} + \sqrt{12})(4 + \sqrt{18} - 3\sqrt{2}).$$

On a :

$$(3 - 2\sqrt{3} + \sqrt{12})(4 + \sqrt{18} - 3\sqrt{2}) = (3 - 2\sqrt{3} + 2\sqrt{3})(4 + 3\sqrt{2} - 3\sqrt{2}) = 3 \times 4 = 12.$$

485. $$(5 - 3ab\sqrt{12cd} + 4\sqrt{3a^2b^2cd})(7 - 5ab\sqrt{18ab}) + 4\sqrt{2a^3b^3}).$$

On a :

$$(5 - 3ab\sqrt{12cd} + 4\sqrt{3a^2b^2cd})(7 - 5ab\sqrt{18ab} + 4\sqrt{2a^3b^3})$$
$$= (5 - 6ab\sqrt{3cd} + 4ab\sqrt{3cd})(7 - 15ab\sqrt{2ab} + 4ab\sqrt{2ab} = (5 - 2ab\sqrt{3cd})$$
$$(7 - 11ab\sqrt{2ab}) = 35 - 14ab\sqrt{3cd} - 55ab\sqrt{2ab} + 22a^2b^2\sqrt{6abcd}.$$

486. $$(\sqrt{a} + \sqrt{b})(\sqrt{a} - \sqrt{b})(a + b).$$

On a (*Cours*, n° **74**) :

$$(\sqrt{a} + \sqrt{b})(\sqrt{a} - \sqrt{b})(a + b) = (a - b)(a + b) = a^2 - b^2.$$

487. $\qquad (\sqrt{a}+\sqrt{b}+\sqrt{c})(\sqrt{a}+\sqrt{b}-\sqrt{c}).$

On a (*Cours*, n° **74**) :

$$(\sqrt{a}+\sqrt{b}+\sqrt{c})(\sqrt{a}+\sqrt{b}-\sqrt{c})=(\sqrt{a}+\sqrt{b})^2-(\sqrt{c})^2=a+b+2\sqrt{ab}-c.$$

488. $\qquad (\sqrt{a}-\sqrt{b}-\sqrt{c})(\sqrt{a}+\sqrt{b}+\sqrt{c}).$

On a (*Cours*, n° **74**) :

$$(\sqrt{a}-\sqrt{b}-\sqrt{c})(\sqrt{a}+\sqrt{b}+\sqrt{c})=[\sqrt{a}-(\sqrt{b}+\sqrt{c})][\sqrt{a}+(\sqrt{b}+\sqrt{c})]$$
$$=a-b-c-2\sqrt{bc}.$$

489. $\qquad \left(\sqrt{\dfrac{ab}{cd}}+\sqrt{\dfrac{ax}{cy}}\right)\left(\sqrt{\dfrac{ab}{cd}}-\sqrt{\dfrac{ax}{cy}}\right).$

On a (*Cours*, n° **74**) :

$$\left(\sqrt{\dfrac{ab}{cd}}+\sqrt{\dfrac{ax}{cy}}\right)\left(\sqrt{\dfrac{ab}{cd}}-\sqrt{\dfrac{ax}{cy}}\right)=\dfrac{ab}{cd}-\dfrac{ax}{cy}.$$

490. $\qquad \left(\sqrt{2+\sqrt{3}}+\sqrt{2-\sqrt{3}}\right)^2.$

On a :

$$\left(\sqrt{2+\sqrt{3}}+\sqrt{2-\sqrt{3}}\right)^2=\left(\sqrt{2+\sqrt{3}}\right)^2+\left(\sqrt{2-\sqrt{3}}\right)^2+2\times\sqrt{2+\sqrt{3}}\times$$
$$\sqrt{2-\sqrt{3}}=2+\sqrt{3}+2-\sqrt{3}+2\times\sqrt{(2+\sqrt{3})(2-\sqrt{3})}=4+2\sqrt{4-3}=6.$$

491. $\qquad \left(\sqrt{2a+\sqrt{b}}+\sqrt{2a-\sqrt{b}}\right)^2.$

On a :

$$\left(\sqrt{2a+\sqrt{b}}+\sqrt{2a-\sqrt{b}}\right)^2=\left(\sqrt{2a+\sqrt{b}}\right)^2+\left(\sqrt{2a-\sqrt{b}}\right)^2+2\times\sqrt{2a+\sqrt{b}}\times\sqrt{2a-\sqrt{b}}=$$
$$2a+\sqrt{b}+2a-\sqrt{b}+2(\sqrt{2a+\sqrt{b}})(2a-\sqrt{b})=4a+2\sqrt{4a^2-b}=2(2a+\sqrt{4a^2-b}).$$

492. $\qquad (3a+2b\sqrt{-1})(3a-2b\sqrt{-1}).$

On a (*Cours*, n° **74**) :

$$(3a+2b\sqrt{-1})(3a-2b\sqrt{-1})=(3a)^2-(2b\sqrt{-1})^2=9a^2+4b^2.$$

493. $\qquad (2a-3+b\sqrt{-1})(2a-3-b\sqrt{-1}).$

On a :

$$(2a-3+b\sqrt{-1})(2a-3-b\sqrt{-1})=(2a-3)^2-(b\sqrt{-1})^2=4a^2-12a+9+b^2.$$

494. $$(5 + 3\sqrt{-1})(5 - 3\sqrt{-1}).$$

On a :

$$(5 + 3\sqrt{-1})(5 - 3\sqrt{-1}) = 25 + 9 = 34.$$

495. $$(7 + \sqrt{-2})(7 - \sqrt{-2}).$$

On a :

$$(7 + \sqrt{-2})(7 - \sqrt{-2}) = 49 + 2 = 51.$$

496. $$(\sqrt{-3} + \sqrt{-5})(\sqrt{-4} - \sqrt{-5}).$$

On a :

$$(\sqrt{-3} + \sqrt{-5})(\sqrt{-4} - \sqrt{-5}) = \sqrt{-3} \times \sqrt{-4} + \sqrt{-5} \times \sqrt{-4} + \sqrt{-3} \times -\sqrt{-5}$$
$$+ \sqrt{-5} \times -\sqrt{-5} = \sqrt{12} + \sqrt{20} - \sqrt{15} - \sqrt{25} = 2\sqrt{3} + 2\sqrt{5} - \sqrt{15} - 5.$$

497. $$(5 - \sqrt{-3} - \sqrt{-7})(5 + \sqrt{-3} + \sqrt{-7}).$$

On a :

$$(5 - \sqrt{-3} - \sqrt{-7})(5 + \sqrt{-3} + \sqrt{-7}) = [5 - (\sqrt{-3} + \sqrt{-7})][5 + (\sqrt{-3} + \sqrt{-7})]$$
$$= 25 - (\sqrt{-3} + \sqrt{-7})^2 = 25 - 3 - 7 - 2 \times \sqrt{-3} \times \sqrt{-7} = 15 - 2\sqrt{21}.$$

498. $$\frac{\sqrt{3} + \sqrt{27} - 5\sqrt{12}}{4\sqrt{12}}.$$

On a :

$$\frac{\sqrt{3} + \sqrt{27} - 5\sqrt{12}}{4\sqrt{12}} = \frac{\sqrt{3} + 3\sqrt{3} - 10\sqrt{3}}{8\sqrt{3}} = \frac{1 + 3 - 10}{8} = -\frac{5}{4}.$$

499. $$\frac{5\sqrt{18} - 7\sqrt{8} + 9\sqrt{32}}{5\sqrt{18}}.$$

On a :

$$\frac{5\sqrt{18} - 7\sqrt{8} + 9\sqrt{32}}{5\sqrt{18}} = \frac{15\sqrt{2} - 14\sqrt{2} + 36\sqrt{2}}{15\sqrt{2}} = \frac{15 - 14 + 36}{15} = \frac{37}{15}.$$

Rendre rationnel le dénominateur des expressions suivantes :

500. $$1° \ \frac{5}{\sqrt{3}}; \quad 2° \ \frac{4}{3\sqrt{2}}.$$

On a :

$$1° \ \frac{5}{\sqrt{3}} = \frac{5\sqrt{3}}{\sqrt{3} \times \sqrt{3}} = \frac{5\sqrt{3}}{3}; \quad 2° \ \frac{4}{3\sqrt{2}} = \frac{4\sqrt{2}}{3\sqrt{2} \times \sqrt{2}} = \frac{4\sqrt{2}}{6} = \frac{2\sqrt{2}}{3}.$$

501. $\qquad 1° \ \dfrac{3+\sqrt{5}}{\sqrt{5}}; \qquad 2° \ \dfrac{4-\sqrt{3}}{2\sqrt{3}}.$

On a :

$$1° \quad \frac{3+\sqrt{5}}{\sqrt{5}}=\frac{(3+\sqrt{5})\sqrt{5}}{\sqrt{5}\times\sqrt{5}}=\frac{5+3\sqrt{5}}{5}.$$

$$2° \quad \frac{4-\sqrt{3}}{2\sqrt{3}}=\frac{(4-\sqrt{3})\sqrt{3}}{2\sqrt{3}\times\sqrt{3}}=\frac{4\sqrt{3}-3}{6}=\frac{2\sqrt{3}-3}{3}.$$

502. $\qquad\qquad \dfrac{7-2\sqrt{3}}{4\sqrt{3}}.$

On a :

$$\frac{7-2\sqrt{3}}{4\sqrt{3}}=\frac{(7-2\sqrt{3})\sqrt{3}}{4\sqrt{3}\times\sqrt{3}}=\frac{7\sqrt{3}-6}{12}.$$

503. $\qquad\qquad \dfrac{8-2\sqrt{5}}{3-4\sqrt{20}}.$

On a :

$$\frac{8-2\sqrt{5}}{3-4\sqrt{20}}=\frac{8-2\sqrt{5}}{3-8\sqrt{5}}=\frac{(8-2\sqrt{5})(3+8\sqrt{5})}{(3-8\sqrt{5})(3+8\sqrt{5})}=\frac{24-58\sqrt{5}-80}{-311}=\frac{56+58\sqrt{5}}{311}.$$

504. $\qquad\qquad \dfrac{8+3\sqrt{2}-\sqrt{3}}{3\sqrt{2}+\sqrt{3}}$

On a :

$$\frac{8+3\sqrt{2}-\sqrt{3}}{3\sqrt{2}+\sqrt{3}}=\frac{(8+3\sqrt{2}-\sqrt{3})(3\sqrt{2}-\sqrt{3})}{(3\sqrt{2}+\sqrt{3})(3\sqrt{2}-\sqrt{3})}$$

$$=\frac{24\sqrt{2}+18-3\sqrt{6}-8\sqrt{3}-3\sqrt{6}+3}{6-3}=\frac{21+24\sqrt{2}-8\sqrt{3}-6\sqrt{6}}{3}.$$

505. $\qquad\qquad \dfrac{5\sqrt{3}-3\sqrt{2}}{\sqrt{12}-2\sqrt{3}+\sqrt{2}}.$

On a :

$$\frac{5\sqrt{3}-3\sqrt{2}}{\sqrt{12}-2\sqrt{3}+\sqrt{2}}=\frac{5\sqrt{3}-3\sqrt{2}}{2\sqrt{3}-2\sqrt{3}+\sqrt{2}}=\frac{5\sqrt{3}-3\sqrt{2}}{\sqrt{2}}$$

$$=\frac{(5\sqrt{3}-3\sqrt{2})\sqrt{2}}{\sqrt{2}\times\sqrt{2}}=\frac{5\sqrt{6}-6}{2}.$$

506.
$$\frac{7\sqrt{18}-3\sqrt{2}}{6\sqrt{3}-2\sqrt{12}+\sqrt{2}}.$$

On a :
$$\frac{7\sqrt{18}-3\sqrt{2}}{6\sqrt{3}-2\sqrt{12}+\sqrt{2}}=\frac{21\sqrt{2}-3\sqrt{2}}{6\sqrt{3}-4\sqrt{3}+\sqrt{2}}=\frac{18\sqrt{2}}{2\sqrt{3}+\sqrt{2}}=\frac{18\sqrt{2}(2\sqrt{3}-\sqrt{2})}{(2\sqrt{3}+\sqrt{2})(2\sqrt{3}-\sqrt{2})}$$
$$=\frac{36\sqrt{6}-36}{12-2}=\frac{18\sqrt{6}-18}{5}=\frac{18(\sqrt{6}-1)}{5}.$$

507.
$$\frac{7\sqrt{3}}{7-\sqrt{3}}-\frac{3\sqrt{7}}{7+\sqrt{3}}.$$

On a :
$$\frac{7\sqrt{3}}{7-\sqrt{3}}-\frac{3\sqrt{7}}{7+\sqrt{3}}=\frac{7\sqrt{3}(7+\sqrt{3})-3\sqrt{7}(7-\sqrt{3})}{(7-\sqrt{3})(7+\sqrt{3})}=\frac{49\sqrt{3}+21-21\sqrt{7}-5\sqrt{21}}{49-3}$$
$$=\frac{21+49\sqrt{3}-21\sqrt{7}-5\sqrt{21}}{46}.$$

508.
$$\frac{1}{\sqrt{2}+\sqrt{3}-\sqrt{5}}.$$

On a :
$$\frac{1}{\sqrt{2}+\sqrt{3}-\sqrt{5}}=\frac{\sqrt{2}+\sqrt{3}+\sqrt{5}}{(\sqrt{2}+\sqrt{3}-\sqrt{5})(\sqrt{2}+\sqrt{3}+\sqrt{5})}=\frac{\sqrt{2}+\sqrt{3}+\sqrt{5}}{(\sqrt{2}+\sqrt{3})^2-(\sqrt{5})^2}=$$
$$\frac{\sqrt{2}+\sqrt{3}+\sqrt{5}}{2+3+2\sqrt{6}-5}=\frac{(\sqrt{2}+\sqrt{3}+\sqrt{5})\times(\sqrt{6})}{2\sqrt{6}\times\sqrt{6}}=\frac{\sqrt{12}+\sqrt{18}+\sqrt{30}}{12}=\frac{2\sqrt{3}+3\sqrt{2}+\sqrt{30}}{12}.$$

509.
$$\frac{4+\sqrt{2}-\sqrt{3}}{3-\sqrt{2}+\sqrt{3}}.$$

On a :
$$\frac{4+\sqrt{2}-\sqrt{3}}{3-\sqrt{2}+\sqrt{3}}=\frac{(4+\sqrt{2}-\sqrt{3})(3+\sqrt{2}+\sqrt{3})}{(3-\sqrt{2}+\sqrt{3})(3+\sqrt{2}+\sqrt{3})}=\frac{12+3\sqrt{2}-3\sqrt{3}+4\sqrt{2}+2-\sqrt{6}+4\sqrt{3}+\sqrt{6}-3}{(3)^2-(\sqrt{2}+\sqrt{3})^2}$$
$$=\frac{11+7\sqrt{2}+\sqrt{3}}{9-2-3-2\sqrt{6}}=\frac{(11+7\sqrt{2}+\sqrt{3})(4+2\sqrt{6})}{(4-2\sqrt{6})(4+2\sqrt{6})}$$
$$=\frac{44+28\sqrt{2}+4\sqrt{3}+22\sqrt{6}+14\sqrt{12}+2\sqrt{18}}{16-12}=\frac{44+28\sqrt{2}+4\sqrt{3}+22\sqrt{6}+28\sqrt{3}+6\sqrt{2}}{4}$$
$$=\frac{44+34\sqrt{2}+32\sqrt{3}+22\sqrt{6}}{4}=\frac{22+17\sqrt{2}+16\sqrt{3}+11\sqrt{6}}{2}.$$

510.
$$\frac{\sqrt{2a+b}+\sqrt{2a-b}}{\sqrt{2a+b}-\sqrt{2a-b}}.$$

On a :

$$\frac{\sqrt{2a+b}+\sqrt{2a-b}}{\sqrt{2a+b}-\sqrt{2a-b}}=\frac{(\sqrt{2a+b}+\sqrt{2a-b})(\sqrt{2a+b}+\sqrt{2a-b})}{(\sqrt{2a+b}-\sqrt{2a-b})(\sqrt{2a+b}+\sqrt{2a-b})}$$

$$=\frac{2a+b+2a-b+2\sqrt{2a+b}\times\sqrt{2a-b}}{2a+b-2a+b}=\frac{4a+2\sqrt{(2a+b)(2a-b)}}{2b}$$

$$=\frac{2a+\sqrt{4a^2-b^2}}{b}.$$

511.
$$\frac{m}{\sqrt{a}+\sqrt{b}-\sqrt{c}}.$$

On a :

$$\frac{m}{\sqrt{a}+\sqrt{b}-\sqrt{c}}=\frac{m(\sqrt{a}+\sqrt{b}+\sqrt{c})}{(\sqrt{a}+\sqrt{b}-\sqrt{c})(\sqrt{a}+\sqrt{b}+\sqrt{c})}=\frac{m(\sqrt{a}+\sqrt{b}+\sqrt{c})}{a+b+2\sqrt{ab}-c}$$

$$=\frac{m(\sqrt{a}+\sqrt{b}+\sqrt{c})}{a+b-c+2\sqrt{ab}}.$$

Faisant pour abréger $a+b-c=s$, il vient

$$\frac{m(\sqrt{a}+\sqrt{b}+\sqrt{c})\times(s-2\sqrt{ab})}{(s+2\sqrt{ab})(s-2\sqrt{ab})}=\frac{m(\sqrt{a}+\sqrt{b}+\sqrt{c})\times(s-2\sqrt{ab})}{s^2-4ab}.$$

Il ne s'agit plus dans cette dernière expression que de remplacer s par sa valeur, ce que le lecteur peut aisément faire.

512.
$$\frac{a+b}{1+\dfrac{1}{\sqrt{a-b}}}.$$

Le dénominateur

$$1+\frac{1}{\sqrt{a-b}}=\frac{\sqrt{a-b}+1}{\sqrt{a-b}};$$

on a donc à diviser

$$a+b \quad\text{par}\quad \frac{\sqrt{a-b}+1}{\sqrt{a-b}};$$

le quotient est

$$\frac{(a+b)(\sqrt{a-b})}{\sqrt{a-b}+1}=\frac{(a+b)(\sqrt{a-b})(\sqrt{a-b}-1)}{(\sqrt{a-b}+1)(\sqrt{a-b}-1)}=\frac{(a+b)(\sqrt{a-b})(\sqrt{a-b}-1)}{a-b-1}$$

513.
$$\frac{3 + 2a + b\sqrt{-1}}{a - b\sqrt{-1}}.$$

On a :

$$\frac{3 + 2a + b\sqrt{-1}}{a - b\sqrt{-1}} = \frac{(3 + 2a + b\sqrt{-1})(a + b\sqrt{-1})}{(a - b\sqrt{-1})(a + b\sqrt{-1})}$$

$$= \frac{3a + 2a^2 + ab\sqrt{-1} + 3b\sqrt{-1} + 2ab\sqrt{-1} - b^2}{a^2 + b^2} = \frac{3a + 2a^2 + 3ab\sqrt{-1} + 3b\sqrt{-1} - b^2}{a^2 + b^2}.$$

514.
$$\frac{3 + 2\sqrt{-18} - \sqrt{-2}}{2 + \sqrt{-8}}.$$

On a :

$$\frac{3 + 2\sqrt{-18} - \sqrt{-2}}{2 + \sqrt{-8}} = \frac{3 + 6\sqrt{-2} - \sqrt{-2}}{2 + 2\sqrt{-2}} = \frac{(5 + 5\sqrt{-2})(2 - 2\sqrt{-2})}{(2 + 2\sqrt{-2})(2 - 2\sqrt{-2})}$$

$$= \frac{6 + 10\sqrt{-2} - 6\sqrt{-2} - 10 \times -2}{4 - 4 \times -2} = \frac{26 - 4\sqrt{-2}}{12} = \frac{13 - 2\sqrt{-2}}{6}.$$

515.
$$\frac{4 - \sqrt{-7} - \sqrt{-65}}{3 - \sqrt{-5}}.$$

On a :

$$\frac{4 - \sqrt{-7} - \sqrt{-65}}{3 - \sqrt{-5}} = \frac{4 - \sqrt{-7} - 5\sqrt{-7}}{3 - \sqrt{-5}} = \frac{4 - 4\sqrt{-7}}{3 - \sqrt{-5}}$$

$$= \frac{(4 - 4\sqrt{-7})(3 + \sqrt{-5})}{(3 - \sqrt{-5})(3 + \sqrt{-5})} = \frac{12 - 12\sqrt{-7} + 4\sqrt{-5} + 4\sqrt{-35}}{9 + 5}$$

$$= \frac{6 - 6\sqrt{-7} + 2\sqrt{-5} + 2\sqrt{-35}}{7}.$$

EXERCICES SUR LES ÉQUATIONS
DU SECOND DEGRÉ A UNE INCONNUE.

Résoudre les équations suivantes :

516. 1° $5x^2 - 80 = 0$; 2° $3x^2 - 15 = -2x^2$; 3° $49 - x^2 = -7$.
On a : .
Rép. : 1° $x' = 9$, $x'' = 16$; 2° $x' = 0$, $x'' = 3$; 3° $x' = 0$, $x'' = 56$.

517. $1°\ 5x^2 - 3x = 0$; $2°\ \dfrac{8x^2}{5} = 5x$; $3°\ 3x(x-1) = 0$.

Rép. : $1°\ x' = 0,\ x'' = \dfrac{3}{5}$; $2°\ x' = 0,\ x'' = 1,875$; $3°\ x' = 0,\ x'' = 3$.

518. $1°\ \left(x + \dfrac{x}{5}\right)x - 4x = 0$; $2°\ \left(2x + \dfrac{x}{4}\right)x - 2x = 7x$.

Rép. : $1°\ x' = 0,\ x'' = 5$; $2°\ x' = 0,\ x'' = \dfrac{20}{9}$.

519. $1°\ x^2 + 4x - 12 = 0$; $2°\ x^2 - 4x + 3 = 0$; $3°\ x^2 - 10x + 21 = 0$.

Rép. : $1°\ x' = 2,\ x'' = -6$; $2°\ x' = 3,\ x'' = 1$; $3°\ x' = 3,\ x'' = 7$.

520. $1°\ x^2 - 7x + 10 = 0$; $2°\ x^2 + 3x - 28 = 0$; $3°\ x^2 + 8x + 12 = 0$.

Rép. : $1°\ x' = 2,\ x'' = 5$; $2°\ x' = 4,\ x'' = -7$; $3°\ x' = -2,\ x'' = -6$.

521. $1°\ x^2 + 5x + 6 = 0$; $2°\ x^2 - 3,5x + 1,5 = 0$; $3°\ x^2 - 1,3x + 0,3 = 0$.

Rép. : $1°\ x' = -2,\ x'' = -3$; $2°\ x' = 3,\ x'' = 0,5$; $3°\ x' = 1,\ x'' = 0,3$.

522. $1°\ x^2 - x - 6 = 0$; $2°\ x^2 = 12 - x$; $3°\ x^2 + 3x = -2$.

Rép. : $1°\ x' = 3,\ x'' = -2$; $2°\ x' = 3,\ x'' = -4$; $3°\ x' = -2,\ x'' = -1$.

523. $1°\ 3x^2 - 11x + 6 = 0$; $2°\ 6x^2 + 10 = 19x$; $3°\ 3x - 14 = 5x^2$.

Rép. : $1°\ x' = 3,\ x'' = \dfrac{2}{3}$; $2°\ x' = \dfrac{5}{2},\ x'' = \dfrac{2}{3}$; $3°\ x' = \dfrac{7}{5},\ x'' = -2$.

524. $1°\ 3x^2 = 24x - 36$; $2°\ 27 - 5x^2 + 6x = 0$; $3°\ 5x^2 - \dfrac{8x}{5} = 67$.

Rép. : $1°\ x' = 6,\ x'' = 2$; $2°\ x' = 3,\ x'' = -1,8$; $3°\ x' = 5,\ x'' = -\dfrac{67}{15}$.

525. $$\dfrac{5}{5}x^2 - \dfrac{3}{4}x + \dfrac{1}{4} = \dfrac{7x}{6} + 14.$$

Rép. : $x' = 3,504$; $x'' = -2,354$.

526. $$\dfrac{2x^2}{5} + \dfrac{4x}{5} - \dfrac{1}{6} = \dfrac{12x}{5} + x - 0,5.$$

Rép. : $x' = 5$; $x'' = \dfrac{1}{6}$.

527.
$$\frac{4x^2}{5} - \frac{3x}{2} - \frac{5}{8} = 2x^2 - \frac{9x}{2} + 0,575.$$

Rép. : $x' = 2$; $x'' = \frac{1}{2}$.

528.
$$\frac{5}{5+x} + \frac{13}{2+x} = 4,25.$$

Rép. : $x' = 2$; $x'' = -\frac{47}{17}$.

529.
$$\frac{7x+10}{x-2} = \frac{5x}{12} + \frac{35}{6}.$$

Rép. : $x' = 10$; $x'' = -5,2$.

530.
$$\frac{5x}{x+4} + \frac{8(x+3)}{x} = 16,5.$$

Rép. : $x' = 4$; $x'' = -\frac{48}{7}$.

531.
$$\frac{x-1}{x+1} + \frac{x+1}{x-1} = \frac{13}{6}.$$

Rép. : $x' = 5$; $x'' = -5$.

532.
$$3(x-4)(x-1) = 4(x-2)(x+3) - 84.$$

Rép. : $x' = 5$; $x'' = -24$.

533.
$$\frac{4}{3(x^2-1)} + \frac{5}{9} = \frac{5}{x+1} - \frac{2}{3}.$$

Rép. : $x' = \frac{25}{11}$, $x'' = 2$.

534.
$$0,4x^2 - \frac{3x}{5} - 0,8 = \frac{5x^2}{2} + \frac{7x}{4} - 13,1.$$

Rép. : $x' = 1,924$; $x'' = -3,044$.

535.
$$\frac{5}{x-2} + \frac{4(x+1)}{3(x-3)} = \frac{55}{6}.$$

Rép. : $x' = 4$; $x'' = 2,32$.

536.
$$\frac{7}{x-3} = \frac{5x-2}{3} + \frac{2x}{5} - 0,6.$$

Rép. : $x' = 4$; $x'' = -\frac{12}{31}$.

537.
$$2x^2 - 6x = -9.$$

Rép. : $x' = \frac{3(1 + \sqrt{-1})}{2}$; $x'' = \frac{3(1 - \sqrt{-1})}{2}$.

538.
$$5x - 4 = 3x^2.$$

Rép. : $x' = \frac{5 + \sqrt{23}\sqrt{-1}}{6}$; $x'' = \frac{5 - \sqrt{23}\sqrt{-1}}{6}$.

539. *Résoudre* $V = \frac{H}{3}\pi(R^2 + r^2 + Rr)$, *par rapport à* r.

Rép. : $r = -\frac{R}{2} + \sqrt{3\left(\frac{V}{\pi H} - \frac{R^2}{4}\right)}$.

540.
$$x^2 + (a - x)^2 = b.$$

Rép. : $x = \frac{a \pm \sqrt{2b - a^2}}{2}$.

541.
$$x\frac{a(b - x)}{b} = c.$$

Rép. : $x = \frac{ab \pm \sqrt{a^2b^2 - 4abc}}{2a}$.

542.
$$\frac{a(b - x)(2b + x)}{b + x} = 3x.$$

L'équation proposée devient
$$(a + 3)x^2 + b(a + 3)x - 2ab^2 = 0:$$

d'où
$$x = \frac{-b(a + 3) \pm \sqrt{b^2(a + 3)^2 + 8ab^2(a + 3)}}{2(a + 3)}.$$

543.
$$\frac{x-a}{2a} = \frac{2b}{2x+a}.$$

Si l'on chasse les dénominateurs de l'équation proposée, elle devient

d'où
$$2x^2 - ax - a^2 = 4ab :$$

$$x = \frac{a \pm \sqrt{9a^2 + 3ab}}{4}.$$

544.
$$\frac{b(x-a)}{b+x} = \frac{x}{ab}.$$

Si, dans l'équation proposée, on chasse les dénominateurs, et qu'on transpose, elle devient

$$x^2 + bx - ab^2x + a^2b^2 = 0 :$$

d'où
$$x = \frac{-b + ab^2 \pm \sqrt{(b - ab^2)^2 - 4a^2b^2}}{2}.$$

545.
$$\frac{a-b}{4(x-a)} + \frac{x+2b}{a+b} = 2.$$

Après avoir chassé les dénominateurs, simplifié et transposé, l'équation donnée devient

d'où
$$4x^2 - 12ax + 9a^2 - b^2 = 0 :$$

$$x = \frac{12a \pm \sqrt{(12a)^2 - 16(9a^2 - b^2)}}{8}.$$

Si l'on effectue les calculs indiqués sous le radical, on trouve

$$x' = \frac{3a+b}{2} \quad \text{et} \quad x'' = \frac{3a-b}{2}.$$

546.
$$\frac{ax^2}{x-2a} + \frac{b-c}{b^2-c^2} = x + \frac{3a}{b+c}.$$

Après avoir simplifié le second terme, chassé les dénominateurs et transposé, l'équation proposée devient

$$abx^2 + acx^2 - bx^2 - cx^2 + 2abx + 2acx - 3ax + x + 6a^2 - 2a = 0$$

ou
$$(ab + ac - b - c)x^2 + (2ab + 2ac - 3a + 1)x + 6a^2 - 2a = 0 :$$

d'où
$$x = \frac{-2ab - 2ac + 3a - 1 \pm \sqrt{(2ab + 2ac - 3a + 1)^2 - 4(ab + ac - b - c)(6a^2 - 2a)}}{2(ab + ac - b - c)}.$$

547. $$\frac{a+b}{x(a^2-b^2)} + \frac{1}{a-b} = \frac{2a+b}{5x}.$$

Après avoir simplifié le premier terme, chassé les dénominateurs et transposé, on a

$$5ax^2 + 5bx^2 + 5ax - 5bx - 2a^3x - a^2bx + 2abx + b^3x = 0:$$

d'où (*Cours*, n° **241**)

$$x(5ax + 5bx + 5a - 5b - 2a^3 - a^2b + 2ab + b^3) = 0.$$

On a, par suite,

$$x' = 0,$$

et

$$5ax + 5bx + 5a - 5b - 2a^3 - a^2b + 2ab + b^3 = 0:$$

d'où

$$x'' = \frac{2a^3 + a^2b + 5b - 5a - 2ab - b^3}{5a + 5b}.$$

548. $$\frac{2x(h-x)(a-b)}{h} + 2x(a+b) = h(a+b).$$

Après avoir chassé le dénominateur, simplifié et transposé, l'équation proposée devient

$$2ax^2 - 2bx^2 - 4ahx + (a+b)h^2 = 0,$$

ou

$$2(a-b)x^2 - 4ahx + (a+b)h^2 = 0:$$

d'où (*Cours*, n° **246**)}

$$x = \frac{2ah \pm \sqrt{4a^2h^2 - 2h^2(a-b)(a+b)}}{2(a-b)}$$

ou, en effectuant sous le radical,

$$x = \frac{2ah \pm \sqrt{2a^2h^2 + 2b^2h^2}}{2(a-b)},$$

ou encore

$$x = \frac{h(2a + \sqrt{2a^2 + 2b^2})}{2(a-b)}.$$

549. *Démontrer qu'une équation du second degré est indéterminée, si elle a plus de deux racines différentes.*

En effet, soit l'équation

[1] $$ax^2 + bx + c = 0.$$

Supposons qu'elle admette, par exemple, trois racines différentes : x_1 , x_2 , x_3. La substitution de ces trois racines dans l'équation générale donnera les trois égalités

[2] $$ax_1^2 + bx_1 + c = 0,$$
[3] $$ax_2^2 + bx_2 + c = 0,$$
[4] $$ax_3^2 + bx_3 + c = 0.$$

Retranchant [3] de [2] et [4] de [2], il vient

[5] $$a(x_1^2 - x_2^2) + b(x_1 - x_2) = 0,$$
[6] $$a(x_1^2 - x_3^2) + b(x_1 - x_3) = 0,$$

ou en divisant les deux membres de [5] par $x_1 - x_2$ et les membres de [6] par $x_1 - x_3$

$$a(x_1 + x_2) + b = 0,$$
$$a(x_1 + x_2) + b = 0.$$

Mais ces dernières égalités ne peuvent avoir lieu en même temps que si $a = 0$ et $b = 0$; ces valeurs portées dans [2], [3] et [4] donnent $c = 0$; et l'équation proposée est de la forme

$$0x^2 + 0x + 0 = 0.$$

Il est évident qu'elle est satisfaite pour toutes valeurs de x, et qu'elle est par conséquent indéterminée.

EXERCICES
SUR LES RELATIONS QUI EXISTENT ENTRE LES RACINES ET LES COEFFICIENTS.

Sans résoudre les équations suivantes, faire connaître les signes des racines :

550. $x^2 - 6x + 5 = 0.$ **551.** $x^2 + 5x - 10 = 0.$
552. $x^2 - 8x + 16 = 0.$ **553.** $x^2 - 8x + 20 = 0.$
554. $6x^2 - 15x + 6 = 0.$ **555.** $3x^2 - 4x - 4 = 0.$
556. $9x^2 - 12x + 4 = 0.$ **557.** $2x^2 - 5x + 7 = 0.$

Exercices de **550** à **557**. — *Exercice* **550.** Les deux racines de l'équation proposée sont de même signe, puisque leur produit 5 est positif; elles sont d'ailleurs positives puisque leur somme 6 est positive (*Cours*, n° **240**); il en est de même des exercices **552, 553, 554, 556** et **557.**

Exercice **551.** Les deux racines de l'équation donnée sont de signes contraires puisque leur produit 10 est négatif; d'ailleurs la

plus grande racine en valeur absolue est négative, car la somme
— 3 des racines est négative.

Exercice **555**. Les deux racines de l'équation proposée sont de
signes contraires, puisque leur produit $-\dfrac{4}{3}$ est négatif ; d'ailleurs la

plus grande racine est positive, car la somme $\dfrac{4}{3}$ des racines est positive.

558. *On demande l'équation du second degré qui a pour racines*
0,5 *et* — 3.

L'équation demandée est (*Cours*, **253**)
$$x^2 + 2,5x - 1,5 = 0.$$
Si l'on résout cette équation, on trouve bien
$$x' = 0,5 \text{ et } x'' = -3.$$

559. *Former l'équation du second degré dont les deux racines sont*
— 3 *et* — 7.

L'équation demandée est $x^2 + 10x + 21 = 0$.

560. *Une équation du second degré a pour racines* $2 + \sqrt{3}$ *et*
$2 - \sqrt{3}$. *On demande cette équation.*

On a (*Cours*, **253**)
$$-p = 2 + \sqrt{3} + 2 - \sqrt{3} = 4 \; ; \; q = (2 + \sqrt{3})(2 - \sqrt{3}) = 4 - 3 = 1.$$
L'équation demandée est donc
$$x^2 - 4x + 1 = 0.$$
Si l'on résout cette équation, on trouve, en effet, qu'elle a pour
racines
$$2 + \sqrt{3} \text{ et } 2 - \sqrt{3}.$$

561. *Trouver l'équation du second degré qui a pour racines*
$2 + 3\sqrt{-1}$ *et* $2 - 3\sqrt{-1}$.

On a :
$$-p = 2 + 3\sqrt{-1} + 2 - 3\sqrt{-1} = 4 \; ; \; q = (2 + 3\sqrt{-1})(2 - 3\sqrt{-1}) :$$
$$= 4 - 9 \times -1 = 13.$$
L'équation demandée est donc
$$x^2 - 4x + 13 = 0 \; ;$$
ce qu'on peut facilement vérifier.

562. *Trouver l'équation qui a pour racines les racines inverses de l'équation* $x^2 + px + q = 0$.

Les racines de l'équation

$$x^2 + px + q = 0$$

étant x' et x'', les racines de l'équation demandée sont $\dfrac{1}{x'}$ et $\dfrac{1}{x''}$; de sorte qu'on a

$$\frac{1}{x'} + \frac{1}{x''} = \frac{x'' + x'}{x'x''} = \frac{-p}{q} \quad \text{et} \quad \frac{1}{x'} \times \frac{1}{x''} = \frac{1}{x'x''} = \frac{1}{q};$$

par suite, on a pour l'équation cherchée

$$x^2 + \frac{p}{q}x + \frac{1}{q} = 0,$$

ou

$$qx^2 + px + 1 = 0.$$

Il est facile de voir que pour obtenir cette équation il suffit de changer x en $\dfrac{1}{x}$ dans l'équation

$$x^2 + px + q = 0.$$

563. *La somme de deux nombres est* 19, *leur produit* 70. *On demande l'équation du second degré qui fera connaître ces deux nombres.*

Cette équation est (*Cours*, n° **254**)

$$x^2 - 19x + 70 = 0.$$

Si l'on résout, on trouve pour racines 14 et 5 : la somme de ces deux nombres est bien 19 et leur produit 70.

564. *Poser l'équation du second degré qui fera connaître deux nombres dont la somme est* 5 *et le produit* — 84.

Cette équation est

$$x^2 - 5x - 84 = 0.$$

Si l'on résout, on trouve pour racines 12 et — 7 : la somme de ces deux nombres est bien 5 et leur produit — 84.

565. *On sait que l'équation* $x^2 + px + q = 0$ *a pour racines* x' *et* x''. *Trouver l'équation du second degré ayant pour racines* $x' + 1$ *et* $x'' + 1$.

On a :

$$x' + 1 + x'' + 1 = x' + x'' + 2 = -p + 2, \text{ et } (x' + 1)(x'' + 1) = x'x'' + x' + x'' + 1 = q - p + 1.$$

L'équation demandée est donc

$$x^2 + (p-2)x + q - p + 1 = 0.$$

Si l'on résout cette équation, on trouve que ses racines sont

$$1 - \frac{p}{2} + \sqrt{\frac{p^2}{4} - q},$$

et

$$1 - \frac{p}{2} - \sqrt{\frac{p^2}{4} - q};$$

c'est-à-dire $x' + 1$ et $x'' + 1$.

566. *Trouver en fonction des coefficients* p *et* q, *de l'équation* $x^2 + px + q = 0$, 1° *la somme des carrés de ses racines ;* 2° *la somme de leurs cubes. Application au cas où* p $= -8$ *et* q $= 15$.

Les racines de l'équation proposée sont x' et x''. On a donc à trouver : 1° la somme $x'^2 + x''^2$; 2° la somme $x'^3 + x''^3$, en fonction de p et de q. Or, on a

1° $x'^2 + x''^2 = (x' + x'')^2 - 2x'x'' = (-p)^2 - 2q = p^2 - 2q$;

2° $x'^3 + x''^3 = (x'+x'')^3 - (3x'^2x'' + 3x'x''^2) = (x'+x'')^3 - 3x'x''(x'+x'')$
$$= (-p)^3 - 3q \times -p = 3pq - p^3.$$

Application des formules.

1° $x'^2 + x''^2 = (-8)^2 - 2 \times 15 = 64 - 30 = 34.$

En effet, les racines de l'équation

$$x^2 - 8x + 15 = 0$$

sont $x' = 5$, $x'' = 3$,

et l'on a bien $x'^2 + x''^2 = 25 + 9 = 34.$

2° $x'^3 + x''^3 = 3 \times 15 \times -8 - (-8)^3 = -360 + 512 = 152$:

on a bien

$$5^3 + 3^3 = 152.$$

567. *Résoudre la même question par rapport à l'équation :* $ax^2 + bx + c = 0$. *Application au cas où* a $= 3$, b $= -7$ *et* c $= 4$.

Si, dans les formules de l'exercice précédent, on remplace p par $\dfrac{b}{a}$ et q par $\dfrac{c}{a}$, on a :

1° $x'^2 + x''^2 = \dfrac{b^2}{a^2} - \dfrac{2c}{a}.$

Substituant aux lettres leurs valeurs, il vient

$$x'^2 + x''^2 = \frac{49}{9} - \frac{8}{3} = \frac{49}{9} - \frac{24}{9} = \frac{25}{9}.$$

Or, si l'on résout l'équation

$$3x^2 - 7x + 4 = 0,$$

on trouve

$$x' = \frac{4}{3} \quad , \quad x'' = 1 :$$

d'où

$$x'^2 + x''^2 = \left(\frac{4}{3}\right)^2 + 1^2 = \frac{25}{9}.$$

$$2° \quad x'^3 + x''^3 = 3 \times \frac{b}{a} \times \frac{c}{a} - \left(\frac{b}{a}\right)^3 = \frac{3bc}{a^2} - \frac{b^3}{a^3}.$$

Substituant aux lettres leurs valeurs, on a

$$x'^3 + x''^3 = 3 \times -\frac{7}{3} \times \frac{4}{3} - (-7)^3 = -\frac{84}{9} + \frac{343}{27} = \frac{91}{27}.$$

On a bien

$$\left(\frac{4}{3}\right)^3 + 1^3 = \frac{91}{27}.$$

568. *Trouver en fonction de* p *et de* q *les différences* $x' - x''$, $x'^2 - x''^2$, $x'^3 - x''^3$. *Application au cas où* $p = -7$ *et* $q = 10$.

On a :

$$1° \quad x' - x'' = -\frac{p}{2} + \sqrt{\frac{p^2}{4} - q} + \frac{p}{2} + \sqrt{\frac{p^2}{4} - q} = 2\sqrt{\frac{p^2}{4} - q}.$$

Si l'on fait pour abréger $2\sqrt{\frac{p^2}{4} - q} = d$, il vient

$$x' - x'' = d.$$

Cette différence est bien en fonction de p et de q.

$$2° \quad x'^2 - x''^2 = (x' + x'')(x' - x'') = -p \times d = -pd.$$

3° On a :

$$(x'^2 - x''^2)(x' + x'') = x'^3 - x'x''^2 + x'^2x'' - x''^3 = x'^3 - x''^3 + x'x''(x' - x''),$$

donc

$$x'^3 - x''^3 = (x'^2 - x''^2)(x' + x'') - x'x''(x' - x'') = -pd \times -p - q \times d = p^2d - qd = d(p^2 - q).$$

Application au cas où $p = -7$ et $q = 10$.

D'après ces données, on a l'équation

$$x^2 - 7x + 10 = 0,$$

dans laquelle

$$x' = 5 \text{ et } x'' = 2.$$

On a donc

$$x' - x'' = d = 2\sqrt{\frac{49}{4} - 10} = 2\sqrt{\frac{49 - 40}{4}} = 2 \times \frac{3}{2} = 3.$$

Cette différence 3 est bien celle qui existe entre x' et x'', c'est-à-dire entre 5 et 2.

On peut appliquer aussi facilement les deux autres formules.

569. *Trouver les mêmes différences en fonction des coefficients* a, b, c *de l'équation* $ax^2 + bx + c = 0$.

Pour résoudre cette question, il suffit de remplacer, dans les formules qu'on vient de trouver, p par $\dfrac{b}{a}$ et q par $\dfrac{c}{a}$; alors on a :

1° $\quad x' - x'' = 2\sqrt{\dfrac{p^2}{4} - q} = 2\sqrt{\dfrac{b^2}{4a^2} - \dfrac{c}{a}} = \dfrac{\sqrt{b^2 - 4ac}}{a} = d.$

2° $\quad x'^2 - x''^2 = -pd = -\dfrac{bd}{a}.$

3° $\quad x'^3 - x''^3 = d(p^2 - q) = d\left(\dfrac{b^2}{a^2} - \dfrac{c}{a}\right) = d\left(\dfrac{b^2 - ac}{a^2}\right).$

570. *Trouver en fonction de* p *et de* q *les sommes* $\dfrac{1}{x'} + \dfrac{1}{x''}$, $\dfrac{1}{x'^2} + \dfrac{1}{x''^2}$, $\dfrac{1}{x'^3} + \dfrac{1}{x''^3}$. *Application au cas où* $p = 2$ *et* $q = -15$.

On a :

1° $\qquad \dfrac{1}{x'} + \dfrac{1}{x''} = \dfrac{x' + x''}{x'x''} = \dfrac{-p}{q}.$

2° $\qquad \dfrac{1}{x'^2} + \dfrac{1}{x''^2} = \dfrac{x'^2 + x''^2}{x'^2 x''^2} = \dfrac{p^2 - 2q}{q^2}$ (exercice **566**).

3° $\qquad \dfrac{1}{x'^3} + \dfrac{1}{x''^3} = \dfrac{x'^3 + x''^3}{x'^3 x''^3} = \dfrac{3pq - p^3}{q^3}$ (exercice **566**).

On applique ces formules avec la même facilité que dans les exercices qui précèdent.

571. *Établir la relation qui doit exister entre p et q pour avoir* $x' = 3x''$. *Application au cas où* $q = 3$.

On a :

$$x' = 3x'',$$

par suite

$$x' + x'' = 4x'' = -p :$$

d'où

[1] $$x'' = -\frac{p}{4}.$$

De

$$x' = 3x'',$$

on déduit aussi

$$x'x'' = 3x''^2 = q :$$

d'où

[2] $$x'' = \pm \sqrt{\frac{q}{3}}.$$

De [1] et [2], on tire

$$-\frac{p}{4} = \pm \sqrt{\frac{q}{3}},$$

ou

$$\frac{p^2}{16} = \frac{q}{3},$$

ou encore

$$3p^2 = 16q.$$

Et si l'on a, par exemple, $q = 3$, il vient

$$3p^2 = 16 \times 3 = 48 ;$$

donc

$$p = 4.$$

Par conséquent, l'équation est

$$x^2 - 4x + 3 = 0,$$

laquelle donne

$$x' = 3 \text{ et } x'' = 1, \text{ ou } x' = 3x''.$$

572. *Établir la relation qui doit exister entre p et q pour avoir* $\frac{x'}{x''} = \frac{m}{n}$. *Application au cas où* $\frac{m}{n} = \frac{2}{3}$.

L'égalité

$$\frac{x'}{x''} = \frac{m}{n}$$

donne

$$x' = \frac{mx''}{n}.$$

On a, par suite,

$$x' + x'' = \frac{mx''}{n} + x'' = x''\left(\frac{m}{n} + 1\right) = x''\left(\frac{m+n}{n}\right) = -p :$$

d'où

$$x'' = -\frac{pn}{m+n}.$$

On a de même

$$x'x'' = \frac{mx''^2}{n} = q :$$

d'où

$$x'' = \pm \sqrt{\frac{qn}{m}}.$$

Donc

$$-\frac{pn}{m+n} = \pm \sqrt{\frac{qn}{m}},$$

et

$$\frac{p^2 n^2}{(m+n)^2} = \frac{qn}{m},$$

ou

$$\frac{p^2 n}{(m+n)^2} = \frac{q}{m},$$

ou enfin

$$\frac{p^2}{q} = \frac{(m+n)^2}{mn}.$$

Si l'on a, par exemple, $\frac{m}{n} = \frac{2}{3}$, il vient

$$\frac{p^2}{q} = \frac{(m+n)^2}{mn} = \frac{25}{6} :$$

d'où $\qquad p = 5 \quad$ et $\quad q = 6.$

L'équation est donc

$$x^2 - 5x + 6 = 0,$$

et ses racines sont 2 et 3, de sorte qu'on a bien

$$\frac{x'}{x''} = \frac{2}{3}.$$

373. *Établir de même la relation qui doit exister entre les coef-ficients* a, b, c *pour avoir* $\frac{x'}{x''} = \frac{m}{n}$. *Cas particulier où* m = n.

Dans la formule de l'exercice précédent, on remplace p et q par leurs valeurs; il vient alors

$$\frac{b^2}{ac} = \frac{(m+n)^2}{mn}.$$

Si l'on fait $m = n$, on a

$$\frac{b^2}{ac} = \frac{(2m)^2}{m^2} = 4, \quad \text{ou} \quad b^2 = 4ac.$$

On sait que si $b^2 = 4ac$, on a $x' = x''$, et c'est bien là le résultat qu'on devait obtenir, puisqu'on a supposé

$$\frac{x'}{x''} = \frac{m}{m} = 1.$$

574. *Trouver la relation qui doit exister entre* p *et* q *pour avoir* $3x' - 2x'' = 7$. *On demande les racines quand* q $= 3$.

On a par hypothèse

[1] $3x' - 2x'' = 7.$

On sait d'ailleurs que

[2] $x' + x'' = -p.$

Ces deux relations permettent de trouver sans peine x' et x'' en fonction de p.

En effet, si l'on multiplie [2] par 2 et qu'on ajoute le résultat à [1], on trouve

$$x' = \frac{7 - 2p}{5}.$$

Si on multiplie ensuite [2] par 3 et qu'on retranche [1] du résultat, il vient

$$x'' = -\frac{7 + 3p}{5}.$$

On a par suite

$$x'x'' = \frac{7 - 2p}{5} \times -\frac{7 + 3p}{5} = q;$$

d'où

$$6p^2 - 7p - 49 = 25q.$$

Si l'on fait, par exemple, $q = 3$, on a

$$6p^2 - 7p - 124 = 0.$$

Résolvant cette équation, on trouve

$$p = -4 \quad \text{et} \quad p = \frac{31}{6}.$$

Pour $p = -4$, l'équation est

$$x^2 - 4x + 3 = 0.$$

Les racines de cette équation étant 3 et 1, on a bien

$$3 \times 3 - 2 \times 1 = 7;$$

c'est-à-dire

$$3x' - 2x'' = 7.$$

Pour $p = \dfrac{31}{6}$, l'équation est

$$x^2 + \frac{31}{6}x + 3 = 0,$$

ou

$$6x^2 + 31x + 18 = 0.$$

Les racines de cette équation étant $-\dfrac{2}{3}$ et $-\dfrac{9}{2}$, on a encore

$$3 \times -\frac{2}{3} - 2 \times -\frac{9}{2} = 7,$$

ou

$$-2 - (-9) = 7.$$

575. *Trouver la relation qui doit exister entre* p *et* q *pour avoir*
$x'^2 + x''^2 = k.$

Cette relation est facile à trouver, car on a

$$x'^2 + x''^2 = (x' + x'')^2 - 2x'x'' = p^2 - 2q.$$

La relation demandée est donc

$$p^2 - 2q = k.$$

576. *Quelle relation doit-il y avoir entre* p *et* q *pour que*
$x'^2 - x''^2 = k$?

On a :

$$x'^2 - x''^2 = (x' + x'')(x' - x'') = -p\left(2\sqrt{\frac{p^2}{4} - q}\right) = -2p\sqrt{\frac{p^2}{4} - q}.$$

La relation demandée est donc

$$-2p\sqrt{\frac{p^2}{4} - q} = k.$$

577. *Trouver la relation qui doit exister entre* a, b, c *pour que*
$x'^3 + x''^3 = k.$

On a (exemple **567**)

$$x'^3 + x''^3 = \frac{3bc}{a^2} - \frac{b^3}{a^3} = \frac{3abc - b^3}{a^3}.$$

La relation demandée est donc

$$\frac{3abc - b^3}{a^3} = k.$$

578. *Quelle relation doit-il exister entre* a, b, c *pour avoir*
$x'^3 - x''^3 = k$?

On a (exercice **569**) :

$$x'^3 - x'^3 = d\frac{b^2 - ac}{a^2}.$$

Si l'on remplace d par sa valeur $\sqrt{\dfrac{b^2 - 4ac}{a}}$, il vient

$$x'^3 - x''^3 = \sqrt{\frac{b^2 - 4ac}{a}} \times \frac{b^2 - ac}{a^2} = \frac{(b^2 - ac)\sqrt{b^2 - 4ac}}{a^3}.$$

La relation demandée est donc

$$\frac{(b^2 - ac)\sqrt{b^2 - 4ac}}{a^3} = k.$$

579. *Dans l'équation* $x^2 - 2,5x + q = 0$, *on a* $x' = 2$: *trouver* q.

Rép. : $q = 0,6$.

On a :

$$x' + x'' = -p = 2,5 ;$$

par suite

$$x'' = 2,3 - 2 = 0,3 ;$$

mais

$$q = x'x'' = 2 \times 0,3 = 0,6.$$

L'équation est donc

$$x^2 - 2,3x + 0,6 = 0.$$

580. $x^2 - 4x + q = 0$: *trouver* q *pour* $x' = 3x''$.

Rép. : $q = 3$.

On a :

$$x' = 3x'' :$$

d'où

$$x' + x'' = 4x'' = -p = 4 ;$$

par suite

$$x'' = 1,$$

et

$$x' = 3x'' = 3 ;$$

donc

$$q = x'x'' = 3 \times 1 = 3.$$

L'équation est

$$x^2 - 4x + 3 = 0.$$

581. $5x^2 - 3x + c = 0$: *calculer* c *pour* $x' = x''$.

$$\text{Rép. : } c = 0,45.$$

Puisqu'on suppose les deux racines égales, on a (*Cours*, n° **250**)

$$b^2 = 4ac,$$

ou

$$9 = 20 \times c :$$

d'où

$$c = 0,45.$$

L'équation est donc

$$5x^2 - 3x + 0,45 = 0.$$

582. $4x^2 - 11x + c = 0$: *trouver* c *pour* $x'^2 + x''^2 = \dfrac{73}{16}$.

$$\text{Rép. : } c = 6.$$

On a (exercice **567**)

$$x'^2 + x''^2 = \frac{b^2}{a^2} - \frac{2c}{a} \; ;$$

donc

$$\frac{b^2}{a^2} - \frac{2c}{a} = \frac{73}{16};$$

et, si l'on substitue aux lettres leurs valeurs, il vient

$$\frac{11^2}{4^2} - \frac{2c}{4} = \frac{73}{16},$$

ou

$$11^2 - 8c = 73 :$$

d'où

$$c = 6.$$

L'équation est donc

$$4x^2 - 11x + 6 = 0,$$

laquelle a pour racines 2 et $\dfrac{3}{4}$.

Il est facile de vérifier l'égalité

$$x'^2 + x''^2 = \frac{73}{16}.$$

583. $3x^2 - 7x + c = 0$: *déterminer* c *pour* $x'^2 - x''^2 = \dfrac{35}{9}$.

$$\text{Rép. : } c = 2.$$

On a :
$$x'^2 - x''^2 = (x' + x'')(x' - x'') = \frac{7}{3}(x' - x'') = \frac{35}{9} :$$
d'où

[1] $x' - x'' = \dfrac{5}{3}.$

D'ailleurs

[2] $x' + x'' = \dfrac{7}{3};$

additionnant [1] et [2], on trouve
$$x' = 2 ;$$
par suite
$$x'' = \frac{7}{3} - 2 = \frac{1}{3}.$$

D'ailleurs
$$\frac{c}{3} = x' \times x'' = 2 \times \frac{1}{3} = \frac{2}{3} :$$
d'où
$$c = 2.$$

L'équation est donc
$$3x^2 - 7x + 2 = 0.$$

Il est facile de s'assurer que ses racines vérifient l'égalité donnée.

584. $x^2 + px + 12 = 0$: *calculer* p *pour* $x' - x'' = 1$.

Rép. : $p = -7$.

On a :
[1] $x' - x'' = 1,$
[2] $x'x'' = q = 12.$

La relation [1] donne
$$x' = 1 + x''.$$

Substituant cette valeur dans [2], il vient
$$(1 + x'')x'' = 12 :$$
d'où
$$x''^2 + x'' = 12.$$

Cette équation donne
$$x'' = 3 \quad \text{et} \quad x'' = -4 ;$$
par suite on a
$$x' = 4 \quad \text{ou} \quad x' = -3.$$

On a donc
$$x' + x'' = -p = 7, \text{ ou encore } x' + x'' = -7.$$

L'équation est donc

$$x^2 - 7x + 12 = 0,$$

ou

$$x^2 + 7x + 12 = 0.$$

On peut s'assurer aisément que les racines de ces équations vérifient la relation

$$x' - x'' = 1.$$

585. $x^2 + px + 3 = 0$: *trouver p pour* $x' = 3x''$.

$$\text{Rép. :} \quad p = -4.$$

On a

$$x' = 3x'',$$

et

$$x'x'' = 3.$$

Si dans la seconde égalité on remplace x' par sa valeur, il vient

$$3x''^2 = 3 :$$

d'où

$$x'' = \pm 1,$$

par suite

$$x' = \pm 3,$$

et l'on a

$$x' + x'' = -p = 3 + 1 = 4,$$

ou encore

$$x' + x'' = -p = -3 - 1 = -4.$$

L'équation est donc

$$x^2 - 4x + 3 = 0,$$

ou

$$x^2 + 4x + 3 = 0.$$

Les racines de ces équations vérifient l'une et l'autre la relation donnée.

586. $x^2 + px + 10 = 0$: *calculer p pour* $x'^2 + x''^2 = 29$.

$$\text{Rép. :} \quad p = -7.$$

On a :

$$x'^2 + x''^2 = 29,$$

et

$$x'x'' = 10,$$

par suite

$$2x'x'' = 20.$$

Ajoutant cette dernière équation à la première, on a :

$$(x' + x'')^2 = 49 :$$

d'où

$$x' + x'' = \pm 7 = -p.$$

L'équation est donc

$$x^2 - 7x + 10 = 0,$$

ou

$$x^2 + 7x + 10 = 0.$$

Il est facile de s'assurer que les racines de ces équations véri-fient l'égalité

$$x'^2 + x''^2 = 29.$$

587. $x^2 - px + 5 = 0$: *déterminer* p *pour* $2x' - 7x'' = 3$.

On a :

[1] $$x' + x'' = -p,$$

et

[2] $$2x' - 7x'' = 3.$$

Résolvant [1] et [2], on trouve

$$x' = \frac{3 - 7p}{9},$$

et

$$x'' = -\frac{2p + 3}{9}.$$

Mais

$$x'x'' = q = 5,$$

donc on a

$$\frac{3 - 7p}{9} \times -\frac{2p + 3}{9} = 5,$$

ou

$$14p^2 + 15p - 414 = 0.$$

Résolvant, on a

$$p' = 6 \quad \text{et} \quad p'' = -\frac{69}{14}.$$

L'équation est donc

$$x^2 - 6x + 5 = 0,$$

ou

$$x^2 + \frac{69}{14}x + 5 = 0.$$

On peut sans peine s'assurer que les racines de ces équations vérifient la relation

$$2x' - 7x'' = 3.$$

588. $x^2 + ax + 2a = 0$: *calculer* a *pour* $x' = 4x''$.

$$\text{Rép. : } a = 12,5.$$

On a :
$$x' = 4x'' \quad , \quad x'x'' = 2a \quad , \quad x' + x'' = -a :$$

d'où on déduit
$$4x''^2 = 2a \quad \text{et} \quad 5x'' = -a,$$

ou
$$x''^2 = \frac{a}{2} \quad \text{et} \quad 25x''^2 = a^2 \qquad (\alpha).$$

Remplaçant dans [α] x''^2 par sa valeur $\dfrac{a}{2}$, il vient
$$\frac{25a}{2} = a^2 :$$

d'où
$$a = 12,5.$$

L'équation est donc
$$x^2 \pm 12,5x + 25 = 0.$$

La vérification est facile.

589. $4x^2 - 5ax + a^2 = 0$: *trouver* a *pour* $x' - x'' = \dfrac{5}{8}$.

$$\text{Rép. : } a = \pm \frac{1}{2}.$$

On a les trois équations :

[1] $$x' - x'' = \frac{3}{8},$$

[2] $$x' + x^4 = \frac{5a}{4},$$

[3] $$x'x'' = \frac{a^2}{4}.$$

Les équations [1] et [2] donnent
$$x' = \frac{10a + 3}{16},$$
$$x'' = \frac{10a - 3}{16};$$

par suite
$$x'x'' = \frac{10a + 3}{16} \times \frac{10a - 3}{16} = \frac{a^2}{4},$$

ou

$$\frac{100a^2 - 9}{16^2} = \frac{a^2}{4} :$$

d'où

$$a = \pm \frac{1}{2}.$$

L'équation est donc

$$4x^2 \pm \frac{5}{2}x + \frac{1}{4} = 0,$$

ou

$$16x^2 \pm 10x + 1 = 0.$$

Il est facile de vérifier.

590. $x^2 - 3ax + a^2 = 0$: *déterminer a pour* $x'^2 + x''^2 = 1,75$.

Rép. : $a = \pm 0,5$.

Résolvant l'équation

$$x^2 - 3ax + a^2 = 0,$$

on a

$$x' = \frac{3a + \sqrt{9a^2 - 4a^2}}{2} = \frac{3a + a\sqrt{5}}{2},$$

et

$$x'' = \frac{3a - \sqrt{9a^2 - 4a^2}}{2} = \frac{3a - a\sqrt{5}}{2},$$

par suite

$$x'^2 + x''^2 = \left(\frac{3a + a\sqrt{5}}{2}\right)^2 + \left(\frac{3a - a\sqrt{5}}{2}\right) = \frac{28a^2}{4} = 7a^2.$$

On a donc

$$7a^2 = 1,75 :$$

d'où

$$a = \pm 0,5.$$

L'équation proposée devient par cette substitution

$$x^2 \pm 1,5x + 0,25 = 0.$$

On peut aisément vérifier.

591. $x^2 + px + q = 0$: *trouver la relation qui doit exister entre les coefficients* p *et* q *pour avoir* $mx' + nx'' = k$.

On a :

[1] $$mx' + nx'' = k,$$

puis

[2] $$x' + x'' = -p,$$

et

[3] $$x'x'' = q.$$

Résolvant [1] et [2], on a

$$x' = \frac{k + np}{m - n} \quad \text{et} \quad x'' = \frac{-k - mp}{m - n}.$$

Substituant ces valeurs dans [3], il vient

$$\frac{(k + np)(-k - mp)}{(m - n)^2} = q.$$

592. *Trouver les conditions pour que les équations* $ax^2 + bx + c = 0$ *et* $a'x^2 + b'x + c' = 0$ *aient les mêmes racines.*

La première équation donne

$$x' + x'' = -\frac{b}{a} \quad , \quad x'x'' = \frac{c}{a};$$

la seconde donne

$$x' + x'' = -\frac{b'}{a'} \quad , \quad x'x = \frac{c'}{a'}.$$

On conclut de là qu'on doit avoir

$$\frac{b}{a} = \frac{b'}{a'} \quad \text{et} \quad \frac{c}{a} = \frac{c'}{a'} :$$

d'où

$$\frac{a}{a'} = \frac{b}{b'} = \frac{c}{c'}.$$

593. *Trouver les conditions pour que les mêmes équations aient une racine commune.*

Les deux équations

$$ax^2 + bx + c = 0 \quad \text{et} \quad a'x^2 + b'x + c' = 0$$

équivalent à

$$x^2 + \frac{b}{a}x + \frac{c}{a} = 0 \quad \text{et} \quad x^2 + \frac{b'}{a'}x + \frac{c'}{a'} = 0,$$

et si l'on suppose que x' est leur racine commune, on doit avoir

$$\frac{b}{a}x' + \frac{c}{a} = \frac{b'}{a'}x' + \frac{c'}{a'} :$$

d'où

$$x' = \left(\frac{c'}{a'} - \frac{c}{a}\right) : \left(\frac{b}{a} - \frac{b'}{a'}\right) = \frac{ac' - ca'}{ba' - ab'}.$$

Cette valeur de x devant vérifier l'une ou l'autre des équations, on doit donc avoir, par exemple,

$$a\left(\frac{ac' - ca'}{ba' - ab'}\right)^2 + b\left(\frac{ac' - ca'}{ba' - ab'}\right) + c = 0,$$

et c'est ce que l'on a en effet, comme on peut aisément s'en assurer.

594. *Résoudre l'équation :* $0,02x^2 - 6x + 9 = 0.$

Rép. : $x' = 1,5075$; $x'' = 298,4925.$

595. *Résoudre l'équation :* $3x^2 - 8x + 0,03 = 0.$

Rép. : $x' = 2,66292$; $x'' = 0,00375528.$

Pour résoudre ces équations (ex. **594** et **595**), il suffit de se reporter aux n°ˢ **258** et suivants du *Cours*.

EXERCICES
SUR LES PROPRIÉTÉS DU TRINOME DU SECOND DEGRÉ.

Décomposer, en un produit de deux facteurs du 1er degré, chacun des trinômes suivants :

596. 1° $x^2 - 5x + 6$; 2° $x^2 + 2x - 15$; 3° $x^2 + 3x + 2.$

On a (*Cours*, n° **247**)

1° $x^2 - 5x + 6 = (x - 2)(x - 3);$

2° $x^2 + 2x - 15 = (x - 3)(x + 5);$

3° $x^2 + 3x + 2 = (x + 2)(x + 1).$

597. $1°$ $x^2 - x - 2$; $2°$ $x^2 - 2x + 1$; $3°$ $x^2 - 3\sqrt{2x} + 4$.

On a :

$1°$ $\qquad x^2 - x - 2 = (x + 1)(x - 2)$;

$2°$ $\qquad x^2 - 2x + 1 = (x - 1)(x - 1)$;

$3°$ $\qquad x^2 - 3\sqrt{2x} + 4 = (x - \sqrt{2})(x - 2\sqrt{2})$.

598. $1°$ $3x^2 - 7x + 2$; $2°$ $7x^2 - 9x + 2$; $3°$ $3x^2 + 5x - 2$.

On a (*Cours*, n° **248**) :

$1°$ $\qquad 3x^2 - 7x + 2 = 3\left(x - \dfrac{1}{3}\right)(x - 2)$;

$2°$ $\qquad 7x^2 - 9x + 2 = 7\left(x - \dfrac{2}{7}\right)(x - 1)$;

$3°$ $\qquad 3x^2 + 5x - 2 = 3(x + 2)\left(x - \dfrac{1}{3}\right)$.

599. *Simplifier la fraction* $\dfrac{x^2 - 5x + 6}{x^2 - 9x + 4}$.

On a (*Cours*, n° **250**) :

$$\frac{x^2 - 5x + 6}{x^2 - 9x + 4} = \frac{(x - 2)(x - 3)}{(x - 7)(x - 3)} = \frac{x - 3}{x - 7}.$$

600. *Simplifier la fraction* $\dfrac{a^2 + 3a + 2}{3a^2 + 5a - 2}$.

On a :

$$\frac{a^2 + 3a + 2}{3a^2 + 5a - 2} = \frac{(a + 2)(a + 1)}{3(a + 2)\left(a - \dfrac{1}{3}\right)} = \frac{a + 1}{3\left(a - \dfrac{1}{3}\right)} = \frac{a + 1}{3a - 1}.$$

Remplacer chacun des trinômes suivants par la différence de deux carrés :

601. $1°$ $x^2 - 5x + 6$; $2°$ $x^2 + 2x - 15$.

On a (*Cours*, n° **261**) :

$1°$ $\qquad x^2 - 5x + 6 = \left(x - \dfrac{5}{2}\right)^2 - \left(\sqrt{\dfrac{25}{4} - 6}\right)$;

$2°$ $\qquad x^2 + 2x - 15 = (x + 1)^2 - (\sqrt{1 + 15})^2$.

602. $1^o\ x^2 + 3x + 2$; $2^o\ x^2 - x - 2$.

On a:

1° $x^2 + 3x + 2 = \left(x + \dfrac{3}{2}\right)^2 - \left(\sqrt{\dfrac{9}{4} - 2}\right)^2$;

2° $x^2 - x - 2 = \left(x - \dfrac{1}{2}\right)^2 - \left(\sqrt{\dfrac{1}{4} + 2}\right)^2$.

603. $1^o\ 3x^2 - 7x + 2$; $2^o\ 7x^2 - 9x + 2$.

On a:

1° $3x^2 - 7x + 2 = 3\left[\left(x - \dfrac{7}{6}\right)^2 - \left(\dfrac{\sqrt{49 - 24}}{6}\right)^2\right]$;

2° $7x^2 - 9x + 2 = 7\left[\left(x - \dfrac{9}{14}\right)^2 - \left(\dfrac{\sqrt{81 - 56}}{14}\right)^2\right]$.

Remplacer chacun des trinômes suivants par la somme de deux carrés :

604. $1^o\ x^2 - 5x + 8$; $2^o\ x^2 + 4x + 5$.

On a (*Cours*, n° **249**) :

1° $x^2 - 5x + 8 = \left(x - \dfrac{5}{2}\right)^2 + m^2$:

d'où

$$m^2 = x^2 - 5x + 8 - \left(x - \dfrac{5}{2}\right)^2 = 1,75 \ ;$$

donc on peut poser

$$x^2 - 5x + 8 = \left(x - \dfrac{5}{2}\right)^2 + \left(\sqrt{1,75}\right)^2.$$

2° $x^2 + 4x + 5 = (x + 2)^2 + m^2 = (x + 2)^2 + 1$.

605. $1^o\ 2x^2 - 3x + 2$; $2^o\ 3x^2 + 4x + 3$.

On a:

1° $2x^2 - 3x + 2 = x^2 - \dfrac{3}{2}x + 1 = \left(x - \dfrac{3}{4}\right)^2 + m^2 = \left(x - \dfrac{3}{4}\right)^2 + \left(\sqrt{\dfrac{7}{16}}\right)^2$.

2° $3x^2 + 4x + 3 = x^2 + \dfrac{4}{3}x + 1 = \left(x + \dfrac{2}{3}\right)^2 + m^2 = \left(x + \dfrac{2}{5}\right)^2 + \left(\sqrt{\dfrac{5}{9}}\right)^2$.

606. *Résoudre l'inégalité* $x^2 - 5x + 6 > 0$.

On a :
$$x^2 - 5x + 6 = (x - 2)(x - 3).$$

Il résulte de cette égalité que toute valeur de x inférieure à 2 et supérieure à 3 vérifie l'inégalité donnée (*Cours*, n° **271**).

607. *Résoudre l'inégalité* $x^2 - 9x + 14 < 0$.

On a :
$$x^2 - 9x + 14 = (x - 2)(x - 7).$$

Cette égalité fait connaître que toute valeur de x comprise entre 2 et 7 vérifie l'inégalité donnée (*Cours*, n° **271**).

608. *Trouver les valeurs de* x *qui satisfont à l'inégalité*
$$x^2 + 2x - 15 > 0.$$

On a :
$$x^2 + 2x - 15 = (x - 3)(x + 5).$$

Il résulte de cette égalité que toute valeur de x inférieure à -5 et supérieure à 3 vérifie l'inégalité donnée (*Cours*, n° **272**).

609. *Résoudre l'inégalité* $3x^2 + 5x - 2 < 0$.

On a :
$$3x^2 + 5x - 2 = 3(x + 2)\left(x - \frac{1}{3}\right).$$

Cette égalité indique que toute valeur de x comprise entre $-\frac{1}{3}$ et 2 vérifie l'inégalité proposée.

610. *Peut-on avoir pour une certaine valeur de* x *l'inégalité*
$$4x^2 - 5x + 3 < 0 ?$$

Si l'on pose
$$4x^2 - 5x + 3 = 0,$$

on a :
$$b^2 - 4ac = 25 - 48 < 0.$$

Les deux racines sont imaginaires (*Cours*, n° **250**). Dans ce cas, le trinôme a toujours le signe de a (*Cours*, n° **270**, 3°).

Ici a étant égal à 4, l'inégalité proposée ne peut être vérifiée par ucune valeur de x.

611. *Trouver les valeurs de* x *qui satisfont à* $2 + x - x^2 > 0$.

Si l'on pose

$$2 + x - x^2 = 0,$$

ou

$$x^2 - x - 2 = 0.$$

et qu'on résolve, on trouve

$$x' = 2 \quad \text{et} \quad x'' = -1.$$

Donc (*Cours*, n° **273**) on a

$$2 + x - x^2 = -1 (x - 2)(x + 1).$$

Il résulte de cette égalité que le trinôme n'est positif que dans le cas où x varie de -1 à $+2$.

612. *Résoudre l'inégalité* $2x^2 - 3x + 3 > 0$.

Si l'on pose

$$2x^2 - 3x + 3 = 0,$$

on a :

$$b^2 - 4ac = 9 - 24 < 0.$$

Les deux racines sont imaginaires (*Cours*, n° **250**). Dans ce cas, le trinôme a toujours le signe de *a* (*Cours*, n° **270**, 3°).

Ici *a* étant égal à 2, l'inégalité proposée sera vérifiée pour toute valeur de *x*.

613. *Si dans le trinôme* $4x^2 + 2x - 15$ *on fait* $x = -\dfrac{b}{2a}$, *quelle valeur prendra-t-il?*

Le trinôme aura pour valeur $-15,25$ (*Cours,* n° **276**, 2° cas, exemple).

614. *On sait que les racines de l'équation* $ax^2 + bx + c = 0$ *sont réelles et distinctes : trouver, sans calculer ces racines, si un nombre* α *est compris ou non entre elles. Cas où l'équation donnée est* $x^2 - 18x + 45 = 0$, *et où* α = 10.

D'après le n° **270** du *Cours*, la substitution de α à x dans $ax^2 + bx + c$ donnera un résultat ayant un signe contraire à celui de *a*, si α est compris entre les racines ; mais si le signe du résultat est le même que celui de *a*, c'est que α n'est point compris entre les racines et est, par conséquent, extérieur à ces racines. Il est d'ailleurs facile de voir si α est moindre que la plus petite ou supérieur à la plus grande ; car la demi-somme des racines étant égale à $-\dfrac{b}{2a}$, il en résulte que si α est moindre que $-\dfrac{b}{2a}$, c'est qu'il est moindre que la plus petite racine, et s'il est supérieur à $-\dfrac{b}{2a}$, c'est qu'il est supérieur à la plus grande racine.

Application. — Soit l'équation

$$x^2 - 18x + 45 = 0.$$

Si l'on désigne par x', x'' les racines de cette équation et qu'on suppose $x' < x''$, il est facile de ranger α ou 10 et les racines x', x'' par ordre de grandeurs croissantes ; car remplaçant x par 10 dans l'équation proposée, il vient

$$100 - 180 + 45.$$

Ce résultat étant négatif, le nombre 10 est compris entre les deux racines, et on a

$$x' < 10 < x''.$$

615. *Les racines de l'équation* $7x^2 - 37x + 10$ *sont réelles et distinctes : sans calculer ces racines, placer par ordre de grandeurs croissantes les quantités* x', x'', 3 *et* 8.

Soit encore $x' < x''$. Remplaçons dans l'équation proposée successivement x par 3 et par 8. La substitution de 3 donne

$$7 \times 9 - 37 \times 3 + 10.$$

Ce résultat étant négatif, le nombre 3 est compris entre les racines ; donc on a

$$x' < 3 < x''.$$

La substitution de 8 donne

$$7 \times 64 - 37 \times 8 + 10.$$

Ce résultat étant positif, le nombre 8 est extérieur aux racines. D'ailleurs la demi-somme des racines étant $\dfrac{37}{14}$, il en résulte que le nombre 8 est plus grand que cette demi-somme, il est par conséquent supérieur à la plus grande racine. On a donc

$$x' < 3 < x'' < 8.$$

616. *Suivre les variations de la fonction* $x^2 - 8x + 15$, *quand* x *croît de* $-\infty$ *à* $+\infty$, *et construire la courbe qui représente ces variations.*

Si l'on désigne par y une valeur quelconque du trinôme donné, on peut poser

$$y = x^2 - 8x + 15.$$

D'ailleurs a étant ici positif et égal à l'unité, on a (*Cours*, n° **276**, 2°).

$$y = \left(x - \frac{8}{2}\right)^2 + \frac{4 \times 15 - 8^2}{4},$$

ou

$$y = (x - 4)^2 - 1.$$

En premier lieu, on voit, d'après cette égalité, que si x croît de $-\infty$ à $+4$, y décroît de $+\infty$ à -1.

En second lieu, on voit que si x croît de $+4$ à $+\infty$, y croît de -1 à $+\infty$.

Construction de la courbe. — Nous avons posé

$$y = x^2 - 8x + 15.$$

Or, il est clair qu'à chaque valeur que nous attribuerons à x correspondra une valeur pour y.

Cela étant dit, traçons deux axes rectangulaires et faisons, par exemple, $x = 0$, il vient $y = 15$. Puisque y est positif, portons alors, dans le sens OY, 15 fois l'unité de longueur et marquons le point Q.

Si maintenant nous faisons $x = 1$, nous aurons

$$y = 1 - 8 + 15 = 8.$$

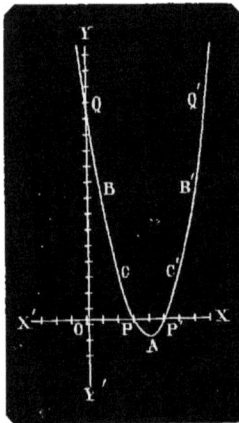

Fig. 45.

Construisons le point B ayant pour coordonnées $x = 1$ et $y = 8$.

Faisons $x = 2$, nous aurons $y = 3$.

Indiquons le point C ayant pour coordonnées $x = 2$ et $y = 3$.

Faisons $x = 3$, il viendra $y = 0$.

Marquons le point P sur OX et ayant pour coordonnées $x = 3$ et $y = 0$.

Faisons $x = 4$, nous aurons $y = -1$.

Construisons le point A ayant pour coordonnées $x = 4$ et $y = -1$.

Faisons $x = 5$, il viendra $y = 0$, ce qui donne le point P' ayant pour coordonnées $x = 5$ et $y = 0$.

Pour $x = 6$, nous trouvons $y = 3$, ce qui nous donne le point C'.

Pour $x = 7$, il vient $y = 8$, ce qui nous donne le point B', et ainsi de suite à l'infini.

Si nous voulions trouver des points à gauche de OY, il nous suffirait de donner à x des valeurs négatives; par exemple, pour $x = -1$, il vient

$$y = -1 \times -1 - 8 \times -1 + 15 = 24.$$

Pour $x = -2$, nous avons $y = 35$, et ainsi de suite à l'infini.

Joignant par un trait continu les différents points Q, B, C, P, A,

P', C', B'....... ainsi déterminés, nous obtiendrons une courbe dont les deux branches sont infinies et qui représente réellement les variation du trinôme

$$x^2 - 8x + 15.$$

On voit, en effet, d'après la direction de cette courbe :

1° Que le trinôme s'annule pour $x = 3$ et $x = 5$.

Or, 3 et 5 sont précisément les racines du trinôme

$$x^2 - 8x + 15$$

égalé à zéro.

2° Que le trinôme reste positif pour toute valeur inférieure à 3 et supérieure à 5. Or, on sait que le trinôme conserve le signe de son premier terme pour toute valeur de x extérieure aux deux racines (*Cours*, n° **270**).

3° Que le trinôme est négatif pour toute valeur comprise entre 3 et 5. Or, on sait également que le trinôme prend un signe contraire à celui de son premier terme pour toute valeur de x comprise entre les deux racines.

4° Que la plus petite valeur que puisse prendre le trinôme est

$$- 1.$$

617. *Suivre la marche de la fonction* $4x^2 - 12x + 9$, *quand* x *passe par tous les états de grandeur, et dessiner la courbe de la fonction.*

On peut poser (*Cours*, n° **276**, 2°)

$$y = 4\left[\left(x - \frac{12}{8} \right)^2 + \frac{4 \times 4 \times 9 - 12^2}{4 \times 4^2} \right],$$

ou

$$y = 4\left(x - \frac{3}{2} \right)^2.$$

On voit, en premier lieu, d'après cette égalité, que si x croît de $-\infty$ à $+\frac{3}{2}$, y décroît de $+\infty$ à zéro. On voit, en second lieu, que si x croît de $+\frac{3}{2}$ à $+\infty$, y croît de 0 à $+\infty$.

Construction de la courbe. — On pose encore

$$y = 4x^2 - 12x + 9,$$

et on opère exactement comme dans l'exercice précédent : il n'y a aucune difficulté. Seulement, on remarquera que le trinôme ne s'annule que pour $x = \dfrac{3}{2}$: d'où il suit que la courbe est tangente à l'axe des x. (Voir les *Cours d'algèbre*.)

618. *Suivre les variations du trinôme* $4x^2 - 7x + 4$, *quand* x *croît de* $-\infty$ *à* $+\infty$, *et dessiner la courbe qui représente ces variations.*

On pose

$$y = 4\left[\left(x - \frac{7}{8}\right)^2 + \frac{4 \times 4 \times 4 - 7^2}{4 \times 4^2}\right],$$

ou

$$y = 4\left[\left(x - \frac{7}{8}\right)^2 + \frac{15}{4 \times 4^2}\right].$$

On voit sans peine que si x croît de $-\infty$ à $+\dfrac{7}{8}$, y décroît de $+\infty$ à $4 \times \dfrac{15}{4 \times 4^2}$ ou à $\dfrac{15}{16}$; mais si x croît de $+\dfrac{7}{8}$ à $+\infty$, y croît de $\dfrac{15}{16}$ à $+\infty$.

Construction de la courbe.—On opère comme dans l'exercice **616**. Il n'y a point de difficulté, seulement nous ferons remarquer que le trinôme étant égal à la somme de deux carrés, ses racines sont imaginaires, lorsqu'on le fait égal à zéro. Il en résulte que la courbe ne rencontrera pas l'axe des x. (Voir les *Cours d'algèbre*.)

619. *Tracer la courbe qui représente la marche de la fonction* $15 - 7x - 2x^2$, *quand* x *croît de* $-\infty$ *à* $+\infty$.

On pose

$$y = -2\left[\left(x + \frac{7}{4}\right)^2 + \frac{-120 - 49}{4(-2)^2}\right]:$$

d'où

$$y = -2\left[\left(x + \frac{7}{4}\right)^2 - \frac{169}{16}\right].$$

Puisque dans le cas actuel a est négatif ($a = -2$), il résulte de cette égalité que si x croît de $-\infty$ à $-\dfrac{7}{4}$, y croît de $-\infty$ à $-2 \times -\dfrac{169}{16}$ ou à $\dfrac{169}{8}$ (*Cours*, n° **276**, 2°); et si x croît de $-\dfrac{7}{4}$ à $+\infty$, y décroît de $\dfrac{169}{8}$ à $-\infty$.

Construction de la courbe. — D'après ce qui précède, $\dfrac{169}{8}$ est la plus grande valeur que puisse avoir y. Si dans l'égalité

$$y = -2x^2 - 7x + 15$$

nous remplaçons y par $\dfrac{169}{8}$, nous trouverons que la valeur correspondante de x est $-\dfrac{7}{4}$. Cela étant dit, traçons deux axes rectangulaires X'X, Y'Y ; puis construisons le point ayant pour coordonnées $x = -\dfrac{7}{4}$ et $y = \dfrac{169}{8} = 21,125$. La valeur de x étant négative, la longueur $\dfrac{7}{4}$ doit être portée dans le sens OX' ; l'ordonnée correspondante 21,125 étant positive doit être tracée dans le sens OY. Soit A le point dont les coordonnées sont $-\dfrac{7}{4}$ et 21,125.

Pour avoir un second point, faisons $x = 0$, nous aurons $y = 15$. Soit B le point dont les coordonnées sont 0 et 15. Pour obtenir un troisième point, faisons $x = 1$, nous aurons $y = 6$. Soit C le point dont les coordonnées sont 1 et 6. $x = 2$ donne $y = -7$, de sorte que D est le point dont les coordonnées sont 2 et -7. On trace la branche ABCD. L'autre branche de la courbe est symétrique de ABCD ; il est donc facile de trouver les points

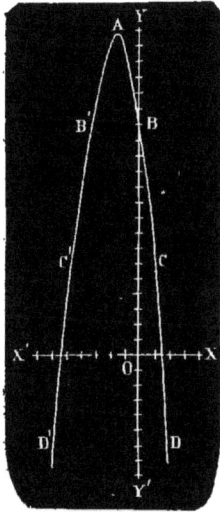

Fig. 46.

B', C', D'. On peut d'ailleurs trouver directement ces points en faisant $x = -1$, $x = -2$, etc. ; il en résultera autant de valeurs pour y qui permettront de tracer la courbe. (Voir *Cours d'algèbre.*)

Ajoutons que le trinôme

$$-2x^2 - 7x + 15$$

égalé à zéro a pour racines

$$x' = 15 \quad \text{et} \quad x'' = -5.$$

Alors les seules valeurs qui le rendent positif sont comprises entre 1,5 et -5 (*Cours,* n° **273**).

La courbe du trinôme donne bien cette indication ; car à toute valeur de x supérieure à 1,5 et inférieure à -5 correspond pour y une valeur négative.

EXERCICES
SUR LES ÉQUATIONS RÉDUCTIBLES AU SECOND DEGRÉ.

Résoudre les équations suivantes :

620.
$$x^4 - 2x^2 = 63.$$

Au lieu de l'équation proposée, on peut poser
$$x^4 - 2x^2 - 63 = 0.$$

Si l'on fait usage des formules trouvées, n° **283** du *Cours*, il vient

$$x' = \sqrt{\frac{2 + \sqrt{256}}{2}} = 3 \quad ; \quad x''' = -x' = -3,$$

$$x'' = \sqrt{\frac{2 - \sqrt{256}}{2}} = \sqrt{-7} \quad ; \quad x^{\text{IV}} = -x'' = -\sqrt{-7}.$$

621.
$$8x^4 + 20x^2 = 5,5.$$

Si l'on fait passer tous les termes dans le premier nombre, l'équation proposée devient
$$8x^4 + 20x^2 - 5,5 = 0 :$$
d'où

$$x' = \sqrt{\frac{-20 + \sqrt{400 + 176}}{16}} = \frac{1}{2} \quad ; \quad x''' = -x' = -\frac{1}{2},$$

$$x'' = \sqrt{\frac{-20 - \sqrt{576}}{16}} = \sqrt{\frac{-20 - 24}{16}} = \frac{1}{2}\sqrt{-11} \quad ; \quad x^{\text{IV}} = -\frac{1}{2}\sqrt{-11}$$

622.
$$x^4 + 13x^2 + 36 = 0.$$

On a :

$$x' = \sqrt{\frac{-13 + \sqrt{169 - 4 \times 36}}{2}} = \sqrt{-4} = 2\sqrt{-1} \quad ; \quad x''' = -2\sqrt{-1},$$

$$x'' = \sqrt{\frac{-13 - 5}{2}} = 5\sqrt{-1} \quad ; \quad x^{\text{IV}} = -3\sqrt{-1}.$$

623. $$4x^4 - 7x^2 = 261.$$

On tire de l'équation proposée

$$4x^4 - 7x^2 - 261 = 0 :$$

d'où

$$x' = \sqrt{\frac{7 + \sqrt{49 + 16 \times 261}}{8}} = \sqrt{9} = 3 \quad ; \quad x''' = -3,$$

$$x'' = \sqrt{\frac{7 - 65}{8}} = \sqrt{\frac{-29}{4}} = \frac{1}{2}\sqrt{-29} \quad ; \quad x^{IV} = -\frac{1}{2}\sqrt{-29}.$$

Sans résoudre les équations suivantes, déterminer la nature des racines de ces équations :

624. $$3x^4 - 7x^2 + 2 = 0.$$

Les valeurs qui, attribuées à x^2, satisfont à l'équation

$$3x^4 - 7x^2 + 2 = 0$$

sont réelles, car $b^2 - 4ac$ est positif; elles sont de même signe, car $\frac{c}{a}$ est positif (*Cours*, n° **285**), et elles sont réelles, car $-\frac{b}{a}$ est positif. Donc les quatre valeurs qui, attribuées à x, vérifient l'équation, sont réelles.

625. $$6x^4 - 6x^2 + 7 = 0.$$

Les valeurs qui attribuées à x^2 satisfont à l'équation

$$6x^4 - 6x^2 + 7 = 0$$

sont imaginaires; car $b^2 - 4ac$ est négatif. Donc les quatre valeurs qui, attribuées à x, vérifient l'équation, sont imaginaires.

626. $$5x^4 + 3x^2 + 1 = 0.$$

Les quatre valeurs qui, attribuées à x, vérifient l'équation

$$5x^4 + 3x^2 + 1 = 0$$

sont imaginaires (exerci__ ; écédent).

627. $8x^4 - 6x^2 + 9 = 0.$

Les quatre valeurs qui, attribuées à x, vérifient l'équation
$$8x^4 - 6x^2 + 9 = 0$$
sont imaginaires (exercice **625**).

628. $3x^4 - 5x^2 - 3 = 0.$

Les valeurs qui, attribuées à x^2, vérifient l'équation
$$3x^4 - 5x^2 - 3 = 0$$
sont réelles et de signes contraires; car $\dfrac{c}{a}$ est négatif. Donc, des quatre valeurs qui, attribuées à x, vérifient l'équation, deux sont réelles et deux sont imaginaires.

629. $6x^4 - 7x^2 - 3 = 0.$

Des quatre valeurs qui, attribuées à x, vérifient l'équation
$$6x^4 - 7x^2 - 3 = 0$$
deux sont réelles et deux sont imaginaires (exercice précédent).

630. *Démontrer que le trinôme* $x^4 + px^2 + q$ *peut toujours se mettre sous forme d'un produit de deux facteurs du second degré.*

La décomposition est facile, lorsque les racines de l'équation
$$x^4 + px^2 + q = 0$$
sont réelles. Si l'on prend x^2 comme inconnue, on a, en effet, en désignant les racines par x' et x'',
$$x^4 + px^2 + q = (x^2 - x')(x^2 - x'').$$
Si les racines sont imaginaires, on a

[1] $\dfrac{p^2}{4} - q < 0.$

Considérant d'ailleurs x^4 et q comme les termes extrêmes d'un carré, on peut poser

[2] $x^4 + px^2 + q = (x^2 + \sqrt{q})^2 + x^2(p - 2\sqrt{q}).$

Mais l'égalité [1] donne
$$p^2 < 4q,$$
ou
$$p - 2\sqrt{q} < 0.$$

La quantité $p - 2\sqrt{q}$ étant négative, il en résulte que $2\sqrt{q} - p$ est positif. L'égalité peut donc s'écrire

$$x^4 + px^2 + q = (x^2 + \sqrt{q})^2 - x^2(2\sqrt{q} - p),$$

ou encore

$$x^4 + px^2 + q = (x^2 + \sqrt{q})^2 - x^2(\sqrt{2\sqrt{q} - p})^2,$$

ou enfin

$$x^4 + px^2 + q = (x^2 + \sqrt{q} + x\sqrt{2\sqrt{q} - p})(x^2 + \sqrt{q} - x\sqrt{2\sqrt{q} - p}).$$

C. q. f. d.

Décomposer en produits de facteurs réels du second degré les trinômes suivants :

631. $\qquad x^4 - 25x^2 + 144.$

Si l'on égale le trinôme proposé à zéro, on obtient une équation dont les racines sont réelles ; alors on a :

$$x^4 - 25x^2 + 144 = (x^2 - x')(x^2 - x'') = (x^2 - 16)(x^2 - 9).$$

632. $\qquad x^4 - 2x^2 + 25.$

Si l'on égale le trinôme proposé à zéro, on obtient une équation dont les racines sont imaginaires ; alors on a, en appliquant la formule trouvée plus haut (exercice **630**),

$$x^4 - 2x^2 + 25 = (x^2 + 5 + x\sqrt{2\sqrt{25} + 2})(x^2 + 5 - x\sqrt{2\sqrt{25} + 2})$$

ou $\qquad x^4 - 2x^2 + 25 = (x^2 + 5 + 2x\sqrt{3})(x^2 + 5 - 2x\sqrt{3}).$

Transformer les expressions suivantes en d'autres équivalentes et ne contenant pas deux radicaux superposés :

633. $\qquad \sqrt{7 + \sqrt{13}}.$

La formule (1) du numéro **292** du *Cours* donne :

$$\sqrt{7 + \sqrt{13}} = \sqrt{\frac{7 + \sqrt{49 - 13}}{2}} + \sqrt{\frac{7 - \sqrt{49 - 13}}{2}} = \sqrt{\frac{13}{2}} + \sqrt{\frac{1}{2}}$$

$$= \frac{\sqrt{13}}{\sqrt{2}} + \frac{1}{\sqrt{2}} = \frac{\sqrt{13} + 1}{\sqrt{2}} = \frac{\sqrt{13}\sqrt{2} + \sqrt{2}}{2} = \frac{\sqrt{26} + \sqrt{2}}{2}.$$

634. $\sqrt{6+\sqrt{11}}.$

La même formule donne :

$$\sqrt{6+\sqrt{11}}=\sqrt{\frac{6+\sqrt{36-11}}{2}}+\sqrt{\frac{6-\sqrt{36-11}}{2}}=\sqrt{\frac{11}{2}}+\sqrt{\frac{1}{2}}$$

$$=\frac{\sqrt{11}+1}{\sqrt{2}}=\frac{\sqrt{22}+\sqrt{2}}{2}.$$

635. $\sqrt{11-\sqrt{21}}.$

La formule [2] du n° **292** du *Cours* donne :

$$\sqrt{11-\sqrt{21}}=\sqrt{\frac{11+\sqrt{121-21}}{2}}-\sqrt{\frac{11-\sqrt{121-21}}{2}}=\sqrt{\frac{21}{2}}-\sqrt{\frac{1}{2}}$$

$$=\frac{\sqrt{44}-\sqrt{2}}{2}.$$

636. $\sqrt{12-\sqrt{23}}.$

La même formule donne :

$$\sqrt{12-\sqrt{23}}=\sqrt{\frac{12+\sqrt{144-23}}{2}}-\sqrt{\frac{12-\sqrt{144-23}}{2}}=\sqrt{\frac{23}{2}}-\sqrt{\frac{1}{2}}$$

$$=\frac{\sqrt{46}-\sqrt{2}}{2}.$$

637. *Vérifier l'égalité* $\frac{1}{2}\sqrt{a^2+2b^2}+\frac{1}{2}\sqrt{a^2-2b^2}=\sqrt{\frac{a^2+\sqrt{a^4-4b^4}}{2}}.$

En effet,

$$\sqrt{\frac{a^2+\sqrt{a^4-4b^4}}{2}}=\sqrt{\frac{a^2}{2}+\sqrt{\frac{a^4-4b^4}{4}}};$$

de sorte que si l'on fait usage de la formule établie au n° **292**, on a

$$A=\frac{a^2}{2}\ ,\quad B=\frac{a^4-4b^4}{4}\ ,\quad A^2-B=\frac{a^4}{4}-\frac{a^4-4b^4}{4}=\frac{4b^4}{4}.$$

La différence $A^2 - B$ étant égale à un carré, $\dfrac{4b^4}{4}$, on a

$$\sqrt{A^2 - B} = \frac{2b^2}{2} \, ;$$

on peut donc écrire

$$\sqrt{\frac{a^2}{2} + \sqrt{\frac{a^4 - 4b^4}{4}}} = \sqrt{\frac{\dfrac{a^2}{2} + \dfrac{2b^2}{2}}{2}} + \sqrt{\frac{\dfrac{a^2}{2} - \dfrac{2b^2}{2}}{2}}$$

$$= \sqrt{\frac{a^2 + 2b^2}{4}} + \sqrt{\frac{a^2 - 2b^2}{4}} = \frac{1}{2}\sqrt{a^2 + 2b^2} + \frac{1}{2}\sqrt{a^2 - 2b^2}.$$

638. *Dans quel cas peut-on transformer l'expression*

$$\sqrt{-\frac{p}{2} \pm \sqrt{\frac{p^2}{4} - q}}$$

en une autre équivalente et ne contenant pas deux radicaux super-posés ?

Dans la formule connue (*Cours*, n° **292**), on a

$$A = -\frac{p}{2} \, , \quad B = \frac{p^2}{4} - q \, ; \quad A^2 - B = \frac{p^2}{4} - \frac{p^2}{4} + q = q.$$

Il vient, par conséquent,

$$\sqrt{-\frac{p}{2} \pm \sqrt{\frac{p^2}{4} - q}} = \sqrt{-\frac{p}{4} + \frac{1}{2}\sqrt{q}} \pm \sqrt{-\frac{p}{4} - \frac{1}{2}\sqrt{q}}.$$

La transformation demandée aura donc lieu toutes les fois que q sera un carré parfait.

Résoudre les équations suivantes :

639. $\qquad 3x^3 - 4{,}5x^2 - 4{,}5x + 3 = 0.$

$\qquad$ Rép. : $x' = -1$, $x'' = 2$; $x''' = \dfrac{1}{2} \cdot$

L'équation proposée est divisible par $x + 1$, puisque les coefficients équidistants des extrêmes sont égaux et de même signe (*Cours*, n° **294**).

Si l'on effectue la division, on a

$$(x+1)(3x^2 - 7,5x + 3) = 0 :$$

d'où

$$x + 1 = 0, \quad \text{ou} \quad x = -1,$$

et

$$3x^2 - 7,5x + 3 = 0.$$

Cette équation du second degré a pour racines 2 et $\frac{1}{2}$. On a donc pour les 3 racines de l'équation proposée

$$x' = -1, \, x'' = 2, \, x''' = \frac{1}{2}.$$

640. $$x^4 + x^3 - x - 1 = 0.$$

Rép. : $x' = 1$, $x'' = -1$, $x''' = \dfrac{-1 + \sqrt{-3}}{2}$, $x^{IV} = \dfrac{1 - \sqrt{-3}}{2}$.

L'équation (*Cours*, **295**, 2°)

$$x^4 + x^3 - x - 1 = 0$$

peut s'écrire

$$(x^2 - 1)(x^2 + x + 1) = 0 :$$

d'où

$$x^2 - 1 = 0, \quad \text{ou} \quad x = \pm 1,$$

et

$$x^2 + x + 1 = 0,$$

équation dont les racines sont

$$\frac{-1 + \sqrt{-3}}{2} \quad \text{et} \quad \frac{1 - \sqrt{-3}}{2}.$$

Deux des racines de l'équation proposée sont donc réelles, et les deux autres imaginaires.

641. $$4x^4 + 3x^3 - 24,5x^2 + 3x + 4 = 0.$$

Rép. : $x' = 2$, $x'' = \dfrac{1}{2}$, $x''' = -0,345$, $x^{IV} = -2,905$.

Si dans la formule trouvée au n° **275** du cours on remplace les lettres par leurs valeurs, il vient :

$$y = \frac{-3 \pm \sqrt{3^2 - 4 \times 4 \, (-24,5 - 2 \times 4)}}{2 \times 4} = \begin{cases} 2,5 \\ -3,25 \end{cases}$$

Ces valeurs de y donnent :

$$x = \frac{2,5 \pm \sqrt{(2,5)^2 - 4}}{2} = \frac{2,5 \pm 1,5}{2} = \begin{cases} 2 \\ 1 \\ \frac{1}{2} \end{cases}$$

$$x = \frac{-3,25 \pm \sqrt{(-3,25)^2 - 4}}{2} = \frac{-3,25 \pm 2,56}{2} = \begin{cases} -0,345 \\ -2,905 \end{cases}.$$

642. $\qquad x^4 - 2x^3 + 2x - 1 = 0.$

Rép. : $x' = 1$, $x'' = -1$, $x''' = 1$, $x^{IV} = 1$.

L'équation
$$x^4 - 2x^3 + 2x - 1 = 0$$
peut s'écrire (n° **295** du *Cours*)
$$(x^2 - 2x + 1)(x^2 - 1) = 0 :$$
d'où
$$x^2 - 1 = 0, \quad \text{ou} \quad x = \pm 1,$$
et
$$x^2 - 2x + 1 = 0.$$

Les racines de cette équation étant l'une et l'autre égales à l'unité, on a
$$x' = 1 , \quad x'' = -1 , \quad x''' = 1 , \quad x^{IV} = 1.$$

643. $\qquad x^5 + x^4 + x^3 - x^2 - x - 1 = 0.$

Rép. : $x = 1$. Les 4 autres valeurs de x sont imaginaires.

L'équation
$$x^5 + x^4 + x^3 - x^2 - x - 1 = 0$$
peut s'écrire (*Cours*, n° **296**)
$$(x - 1)(x^4 + 2x^3 + 3x^2 + 2x + 1) = 0 :$$
d'où
$$x - 1 = 0, \quad \text{ou} \quad x = 1,$$
et
$$x^4 + 2x^3 + 3x^2 + 2x + 1 = 0.$$

Cette équation donne (*Cours*, n° **296**)
$$y = \frac{-2 \pm \sqrt{4 - 4(3 - 2)}}{2} = -1.$$

Cette valeur unique de y donne 4 valeurs imaginaires pour x égales deux à deux ; car on a cette équation unique
$$x = \frac{-1 \pm \sqrt{1 - 4}}{2} = \frac{-1 \pm \sqrt{-3}}{2}.$$

644. $x^8 - 1 = 0.$

On a
$$x^8 - 1 = (x^4 - 1)(x^4 + 1) :$$
d'où $x^4 - 1 = 0,$
et $x^4 + 1 = 0.$

Nous avons déterminé dans notre *Cours d'algèbre* les racines de ces deux équations. (Voir n° **300**.)

645. $x^8 + 1 = 0.$

L'équation
$$x^8 + 1 = 0$$
peut s'écrire
$$x^8 + 2x^4 + 1 - 2x^4 = 0,$$
ou $(x^4 + 1)^2 - 2x^4 = 0,$
ou encore $(x^4 + 1 + x^2\sqrt{2})(x^4 + 1 - x^2\sqrt{2}) = 0 :$
d'où ces deux équations :
$$x^4 + 1 + x^2\sqrt{2} = 0$$
et $x^4 + 1 - x^2\sqrt{2} = 0.$

Ce sont des équations bicarrées que l'on sait résoudre. On a pour la première
$$x = \pm\sqrt{\frac{-\sqrt{2} \pm \sqrt{2-4}}{2}} = \sqrt{\frac{-\sqrt{2} \pm \sqrt{-2}}{2}},$$
et pour la seconde :
$$x = \pm\sqrt{\frac{\sqrt{2} \pm \sqrt{-2}}{2}}.$$

Les 8 racines de l'équation proposée sont donc imaginaires.

646. $x^{10} - 1 = 0.$

L'équation
$$x^{10} - 1 = 0$$
peut s'écrire
$$(x^5 - 1)(x^5 + 1) = 0 :$$
d'où $x^5 - 1 = 0$
et $x^5 + 1 = 0.$

Nous avons déjà déterminé les racines de ces deux équations (*Cours*, n° **301**).

647.
$$x^{10} + 1 = 0.$$

Il est facile de voir que $\sqrt{-1}$ est une racine de l'équation
$$x^{10} + 1 = 0;$$
car (*Cours*, n° **232**) on a
$$(\sqrt{-1})^{10} + 1 = 0.$$

Par conséquent, pour obtenir les racines de l'équation proposée, il suffit de multiplier par $\sqrt{-1}$ les racines de l'équation $x^{10} - 1 = 0$. (Voir *Cours d'algèbre*, n° **297**.)

648.
$$x^{12} - 1 = 0.$$

L'équation
$$x^{12} - 1 = 0$$
peut s'écrire
$$(x^6 - 1)(x^6 + 1) = 0:$$
d'où
$$x^6 - 1 = 0$$
et
$$x^6 + 1 = 0.$$

Les racines de ces deux équations ont été déterminées dans notre *Cours d'algèbre*. (Voir n° **302**.)

649.
$$x^4 - 4x^3 + 4x - 1 = 0.$$

Rép. : $x' = 1$, $x'' = -1$, $x''' = 2(1 + \sqrt{3})$, $x^{\text{IV}} = 2(1 - \sqrt{3})$.

Il est facile de voir que l'équation
$$x^4 - 4x^3 + 4x - 1 = 0$$
peut s'écrire
$$x^4 - 1 - 4x(x^2 - 1) = 0,$$
ou
$$(x^2 - 1)(x^2 + 1) - 4x(x^2 - 1) = 0,$$
ou encore, en mettant $x^2 - 1$ en facteur commun,
$$(x^2 - 1)(x^2 + 1 - 4x) = 0:$$
d'où
$$x^2 - 1 = 0, \quad \text{ou} \quad x^2 = \pm 1$$
et
$$x^2 + 1 - 4x = 0.$$

Les racines de cette équation sont $2(1 + \sqrt{3})$ et $2(1 - \sqrt{3})$.

650. $$4x^3 + x + 4 = -1.$$

Rép. : $x' = -1$ et deux racines imaginaires.

Au lieu de l'équation proposée, on peut écrire

$$4x^3 + x + 4 + 1 = 0,$$

ou

$$4(x^3 + 1) + x + 1 = 0.$$

Mais $x^3 + 1$ est divisible par $x + 1$, le quotient est $x^2 - x + 1$; de sorte que l'équation précédente peut être remplacée par

$$4(x^2 - x + 1)(x + 1) + x + 1 = 0.$$

Mettant $x + 1$ en facteur commun, il vient

$$(x + 1)(4x^2 - 4x + 5) = 0 :$$

d'où

$$x + 1 = 0, \quad \text{ou} \quad x = -1,$$

et

$$4x^2 - 4x + 5 = 0.$$

Les racines de cette équation étant

$$\frac{1 + 2\sqrt{-1}}{2} \quad \text{et} \quad \frac{1 - 2\sqrt{-1}}{2},$$

sont l'une et l'autre imaginaires. L'équation proposée est donc vérifiée par la seule valeur réelle -1.

651. *Trouver le nombre entier qui vérifie l'équation*

$$x^3 - 10x + 3 = 0.$$

Ce nombre devant diviser 3 ne peut être que 3 ou 1 : c'est le nombre 3.

Trouver les valeurs entières de x *qui vérifient les équations suivantes :*

652. $$2^x + 4^x = 72.$$

Rép. : 3.

Au lieu de l'équation

$$2^x + 4^x = 72,$$

on peut poser

$$2^x + 2^x \times 2^x = 72$$

ou encore

$$2^x + (2^x)^2 = 72.$$

Si l'on fait $2^x = y$, et qu'on porte cette valeur dans l'équation précédente, il vient

$$y + y^2 = 72 :$$

d'où

$$y = \frac{-1 \pm \sqrt{289}}{2} = \begin{cases} 8 \\ -9 \end{cases}.$$

Ainsi on a

$$y' = 2^x = 8 :$$

d'où

$$x = 3$$

et

$$y'' = -9.$$

Cette dernière équation ne peut être vérifiée par aucune valeur entière de x. Cependant les deux valeurs de y vérifient l'équation proposée, car on a

$$8 + 8^2 = 72,$$

et

$$-9 + (-9)^2 = 72.$$

653. $$9^{x+1} - 3^{x+3} = 486.$$

Rép. : 2.

Au lieu de l'équation

$$9^{x+1} - 3^{x+3} = 486,$$

on peut écrire

$$9 \times 9^x - 3^3 \times 3^x = 486,$$

ou

$$9 \times (3^x)^2 - 3^3 \times 3^x = 486.$$

Si l'on fait $3^x = y$, et que l'on substitue cette valeur dans la dernière équation, il vient

$$9y^2 - 27y = 486,$$

ou

$$y^2 - 3y = 54 :$$

d'où

$$y = \frac{3 \pm 15}{2},$$

$$y' = 9 = 3^x \quad : \quad \text{d'où} \quad x = 2.$$

Comme vérification, on a bien

$$9^3 - 3^5 = 486.$$

Résoudre les équations suivantes :

654. $5x^6 - 42x^3 + 16 = 0.$

Si l'on pose

$$x^3 = y, \quad \text{on a} \quad x^6 = y^2$$

et par suite l'équation proposée devient

$$5y^2 - 42y + 16 = 0 :$$

d'où

$$y' = 8 \quad ; \quad y'' = 0,4;$$

on a par suite

$$x^3 = 8 \quad \text{et} \quad x^3 = 0,4$$

ou

$$x^3 - 8 = 0 \quad \text{et} \quad x^3 - 0,4 = 0.$$

La première de ces équations admet la racine arithmétique 2 et la seconde la racine $\sqrt[3]{0,4}$.

Les 6 racines de l'équation proposée sont donc (voir *Cours d'algèbre*, n° **303**)

$$2, -1 + \sqrt{3}\sqrt{-1}, -1 - \sqrt{3}\sqrt{-1}, \sqrt[3]{0,4}, \sqrt[3]{0,4} \times \frac{-1 + \sqrt{3}\sqrt{-1}}{2},$$

$$\sqrt[3]{0,4} \times \frac{-1 - \sqrt{3}\sqrt{-1}}{2}.$$

655. $x - 5 = \sqrt{x + 1}.$

Rép. : 8.

Si l'on élève au carré chaque membre de l'équation proposée, elle devient

$$x^2 - 10x + 25 = x + 1,$$

ou

$$x^2 - 11x + 24 = 0 :$$

d'où

$$x' = 8 \quad \text{et} \quad x'' = 3.$$

On sait (n° **126** du *Cours*) qu'il est nécessaire de vérifier ces racines. La valeur de x' est seule admissible ; la valeur de x'' n'est admissible qu'autant qu'on donne à $\sqrt{x + 1}$ le signe —.

656. $8 - \sqrt{2x - 4} = x + 2.$

Rép. : 4.

L'équation

[1] $$8 - \sqrt{2x - 4} = x + 2$$

devient

$$-\sqrt{2x - 4} = x - 6$$

ou en élevant chaque membre au carré

[2] $$2x - 4 = x^2 - 12x + 36.$$

Cette équation donne

$$x' = 10 \quad , \quad x'' = 4.$$

La valeur de x'' vérifie seule l'équation proposée; mais l'équation [2] est vérifiée par x' et par x''.

657. $$\sqrt{3x + 1} - 2x = -6.$$

Rép. : 5.

L'équation

[1] $$\sqrt{3x + 1} - 2x = -6$$

peut être remplacée par

$$\sqrt{3x + 1} = 2x - 6.$$

Si l'on élève chaque membre au carré, il vient

[2] $$3x + 1 = 4x^2 - 24x + 36.$$

On a pour les racines de cette équation

$$x' = 5 \quad , \quad x'' = \frac{7}{4}.$$

La valeur de x' vérifie les équations [1] et [2]; mais x'' est une solution étrangère à l'équation [1], car elle ne vérifie que l'équation [2].

658. $$\sqrt{x - 2} + \sqrt{x} = 2.$$

Rép. : $\frac{9}{4}$.

Si on élève au carré les deux membres de l'équation

$$\sqrt{x - 2} + \sqrt{x} = 2,$$

il vient

$$x - 2 + x + 2\sqrt{x(x - 2)} = 4,$$

ou

$$\sqrt{x(x - 2)} = 3 - x.$$

Élevant de nouveau chaque membre au carré, on a

$$x(x-2)=9+x^2-6x :$$

d'où la seule solution

$$x=\frac{9}{4}.$$

Il est facile de s'assurer que cette valeur de x vérifie l'équation proposée.

659. $3\sqrt{2x-1}=2\sqrt{3(2x-1)}.$

Rép. : $\frac{1}{2}.$

Si l'on élève au carré chaque membre de l'équation proposée, on a

$$9(2x-1)=4\times 3(2x-1) :$$

d'où

$$x=\frac{1}{2}.$$

On peut aisément vérifier.

660. $\sqrt{x^4-2x^2}-2\sqrt{2}=0.$

Rép. : 2   et   — 2.

L'équation

$$\sqrt{x^4-2x^2}-2\sqrt{2}=0$$

peut être remplacée par l'équation

$$\sqrt{x^4-2x^2}=2\sqrt{2} ;$$

élevant alors chaque membre au carré, il vient

$$x^4-2x^2=8,$$

ou

$$x^4-2x^2-8=0.$$

Des quatre racines de cette dernière équation, il n'y a que les racines 2 et — 2 qui vérifient l'équation proposée.

661. $\dfrac{4}{\sqrt{2+x}}=\sqrt{2+x}+\sqrt{x}.$

Rép. : $x=\frac{2}{3}.$

Si l'on chasse le dénominateur, l'équation proposée devient

$$4 = 2 + x + \sqrt{x} \times \sqrt{2 + x},$$

ou

$$2 - x = \sqrt{2x + x^2}.$$

Élevant chaque membre au carré, il vient

$$4 + x^2 - 4x = 2x + x^2 :$$

d'où

$$x = \frac{2}{3}.$$

662.
$$x - 1 = \sqrt{1 - \sqrt{x^4 - x^2}}.$$

$$\text{Rép. : } x = \frac{5}{4}.$$

Si l'on élève au carré les deux membres de l'équation proposée, on a

$$x^2 - 2x + 1 = 1 - \sqrt{x^4 - x^2} :$$

d'où

$$x^2 - 2x = - \sqrt{x^4 - x^2}.$$

Si l'on élève encore chaque membre au carré, on a

$$x^4 + 4x^2 - 4x^3 = x^4 - x^2.$$

Divisant les deux membres par x^2, il vient

$$x^2 + 4 - 4x = x^2 - 1 :$$

d'où

$$x = \frac{5}{4}.$$

663.
$$\frac{10a^2}{\sqrt{a^2 + x^2}} - 4x = 4\sqrt{a^2 + x^2}.$$

$$\text{Rép. : } \frac{3a}{4}.$$

Si dans l'équation proposée on chasse le dénominateur, il vient

$$10a^2 - 4x\sqrt{a^2 + x^2} = 4(a^2 + x^2),$$

ou

$$3a^2 - 2x\sqrt{a^2 + x^2} = 2x^2,$$

ou encore

$$-2x\sqrt{a^2 + x^2} = 2x^2 - 3a^2.$$

Élevant chaque membre au carré, on a

$$4x^2(a^2+x^2)=4x^4+9a^4-12a^2x^2$$

ou

$$4a^2x^2+4x^4=4x^4+9a^4-12a^2x^2,$$

ou encore

$$16a^2x^2=9a^4 :$$

d'où enfin

$$x=\pm\frac{3a}{4}.$$

La valeur positive vérifie seule l'équation proposée.

664. $$\frac{\sqrt{a+x}+\sqrt{a-x}}{\sqrt{a+x}-\sqrt{a-x}}=\sqrt{b}.$$

Rép. : $$x=\frac{2a\sqrt{b}}{1+b}.$$

L'équation

$$\frac{\sqrt{a+x}+\sqrt{a-x}}{\sqrt{a+x}-\sqrt{a-x}}=\sqrt{b}$$

peut s'écrire

$$\frac{(\sqrt{a+x}+\sqrt{a-x})(\sqrt{a+x}+\sqrt{a-x})}{(\sqrt{a+x}-\sqrt{a-x})(\sqrt{a+x}+\sqrt{a-x})}=\sqrt{b},$$

et si l'on effectue, il vient

$$\frac{a+x+a-x-2\sqrt{a+x}\times\sqrt{a-x}}{a+x-(a-x)}=\sqrt{b}$$

ou encore

$$\frac{a-\sqrt{a^2-x^2}}{x}=\sqrt{b}.$$

Chassant le dénominateur, faisant passer dans l'autre membre et élevant au carré, il vient

$$a^2-x^2=x^2b+a^2-2ax\sqrt{b} :$$

d'où

$$x=\frac{2a\sqrt{b}}{1+b}.$$

665.
$$\sqrt[m]{x+a}=\sqrt[2m]{x^2+6ax+\frac{a^2}{3}}.$$

$$\text{Rép.} : x=\frac{a}{6}.$$

Si l'on élève à la puissance m les deux membres de l'équation proposée, elle devient

$$x+a=\sqrt{x^2+6ax+\frac{a^2}{3}}$$

et en élevant au carré chaque membre on a

$$x^2+a^2+2ax=x^2+6ax+\frac{a^2}{3} :$$

d'où

$$x=\frac{a}{6}.$$

EXERCICES
SUR LES ÉQUATIONS DU SECOND DEGRÉ
A PLUSIEURS INCONNUES.

666.
$$x+y=7,5,$$
$$xy=14.$$

$$\text{Rép.} : x=4,5 \text{ et } y=5.$$

667.
$$x-y=2,$$
$$xy=63.$$

$$\text{Rép.} : x=9 \ , \ y=7, \text{ ou } x=-7 \ , \ y=-9.$$

668.
$$3x-2y=0.$$
$$xy=13,5.$$

$$\text{Rép.} : x=3 \ , \ y=4,5, \text{ ou } x=-3 \ , \ y=-4,5.$$

669.
$$2x-y=5,$$
$$xy=42.$$

$$\text{Rép.} : x=6 \ , \ y=7, \text{ où } x=-3,5 \ , \ y=-12.$$

670.
$$x + y = 7,$$
$$x^2 - y^2 = 21.$$

Rép. : $x = 5$, $y = 2$.

671.
$$x - y = 5,$$
$$x^2 + y^2 = 37.$$

Rép. : $x = 6$, $y = 1$, ou $x = -1$, $y = -6$.

672.
$$x + y = 8,$$
$$x^2 + y^2 = 34.$$

Rép. : $x = 5$ et $y = 3$.

673.
$$x - y = 1,$$
$$3x^2 + y^2 = 31.$$

Rép. : $x = 3$, $y = 2$, ou $x = -2,5$, $y = -3,5$.

674.
$$3x - y = 1,$$
$$5x^2 - y^2 = -5.$$

Rép. : $x = 2$, $y = 5$, ou $x = -0,5$, $y = -2,5$

675.
$$x + y = 9,$$
$$\frac{xy}{\sqrt{xy}} = \frac{10}{\sqrt{5}}.$$

Rép. : $x = 5$, $y = 4$.

La seconde équation peut s'écrire
$$\frac{x^2 y^2}{xy} = \frac{100}{5},$$
ou
$$xy = 20.$$

On a donc à résoudre le système
$$x + y = 9,$$
$$xy = 20,$$
lequel donne
$$x = 5 \quad \text{et} \quad y = 4.$$

676.
$$2x + y = 7,$$
$$x^2 + y^2 = 13.$$

Rép. : $x = 3,6$; $y = -0,2$, ou $x = 2$, $y = 3$.

677.
$$x^2 + y^2 = 25,$$
$$x + y = 12.$$

Rép. : $x = 4$, $y = 3$, ou $x = -4$, $y = -3$.

678.
$$5y^2 + 3x^2 = 17,$$
$$12y - 5x = 2.$$

Rép. : $x = 2$, $y = 1$, ou $x = -\dfrac{1214}{557}$, $y = -\dfrac{413}{557}$.

679.
$$3x^2 - 5xy + 4y^2 + 2x - 3y = 7,$$
$$4x - 3y = 5.$$

Rép. : $x = 2$, $y = 1$, ou $x = \dfrac{41}{31}$, $y = \dfrac{3}{31}$.

680.
$$x^2 + xy + y^2 = 19,$$
$$xy = 6.$$

Rép. : $x = 3$, $y = 2$.

Ajoutant membre à membre, on a
$$x^2 + 2xy + y^2 = 25 :$$
d'où
$$x + y = 5.$$

On connaît alors la somme et le produit des inconnues : d'où l'équation
$$z^2 - 5z + 6 = 0.$$
Résolvant, il vient
$$z = 3 \quad \text{ou} \quad z = 2;$$
par suite
$$x = 3 \quad \text{et} \quad y = 2, \quad \text{ou réciproquement.}$$

681.
$$x^2 - y^2 = 3,$$
$$x^2 + y^2 - xy = 3.$$

Rép. : $x = \pm\sqrt{3}$, $y = 0$; $x = \pm 2$, $y = \pm 1$.

On a :

[1] $$x^2 - y^2 = 3,$$
[2] $$x^2 + y^2 - xy = 3.$$

Si l'on retranche [1] de [2], il vient

$$2y^2 - xy = 0,$$

et cette équation donne

$$y = 0 \quad \text{et} \quad x = 2y.$$

Ces valeurs portées successivement dans [1] fournissent les solutions suivantes :

$$y = 0 \quad , \quad x = \pm\sqrt{3} \quad ; \quad y = \pm 1 \quad , \quad x = \pm 2.$$

682. $$3x^2 - 2y^2 = 19,$$
$$2x^2 + 5y^2 = 38.$$

Rép. : $x = \pm 3 \quad ; \quad y = \pm 2.$

On a :

[1] $$3x^2 - 2y^2 = 19,$$
[2] $$2x^2 + 5y^2 = 38.$$

Si l'on multiplie [1] par 2, il vient

$$6x^2 - 4y^2 = 2x^2 + 5y^2,$$

ou

$$4x^2 = 9y^2,$$

ou encore

$$2x^2 = \frac{9y^2}{2}.$$

Portant la valeur de $2x^2$ dans l'équation [2], on a

$$19y^2 = 76 :$$

d'où

$$y = \pm 2 \quad \text{et} \quad x = \pm 3.$$

683. $$xy^2 = 18,$$
$$x + y^2 = 11.$$

Rép. : $x = 2 \quad , \quad y = \pm 3$, ou $x = 9 \quad , \quad y = \pm\sqrt{2}.$

Prenant pour inconnues x et y^2, les équations proposées donnent

$$z^2 - 11z + 18 = 0 :$$

d'où

$$z' = 9 \quad \text{et} \quad z'' = 2.$$

On déduit des valeurs de z

$$x = 2 \quad , \quad y = \pm 3 \quad ; \quad x = 9 \quad , \quad y = \pm\sqrt{2}.$$

684.
$$2x^2 + 5y = 28,$$
$$3x^2y = 54.$$

Rép. : $x = \pm \sqrt{5}$ ou $x = \pm 3$; $y = 3,6$ ou $y = 2$.

On a

[1]
$$2x^2 + 5y = 28,$$

[2]
$$3x^2y = 54;$$

tirant de [2] la valeur de x^2, et substituant dans [1], on a

$$y = 3,6 \quad \text{et} \quad y = 2.$$

Les valeurs correspondantes de x sont

$$x = \pm \sqrt{5} \quad \text{et} \quad x = \pm 3.$$

685.
$$x + y = 5,$$
$$x^3 + y^3 = 65.$$

Rép. : $x = 4$ et $y = 1$ ou réciproquement.

686.
$$x + y = 5,$$
$$\frac{1}{x} + \frac{1}{y} = \frac{5}{6}.$$

Rép. : $x = 3$ et $y = 2$.

On a :

[1]
$$x + y = 5,$$

[2]
$$\frac{1}{x} + \frac{1}{y} = \frac{5}{6}.$$

De [2] on tire

$$\frac{x + y}{xy} = \frac{5}{6}.$$

D'où, en remplaçant $x + y$ par 5,

$$xy = 6.$$

Par conséquent, x et y sont les racines de l'équation

$$z^2 - 5z + 6 = 0.$$

Résolvant, il vient

$$x = 3 \quad \text{et} \quad y = 2.$$

ALGÈBRE (EXERCICES).   15

687.
$$x + y = \frac{21}{8},$$
$$\frac{x}{y} - \frac{y}{x} = \frac{35}{6}.$$

Rép. : $x = \frac{9}{4}$ et $y = \frac{5}{8}$, ou $x = -\frac{21}{40}$ et $y = \frac{63}{20}$.

On a :

[1]
$$x + y = \frac{21}{8},$$

[2]
$$\frac{x}{y} - \frac{y}{x} = \frac{35}{6}.$$

Si l'on pose

[3]
$$\frac{x}{y} = z,$$

on a, au lieu de l'équation [2],

$$z - \frac{1}{z} = \frac{35}{6}.$$

Résolvant, on trouve

$$z' = 6 \quad \text{et} \quad z'' = -\frac{1}{6}.$$

La première valeur de z portée dans [3] donne

$$x = 6y.$$

Substituant dans [1], il vient

$$y = \frac{3}{8} \quad \text{et} \quad x = \frac{9}{4}.$$

La seconde valeur de z donne

$$y = -6x,$$

puis

$$y = \frac{63}{20} \quad \text{et} \quad x = -\frac{21}{40}.$$

688.
$$3x - 2y = 10,$$
$$\frac{1}{x} + \frac{1}{y} = 1,25.$$

Rép. : $x = 4$ et $y = 1$, ou $x = \frac{2}{3}$ et $y = -4$.

On a :

[1] $$3x - 2y = 10,$$

[2] $$\frac{1}{x} + \frac{1}{y} = 1,25.$$

L'équation [1] donne $y = \dfrac{3x - 10}{2}$; portant cette valeur dans [2], et chassant les dénominateurs, il vient

$$3,75\, x^2 - 17,5x + 10 = 0.$$

Résolvant, on trouve

$$x = 4 \quad \text{et} \quad x = \frac{2}{3}.$$

Portant ces valeurs dans [1], on obtient pour les valeurs correspondantes de y

$$y = 1 \quad \text{et} \quad y = -4.$$

689.
$$\sqrt{x} + \sqrt{y} = 5,$$
$$x + y = 13.$$

$$\text{Rép. : } x = 9 \ , \ y = 4.$$

On a

[1] $$\sqrt{x} + \sqrt{y} = 5,$$
[2] $$x + y = 13.$$

Élevant au carré les deux membres de l'équation [1], il vient

$$x + y + 2\sqrt{xy} = 25,$$

ou

$$13 + 2\sqrt{xy} = 25,$$

ou encore

$$\sqrt{xy} = 6.$$

Élevant de nouveau au carré, on a

$$xy = 36.$$

Par conséquent, x et y sont les racines de l'équation

$$z^2 - 13z + 56 = 0.$$

On trouve

$$x = 9 \quad \text{et} \quad y = 4.$$

690.
$$2x - y = 3,$$
$$4x^2 - 5y^2 = 3x + 5.$$

$$\text{Rép. : } x = 2 \text{ et } y = 1, \text{ ou } x = \frac{25}{16} \text{ et } y = \frac{1}{8}.$$

691.
$$3x^2 - 2xy = 8,$$
$$2x^2 + 3y^2 = 11.$$

Rép. : $x = \pm 2$ et $y = \pm 1$; ou $x = \pm \sqrt{\dfrac{48}{35}}$ et $y = \mp \dfrac{17\sqrt{35}}{35\sqrt{3}}$.

La première équation donne
$$y = \frac{3x^2 - 8}{2x},$$
d'où
$$y^2 = \frac{9x^4 - 48x^2 + 64}{4x^2}.$$

Cette valeur portée dans la seconde équation donne, après réduction,
$$35x^4 - 188x^2 + 192 = 0.$$

Résolvant, on trouve
$$x = \pm 2 \quad \text{et} \quad x = \pm \sqrt{\frac{48}{35}}.$$

Les valeurs correspondantes de y sont
$$y = \pm 1 \quad \text{et} \quad y = \mp \frac{17\sqrt{35}}{35\sqrt{3}}.$$

Il est facile de s'assurer que ces valeurs vérifient deux à deux les équations proposées.

692.
$$x^3 - y^3 = 19(x - y),$$
$$x^3 + y^3 = 7(x + y).$$

Rép. : $x = 3$ et $y = 2$, ou $x = -2$ et $y = -3$.

Divisant les deux membres de la première équation par $x - y$ et les deux membres de la seconde par $x + y$, on a le système
$$x^2 + xy + y^2 = 19,$$
$$x^2 - xy + y^2 = 7.$$

Additionnant membre à membre, il vient
$$2x^2 + 2y^2 = 26$$
ou
$$x^2 + y^2 = 13.$$

Retranchant membre à membre les mêmes équations, on obtient
$$2xy = 12.$$

Par suite
$$x^2 + y^2 + 2xy = 13 + 12 = 25$$
ou
$$(x + y)^2 = 25 \,;$$
donc
$$x + y = \pm 5.$$

De même
$$x^2 + y^2 - 2xy = 13 - 12 = 1,$$
ou
$$(x - y)^2 = 1 \,;$$
donc
$$x - y = \pm 1.$$

Si l'on prend $x + y = 5$ et $x - y = 1$, on trouve
$$x = 3 \quad \text{et} \quad y = 2.$$

Si l'on prend $x + y = 5$ et $x - y = -1$, c'est comme si l'on prenait $y - x = 1$; on ne fait donc que changer x en y, ce qui ne donne pas une nouvelle solution.

Si l'on prend $x + y = -5$ et $x - y = 1$, il vient $x = -2$ et $y = -3$.

Si l'on prend $x + y = -5$ et $x - y = -1$, on obtient les mêmes valeurs, mais dans un ordre inverse.

693.
$$x^2 y + y^2 x = 30,$$
$$\frac{1}{x} + \frac{1}{y} = \frac{5}{6}.$$

Rép. : $x = 5$ et $y = 2$,   ou $x = 1$ et $y = -6$.

Il est facile de voir que la première équation peut s'écrire

[m]
$$xy (x + y) = 30 \,;$$
d'ailleurs la seconde donne

[n]
$$\frac{x + y}{xy} = \frac{5}{6}.$$

Multipliant ces deux équations membre à membre, il vient
$$(x + y)^2 = 25,$$
d'où
$$x + y = \pm 5.$$

Substituant cette valeur dans [m], on a
$$xy = \pm 6.$$

Les valeurs de xy sont donc les racines de l'équation
$$z^2 \mp 5z \pm 6 = 0.$$

Résolvant, on trouve

$$x = 3 \quad \text{et} \quad y = 2,$$

ou réciproquement; on a aussi

$$x = 1 \quad \text{et} \quad y = -6,$$

ou réciproquement.

694.
$$x^2 + 3 = 2xy,$$
$$6x^2 - 11y^2 = 10.$$

Rép. : $x = \pm 3$ et $y = \pm 2$.

La première équation donne

$$y = \frac{x^2 + 3}{2x}.$$

Si l'on substitue cette valeur dans la seconde, il vient

$$13x^4 - 106x^2 - 99 = 0.$$

Résolvant, on trouve : $x = \pm 3$.
Les valeurs correspondantes de y sont : $y = \pm 2$.
Les deux autres valeurs de x sont imaginaires.

695.
$$\sqrt{x} + \sqrt{y} = 3\sqrt{y},$$
$$x + y = 10.$$

Rép. : $x = 8$, $y = 2$.

Si l'on élève au carré les deux membres de la première équation, il vient

$$x + y + 2\sqrt{xy} = 9y,$$

ou

$$2\sqrt{xy} = 9y - 10.$$

Élevant de nouveau au carré, on a

$$4xy = 81y^2 + 100 - 180y.$$

Tirant la valeur de x de la seconde équation donnée et substituant dans cette dernière, on obtient, après réduction :

$$17y^2 - 44y + 20 = 0.$$

Résolvant, on trouve 2 pour la seule valeur de y qui convienne au système proposé. A cette valeur correspond

$$x = 8.$$

696.
$$\sqrt{x^2 + 6y^2} = 2 + x,$$
$$3x + 4y = 23.$$

Rép. : $x = 7$, $y = 2$.

Élevant au carré les deux membres de la première équation, il vient
$$x^2 + 6y^2 = 4 + x^2 + 4x,$$
ou
$$3y^2 = 2 + 2x.$$

La valeur de x tirée de la seconde équation proposée et substituée dans cette dernière donne
$$9y^2 + 8y - 52 = 0.$$

Résolvant, on a 2 pour la seule valeur de y vérifiant le système donné. A cette valeur correspond
$$x = 7.$$

697.
$$3x^2 - 2xy + 5y^2 - 35 = 0,$$
$$5x^2 - 10y^2 - 5 = 0.$$

Rép. : $x = \pm 3$ et $y = \pm 2$, ou $x = \pm \sqrt{\dfrac{625}{113}}$ et $y = \pm \sqrt{\dfrac{512}{565}}$.

Multipliant la première équation par 2, on a le système
$$6x^2 - 4xy + 10y^2 - 70 = 0,$$
$$5x^2 - 10y^2 - 5 = 0.$$

Faisant la somme, il vient
$$11x^2 - 4xy - 75 = 0,$$
d'où
$$y = \frac{11x^2 - 75}{4x}.$$

Portant cette valeur dans la seconde équation de système proposé, on obtient, après toute simplification,
$$113x^4 - 1642x^2 + 5625 = 0.$$

Résolvant, on trouve
$$x = \pm 3 \quad \text{et} \quad x = \pm \sqrt{\frac{625}{113}}.$$

Les valeurs correspondantes de y sont
$$y = \pm 2 \quad \text{et} \quad y = \pm \sqrt{\frac{512}{565}}.$$

698.
$$x^6 + y^6 = 4825,$$
$$x^2 + y^2 = 25.$$

Rép. : $x = \pm 4$ et $y = \pm 3$.

Si on divise la première équation par la seconde, et qu'on élève cette dernière au carré, on obtient le système
$$x^4 - x^2 y^2 + y^4 = 193,$$
$$x^4 + 2 x^2 y^2 + y^4 = 625.$$

Retranchant ces équations membre à membre, et la première de la seconde, il vient
$$3 x^2 y^2 = 432,$$
ou
$$x^2 y^2 = 144.$$

Mais on a aussi l'équation
$$x^2 + y^2 = 25.$$

Il en résulte que x^2 et y^2 sont les racines de l'équation
$$z^2 - 25 z + 144 = 0.$$

Résolvant, on trouve
$$x = \pm 4 \quad \text{et} \quad y = \pm 3.$$

699.
$$x + y + z = 6,$$
$$xy = 6z,$$
$$x^2 + y^2 + z^2 = 14.$$

Rép. : $x = 3$, $y = 2$ et $z = 1$.

On a le système
[1] $x + y + z = 6,$
[2] $xy = 6z,$
[3] $x^2 + y^2 + z^2 = 14.$

Or, l'équation [1] donne
[4] $x + y = 6 - z.$

d'où, élevant chaque membre au carré,
$$x^2 + y^2 + 2 xy = 36 + z^2 - 12 z.$$

Remplaçant $2xy$ et $x^2 + y^2$ par leurs valeurs tirées des équations [2] et [3], il vient, après simplification,
$$z^2 - 12 z + 11 = 0.$$

Résolvant, on trouve
$$z = 11 \quad \text{et} \quad z = 1;$$

mais comme il est facile de le voir, d'après l'équation [3], on ne peut admettre que $z = 1$.

Cette valeur portée dans [1] et dans [2] fait connaître sans peine que

$$x = 3 \quad \text{et} \quad y = 2.$$

700.
$$x^3 y + y^3 x = 78,$$
$$x^2 + y^2 = 13.$$

Rép. : $x = \pm 3$ et $y = \pm 2$.

Il s'agit de résoudre le système

[1] $\qquad x^3 y + y^3 x = 78,$

[2] $\qquad x^2 + y^2 = 13,$

ou, en mettant, dans [1], xy en facteur commun,

[3] $\qquad xy (x^2 + y^2) = 78,$

[4] $\qquad x^2 + y^2 = 13.$

Remplaçant dans [3] $x^2 + y^2$ par 13, il vient

$$13 xy = 78,$$

ou

$$xy = 6,$$

ou encore

[5] $\qquad 2xy = 12.$

Ajoutant et retranchant membre à membre les équations [4] et [5], on trouve sans difficulté

$$x + y = \pm 5,$$
$$x - y = \pm 1,$$

puis on achève comme dans l'exercice **692.**

701.
$$3x - 2y = 15,$$
$$\frac{2}{x} - \frac{1}{y} = \frac{1}{28}.$$

Rép. : $x = 54\frac{2}{3}$, $y = 45,5$ ou $x = 7$, $y = 4$.

Chassant les dénominateurs dans la seconde équation, elle devient

$$56y - 28x = xy.$$

Substituant dans cette équation la valeur de y tirée de la première, on a, après simplification :

$$3x^2 - 125x + 728 = 0.$$

Résolvant, on trouve

$$x = 34\frac{2}{3} \quad \text{et} \quad x = 7.$$

A ces valeurs correspondent

$$y = 45,5 \quad \text{et} \quad y = 4.$$

702.
$$x^4 + y^4 = 97,$$
$$x + y = 5.$$

Rép. : $x = 3$ et $y = 2$.

Au lieu de la seconde équation, écrivons, pour abréger,

$$x + y = a.$$

Si d'ailleurs nous prenons une inconnue auxiliaire et que nous posions

$$x - y = d,$$

nous aurons (*Cours d'algèbre*)

$$x = \frac{a + d}{2},$$

et

$$y = \frac{a - d}{2}.$$

Ces valeurs substituées dans la première équation donnent

$$\left(\frac{a + d}{2}\right)^4 + \left(\frac{a - d}{2}\right)^4 = 97,$$

ou, après toute réduction faite,

$$a^4 + 6a^2d^2 + d^4 = 776.$$

Remplaçant a par sa valeur 5, il vient enfin

$$d^4 + 150\,d^2 - 151 = 0.$$

Si nous résolvons cette équation bicarrée, nous trouverons une seule valeur admissible

$$d = 1.$$

Par suite,

$$x = \frac{a + d}{2} = \frac{5 + 1}{2} = 3,$$

et

$$y = \frac{a - d}{2} = \frac{5 - 1}{2} = 2.$$

703.
$$xy\,(x+y) = 30,$$
$$x^3 + y^3 = 35.$$

Rép. : $x = 3$ et $y = 2$.

On a :

[1] $xy\,(x+y) = 30,$

[2] $x^3 + y^3 = 35.$

Or, au lieu de l'équation [2], on peut écrire

[3] $(x+y)(x^2 - xy + y^2) = 35.$

Divisant [3] par [1], on trouve

$$x^2 + y^2 = \frac{13xy}{6}\cdot$$

D'ailleurs [1] donne

$$x^2 + y^2 + 2xy = \frac{900}{x^2 y^2}\cdot$$

Remplaçant, dans cette dernière équation, $x^2 + y^2$ par $\frac{13xy}{6}$,

il vient

$$x^3 y^3 = 216 :$$

d'où

$$xy = 6.$$

Cette valeur portée dans [1] donne

$$x + y = 5.$$

De ces deux dernières équations, on tire

$$x = 3 \quad \text{et} \quad y = 2.$$

704.
$$x^2 = y^2 + z^2,$$
$$x + y + z = 24,$$
$$x^2 + y^2 + z^2 = 200.$$

Rép. : $x = 10$, $y = 8$ et $z = 6$.

On a

[1] $x^2 = y^2 + z^2,$

[2] $x + y + z = 24,$

[3] $x^2 + y^2 + z^2 = 200.$

Ajoutant [1] et [3], on obtient

$$2x^2 = 200,$$

d'où

$$x = 10.$$

Substituant cette valeur dans [2] et [3], il vient

[4] $y + z = 14,$

[5] $y^2 + z^2 = 100.$

On trouve sans peine, à l'aide des équations [4] et [5],

$$y = 8 \quad \text{et} \quad z = 6.$$

705. $x - y = b,$
$$x^3 - y^3 = a^3.$$

On a :

[1] $x - y = b,$

[2] $x^3 - y^3 = a^3.$

Divisant [2] par [1], on trouve

[3] $x^2 + xy + y^2 = \dfrac{a^3}{b}.$

La valeur de x tirée de [1] et portée dans [3] donne l'équation suivante du second degré en y :

$$3by^2 + 3b^2y + b^3 - a^3 = 0.$$

Résolvant, on trouve deux valeurs de y, qui sont y' et y''. Ces deux valeurs substituées dans [1] donnent x' et x''. On a donc pour les solutions du système proposé

$$x', y' \quad \text{et} \quad x'', y''.$$

706. $x^2 + xy + y^2 = a,$
$$x + y = b.$$

Si l'on tire de la seconde équation la valeur de x et qu'on substitue cette valeur dans la première, on a, de même que dans l'exercice précédent, à résoudre une équation du second degré en y.

707. $x^2 + xy + y^2 = a,$
$$x - y = b.$$

On opère comme dans les deux exercices précédents.

708.
$$x^5 + y^5 = a,$$
$$x + y = b.$$

On a :

[1]
$$x^5 + y^5 = a,$$

[2]
$$x + y = b.$$

Si l'on élève au carré les deux membres de l'équation [2], il vient, en remplaçant $x^5 + y^5$ par a

[3]
$$5x^4y + 10x^3y^2 + 10x^2y^3 + 5xy^4 + a - b^5 = 0,$$

ou

[4]
$$5xy(x^3 + y^3) + 10x^2y^2(x + y) + a - b^5 = 0.$$

Mais $x^3 + y^3 = (x + y)(x^2 - xy + y^2) = (x + y)[(x + y)^2 - 3xy]$.

Cette valeur portée dans [4] donne

[5]
$$5xy(x + y)[(x + y)^2 - 3xy] + 10x^2y^2(x + y) + a - b^5 = 0,$$

ou, remplaçant $x + y$ par b,

[6]
$$5bxy(b^2 - 3xy) + 10bx^2y^2 + a - b^5 = 0,$$

ou encore,

[7]
$$-5bx^2y^2 + 5b^3xy + a - b^5 = 0,$$

ou enfin

[8]
$$5bx^2y^2 - 5b^3xy + b^5 - a = 0.$$

Si l'on résout cette dernière équation par rapport à xy, on connaîtra d'une part la somme $x + y$ et de l'autre le produit xy; il sera alors facile de déterminer x et y.

709.
$$x + y + x^2 + y^2 = a,$$
$$x - y + x^2 - y^2 = b.$$

On voit aisément que si l'on additionne membre à membre les équations proposées on aura une équation du second degré en x, et que si on les retranche membre à membre on aura au contraire une équation du second degré en y. Il n'y a donc pas de difficulté.

710.
$$\frac{x}{a} = \frac{y}{b} = \frac{z}{c},$$
$$x^2 + y^2 + z^2 = d.$$

L'égalité des rapports donne (*Cours d'arithmétique*, n° **380**)

$$\frac{x}{a} = \frac{y}{b} = \frac{z}{c} = \frac{\sqrt{x^2 + y^2 + z^2}}{\sqrt{a^2 + b^2 + c^2}} = \sqrt{\frac{d^2}{a^2 + b^2 + c^2}} :$$

d'où

$$x = a\sqrt{\frac{d^2}{a^2 + b^2 + c^2}} \; ; \; y = b\sqrt{\frac{d^2}{a^2 + b^2 + c^2}} \; ; \; z = c\sqrt{\frac{d^2}{a^2 + b^2 + c^2}}.$$

711.
$$x - y = a,$$
$$x^3 + (m - 2)x^2 y - (m - 2)xy^2 - y^3 = b.$$

La seconde équation peut s'écrire successivement :
$$x^3 - y^3 + (m - 2)(x^2 y - xy^2) = b,$$
$$x^3 - y^3 + (m - 2)(x - y)xy = b,$$
$$(x - y)(x^2 + xy + y^2) + (m - 1)(x - y)xy = b,$$
$$(x - y)[x^2 + xy + y^2 + (m - 2)xy] = b,$$
$$(x - y)[x^2 + y^2 + (m - 1)xy] = b.$$

En remplaçant $x - y$ par a, il vient
$$x^2 + y^2 + (m - 1)xy = \frac{b}{a}.$$

Cette dernière équation forme avec la première proposée un système de deux équations à deux inconnues dont l'une est du premier degré et l'autre du second. Le lecteur est à même de résoudre un tel système.

712. *Résoudre le système* $xy = a(x + y)$ *et* $b = x^2 + y^2$. *Application au cas où* $a = 1,2$ *et* $b = 13$.

La seconde équation proposée peut s'écrire
$$b = (x + y)^2 - 2xy,$$
et si l'on fait $z = x + y$, le système proposé se trouve remplacé par le suivant

[m] $xy = az,$
[n] $b = z^2 - 2xy.$

Si dans cette équation on substitue $2az$ à $2xy$, il vient
$$b = z^2 - 2az.$$

Remplaçant b et a par leur valeur respective, on a
$$z^2 - 2,4z - 15 = 0.$$

Résolvant, on trouve
$$z = 5 \text{ et } z = -2,6.$$

Si l'on porte la première valeur de z dans l'équation [m], on a
$$xy = 1,2 \times 5 = 6.$$

Comme on a d'ailleurs
$$x + y = 5,$$

il résulte de ces deux dernières équations que

$$x = 3 \text{ et } y = 2.$$

La seconde valeur de z, c'est-à-dire — 2,6, donne des valeurs imaginaires pour x et pour y.

713. *On a* $5x^2 + bx + 6 = 0$: *calculer* b *pour* $x'^2 - x''^2 = \dfrac{91}{25}$.

$$\text{Rép. : } b = \pm 13.$$

D'après les données, on a

$$x'^2 - x''^2 = \frac{91}{25},$$

$$x'x'' = \frac{6}{5}.$$

On tire de cette seconde équation

$$x''^2 = \frac{36}{25\, x'^2}.$$

Substituant dans la première, il vient

$$25x'^4 - 91x'^2 - 36 = 0.$$

Cette équation donne pour les seules valeurs admissibles

$$x' = \pm 2 :$$

d'où

$$x'' = \pm 0,6.$$

Donc

$$x' + x'' = -b = \pm 2 \pm 0,6 = \pm 2,6.$$

Par conséquent, l'équation sera

$$x^2 \mp 2,6x + \frac{6}{5} = 0,$$

ou

$$5x^2 \mp 13x + 6 = 0.$$

D'ailleurs, comme vérification, on a bien

$$x'^2 - x''^2 = \frac{91}{25},$$

ou

$$2^2 - 0,6^2 = \frac{91}{25}.$$

PROBLÈMES DU SECOND DEGRE.

714. *Trouver deux nombres dont la somme soit* 18, *et le produit* 17.

Rép. : 17 et 1.

Appelant x et y les nombres demandés, on a, d'après l'énoncé,
$$x + y = 18,$$
$$xy = 17.$$
Par suite x et y sont les racines de l'équation
$$z^2 - 18z + 17 = 0.$$
Résolvant, on trouve
$$x = 17 \text{ et } y = 1.$$

715. *La somme de deux nombres est* 16, *la différence de leurs carrés est* 32 : *quels sont ces deux nombres?*

Rép. : 9 et 7.

Désignant les nombres demandés par x et y, on a
[1] $\qquad\qquad x + y = 16,$
[2] $\qquad\qquad x^2 - y^2 = 32.$
Si l'on divise [2] par [1], il vient
[3] $\qquad\qquad x - y = 2.$
Résolvant [1] et [3], on a
$$x = 9 \text{ et } y = 7.$$

716. *La somme de deux nombres est* 23, *la somme de leurs carrés est* 277 : *trouver ces nombres.*

Rép. : 14 et 9.

Les nombres demandés étant x et y, on a, d'après l'énoncé,
$$x + y = 23,$$
$$x^2 + y^2 = 277.$$
Si l'on résout ce système, on trouve
$$x = 14 \text{ et } y = 9.$$

717. *Trouver deux nombres dont la différence soit 5 et la somme de leurs carrés* 325.

Rép. : 15 et 10.

On a d'après l'énoncé

$$x - y = 5,$$
$$x^2 + y^2 = 325.$$

Résolvant, on trouve

$$x = 15 \text{ et } y = 10.$$

718. *Trouver deux nombres pairs consécutifs dont le produit soit* 224.

Rép. : 14 et 16 ou — 16 et — 14.

Si l'on désigne le plus petit nombre pair par x, le plus grand sera $x + 2$; on a donc

$$x(x + 2) = 224 :$$

d'où

$$x' = 14 \text{ et } x'' = -16.$$

Les nombres demandés sont donc 14 et 16, ou — 16 et — 14. La vérification est facile.

719. *Un loueur de voitures demande la même somme à chaque personne qui se présente pour faire un certain voyage. Il doit ainsi recevoir* 39 *fr. Arrivé à destination, deux des voyageurs sont dispensés par les autres de payer : ceux-ci donnent alors* 3^f,25 *en plus. Combien y avait-il de voyageurs?*

Rép. : 6.

Soit x le nombre cherché de voyageurs. Chaque voyageur devait d'abord payer

$$\frac{39^f}{x} ;$$

mais par suite des deux voyageurs dispensés de payer, les $x - 2$ qui restent doivent chacun

$$\frac{39}{x - 2}.$$

ALGÈBRE (EXERCICES.) 16

D'ailleurs, comme la différence des prix des places est $3^f,25$, on a l'équation

[1] $$\frac{39}{x-2} - \frac{39}{x} = 3,25.$$

Résolvant, on trouve

$$x' = 6 \text{ et } x'' = -4.$$

REMARQUE. — La valeur de x'' est évidemment à rejeter, comme ne répondant pas à l'énoncé de la question ; cependant il est facile d'*interpréter cette solution négative*, car si dans l'équation [1] on change x en $-x$, on a

$$\frac{39}{-x-2} - \frac{39}{-x} = 3,25,$$

ou, en changeant les signes,

$$\frac{39}{x+2} - \frac{39}{x} = -3,25,$$

ou encore, en changeant de nouveau les signes,

$$\frac{39}{x} - \frac{39}{x+2} = 3,25.$$

Or, on voit sans peine que cette dernière équation est la traduction algébrique de la question suivante :

Un loueur de voitures doit recevoir 39 fr. d'un certain nombre de voyageurs. Au moment de partir, il en accepte deux en plus. A destination, il arrive que les premiers ont chacun $3^f,25$ à donner en moins. Combien y avait-il d'abord de voyageurs ?

Rép. : 4.

720. *La somme de deux nombres est 31 ; celle de leurs cubes est 8029. On demande ces deux nombres.*

Rép. : 18 et 13.

Les deux nombres étant x et y, on a

$$x + y = 31,$$
$$x^3 + y^3 = 8029.$$

Si l'on résout ce système (*Cours*, n° **315**), on trouve

$$x = 18 \text{ et } y = 13.$$

721. *Un nombre diminué de sa racine carrée est égal à 210 : trouver ce nombre.*

Rép. : 225.

Désignant le nombre cherché par x, on a

$$x - \sqrt{x} = 210,$$

ou

$$-\sqrt{x} = 210 - x.$$

Élevant chaque membre au carré, il vient

$$x = x^2 - 420x + 44100,$$

ou

$$x^2 - 421x + 44100 = 0.$$

Résolvant, on trouve

$$x' = 225.$$

La valeur de x'' est à rejeter.

722. *La différence de deux nombres est 16 et la différence de leurs racines carrées est 2 : trouver ces nombres.*

Rép. : 25 et 9.

Les nombres demandés étant désignés par x et y, on a

[1] $\qquad x - y = 16,$

[2] $\qquad \sqrt{x} - \sqrt{y} = 2.$

Si l'on élève au carré les deux membres de l'équation [2], il vient

[3] $\qquad x + y - 2\sqrt{xy} = 4.$

Additionnant [1] et [3], on a

$$2x - 2\sqrt{xy} = 20,$$

ou

[4] $\qquad \sqrt{xy} = x - 10.$

Élevant au carré les deux membres de l'équation [4], on trouve

[5] $\qquad xy = x^2 - 20x + 100.$

La valeur de y tirée de [1] et substituée dans [5] donne, après réduction faite

$$4x = 100 :$$

d'où

$$x = 25.$$

Par suite, on a

$$y = 9.$$

La vérification est facile.

723. *Trouver un nombre entier tel que la différence entre sa 4°
puissance et sa 2° soit 600.*

Rép. : 5 et — 5.

Le nombre cherché étant désigné par x, on a
$$x^4 - x^2 = 600,$$
ou
$$x^4 - x^2 - 600 = 0.$$

Résolvant cette équation bicarrée, on trouve que les nombres
entiers 5 et — 5 répondent à l'énoncé de la question.

724. *On devait partager 380 fr. entre un certain nombre de pauvres; mais au moment du partage 6 autres pauvres surviennent, et sont
admis à partager avec les premiers; par suite de cette circonstance, la
quote-part des premiers se trouve diminuée de 4f,80. Combien devait-
il d'abord y avoir de co-partageants?*

Rép. : 19.

Si x désigne le premier nombre de pauvres, le second sera
$x + 6$, et la cote-part de chaque pauvre dans ces deux cas est
$$\frac{380}{x} \text{ et } \frac{380}{x+6}.$$
On a donc l'équation
$$\frac{380}{x} - \frac{380}{x+6} = 4,80.$$
Résolvant, on trouve
$$x' = 19 \text{ et } x'' = -25.$$
Il est facile d'interpréter la solution négative. (Voir l'exercice
719.)

725. *La différence de deux nombres est 17; la différence de leurs
cubes est 29 393. Quels sont ces deux nombres?*

Rép. : 32 et 15 ou — 15 et — 32.

Les nombres cherchés étant x et y, on a les deux équations
[1] $x - y = 17,$
[2] $x^3 - y^3 = 29393.$
Divisant [2] par [1], il vient
[3] $x^2 + xy + y^2 = 1729.$

La valeur de x tirée de [1] et substituée dans [3] donne

$$3y^2 + 51y - 1440 = 0,$$

ou

$$y^2 + 17y - 480 = 0.$$

Résolvant, on trouve

$$y' = 15 \text{ et } y'' = -32 :$$

d'où

$$x' = 32 \text{ et } x'' = -15.$$

La vérification est facile.

725 bis. *Trouver les trois nombres entiers positifs qui vérifient l'équation :* $x^3 - 12x^2 + 41x = 42.$

Rép. : 2, 3 et 7.

Les trois nombres entiers cherchés divisent le premier membre de l'équation donnée, donc ils doivent diviser le second et ne peuvent par conséquent se trouver que parmi les diviseurs de 42. Si l'on essaye les différents diviseurs de ce nombre, on trouve que 2, 3 et 7 vérifient l'équation proposée.

Au lieu d'essayer les différents diviseurs de 42, il est plus simple, dès qu'on a déjà trouvé le nombre 2, de diviser le polynôme $x^3 - 12x^2 + 41x - 42$ par $x - 2$. Car $x = 2$ annulant ce polynôme, il est divisible par $x - 2$. Si l'on fait le quotient égal à zéro, il en résulte une équation du second degré dont les racines sont 3 et 7.

726. *Partager le nombre* a *en deux parties dont le produit soit égal à la somme de leurs carrés.*

L'une des parties étant x, l'autre est $a - x$: d'où l'équation

$$x(a - x) = x^2 + (a - x)^2,$$

ou

$$3x^2 - 3ax + a^2 = 0.$$

Résolvant, on trouve

$$x = \frac{3a \pm a\sqrt{3}\sqrt{-1}}{6} = \frac{a(3 \pm \sqrt{3}\sqrt{-1})}{6}.$$

Les deux valeurs de x étant imaginaires, le problème est toujours impossible.

727. *La somme de trois nombres est 28, leur produit est 512; le second est moyen proportionnel entre les deux autres. Trouver ces nombres.*

Rép. : 16, 8 et 4.

On a, d'après l'énoncé, les trois équations

$$[1] \qquad x + y + z = 28.$$
$$[2] \qquad xyz = 512.$$
$$[3] \qquad y^2 = xz.$$

Remplaçant, dans [2], xz par y^2, il vient

$$y^3 = 512 :$$

d'où

$$y = 8.$$

Cette valeur de y étant portée dans [1] et dans [2], on a

$$x + z = 20,$$

et

$$xz = 64.$$

Ces deux dernières équations donnent

$$x = 16 \quad \text{et} \quad z = 4.$$

Les nombres cherchés sont donc 16, 8 et 4.

728. *Un marchand vend deux coupons de drap, l'un pour 120 fr., et l'autre, qui contient 2 mètres de plus, pour 130 fr. S'il avait vendu le premier coupon au prix du second, et réciproquement, il aurait vendu les deux coupons pour 254 fr. Combien y avait-il de mètres dans chaque coupon?*

Rép. : 8 mètres   et   10 mètres.

Les nombres de mètres des deux coupons, étant, d'après l'énoncé, x et $x + 2$, les prix correspondants du mètre sont $\dfrac{120}{x}$ et $\dfrac{130}{x + 2}$.

Les x mètres vendus au second prix auraient produit

$$\frac{130x}{x + 2},$$

et les $(x + 2)$ mètres vendus au premier prix auraient produit

$$\frac{120 (x + 2)}{x} :$$

d'où l'équation

$$\frac{130x}{x + 2} + \frac{120 (x + 2)}{x} = 254.$$

Après toute simplification faite, on trouve
$$x^2 + 7x - 120 = 0.$$
Résolvant, on a
$$x' = 8 \quad \text{et} \quad x'' = -15.$$

De $x = 8$, il résulte que le mètre du premier coupon a été vendu $\dfrac{120}{8} = 15$ fr. et le mètre du second $\dfrac{130}{8+2} = 13$ fr.

Il serait facile d'interpréter la solution négative. (Voir exercice **719**.)

729. *On demande un nombre* N *formé du produit de trois nombres pairs consécutifs, et tel que si on le divise successivement par chacun de ces facteurs, on trouve* 104 *pour la somme des trois quotients.*

Rép. : 4, 6 et 8,   ou $-4, -6$ et -8.

D'après l'énoncé, on peut écrire
$$N = (x - 2) \times x \times (x + 2).$$
La somme des quotients est
$$(x - 2) x + (x - 2)(x + 2) + x(x + 2) = 104.$$
Résolvant, on trouve
$$x' = 6 \quad \text{et} \quad x'' = -6.$$
Les trois nombres pairs sont donc
$$4, \; 6 \text{ et } 8 \quad \text{ou} \quad -4, -6 \text{ et } -8.$$
La vérification est facile.

730. *Les frais d'un procès se montent à* 1 200 *fr. Plusieurs personnes sont condamnées solidairement à payer cette somme, mais* 3 *sont insolvables; les autres sont alors obligées de donner chacune* 90 *fr. en plus. On demande le nombre des personnes solidaires.*

Rép. : 8.

Soit x le nombre cherché de personnes. Si toutes avaient été solvables, chacune aurait payé $\dfrac{1\,200}{x}$; mais, par suite des 3 personnes insolvables, les autres ont payé chacune $\dfrac{1\,200}{x-3}$. On a donc l'équation
$$\frac{1\,200}{x-3} - \frac{1\,200}{x} = 90.$$
Résolvant, on trouve
$$x' = 8 \quad \text{et} \quad x'' = -5.$$

Il y avait donc 8 personnes solidaires; mais 5 seulement ont payé. Il est facile de vérifier. Quant à la solution négative, on l'interprètera sans difficulté si l'on se reporte à l'exercice **719**.

731. *Trouver un nombre de 2 chiffres tel qu'en le divisant par la somme de ses chiffres on trouve 4 pour quotient, et que le produit de ces mêmes chiffres augmenté de 52 donne le nombre renversé.*

Rép. : 48.

Soient x et y les chiffres des unités et des dizaines. On a, d'après l'énoncé,

[1] $$\frac{10y + x}{x + y} = 4,$$

et

[2] $$xy + 52 = 10x + y.$$

On tire de l'équation [1]

$$2y = x.$$

Substituant cette valeur dans [2], il vient

$$2y^2 - 21y + 52 = 0.$$

Résolvant, on trouve

$$y' = 6,5 \quad \text{et} \quad y'' = 4.$$

La valeur de y', n'étant pas entière, est inadmissible. Quant à la valeur de y'', elle donne $x = 8$. Le nombre cherché est donc 48. La vérification est facile.

732. *Partager le nombre* 10 *en deux parties telles que la somme des cubes de ces parties soit égale à* 370.

Rép. : 7 et 3.

D'après l'énoncé, on a les deux équations

$$x + y = 10,$$
$$x^3 + y^3 = 370.$$

Si l'on résout ce système (*Cours*, n° **315**), on trouve

$$x = 7 \quad \text{et} \quad y = 3.$$

733. *Trouver deux nombres, sachant que leur somme égale* 3017 *et que la différence entre le quadruple du carré du* 1ᵉʳ *et le carré du second est* 52051.

L'énoncé donne

$$x + y = 3017,$$
$$4x^2 - y^2 = 52051.$$

Ce système très-facile à résoudre donne

$$x = -3021,307 \quad \text{et} \quad y = 6038,307,$$

ou

$$x = 1009,973 \quad \text{et} \quad y = 2007,027.$$

734. *Des voituriers et des ouvriers terrassiers, au nombre de 28, travaillent sur un chemin. Un voiturier gagne 4ᶠ,50 de plus par jour qu'un terrassier; cependant, entre eux tous, les voituriers ne gagnent que 60 fr. par jour, juste la même somme que gagnent tous les terrassiers réunis. Trouver le nombre des voituriers et des terrassiers, et ce que chacun gagne par jour.*

Rép. : 8 voituriers,   20 terrassiers; 7ᶠ,50   et   3 fr.

Si x représente le nombre des voituriers, le nombre des terrassiers sera représenté par $28 - x$. D'ailleurs, d'après l'énoncé, chaque voiturier gagne $\dfrac{60}{x}$ et chaque terrassier $\dfrac{60}{28 - x}$: d'où l'équation

$$\frac{60}{x} - \frac{60}{28 - x} = 4,50.$$

Résolvant, on trouve

$$x' = 45,666\ldots \quad \text{et} \quad x'' = 8.$$

Il est évident que la valeur de x'' est seule admissible. Chaque voiturier gagnait donc $\dfrac{60}{8} = 7ᶠ,50$ et chaque terrassier $\dfrac{60}{28 - 8} = 3$ fr. La différence entre une journée des premiers et une journée des seconds est bien 4ᶠ,50.

735. *Un marchand a acheté une caisse d'oranges pour 20 fr. Dans le nombre des oranges, 60 sont tellement avariées qu'on ne peut les vendre; mais les autres sont vendues 6 centimes de plus qu'elles n'ont coûté. Par suite, il gagne 24 fr. sur son marché. Trouver le prix d'acquisition d'une orange.*

Rép. : 4 centimes.

Soit x le nombre d'oranges achetées. Le prix d'acquisition, en centimes, d'une orange est égal à $\dfrac{2000}{x}$, et le prix de vente égal à $\dfrac{2000}{x} + 6$; le nombre d'oranges revendues étant $x - 60$, le produit de cette vente sera $\left(\dfrac{2000}{x}+6\right)(x-60)$ ou 20 fr. $+$ 24 fr., ou encore 4400 centimes. Donc on a l'équation

$$\left(\frac{2000}{x}+6\right)(x-60)=4400\;;$$

d'où

$$x^2-460x-20000=0.$$

Résolvant, on trouve

$$x'=500\quad,\quad x''=-40.$$

La valeur de x' est seule admissible. La caisse contenait donc 500 oranges, et chaque orange a coûté en centimes $\dfrac{2000}{500}=4$ centimes. Chacune des 440 oranges qui restaient a été revendue 4 centimes $+$ 6 ou 10 centimes, ce qui a produit une somme de 4400 centimes ou 44 fr. : le gain a donc été de 44 fr. — 20 ou 24 fr.

Voir exercice **719** pour la solution négative.

736. *Une ménagère achète des abricots pour* 1^f,10 *et à un prix tel que, si elle en avait eu* 2 *de moins pour ce prix, elle aurait payé la douzaine* 5 *centimes de plus. Trouver le prix de la douzaine d'abricots.*

Rép. : 0^f,55.

Soit x le nombre d'abricots achetés. Le prix d'un abricot est $\dfrac{1,10}{x}$, ou en centimes $\dfrac{110}{x}$. La douzaine coûte $\dfrac{110\times12}{x}=\dfrac{1320}{x}$. Dans le second cas, elle aurait coûté $\dfrac{1320}{x-2}$. Cette différence de prix étant 5, on a l'équation

$$\frac{1320}{x-2}-\frac{1320}{x}=5.$$

Résolvant, on trouve

$$x'=24\quad,\quad x''=-22.$$

La ménagère a donc acheté 24 abricots : elle a par conséquent payé 0^f,55 la douzaine; si elle en avait eu 2 de moins pour le même prix, elle aurait payé la douzaine $\dfrac{1,10\times12}{22}=0^f,60$. Ces résultats répondent bien à l'énoncé de la question.

Voir exercice **719** pour l'interprétation de la solution négative.

737. *Trouver* 2 *nombres, connaissant leur somme* 234, *et leur plus petit multiple* 2100.

Rép. : 150   et   84.

Soit d le plus grand commun diviseur des deux nombres x et y. Si x' et y' sont les quotients de x et de y par d, on a les deux équations

$$[1] \qquad x'd + y'd = 234,$$
$$[2] \qquad x'y'd = 2100.$$

Divisant [1] par [2], il vient

$$\frac{x' + y'}{x'y'} = \frac{234}{2100},$$

ou

$$\frac{x' + y'}{x'y'} = \frac{39}{350}.$$

Or, on sait (voir nos ouvrages d'arithmétique) que x' et y' sont premiers entre eux : donc le produit $x'y'$ est premier avec la somme $x'+y'$; car s'il en était autrement $x'y'$ et $x'+y'$ auraient un facteur commun, et ce facteur divisant $x'y'$ diviserait x' ou y' ; s'il divisait par exemple x' divisant la somme $x'+y'$, il devrait diviser y' ; par suite x' et y' ne seraient pas premiers entre eux : donc la fraction $\dfrac{x' + y'}{x'y'}$ est irréductible ; mais comme elle est égale à une autre fraction $\dfrac{39}{350}$, irréductible aussi, il en résulte que ces deux fractions sont identiques.

Donc on a

$$x' + y' = 39 \quad \text{et} \quad x'y' = 350 :$$

d'où

$$x' = 25 \quad \text{et} \quad y' = 14.$$

Si l'on substitue ces valeurs dans [1], on trouve

$$d = 6.$$

Les nombres demandés sont donc

$$25 \times 6 = 150 \quad \text{et} \quad 14 \times 6 = 84.$$

738. *Une personne a 27 000 fr. de placés en deux sommes, au même taux et à intérêt simple. La 1re somme vaudrait 12 300 fr. après 6 mois, capital et intérêts réunis ; la seconde vaudrait 15 500 fr. après 8 mois. On demande les deux sommes placées, ainsi que le taux d'intérêt.*

Rép. : 12000 fr. et 15000 fr. ; 5 °/₀.

Si x désigne le premier capital, le second sera $27000 - x$; d'ailleurs la différence $12300 - x$ représente l'intérêt du premier capital

x pour 6 mois. Donc l'intérêt de 1 fr. pour 1 mois est égal à $\dfrac{12300 - x}{6x}$. De même, l'intérêt du second capital pour 8 mois est égal à 15500 — (27000 — x) ou à x — 11500, et l'intérêt de 1 fr. pour 1 mois est égal à $\dfrac{x - 11500}{8\,(27000 - x)}$. Puisque les deux sommes sont placées au même taux, on a donc l'équation

$$\frac{12300 - x}{6x} = \frac{x - 11500}{8\,(27000 - x)}.$$

Résolvant cette équation, on trouve

$$x' = 110700 \quad \text{et} \quad x'' = 12000.$$

La valeur de x'' est évidemment la seule admissible. Les deux capitaux sont donc 12000 fr. et 27000 — 12000 ou 15000 fr. Quant au taux, il est facile de trouver qu'il est 5.

739. *Une personne achète un objet qu'elle revend ensuite 144ᶠ. Dans cette vente, elle gagne sur le prix d'achat autant pour 100 que l'objet lui a coûté. Quel a été le prix d'acquisition?*

Rép. : 80.

Soit x le prix d'achat. L'objet a coûté un nombre de cents francs égal à $\dfrac{x}{100}$. D'ailleurs, le bénéfice est égal à 144 — x; et comme il doit être aussi égal à autant pour 100 qu'il y a de francs dans le prix d'achat, il sera encore $x \times \dfrac{x}{100}$: d'où l'équation

$$x \times \frac{x}{100} = 144 - x.$$

Résolvant, on trouve

$$x' = 80 \quad \text{et} \quad x'' = -180.$$

L'objet a coûté 80 fr., et, par suite, la personne a gagné 80 %. Si l'on veut interpréter la solution négative, on a l'équation

$$- x \times \frac{-x}{100} = 144 + x$$

ou

$$x \times \frac{x}{100} = 144 + x.$$

Cette équation répond à l'énoncé suivant : *Trouver le prix d'acquisition d'un objet revendu 144 fr., sachant que la somme des prix d'achat et de vente est égale à autant pour % du prix d'achat qu'il y a de francs dans ce prix.* On voit que cette question, dont la réponse est 180, n'est point analogue à la précédente, car $144 + x$, somme du prix d'achat et de vente, ne représente ni un bénéfice, ni une perte.

740. *La somme de deux nombres est* a, *et celle de leurs rapports direct et inverse est* b. *Trouver ces nombres. Application au cas où* a $= 13$ *et* b $= 2,225$.

Rép. : 8 et 5.

L'énoncé donne les deux équations suivantes :

[1] $$x + y = a,$$

[2] $$\frac{x}{y} + \frac{y}{x} = b.$$

Si l'on élève au carré les deux membres de l'équation [1], il vient

[3] $$x^2 + y^2 + 2xy = a^2 ;$$

l'équation [2] donne

[4] $$x^2 + y^2 = bxy,$$

et si l'on retranche [4] de [3], on trouve

$$2xy = a^2 - bxy :$$

d'où

[5] $$xy = \frac{a^2}{b + 2} .$$

Remplaçant dans [1] et dans [5] les lettres a et b par leurs valeurs respectives, il vient

$$x + y = 13$$

et

$$xy = 40.$$

Résolvant ce système, on trouve $x = 8$ et $y = 5$.

741. *Trouver* 4 *nombres proportionnels aux nombres* 3, 4, 5, 7, *sachant que la différence des cubes des deux premiers est* 296.

Rép. : 6, 8, 10 et 14.

Soient x et y les deux premiers nombres; l'énoncé donne immédiatement

[1] $$y^3 - x^3 = 296,$$

[2] $$\frac{y}{x} = \frac{4}{3} .$$

La valeur de y tirée de [2] et portée dans [1] donne

$$37x^3 = 296 \times 27 :$$

d'où

$$x^3 = 216,$$

et

$$x = 6.$$

Si l'on substitue cette valeur de x dans [2], il vient

$$y = 8.$$

Pour trouver les deux autres nombres, on a

$$\frac{3}{6} = \frac{4}{8} = \frac{5}{z} = \frac{7}{t} :$$

d'où

$$z = 10 \quad \text{et} \quad t = 14.$$

742. *Deux ouvriers sont employés moyennant des prix différents. Le premier reçoit 96 fr. après un certain nombre de jours ; le second ayant travaillé 6 jours de moins ne reçoit que 54 fr. Si ce dernier avait travaillé tous les jours et que le premier eût manqué 6 jours, ils auraient reçu tous deux la même somme. On demande combien chacun a travaillé et le prix de la journée.*

Rép. : 1er, 24 jours ; 2e, 18 jours ; 4 fr. et 5 fr.

Si le premier a travaillé pendant x jours, il gagnait $\dfrac{96}{x}$ par jour et le second ayant travaillé 6 jours de moins gagnait $\dfrac{54}{x-6}$ par jour. Si le premier avait travaillé 6 jours de moins, il aurait donc gagné $\dfrac{96}{x} \times (x-6)$, et si le second avait travaillé pendant les x jours, il aurait gagné $\dfrac{54}{x-6} \times x$: on a donc l'équation

$$\frac{96}{x}(x-6) = \frac{54x}{x-6}.$$

Résolvant, on trouve

$$x' = 24 \quad \text{et} \quad x'' = \frac{24}{7}.$$

Interprétation de la valeur $x'' = \dfrac{24}{7}$. Bien que x'' soit positif, il est facile d'interpréter cette valeur ; car $x - 6$ étant négatif pour $x = \dfrac{24}{7}$, il faut remplacer dans l'équation du problème $x - 6$ par $6 - x$ et il vient

$$\frac{96}{x}(6 - x) = \frac{54x}{6 - x}.$$

C'est l'équation du problème ainsi modifié :

Deux ouvriers sont employés à des prix différents. Le premier reçoit 96 fr., après un certain nombre de jours ; le second ayant travaillé 6 jours moins le nombre de jours qu'a travaillé le premier reçoit 54 fr. S'il avait travaillé tous les jours et que le premier ait travaillé le même nombre de jours que le second, ils auraient reçu tous les deux la même somme. On demande, etc.

Rép. : Le 1er a travaillé $\frac{24}{7}$ de jour et gagnait 28 fr. par jour ;

le second a travaillé $\frac{18}{7}$ de jour et gagnait 21 fr. par jour. Il est facile de vérifier.

743. *Deux robinets coulent dans un même bassin. Le premier, coulant seul, met 2 heures de moins que le second pour remplir le bassin ; coulant ensemble, les deux robinets mettent 2 heures 24 minutes pour remplir le bassin. On demande le temps nécessaire à chaque robinet, coulant seul, pour remplir ce bassin.*

Rép. : 1er, 4 heures ; 2e, 6 heures.

Soit x le temps que met le premier robinet pour remplir seul le bassin ; le second met un temps égal à $x + 2$. D'ailleurs la capacité du bassin étant 1, le premier remplit en une heure $\frac{1}{x}$ et le second

$\frac{1}{x+2}$; en 2^h 24^m ou 2^h,40, le premier remplit $\frac{2,40}{x}$ et le second

$\frac{2,40}{x+2}$; mais les deux fontaines coulant ensemble remplissent précisément le bassin en 2^h,40 ; on a donc l'équation

$$\frac{2,40}{x} + \frac{2,40}{x+2} = 1.$$

Résolvant, on trouve

$$x' = 4 \text{ et } x'' = -1,20.$$

Nous laisserons au lecteur le soin d'interpréter la solution négative. Le premier robinet mettra donc 4 heures pour remplir le bassin et le second 6. La vérification est facile.

744. *Deux fermiers ont ensemencé en blé un certain nombre d'hectares; ils ont employé ensemble* 63^{Hl},6 *de blé, l'un en semant en lignes et l'autre à la volée. Celui qui a semé en lignes a ensemencé* 4 *hectares de plus que le second. Si le premier avait ensemencé le même nombre d'hectares que le second et réciproquement, le premier n'aurait employé que* 24 *hectolitres de semence et le second* 42 *hectolitres. Combien chaque fermier a-t-il ensemencé d'hectares, et quelle quantité de blé faut-il par hectare en semant en lignes, et quelle quantité en semant à la volée?*

Rép. : 1re solution, 20 hectares et 16, 1^{Hl},5 et 2 hectol.:

2e — , 14 — et 10; 2^{Hl},4 et 5 hectol.

Soit x le nombre d'hectares ensemencés par le premier; le second a ensemencé $x - 4$ hectares. Si le premier n'avait semé que 24 hectolitres, il aurait employé par hectare une quantité de semence égale à $\dfrac{24}{x - 4}$. Pour les x hectares qu'il a ensemencés, il a donc employé une quantité de semence égale à $\dfrac{24x}{x - 4}$; de même le second a employé une quantité de semence égale à $\dfrac{42(x - 4)}{x}$: d'où l'équation

$$\frac{24x}{x - 4} + \frac{42(x - 4)}{x} = 63,6.$$

Résolvant, on trouve

$$x' = 20 \text{ et } x'' = 14 :$$

d'où

$$x' - 4 = 16 \text{ et } x'' - 4 = 10.$$

Il y a deux solutions. Le premier a ensemencé 20 hectares en employant par hectare $\dfrac{24}{20 - 4}$ ou 1^{Hl},50. Les 20 hectares ont donc demandé 50 hectolitres de semence. Le second a ensemencé 16 hectares en employant par hectare $\dfrac{42}{20}$ ou 2^{Hl},1. Les 16 hectares ont donc demandé 33^{Hl},6 de semence. En tout 30^{Hl} + 33,6 ou 63^{Hl},6.

D'après la seconde solution, le premier a employé par hectare $\dfrac{24}{14 - 4}$ ou 2^{Hl},4, et pour 14 hectares 33^{Hl},6.

Le deuxième a employé par hectare $\dfrac{42}{14}$ ou 5 hectolitres, et pour 10 hectares, 30 hectolitres. En tout 33^{Hl},6 + 30 ou 63^{Hl},6.

745. *Un courrier parcourt une certaine distance en* 4 *heures; un autre courrier parcourt dans le même temps* 8 *kilomètres de plus. On sait d'ailleurs que le second met* 42 *minutes de moins que le premier pour parcourir* 28 *kilomètres. On demande la distance parcourue en* 4 *heures par le premier courrier, et la vitesse moyenne de chaque courrier.*

Rép. : Distance, 32 kilomètres;

vitesses moyennes, 8 kilomètres, 10 kilomètres.

Soit x la distance cherchée. En 4 heures les deux courriers parcourent x kilomètres et $(x+8)$ kilomètres. Leur vitesse par heure est donc $\dfrac{x}{4}$ et $\dfrac{x+8}{4}$. Pour parcourir 28 kilomètres, le premier met par conséquent un nombre d'heures égal à $28 : \dfrac{x}{4}$ ou $\dfrac{28 \times 4}{x}$, et le second $28 : \dfrac{x+8}{4}$ ou $\dfrac{28 \times 4}{x+8}$. Mais, d'après l'énoncé, ces deux temps diffèrent de 42 minutes ou 0,7 d'heure. On a donc l'équation

$$\frac{28 \times 4}{x} - \frac{28 \times 4}{x+8} = 0,7.$$

Résolvant, on trouve

$$x' = 32 \quad \text{et} \quad x'' = -40.$$

La distance cherchée est donc 32 kilomètres; et la vitesse moyenne du premier courrier est $\dfrac{32}{4}$ ou 8 kilomètres à l'heure; celle du second est $\dfrac{32+8}{4}$ ou 10 kilomètres à l'heure.

Interprétation de la solution négative. Si dans l'équation du problème on change x en $-x$, il vient

$$\frac{28 \times 4}{-x} - \frac{28 \times 4}{-x+8} = 0,7,$$

ou

$$\frac{28 \times 4}{x-8} - \frac{28 \times 4}{x} = 0,7.$$

Cette équation vérifiée pour $x = 40$ est la traduction algébrique du problème proposé, modifié de la manière suivante :

Un courrier parcourt une certaine distance en 4 *heures; un autre courrier parcourt dans le même temps* 8 *kilomètres de moins. On sait d'ailleurs que le second met* 42 *minutes de plus que le premier pour parcourir* 28 *kilomètres. On demande la distance parcourue en* 4 *heures par le* 1er *courrier, et la vitesse moyenne de chaque courrier.*

Rép. : 40 kilomètres;

vitesse du premier, 10 kilomètres à l'heure;

vitesse du second, $\dfrac{40-8}{4}$ ou 8 kilomètres à l'heure.

746. *On a un nombre de trois chiffres, dans lequel le chiffre des unités est moyen proportionnel entre les deux autres; le chiffre des dizaines est le* $\dfrac{1}{6}$ *de la somme des deux autres; d'ailleurs, en retranchant 396 à ce nombre, on a pour différence le nombre renversé. Quel est-il?*

Rép. : 824.

Soient x, y et z les chiffres des unités, des dizaines et des centaines. L'énoncé donne les trois équations :

[1] $x^2 = yz$,

[2] $6y = x + y$,

[3] $x + 10y + 100z - 396 = z + 10y + 100x$.

L'équation [3] devient, après simplification,

[4] $z - 4 = x$.

La valeur de x, portée dans [1] et dans [2], donne

[5] $z^2 - 8z + 16 = yz$,

[6] $3y = z - 2$.

La valeur de y, tirée de [6] et substituée dans [5], donne, après simplification,

$$z^2 - 11z + 24 = 0.$$

Résolvant, on trouve

$z' = 8$ et $z'' = 3$.

La valeur de z'', rendant x négatif, n'est point admissible. Le chiffre des centaines est donc 8. La valeur de z, substituée dans [4] et dans [6], donne

$x = 4$ et $y = 2$.

Le nombre demandé est donc 824. La vérification est facile.

747. *Une personne place 15000 fr. à un certain taux pendant un an. Après ce temps, cette personne trouve à placer son premier capital et ses intérêts à 1 °/₀ de plus. Elle possède alors un revenu de 780 fr. On demande le taux primitif.*

Rép. : 4 °/₀.

Soit x le taux cherché. Au taux x l'intérêt de 15000 fr. pour un an est égal à $\dfrac{15\,000x}{100}$. Après un an la personne a donc à placer

$15\,000 + \dfrac{15\,000x}{100}$ ou $15\,000\left(1 + \dfrac{x}{100}\right)$. Mais cette somme, au taux

$x + 1$, rapporte dans un an $15\,000\left(1 + \dfrac{x}{100}\right)\left(\dfrac{x+1}{100}\right)$. On a donc

l'équation

$$15\,000\left(1 + \dfrac{x}{100}\right)\left(\dfrac{x+1}{100}\right) = 780.$$

Résolvant, on trouve

$$x' = 4 \text{ et } x'' = -105.$$

Le taux cherché est donc $4\,^{\circ}/_{\circ}$. Il est facile de vérifier.

Interprétation de la solution négative. Si l'on cherche x en —
dans l'équation du problème, on a

$$15\,000\left(1 - \dfrac{x}{100}\right)\left(\dfrac{1-x}{100}\right) = 780,$$

ou

$$15\,000\left(\dfrac{x}{100} - 1\right)\left(\dfrac{x-1}{100}\right) = 780.$$

Cette équation, qui est vérifiée pour $x = 105$, est l'équation du
problème suivant :

*Une personne place 15 000 fr. à un certain taux pendant un an.
Après ce temps, cette personne place à un taux inférieur de 1 % l'intérêt qu'elle a obtenu, diminué du capital qu'elle possédait; elle a alors
un revenu de 780 fr. On demande le taux primitif.*

$$\text{Rép. : } 105^{\text{f}}\,^{\circ}/_{\circ}.$$

748. *Deux négociants se retirent des affaires : ils ont alors
144 000 fr. en tout à se partager. La mise du premier a été de 60 000 fr.;
le bénéfice du second est de 16 000 fr. Trouver le bénéfice du premier et
la mise du second.*

$$\text{Rép. : } 20\,000\,\text{fr. et } 48\,000\,\text{fr.}$$

Soient x le bénéfice du premier et y la mise du second : on a
cette première équation

$$x + y + 60\,000 + 16\,000 = 144\,000 :$$

d'où

$$x + y = 68\,000.$$

D'autre part, les bénéfices étant proportionnels aux mises, on a

$$\frac{x}{60\,000} = \frac{16\,000}{7},$$

ou $$xy = 960\,000\,000.$$

Les inconnues x et y sont donc les racines de l'équation

$$z^2 - 68\,000z + 960\,000\,000 = 0 ;$$

donc $$x = 20\,000 \text{ fr. et } y = 48\,000 \text{ fr.}$$

Les mises sont par conséquent 60 000 fr. et 48 000 fr., et les deux bénéfices 20 000 fr. et 16 000 fr.

749. *Deux personnes se réunissent pour former un capital de 20 000 fr. et placent cette somme dans une industrie : l'argent de la première personne est resté 9 ans dans l'entreprise, et celui de la seconde est resté 4 ans. En se retirant de l'entreprise, chaque personne reçoit 20 000 fr. en tout. On demande la mise et le bénéfice de chaque coassocié.*

Rép. : Mise du 1er, 8 000 fr.; bénéfice du 1er, 12 000 fr.;
mise du 2e, 12 000 fr.; bénéfice du 2e, 8 000 fr.

Soit x la mise du premier; celle du second est $20\,000 - x$. Quant au bénéfice total, il est égal à deux fois 20 000 fr., moins les 20 000 fr. de mise, ou égal à 20 000 fr.

Ce bénéfice est donc à partager en parties proportionnelles aux produits des mises par le temps, ou à $9x$ et $(20\,000 - x)4$. Les bénéfices étant désignés par b et b', on a donc

$$\frac{b}{b'} = \frac{9x}{80\,000 - 4x}.$$

Mais on a

$$\frac{b}{b+b'} = \frac{b}{20\,000} = \frac{9x}{80\,000 + 5x} :$$

d'où

$$b = \frac{180\,000x}{80\,000 + 5x};$$

or,

$$x + b = 20\,000,$$

donc

$$x + \frac{180\,000x}{80\,000 + 5x} = 20\,000 :$$

d'où $$x^2 + 32\,000x - 320\,000\,000 = 0.$$

Résolvant, on trouve

$$x' = 8\,000 \text{ et } x'' = -42\,000.$$

La valeur de x' convenant seule au problème, le gain du premier est égal à 20000 — 8000 ou 12000 fr. La mise du second est 20000^f — 8000 ou 12000 fr., et son bénéfice 20000^f — 12000 ou 8000 fr.

Nous laisserons au lecteur le soin d'interpréter la solution négative.

750. *On a employé deux ouvriers gagnant des salaires différents : le premier ayant été payé au bout d'un certain nombre de jours a reçu 100 fr.; le second ayant travaillé 5 jours de moins a reçu 60 fr. Si ce dernier avait travaillé tous les jours et que l'autre eût manqué 6 jours ⅛ ils auraient reçu tous les deux la même somme. On demande combien de jours chacun a travaillé et le prix de la journée.*

Rép. : 1er, 25 jours et 4 fr. par jour ;
2e, 20 jours et 3 fr. par jour.

Soit x le nombre de jours que le premier ouvrier a travaillé pour recevoir 100 fr. Il gagnait par jour $\dfrac{100}{x}$; en $x — 6,25$, il aurait donc gagné $\dfrac{100}{x} \times (x — 6,25)$.

Le second gagnait par jour $\dfrac{60}{x — 5}$; en x jours, il aurait donc gagné $\dfrac{60x}{x — 5}$; mais comme le gain précédent et ce dernier sont égaux, on a l'équation

$$100 \left(\frac{x — 6,25}{x} \right) = \frac{60x}{x — 5} :$$

d'où on déduit

$$x' = 25 \text{ et } x'' = 3,125.$$

Le premier ouvrier a donc travaillé 25 jours et gagnait $\dfrac{100}{25}$ ou 4 fr. par jour. Le second a travaillé 25 — 5 ou 20 jours et gagnait $\dfrac{60}{20}$ ou 3 fr. par jour. La vérification est facile. (Voir exercice **742** pour l'interprétation de la valeur de x''.)

751. *Si l'on augmente le produit de deux nombres de la somme de ces mêmes nombres, on obtient 53 pour résultat ; mais la différence entre la somme de leurs carrés et la somme de ces nombres est égale à 76. On demande ces 2 nombres.*

Rép. : 8 et 5.

L'énoncé donne

[1] $xy + x + y = 53,$
[2] $x^2 + y^2 - (x + y) = 76.$

Multipliant deux les membres de [1] par 2, il vient

[3] $2xy + 2(x + y) = 106.$

Les équations [2] et [3] donnent par addition

$$x^2 + y^2 + 2xy + x + y = 182,$$

ou

[4] $(x + y)^2 + x + y = 182.$

Faisant

$$x + y = z,$$

on a,

[5] $z^2 + z = 182 :$

d'où

$$z' = 13 \text{ et } z'' = -14.$$

La valeur de z', portée dans les équations [1] et [2], donne

$$x = 8 \text{ et } y = 5.$$

La valeur de z'' ne donne que des valeurs imaginaires pour x et y.

752. *On demande deux nombres tels qu'il y ait égalité entre leur somme, leur produit et la différence de leurs carrés.*

$$\text{Rép. : } \quad \frac{5 \pm \sqrt{5}}{2} \quad \text{ et } \quad \frac{1 \pm \sqrt{5}}{2}.$$

L'énoncé donne immédiatement

[1] $x + y = xy,$
[2] $x^2 - y^2 = xy.$

La division de [2] par [1] donne

$$x - y = 1 :$$

d'où

$$x = 1 + y.$$

La valeur de x, portée dans [1], donne

$$y^2 - y - 1 = 0.$$

Résolvant, on a

$$y = \frac{1 \pm \sqrt{5}}{2}.$$

La valeur de y donne

$$x = \frac{5 \pm \sqrt{5}}{2}.$$

La vérification est facile.

753. *Trouver un nombre entier tel que la différence entre sa cinquième puissance et 3 fois sa deuxième soit 216.*

$$\text{Rép.} : 3.$$

L'énoncé donne
$$x^5 - 3x^2 = 216,$$
ou
$$x^5 - 3x^2 - 216 = 0.$$

Le nombre demandé, substitué à x, annule le premier membre, et comme il divise les deux premiers termes, il divise 216. Or le diviseur de 216 qui annule le premier membre est 3. Le nombre demandé est donc 3.

754. *Un capitaliste place deux sommes se montant ensemble à 35 000 fr. à deux taux différents ; mais elles produisent toutes deux le même revenu. On sait d'ailleurs que la première somme placée au deuxième taux rapporterait 1 200 fr., et que la 2ᵉ placée au 1ᵉʳ taux rapporterait 675 fr. Trouver chaque somme et chaque taux.*

Rép. : Sommes : 20 000 fr. et 15 000 fr. ; taux : 4ᶠ,50 et 6 fr.

Soient a, a' les deux capitaux et x, y les deux taux. Le capital a au deuxième taux, c'est-à-dire au taux y, rapporte $\dfrac{ay}{100} = 1\,200$.

Le capital a' au taux x rapporte $\dfrac{a'x}{100} = 675$:
d'où
$$a = \frac{120\,000}{y} \quad \text{et} \quad a' = \frac{67\,500}{x}.$$

Mais
$$a + a' = 35\,000 :$$
donc, on a cette première équation,
$$\frac{120\,000}{y} + \frac{67\,500}{x} = 35\,000,$$
ou, après simplification,
$$[1] \qquad 48x + 27y = 14xy.$$

D'ailleurs le capital a, au taux x, rapporte $\dfrac{ax}{100}$. Or, on vient de trouver $\dfrac{ay}{100} = 1\,200$:
d'où
$$\frac{a}{100} = \frac{1\,200}{y},$$

par suite

$$\frac{ax}{100} = \frac{1\,200x}{y}.$$

De même, le capital a' au taux y rapporte $\dfrac{a'y}{100} = \dfrac{675y}{x}$. Comme ces deux rentes sont égales, on a la seconde équation

$$\frac{1\,200x}{y} = \frac{675y}{x} :$$

d'où

$$\frac{x^2}{y^2} = \frac{675}{1200} = \frac{9}{16} :$$

par conséquent

$$x = \frac{3y}{4}.$$

Cette valeur, portée dans [1], donne, après simplification,

$$6y = y^2 :$$

d'où

$$y' = 0 \quad \text{et} \quad y'' = 6.$$

Cette valeur de y donne $x = 4,50$. Les taux demandés sont donc 4,50 et 6. Les sommes a et a' sont $\dfrac{120\,000}{6} = 20\,000$ fr. et $\dfrac{67\,500}{4,50} = 15\,000$ fr.

755. *Deux personnes versent ensemble 4 000 fr. dans une entreprise. La première laisse un capital engagé pendant 20 mois et reçoit en tout, mise et bénéfice, 4 800 fr. ; la seconde, qui n'a laissé son capital que pendant un an dans l'entreprise, reçoit 2 560 fr. en tout. Trouver la mise de chaque associé et ce que chaque mise a rapporté pour %.*

Rép. : 2400 fr. et 1600 fr.; 60 %.

Soit x la mise de la première personne; celle de la seconde sera $4\,000 - x$.

Soit maintenant y le gain de 1 fr. pour 1 mois. Le gain de x francs pendant 20 mois sera $20xy$. De même, le gain du second pendant 12 mois sera $12y(4\,000 - x)$. Mais 4800 fr. représentent la mise de la première personne plus son gain. De même, 2560 fr. représentent la mise de la seconde plus son gain : donc on a les 2 équations

[1] $x + 20xy = 4800,$

[2] $4\,000 - x + 12y(4\,000 - x) = 2560.$

Au lieu de l'équation [2], on peut écrire,

[3] $1400 - x + 12y(4\,000 - x) = 0.$

D'ailleurs, l'équation [1] donne

$$y = \frac{4800 - x}{20x}.$$

Portant cette valeur dans [3], il vient, après toutes simplifications,

$$x^2 + 9600x - 28\,800\,000 = 0.$$

Résolvant, on trouve

$$x' = 2400 \quad \text{et} \quad x'' = -12\,000.$$

Nous laisserons au lecteur le soin d'interpréter la solution négative. La mise de la première personne étant 2400 fr., celle de la seconde sera 4000^f — 2400 ou 1600 fr.

D'ailleurs la valeur de x' portée dans [1] donne $y = \frac{1}{20}$. Si la fraction $\frac{1}{20}$ représente le gain de 1 fr. pour 1 mois, le gain de 100 fr. pour 12 mois sera $\frac{12 \times 100}{20}$ ou 60 fr. Chaque mise a donc rapporté 60 %, ce qu'on peut facilement vérifier.

756. *La somme de deux nombres est* 12, *le produit de ces nombres multiplié par la somme de leurs carrés égale* 2590. *Trouver ces nombres.*

Rép. : 7 et 5.

On a, d'après l'énoncé,

[1] $x + y = 12,$

[2] $xy(x^2 + y^2) = 2590.$

Si l'on élève au carré les 2 membres de l'équation [1], il vient

$$x^2 + y^2 + 2xy = 144 :$$

d'où

$$x^2 + y^2 = 144 - 2xy.$$

Cette valeur de $x^2 + y^2$ portée dans [2] donne

$$xy(144 - 2xy) = 2590,$$

ou, après simplification,

$$x^2y^2 - 72xy + 1295 = 0.$$

Prenant, dans cette équation, xy pour inconnue, on a

$$xy = 37 \quad \text{ou} \quad xy = 35.$$

D'après [1] les nombres x et y sont donc donnés par l'équation

$$z^2 - 12z + 35 = 0.$$

Si l'on résout, on trouve

$$x = 7 \quad \text{et} \quad y = 5,$$

L'équation

$$z^2 - 12z + 37 = 0$$

donne des valeurs imaginaires pour x et y.

757. *Trouver la base du système de numération dans lequel le nombre* 12551 *est représenté par* 30407.

Rép. : 8.

Soit x cette base. Les unités du premier, du deuxième, du troisième ordre de ce système valent 1, x, x^2..... (de même que dans notre système ces unités valent 1, 10, 10^2.....). Le nombre de ce système exprimé par 30407 vaut donc, dans le système décimal : $3x^4 + 0x^3 + 4x^2 + 0x + 7$. On a, par suite, donc l'équation bicarrée

$$3x^4 + 4x^2 + 7 = 12551,$$

ou

$$3x^4 + 4x^2 - 12544 = 0.$$

Résolvant, on a la seule valeur admissible,

$$x = \sqrt{\dfrac{-4 + \sqrt{16 + 12 \times 12544}}{6}} = 8.$$

La base cherchée est donc 8.

758. *Trouver la base du système de numération dans lequel le nombre* 12551 *est représenté par* 1343.

Rép. : 7.

De même que dans l'exercice précédent, on a :

$$x^3 + 3x^2 + 4x + 3 = 521 :$$

d'où

$$x^3 + 3x^2 + 4x - 518 = 0.$$

Le nombre demandé substitué à x annule le premier membre de cette équation, et d'ailleurs, comme il divise les trois premiers termes, il est diviseur de 518. Or le diviseur de 518 qui annule le premier membre est 7. La base cherchée est donc 7.

759. *Trouver les 5 nombres entiers qui vérifient l'équation*

$$x^5 - 12x^4 + 28x^3 + 78x^2 - 173x - 210 = 0.$$

On sait d'ailleurs que trois de ces nombres diffèrent successivement de 2 unités, et que la somme des carrés de ces trois nombres est égale à 83.

Rép. : — 1 , — 2 , 3 , 5 et 7.

L'énoncé donne cette équation

$$(x - 2)^2 + x^2 + (x + 2)^2 = 3x^2 + 8 = 83 :$$

d'où

$$x = 5.$$

Trois des nombres demandés sont donc 3, 5 et 7. L'équation proposée est par conséquent divisible par $(x - 3)(x - 5)(x - 7)$. (Voir exercice **154**.) Si l'on effectue la division, on trouve pour quotient $x^2 + 3x + 2$. Égalant ce quotient à zéro et résolvant l'équation qui en résulte, on trouve que les deux autres nombres cherchés sont — 1 et — 2.

760. *Un nombre s'écrit* 15226 *dans le système dont la base est 8, et* 10302 *dans un autre système : trouver ce dernier système.*

Rép. : 9.

Le nombre écrit dans le système dont la base est 8 vaut, dans le système décimal [1],

$$6 + 2 \times 8 + 2 \times 8^2 + 5 \times 8^3 + 1 \times 8^4 = 6806.$$

Soit maintenant x la base cherchée, on a pour l'équation du problème

$$x^4 + 0x^3 + 3x^2 + 0x + 2 = 6806,$$

ou

$$x^4 + 3x^2 - 6804 = 0.$$

Résolvant cette équation, on trouve que la seule valeur que l'on puisse admettre est

$$x = 9.$$

La base cherchée est donc 9.

761. *Soit le quadrinôme* x³ + px² + qx + r. *On suppose qu'en y substituant* a *à la place de* x, *ce quadrinôme devienne* o; *de là il suit que ce quadrinôme est divisible par* x — a; *c'est ce qu'on propose de dé-*

---

1. Voir notre *Nouveau Cours d'arithmétique* et nos *Exercices d'arithmétique*.

montrer. Par suite, il sera facile de décomposer le quadrinôme en trois facteurs où x *n'entre qu'au premier degré; c'est aussi ce qu'il faut démontrer.*

La première partie du théorème proposé a été démontrée dans notre *Nouveau Cours d'algèbre.* (Voir nº **92**.)

On a d'ailleurs

$$\frac{x^3 + px^2 + qx + r}{x - a} = x^2 + (a + r)x + a^2 + ap + q.$$

Or, le second membre est facile à décomposer en deux facteurs du premier degré.

On peut donc trouver aisément les trois racines de l'équation

$$x^3 + px^2 + qx + r = 0.$$

762. *Les deux nombres* 421 *et* 241 *écrits dans un système inconnu ont pour différence* 103, *écrit dans le système dont la base est* 9. *On demande le système inconnu.*

Rép. : 7.

La différence 103 vaut, dans le système décimal,

$$3 + 0 \times 9 + 1 \times 9^2 = 84.$$

Soit maintenant x la base cherchée. D'après l'énoncé, l'équation du problème est

$$4x^2 + 2x + 1 - (2x^2 + 4x + 1) = 84 :$$

d'où

$$x = 7.$$

Les nombres 421 et 241 sont donc écrits dans le système dont la base est 7.

763. *Trouver les* 4 *facteurs du premier degré dans lesquels le trinôme* x⁴ — 13x² + 16 *peut être décomposé.*

Si dans le trinôme proposé on remplace x^2 par z, il vient

$$z^2 - 13z + 16 = 0.$$

Mais

$$z^2 - 13z + 16 = (z - z')(z - z'').$$

On a donc

$$x^4 - 13x^2 + 16 = (x^2 - z')(x^2 - z'').$$

Or, le binôme $x^2 - z'$ est aussi décomposable en deux facteurs du premier degré. Si on l'égale à zéro, on a l'équation

$$x^2 - z' = 0,$$

d'où l'on tire

$$x = \pm \sqrt{z'} \,;$$

et, par suite,

$$x^2 - z' = (x - \sqrt{z'})(x + \sqrt{z'}).$$

On a de même

$$x^2 - z'' = (x - \sqrt{z''})(x + \sqrt{z''}),$$

et comme

$$\sqrt{z'} = x' \quad \text{et} \quad \sqrt{z''} = x'',$$

il vient

$$x^4 - 13x^2 + 16 = (x - x')(x + x')(x - x'')(x + x'').$$

On voit que pour obtenir le second membre de cette égalité, c'est-à-dire pour décomposer le trinôme proposé en facteurs du premier degré, il suffit de retrancher de x successivement les quatre racines que donne le trinôme égalé à zéro.

764. *Les deux nombres 836 et 805 écrits dans un système inconnu ont pour somme le nombre 1 190 écrit dans le système duodécimal. On demande le système inconnu.*

Rép. : 11.

La somme 1 190 vaut dans le système décimal

$$0 + 9 \times 12 + 1 \times 12^2 + 1 \times 12^3 = 1980.$$

Soit maintenant x la base cherchée.

On a, d'après l'énoncé,

$$8x^2 + 3x + 6 + 8x^2 + 0x + 5 = 1980 :$$

d'où

$$x = 11.$$

765. *La différence de deux nombres multipliée par la différence de leurs carrés est égale à 48; la somme de ces mêmes nombres multipliée par la somme de leurs carrés est égale à 888. Trouver ces deux nombres.*

Rép. : 7 et 5.

L'énoncé donne

[1] $$(x - y)(x^2 - y^2) = 48,$$
[2] $$(x + y)(x^2 + y^2) = 888.$$

De [1], on tire

$$x^3 + y^3 - xy(x + y) = 48.$$

L'équation [2] donne

$$x^3 + y^3 + xy(x + y) = 888.$$

Si l'on fait
$$x + y = s \quad \text{et} \quad xy = p,$$
il vient
$$(x + y)^3 = s^3,$$
ou
$$x^3 + y^3 + 3xy(x + y) = s^3.$$
Par suite,
$$s^3 = 48 + 4xy(x + y),$$
ou
[3]
$$s^3 = 48 + 4ps ;$$
de même
[4]
$$s^3 = 888 + 2ps.$$

La valeur de s tirée de [3] et portée dans [4] donne
$$s^3 = 888 + \frac{2p(s^3 - 48)}{4p} :$$
d'où
$$s^3 = 1728 ;$$
par suite,
$$s = 12.$$

La valeur de s donne $p = 35$. Les nombres demandés sont donc les racines de l'équation
$$z^2 - 12z + 35 = 0.$$
Résolvant, on trouve
$$z' = 7 \quad \text{et} \quad z'' = 5.$$
Il est facile de vérifier.

766. *Les deux nombres* 142 *et* 177 *écrits dans un système inconnu ont pour produit* 43061 *écrit dans le système dont la base est* 8. *On demande le système inconnu.*

Rép. : 9.

Le produit 43061 vaut dans le système décimal
$$1 + 6 \times 8 + 0 \times 8^2 + 3 \times 8^3 + 4 \times 8^4 = 17969.$$

La base du système demandé étant représentée par x, on a l'équation
$$(x^2 + 4x + 2)(x^2 + 7x + 7) = x^4 + 11x^3 + 37x^2 + 42x + 14 = 17969 :$$
d'où
$$x^4 + 11x^3 + 37x^2 + 42x - 17955 = 0.$$

La base demandée étant substituée à x doit annuler le premier membre et diviser par conséquent le nombre 17955. Or, 9 divisant 17955 et annulant le premier membre est la base du système inconnu. Ce qu'on peut vérifier.

PROBLÈMES DE GÉOMÉTRIE.

767. *La différence entre la diagonale d'un carré et son côté est de
6^m : trouver la surface du carré.*

Rép. : $209^{mq},80$.

Si l'on représente par x le côté du carré et par s sa surface, on a
$$x^2 = s,$$
et, d'après la relation qui existe entre le côté d'un carré et sa diagonale,
$$2x^2 = (x+6)^2 = x^2 + 12x + 36 :$$
d'où
$$x^2 - 12x - 36 = 0.$$
Résolvant, on trouve pour seule valeur admissible de x
$$x = 6 + 6\sqrt{2};$$
donc
$$s = (6 + 6\sqrt{2})^2 = 209^{mq},80.$$

768. *Un rectangle a une surface de 391^{mq} : trouver ses dimensions,
sachant qu'elles diffèrent de 6^m.*

Rép. : 17 mètres et 23 mètres.

Si l'on désigne par x l'une des dimensions, l'autre sera $x+6$. On
a donc l'équation
$$x(x+6) = 391,$$
ou
$$x^2 + 6x - 391 = 0.$$
Résolvant, on trouve
$$x = 17;$$
l'autre dimension est donc $17 + 6$ ou 23.

769. *La surface d'un rectangle est 486^{mq}; si l'on augmentait chaque côté de 2^m, la surface serait 580^{mq}. Trouver les côtés de ce rectangle.*

Rép. : 27 mètres et 18 mètres.

Si x et y désignent les dimensions du rectangle, on a, d'après
l'énoncé,
$$xy = 486,$$
$$(x+2)(y+2) = 580.$$

Effectuant les calculs, dans cette dernière équation, et simplifiant, il vient

$$x + y = 45.$$

Les dimensions x et y sont donc les racines de l'équation

$$z^2 - 45z + 486 = 0.$$

Résolvant, on a :

$$x = 27 \quad \text{et} \quad y = 18.$$

770. *Le rayon de la surface des mers, supposée sphérique, est 6366198 mètres. A quelle distance peut s'étendre en pleine mer la vue d'un observateur élevé de 50 mètres au-dessus du niveau de l'eau?*

Rép. : 25231 mètres.

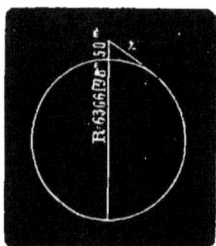

Fig. 47.

On sait que le carré de la tangente est égal au produit de la sécante entière par sa partie extérieure.

On a donc

$$x^2 = (2 \times 6366198 + 50) \times 50 :$$

d'où

$$x = 25231 \text{ mètres.}$$

771. *Un rectangle a 300 mq de surface; sa diagonale a 25 mètres; calculer ses dimensions.*

Rép. : 20 mètres et 15 mètres.

Soient x et y les dimensions cherchées. On a, d'après l'énoncé, les deux équations suivantes :

[1] $xy = 300,$

[2] $x^2 + y^2 = 25^2 = 625.$

Si l'on élève au carré les deux membres de l'éqution [1], il vient

[3] $x^2 y^2 = 90000.$

Donc x^2 et y^2 sont les racines de l'équation

$$z^2 - 625z + 90000 = 0.$$

Résolvant, on trouve

$$x^2 = 400 \quad \text{et} \quad y^2 = 225 :$$

d'où

$$x = 20 \quad \text{et} \quad y = 15.$$

772. *La diagonale d'un rectangle a 55 mètres, la différence entre sa base et sa hauteur est de 11 mètres. On demande la surface de ce rectangle.*

Rép. : 1452^{mq}.

Si x et y sont les dimensions du rectangle, l'énoncé donne immédiatement les deux équations

$$x - y = 11,$$
$$x^2 + y^2 = (55)^2.$$

Résolvant ce système, on trouve

$$x = 44 \quad \text{et} \quad y = 33.$$

La surface demandée est donc

$$44 \times 33 = 1452^{mq}.$$

773. *L'hypoténuse d'un triangle rectangle a 55^m, les côtés de l'angle droit sont dans le rapport de 3 à 4 : trouver ces côtés.*

Rép. : 44^m et 33^m.

On a, d'après l'énoncé

[1] $$x^2 + y^2 = 55^2,$$

[2] $$\frac{x}{y} = \frac{3}{4}.$$

La valeur de x tirée de [2] et portée dans [1] donne

[3] $$25y^2 = 55 \times 55 \times 16.$$

Extrayant, dans [3], la racine carrée de chaque membre, il vient

$$5y = 55 \times 4 :$$

d'où

$$y = 44.$$

La valeur de y portée dans [2] donne

$$x = 33.$$

La vérification est facile.

774. *Un triangle rectangle a une surface de 726^{mq}, son hypoténuse a 55^m : trouver les deux côtés de l'angle droit.*

Rép. : 44^m et 33^m.

Soient x et y les deux côtés de l'angle droit du triangle rectangle. On a, d'après l'énoncé,

$$xy = \frac{726}{2} = 363,$$

$$x^2 + y^2 = 55^2.$$

Résolvant ce système (exercice **771**), on trouve

$$x = 44 \quad \text{et} \quad y = 33.$$

775. *Trouver les trois côtés d'un triangle rectangle, sachant que la somme de ces côtés est* 132 *et que la somme de leurs carrés est* 6050.

Rép. : 55 , 44 et 33.

Soient x l'hypoténuse et y et z les deux côtés de l'angle droit. Une propriété connue du triangle rectangle et l'énoncé donnent les trois équations suivantes

[1] $x^2 = y^2 + z^2$,
[2] $x + y + z = 132$,
[3] $x^2 + y^2 + z^2 = 6050$.

Ajoutant [1] et [3], il vient

$$2x^2 = 6050 :$$

d'où $x = 55.$

Si l'on substitue la valeur de x dans [2] et dans [3], on a

$$y + z = 77,$$
$$y^2 + z^2 = 5025.$$

Ce système, facile à résoudre, donne

$$y = 44 \quad \text{et} \quad z = 33.$$

776. *Par un point* A, *situé hors d'une circonférence, mener une sécante qui soit divisée en deux parties égales par la circonférence.*

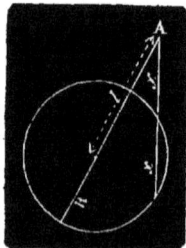

Fig. 48.

Soit l la distance du point A au centre du cercle donné. La figure donne, d'après un théorème connu de géométrie,

$$x \times 2x = (l + R)(l - R),$$

ou

$$2x^2 = l^2 - R^2 :$$

d'où

$$x = \sqrt{\frac{l^2}{2} - \frac{R^2}{2}}.$$

Pour que le problème soit possible, on doit donc avoir

$$l^2 > R^2,$$

ou

$$l > R.$$

Si l'on a $l = R$, le radical s'annule, et il vient $x = 0$.

777. *Un polygone a 35 diagonales : combien a-t-il de côtés?*

Rép. : 10.

Soit x le nombre des côtés du polygone. On peut mener par chaque sommet $x - 3$ diagonales et pour x sommets on mènera un nombre de diagonales égal à $x(x - 3)$; mais comme chaque diagonale se trouve menée deux fois, on a l'équation

$$\frac{x(x - 3)}{2} = 35,$$

$$x^2 - 3x - 70 = 0.$$

Résolvant, on trouve pour seule valeur admissible

$$x = 10.$$

778. *On veut construire sur une base AB de 21^m un triangle CAB rectangle en A, et tel que l'hypoténuse CB et le côté CA fassent ensemble une somme double du côté AB : calculer CB et CA.*

Rép. : CB $= 26^m,25$, CA $= 15^m,75$.

Soient x l'hypoténuse et y le côté CA. On a, d'après l'énoncé,

[1] $x + y = 21 \times 2$;

on a aussi, puisque le triangle est rectangle,

[2] $x^2 - y^2 = 21^2$.

Divisant [2] par [1], il vient

[3] $x - y = 10,5$.

De [1] et de [3], on déduit

$$x = \frac{42 + 10,5}{2} = 26^m,25,$$

$$y = \frac{42 - 10,5}{2} = 15^m,75.$$

L'hypoténuse aura donc $26^m,25$ et le côté CA, $15^m,75$: la somme est 42, c'est-à-dire double du côté AB.

779. *Trouver la distance de l'origine à la droite* $3x - 4y + 20$ $= 0$, *les axes étant rectangulaires.*

Rép. : 4.

Si dans l'équation

$$3x - 4y + 20 = 0$$

on fait $x = 0$, il vient $y = 5$; et si l'on fait $y = 0$, on a $x = -\dfrac{20}{3}$.

Ces valeurs déterminent les points Q et P'; il s'agit donc de déterminer la distance du point O à la ligne P'Q. (Voir nos *Cours d'algèbre*.)
Or la figure donne

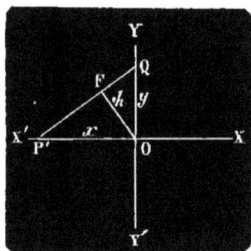

Fig. 49.

$$y^2 + x^2 = \overline{P'Q}^2,$$

$$5^2 + \left(-\frac{20}{3}\right)^2 = \overline{P'Q}^2;$$

ou

$$25 + \frac{400}{9} = \overline{P'Q}^2;$$

par suite, on a $P'Q = \dfrac{25}{3}$.

Mais

$$[\alpha] \qquad h^2 = y^2 - \overline{FQ}^2 = 25 - \overline{FQ}^2,$$

et

$$h^2 = x^2 - (P'Q - FQ)^2 = \frac{400}{9} - \left(\frac{25}{3} - FQ\right)^2.$$

Égalant ces valeurs de h^2, il vient

$$25 - \overline{FQ}^2 = \frac{400}{9} - \left(\frac{25}{3} - FQ\right)^2 :$$

d'où l'on tire

$$FQ = 3.$$

Cette valeur portée dans $[\alpha]$ donne

$$h = 4.$$

780. *Décrire une circonférence passant par un point donné* M, *et tangente à deux droites données* AB, CD.

La circonférence tangente aux deux droites a son centre sur la bissectrice OE, et par conséquent, si elle passe par le point M, elle passera aussi par le point M' symétrique du point M. Si l'on pro-

longe MM' jusqu'en I, et qu'on fasse TI $= x$, IM $= a$ et IM' $= b$,
il vient, d'après un théorème connu de géométrie,

$$x^2 = ab :$$

d'où

$$x = \pm \sqrt{ab}.$$

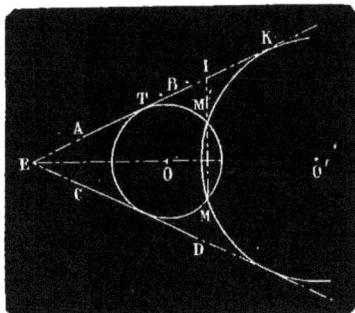

Fig. 50.

Ainsi, pour trouver les deux valeurs de x indiquant les points de contact des circonférences O et O', il suffira de prendre de chaque côté de I deux longueurs égales à $\sqrt{ab}$. (Voir nos *ouvrages de géométrie.*)

781. *La hauteur d'un trapèze est égale à la demi-somme de ses bases, et la différence entre les deux bases est* 1^m; *d'ailleurs, la plus grande base est égale à l'hypoténuse d'un triangle rectangle dont les deux côtés de l'angle droit seraient la petite base et la hauteur du trapèze. Calculer l'aire de ce trapèze.*

Rép. : 4^{mq}.

Soient x la grande base, y la petite et h la hauteur, on a, d'après l'énoncé,

[1]
$$\frac{x + y}{2} = h,$$

[2
$$x - y = 1,$$

[3]
$$x^2 - y^2 = h^2.$$

Au lieu de l'équation [3], on peut écrire

$$(x + y)(x - y) = h^2.$$

Si dans cette dernière on remplace $x + y$ et $x - y$ par les valeurs tirées de [1] et de [2], il vient

$$2h = h^2,$$

ou, en négligeant la racine 0,

$$h = 2.$$

Cette valeur donne

$$x = \frac{5}{2} \quad , \quad y = \frac{3}{2}.$$

La surface demandée est donc égale à

$$\frac{5 + 3}{4} \times 2 = 4^{mq}.$$

782. *On donne un point* P *intérieur ou extérieur à un cercle : mener par ce point une sécante* APB *ou* PAB, *de manière que la corde* AB *ait une longueur donnée* $2l$.

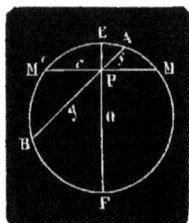

Fig. 51.

1er *Cas.* P *intérieur.* Soit APB $= 2l$ la corde demandée. Si l'on mène le diamètre EPF, la corde perpendiculaire M'PM, et que pour abréger on fasse M'P $=$ MP $= c$, PA $= x$ et PB $= y$, on aura (*Cours de géométrie*) les deux équations

$$x + y = 2l,$$
$$xy = c^2.$$

Les inconnues x et y sont donc les racines de l'équation

$$z^2 - 2lz + c^2 = o.$$

Résolvant, on a

$$z = l \pm \sqrt{l^2 - c^2}.$$

Il est facile de construire les valeurs de x et de y.

D'ailleurs, pour que ces deux valeurs soient distinctes, on doit avoir $l^2 > c^2$ ou $l > c$. Si $l^2 = c^2$ ou $l = c$, les valeurs de x et de y sont l'une et l'autre égales à l. La plus petite valeur que puisse avoir l étant $l = c$, il en résulte que la plus petite corde qui passe en P est la perpendiculaire M'PM. La plus grande est d'ailleurs le diamètre EPF.

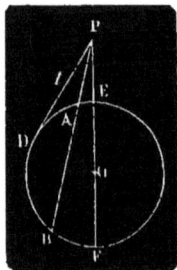

Fig. 52.

2e *Cas.* P *extérieur.* Soit AB $= 2l$ la corde demandée. Si l'on mène la tangente PD $= t$ et qu'on fasse PA $= x$ et PB $= y$, on aura les deux équations

$$y - x = 2l,$$
$$xy = t^2.$$

Résolvant ce système, on trouve

$$x = -l \pm \sqrt{l^2 + t^2}, \quad y = l \pm \sqrt{l^2 + t^2}.$$

On ne peut admettre que les valeurs positives de x et de y. On sait du reste les construire.

La plus grande sécante issue de P étant la sécante PEF, si l'on considère cette sécante, on a

$$y - x = 2r,$$
$$xy = t^2 :$$

d'où

$$y = r + \sqrt{r^2 + t^2}.$$

Donc la plus grande valeur de l qui doive rendre $y = $ PEF est $l = r$ ou $l^2 = r^2$.

783. *Inscrire dans un cercle donné une corde de longueur donnée* $2l$, *qui soit partagée, par une autre corde donnée* $2m$, *en deux parties égales.*

Soient AB$=2m$ la corde donnée, et MN$=2l$ la corde cher-chée. Le triangle OIE, rectangle en E, donne

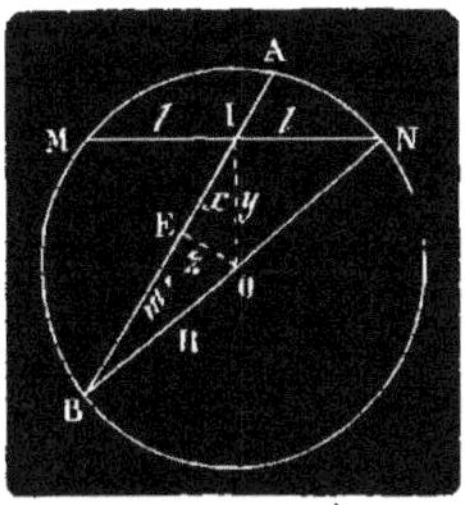

$$[\text{1}] \qquad x^2 = y^2 - z^2.$$

Le triangle OIN, rectangle en I, donne

$$R^2 = y^2 + l^2.$$

On a aussi, pour le triangle rectangle BOE,

$$R^2 = z^2 + m^2.$$

Égalant les valeurs de R^2, il vient

$$y^2 + l^2 = z^2 + m^2 :$$

Fig. 53.

d'où

$$y^2 - z^2 = m^2 - l^2.$$

On a donc, relation [1],

$$x^2 = m^2 - l^2 :$$

d'où

$$x = \sqrt{m^2 - l^2}.$$

La valeur de x est facile à construire. Le point I étant connu, il suffit de mener à OI, et par le point I, une corde MN perpendi-culaire, qui sera la corde demandée $2l$.

Pour que le problème soit possible, il faut avoir

$$m^2 > l^2,$$

ou

$$m > l.$$

Pour $m = l$, il vient $x = 0$. Alors les deux cordes sont égales et perpendiculaires en leur milieu : ce sont donc **deux diamètres**.

784. *Circonscrire à un demi-cercle donné un trapèze de surface donnée* a^2.

Pour abréger, soient AC$=$CD$=x$ et BE$=$ED$=y$. La surface du trapèze ACEB est égale à $\dfrac{x+y}{2} \times 2r = r(x+y)$.

Donc, on a cette première équation

$$[1] \qquad r(x + y) = a^2.$$

D'autre part, si l'on trace ME parallèle à AB, la figure donne

$$\overline{ME}^2 = \overline{CE}^2 - \overline{CM}^2,$$

ou

$$4r^2 = (x + y)^2 - (x - y)^2,$$

ou

$$4r^2 = 4xy,$$

ou enfin

$$xy = r^2.$$

Les côtés x et y du trapèze sont donc les racines de l'équation

$$z^2 - \frac{a^2}{r} z + r^2 = 0.$$

Pour que le problème soit possible, il faut et il suffit que les racines de cette équation soient réelles. On doit donc avoir

$$\left(\frac{a^2}{r}\right)^2 > 4r^2,$$

ou

$$a^4 > 4r^4,$$

ou encore

$$a^2 > 2r^2.$$

La plus petite valeur est donc

$$[k] \qquad a^2 = 2r^2.$$

Mais alors le radical s'annule et $x = y = \dfrac{a^2}{2r} = r$ (égalité $[k]$).

Le trapèze circonscrit de plus petite surface est donc le demi-carré circonscrit.

785. *Deux cordes d'un cercle se coupent : les deux parties de l'une valent respectivement* 1^m,2 *et* 2^m,1 ; *de plus, la différence entre les deux parties de l'autre est* 0^m,1. *Calculer la longueur de cette dernière.*

Rép. : 5^m,19.

Si x représente une partie de la corde inconnue, l'autre sera $x + 0,1$, et, d'après un théorème connu de géométrie, on aura

$$(x + 0,1)x = 1,2 \times 2,1 = 2,52,$$

ou

$$x^2 + 0,1x = 2,52,$$

ou encore

$$10x^2 + x - 25,2 = 0.$$

Résolvant, on trouve $1^m,545$ pour l'un des segments de la corde cherchée et $1^m,645$ pour l'autre. Sa longueur est donc

$$1,545 + 1,645 = 3^m,19.$$

786. *Circonscrire à une circonférence un losange ayant un périmètre donné* 4p.

Le périmètre donné étant égal à $4p$, on a $BC = p$. Les diago-

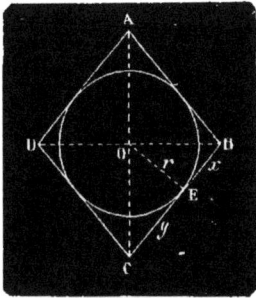

Fig. 55.

nales AC, BD, bissectrices des angles A, C, B, D, se rencontrent au centre du cercle inscrit. Il s'agit donc de déterminer le point E, c'est-à-dire BE ou CE.

Soient $BE = x$, $CE = y$. On aura cette première équation

$$[1] \qquad x + y = p.$$

Le triangle rectangle BOC donne

$$BE \times CE = \overline{OE}^2,$$

ou

$$[2] \qquad xy = r^2.$$

Les inconnues x et y sont donc les racines de l'équation

$$z^2 - pz + r^2 = 0.$$

Pour que le problème soit possible, on doit avoir $p^2 > 4r^2$, ou $p > 2r$. La plus petite valeur qu'on puisse avoir est donc $p = 2r$. Alors $x = y = \dfrac{p}{2}$.

Dans ce cas, le losange n'est donc autre chose que le carré circonscrit.

787. *La hauteur d'un trapèze est de* 10 *mètres : la surface de ce trapèze est égale à celle du rectangle qui serait construit sur ses deux bases parallèles ; de plus, le double de la plus petite base ajouté au triple de la plus grande est égal à* 4 *fois la hauteur du trapèze. On demande les valeurs des deux bases.*

Soient x et y les deux bases du trapèze. Si l'on suppose que x représente la plus petite base, on a les deux équations

$$[1] \qquad 5(x + y) = xy,$$

$$[2] \qquad 2x + 3y = 40.$$

Si de [2] on tire la valeur de x et qu'on porte cette valeur dans [1], il vient

$$5y = (y - 5)\frac{40 - 5y}{2},$$

ou

$$5y^2 - 45y + 200 = 0.$$

Cette équation ayant ses racines imaginaires, le problème est impossible.

788. *On donne le périmètre* 2p *d'un triangle rectangle, et le rayon* r *du cercle inscrit. Trouver les côtés du triangle.*

Soient b et c les côtés de l'angle droit du triangle rectangle et a son hypoténuse. On a d'abord les deux équations

[1] $a + b + c = 2p,$

[2] $b^2 + c^2 = a^2.$

Mais on sait que l'aire d'un polygone circonscrit à un cercle a pour mesure le produit de son périmètre par la moitié du rayon du cercle : l'aire du triangle rectangle sera donc exprimée par pr ; mais elle l'est aussi par $\frac{1}{2} bc$.

Donc, on a cette troisième équation

[3] $bc = 2pr :$

d'où

[4] $2bc = 4pr.$

Les équations [2] et [4] donnent par addition

$$b^2 + c^2 + 2bc = a^2 + 4pr,$$

ou

$$(b + c)^2 = a^2 + 4pr.$$

D'ailleurs, de [1], on tire

$$(b + c)^2 = (2p - a)^2 :$$

donc on a

$$a^2 + 4pr = (2p - a)^2 = 4p^2 - 4pa + a^2 :$$

d'où

$$a = p - r.$$

Cette valeur de a, portée dans [1], donne

$$b + c = p + r.$$

Mais on a aussi

$$bc = 2pr :$$

donc b et c sont les racines de l'équation

$$z^2 - (p+r)z + 2pr = 0,$$

ou

$$z = \frac{1}{2}\left(p + r \pm \sqrt{(p+r)^2 - 8pr}\right).$$

L'une des valeurs de z donne le côté b et l'autre donne le côté c.

789. *Inscrire dans un triangle donné un rectangle de surface donnée* m².

Pour abréger, soient b et h la base et la hauteur du triangle donné, x et y la base et la hauteur du rectangle cherché EFGD. L'énoncé donne l'équation

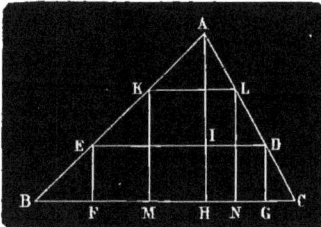

Fig. 56.

$$xy = m^2.$$

D'autre part, on a, par suite de la similitude des triangles AED, ABC,

$$\frac{x}{b} = \frac{h-y}{h} :$$

d'où

$$x = \frac{bh - by}{h}.$$

Par suite, il vient

$$y\,\frac{bh - by}{h} = m^2,$$

ou

[a]
$$by^2 - bhy + m^2 h = 0 :$$

d'où

$$y = \frac{bh \pm \sqrt{b^2 h^2 - 4m^2 bh}}{2b}.$$

Cette valeur de y fait connaître aisément celle de x.

Pour que le problème soit possible, il faut que les valeurs de x et de y soient réelles. On doit donc avoir

$$b^2 h^2 \gtrless 4m^2 bh,$$

ou

$$\frac{bh}{4} \gtrless m^2.$$

Si l'on a

$$\frac{bh}{4} > m^2,$$

les deux racines sont toutes deux positives, puisque d'après la relation [a] leur produit $\dfrac{m^2h}{b}$ est positif et que leur somme h est aussi positive. Donc, dans ce cas, il y a deux solutions; on peut inscrire deux rectangles différents, EDCF, KLMN.

Si l'on a

$$\frac{bh}{4} = m^2,$$

le radical s'annule et les deux valeurs de y se réduisent à $\dfrac{h}{2}$; il n'y a donc qu'une solution dans ce cas.

Il résulte de là que le plus grand rectangle qu'on peut inscrire a pour hauteur $\dfrac{h}{2}$, c'est-à-dire la moitié de la hauteur du triangle.

Enfin, si l'on a

$$\frac{bh}{4} < m^2,$$

les valeurs de y sont imaginaires, et le problème proposé est impossible.

790. *Inscrire à une circonférence donnée* O *un triangle isocèle* ABC, *connaissant la somme* a *de sa base et sa hauteur.*

Si l'on désigne la base par $2x$, la hauteur par y et le rayon du cercle donné par r, on a les deux équations

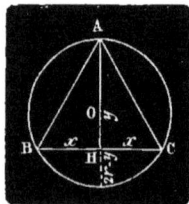

Fig. 57.

[1] $2x + y = a,$
[2] $x^2 = y(2r - y).$

La valeur de x tirée de [1] et portée dans [2] donne

$$5y^2 - 2(a + 4r)y + a^2 = 0.$$

Résolvant, on trouve (246, *Cours*)

$$y = \frac{a + 4r \pm \sqrt{(a + 4r)^2 - 5a^2}}{5},$$

ou

$$y = \frac{a + 4r \pm \sqrt{16r^2 + 8ar - 4a^2}}{5}.$$

Connaissant y, on prend sur un diamètre une longueur AH, puis on mène BHC perpendiculaire à AH; enfin on tire les droites AB et AC. D'ailleurs, pour que y soit réel, on doit avoir

[1] $16r^2 + 8ar - 4a^2 > 0.$

Si l'on fait

$$16r^2 + 8ar - 4a^2 = 0,$$

ou, en simplifiant,

$$4r^2 + 2ar - a^2 = 0,$$

ou encore

$$a^2 - 2ar - 4r^2 = 0$$

et qu'on résolve cette équation par rapport à a, il vient pour les deux valeurs de a :

$$a' = r(1 + \sqrt{5}) \quad \text{et} \quad a'' = r(1 - \sqrt{5}).$$

La relation [1] est vérifiée pour toute valeur égale ou supérieure à a', et pour toute valeur égale ou inférieure à a'' (*Cours*, n° **270**) : donc, pour que cette relation subsiste, il suffit d'avoir $r(1 + \sqrt{5}) = a$. Il est inutile de parler de la valeur de a'', car, étant négative, elle ne convient pas à la question.

791. *Mener par le sommet d'un triangle dont la base est* b *et la hauteur* h *une droite qui joigne cette même base et qui détermine deux triangles tels que leur somme soit double du rectangle des segments de la base.*

Soient le triangle ABC et AK la droite qui divise le triangle comme il est demandé. Si l'on désigne l'un des segments de la base par x, l'autre sera $b - x$, et la surface du premier triangle sera $\dfrac{hx}{2}$; celle du second

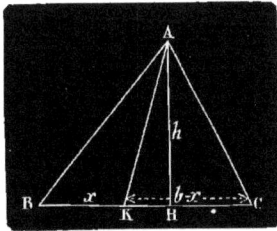

Fig. 58.

$\dfrac{h(b - x)}{2}$; d'ailleurs le double du rectangle des segments de la base sera égal à $2x(b - x)$. Donc on aura l'équation

$$\frac{hx}{2} + \frac{h(b - x)}{2} = 2x(b - x),$$

ou

$$4x^2 - 4bx + bh = 0.$$

Résolvant, on trouve, après simplification,

$$x = \frac{b \pm \sqrt{b(b - h)}}{2}.$$

L'un des segments est x' et l'autre x''; car on a bien

$$\frac{b + \sqrt{b(b - h)}}{2} + \frac{b - \sqrt{b(b - h)}}{2} = \frac{2b}{2} = b.$$

792. *Un diamètre* AB *étant donné, on propose de mener par le point* A *une corde* AC, *puis une seconde corde* CD *parallèle à* AB, *de telle sorte qu'on ait* AC² + CD² = a². a² *est un carré donné.*

Supposons le problème résolu et prenons pour inconnue AE = x.

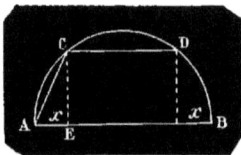

D'autre part, soit R le rayon du cercle. D'après l'énoncé, on doit avoir

$$[1] \quad \overline{AC}^2 + \overline{CD}^2 = a^2 ;$$

or, la figure donne (*Cours de géométrie*)

$$\overline{AC}^2 = 2Rx ;$$

Fig. 59.

et comme

$$CD = 2R - 2x = 2(R - x),$$
$$\overline{CD}^2 = 4(R - x)^2 = 4R^2 - 8Rx + 4x^2.$$

Portant les valeurs de $\overline{AC}^2$ et de $\overline{CD}^2$ dans [1], il vient, toute réduction faite,

$$[2] \qquad 4x^2 - 6Rx + 4R^2 - a^2 = 0.$$

Résolvant, on trouve

$$x = \frac{3R \pm \sqrt{9R^2 - 4(4R^2 - a^2)}}{4}.$$

ou

$$x = \frac{3R \pm \sqrt{4a^2 - 7R^2}}{4}.$$

Pour que le problème soit possible, il faut que les valeurs de x soient réelles et positives.

Or, elles seront réelles, si l'on a

$$4a^2 > 7R^2,$$

ou

$$a^2 > \frac{7R^2}{4}.$$

Dans le cas où l'on a

$$a^2 = \frac{7R^2}{4},$$

le radical s'annule et les deux valeurs de x sont égales l'une et l'autre à $\frac{3R}{4}$.

Si l'on a

$$a^2 > \frac{7R^2}{4},$$

les deux valeurs de x sont réelles. Elles seront toutes deux positives si leur somme et leur produit sont positifs. Or, leur somme étant [2] $\dfrac{6R}{4}$ ou $\dfrac{3R}{2}$, est positive. Quant à leur produit, il est égal à

$$\frac{4R^2 - a^2}{4};$$

il sera, par conséquent, positif si l'on a $a^2 < 4R^2$. Donc, tant que a^2 sera compris entre $4R^2$ et $\dfrac{7R^2}{4}$, il y aura deux solutions du problème.

Pour $a^2 = 4R^2$, le terme tout connu [2] disparaît et l'on a $x' = \dfrac{6R}{4}$ ou $\dfrac{3R}{2}$ et $x'' = 0$.

Cette dernière valeur de x indique que la distance AE devient égale au diamètre AB, dont le carré est bien $4R^2$.

Enfin, si l'on a $a^2 > 4R^2$, le produit des racines $\dfrac{4R^2 - a^2}{4}$ est négatif, et alors elles sont de signes contraires. La racine négative est par conséquent à rejeter.

793. *Circonscrire à un cercle un trapèze isocèle ayant un périmètre donné* 2p.

Soit ABCD le trapèze demandé. Il est évident que la droite EOF, passant par le centre et perpendiculaire à DC, est un diamètre qui divise le trapèze ABCD en deux parties égales. Si donc on fait AH = AF = x et DH = DE = y, on aura AF + AH + HD + DE = $2x + 2y = p$:

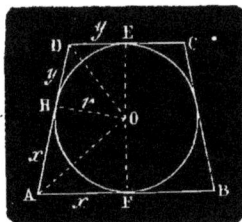

Fig. 60.

d'où

$$[1] \qquad x + y = \frac{p}{2}.$$

D'autre part, le triangle AOD, étant rectangle en O, donne

$$[2] \qquad xy = r^2.$$

Les inconnues x et y sont donc les racines de l'équation

$$z^2 - \frac{p}{2} z + r^2 = 0.$$

Résolvant, on trouve

$$z = \frac{p \pm \sqrt{p^2 - 16 r^2}}{4}.$$

Pour que les racines soient réelles, on doit donc avoir

$$p^2 > 16r^2 \text{ ou } p > 4r \text{ ou encore } 2p > 8r.$$

Pour le trapèze du plus petit périmètre, on aura donc $2p = 8r$: ce trapèze sera par conséquent le carré circonscrit.

794. *Circonscrire à un cercle un trapèze isocèle ayant une surface donnée* a².

Soit ABCD le trapèze demandé (fig. 60). On a, d'après l'énoncé,

$$\frac{AB + DC}{2} \times EF = a^2,$$

ou

$$\frac{2x + 2y}{2} \times 2r = a^2,$$

ou encore

[1] $$x + y = \frac{a^2}{2r}.$$

On a aussi, comme dans l'exercice précédent,

[2] $$xy = r^2.$$

Les inconnues x et y sont donc les racines de l'équation

$$z^2 - \frac{a^2}{2r} z + r^2 = 0,$$

ou

$$2rz^2 - a^2 z + 2r^3 = 0.$$

Résolvant, on trouve

$$z = \frac{a^2 \pm \sqrt{a^4 - 16r^4}}{4r}.$$

On doit avoir, pour que x et y soient réels,

$$a^4 > 16r^4,$$

ou

$$a^2 > 4r^2.$$

Pour le trapèze de moindre surface, on aura donc $a^2 = 4r^2$: ce trapèze sera par conséquent le carré circonscrit.

795. *Trouver les côtés d'un triangle rectangle, connaissant le périmètre* 2p *et la hauteur* h *correspondant à l'hypoténuse.*

Si l'on désigne l'hypoténuse du triangle rectangle par x et les côtés de l'angle droit par y et z, on a pour les équations du problème

[1] $$x + y + z = 2p,$$
[2] $$yz = hx,$$
[3] $$y^2 + z^2 = x^2.$$

De [1] on tire

[4] $$(y + z)^2 = (2p - x)^2 = 4p^2 - 4px + x^2.$$

De l'équation [3], on déduit

$$(y + z)^2 = x^2 + 2yz.$$

Si dans cette dernière équation on remplace $2yz$ par sa valeur $2hx$ (équation [2]), il vient

[5] $$(y + z)^2 = x^2 + 2hx.$$

Les équations [4] et [5] donnent

$$4p^2 - 4px + x^2 = x^2 + 2hx :$$

d'où

$$x = \frac{2p^2}{2p + h}.$$

Portant cette valeur dans [1] et dans [2], on a

$$y + z = \frac{2p^2 + 2ph}{h + 2p},$$

ou

$$yz = \frac{2p^2 h}{h + 2p}.$$

Les inconnues y et z sont donc les racines de l'équation

$$X^2 - \frac{2p^2 + 2ph}{h + 2p} X + \frac{2p^2 h}{h + 2p} = 0,$$

ou

$$(h + 2p)X^2 - 2p(h + p)X + 2p^2 h = 0.$$

Résolvant, on trouve

$$X = \frac{2p(h + p) \pm \sqrt{4p^2(h + p)^2 - 8p^2 h(h + 2p)}}{2(h + 2p)},$$

et il vient, après toute réduction faite

$$X = \frac{p}{h + 2p}[p + h \pm \sqrt{p^2 - 2hp - h^2}].$$

Pour que les valeurs des inconnues soient réelles, on doit avoir

[1] $$p^2 - 2hp - h^2 > 0.$$

Si l'on pose

$$h^2 + 2hp - p^2 = 0,$$

et qu'on résolve cette équation par rapport à h, il vient

$$h = -p \pm p\sqrt{2}.$$

La relation [1] subsistera donc, si l'on a (exercice **790**) :

$$h < p(\sqrt{2} - 1).$$

La plus grande valeur de h est par conséquent

$$h = p(\sqrt{2} - 1).$$

796. *Par un point O donné sur la bissectrice d'un angle droit* A, *mener une droite terminée au côté de l'angle, laquelle détermine un triangle de surface donnée $\frac{1}{2}a^2$.*

Soient x, y les deux côtés du triangle demandé, et l la distance du point donné aux côtés de l'angle. On doit avoir, d'après l'énoncé

$$[1] \qquad xy = a^2.$$

D'ailleurs les triangles BAC, ODC étant semblables, et EADO étant un carré, on a

$$\frac{AC}{AB} = \frac{CD}{OD}.$$

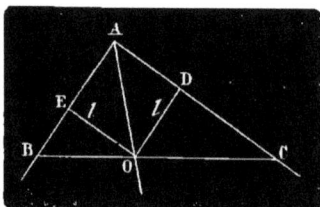

Fig. 61.

ou

$$\frac{x}{y} = \frac{x - l}{l},$$

ou

$$x + y = \frac{xy}{l},$$

ou enfin

$$[2] \qquad x + y = \frac{a^2}{l}.$$

Les inconnues x et y sont donc les racines de l'équation

$$z^2 - \frac{a^2}{l} z + a^2 = 0,$$

ou

$$lz^2 - a^2 z + a^2 l = 0.$$

Résolvant, on trouve

$$z = \frac{a^2 \pm \sqrt{a^4 - 4a^2 l^2}}{2l}$$

Pour que le problème soit possible, il faut que l'on ait

$$a^4 > 4a^2 l^2,$$

ou

$$a^2 > 4l^2.$$

La plus petite valeur de a^2 est donc $a^2 = 4l^2$.

797. *Par un point* A, *extérieur à un cercle* O, *mener une sécante* AB *telle que la somme des carrés des segments* AC, BC *de cette droite soit équivalente à un carré donné* a².

Soient x et y les segments AC, BC. On a, d'après l'énoncé,

$$[1] \qquad x^2 + y^2 = a^2.$$

D'autre part, si l'on désigne la distance AO par l et le rayon du cercle donné par R, on a (*Cours de géométrie*)

$$AC (AC + BC) = (AO + OF) (AO - OF),$$

ou

$$[2] \quad x(x + y) = (l + R)(l - R) = l^2 - R^2.$$

La valeur de y tirée de [2] et portée dans [1] donne une équation bicarrée que le lecteur sait résoudre.

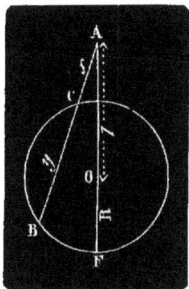

Fig. 62.

798. *Par un point* O *donné dans l'intérieur d'un angle* BAC, *mener une droite* MON *telle qu'on ait* AM $\times$ AN $=$ m², m² *étant un carré donné.*

Soit MON la droite demandée. Faisons AM $= x$, AN $= y$; on a, d'après l'énoncé,

$$[1] \qquad xy = m^2.$$

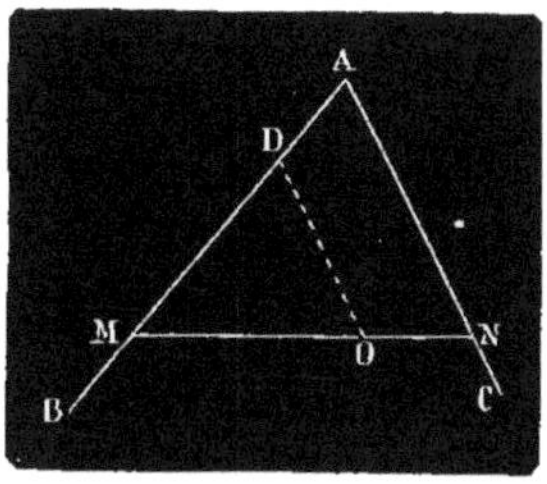

D'autre part, si l'on mène OD parallèle à AC, les triangles semblables MDO, MAN donnent

$$\frac{MD}{MA} = \frac{OD}{AN},$$

ou

$$\frac{x - AD}{x} = \frac{OD}{y},$$

ou encore, en posant AD $= a$ et OD $= b$,

$$\frac{x - a}{x} = \frac{b}{y}.$$

Chassant les dénominateurs, on a

$$xy - ay = bx,$$

et si l'on remplace le produit xy par m², il vient

$$[2] \qquad z = \frac{m^2 - ay}{b}.$$

Fig. 63.

D'ailleurs [1] donne

$$x = \frac{m^2}{y}.$$

Égalant ces deux valeurs de x, on trouve

$$ay^2 - m^2y + bm^2 = 0.$$

Résolvant, on a

$$y = \frac{m^2 \pm \sqrt{m^4 - 4abm^2}}{2a},$$

ou

$$y = \frac{m(m \pm \sqrt{m^2 - 4ab})}{2a}.$$

Cette valeur, portée dans [2], donne

$$x = \frac{m(m \mp \sqrt{m^2 - 4ab})}{2b}.$$

Pour que x et y aient des valeurs réelles, on doit avoir

$$m^2 > 4ab.$$

Par suite, le rectangle xy aura sa plus petite valeur dans le cas où m^2 égalera $4ab$.

Pour $m^2 > 4ab$, on aura deux systèmes de valeurs de x et de y qui satisferont à la question.

799. *Diviser une droite* a *en moyenne et extrême raison.* *Application :* a $= 3o$,

Soit x le plus grand des segments de la ligne ; l'autre sera $a - x$, on a donc l'équation (voir *Cours de géométrie*)

$$\frac{x}{a} = \frac{a - x}{x},$$

ou

[1] $$x^2 = a(a - x),$$

ou enfin

$$x^2 + ax - a^2 = 0.$$

Résolvant, on trouve

$$x' = -\frac{a}{2} + \sqrt{\frac{a^2}{4} + a^2} \quad \text{et} \quad x'' = -\frac{a}{2} - \sqrt{\frac{a^2}{4} + a^2},$$

ou encore

$$x' = \frac{a}{2}(\sqrt{5} - 1) \quad \text{et} \quad x'' = -\frac{a}{2}(1 + \sqrt{5}).$$

On a vu dans le *Cours de géométrie* la construction de x'.

Si l'on applique la formule au cas où $a = 3o$, on a

$$x' = 15\sqrt{5} - 1) = 15(2,236 - 1) = 18,54.$$

L'autre segment aura donc

$$3o - 18,54 = 11,46.$$

Interprétation de la solution négative. — Si dans [1] on change x en $- x$, il vient

$$x^2 = a(a + x).$$

Cette équation est la traduction algébrique du problème suivant:

On donne une droite indéfinie $a = AB$: *trouver à gauche de A un point C tel que le carré de AC soit égal au produit de AB par la distance CB.*

Si l'on fait $AC = x$, on trouve en effet

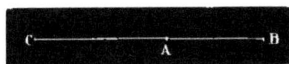

Fig. 64.

$$\overline{AC}^2 = AB \times CB,$$

ou

$$x^2 = a(a + x).$$

800. *Démontrer que, si une droite est partagée en moyenne et extrême raison, la somme des carrés de la droite entière et du plus petit segment est égale à trois fois le carré du plus grand segment.*

On a, d'après l'énoncé,

$$a^2 + \left(a - \frac{-a + a\sqrt{5}}{2}\right)^2 = 3\left(\frac{-a + a\sqrt{5}}{2}\right)^2,$$

ou

$$a^2 + \left(\frac{2a}{2} + \frac{a}{2} - \frac{a\sqrt{5}}{2}\right)^2 = 3\left(\frac{-a + a\sqrt{5}}{2}\right)^2,$$

ou encore

$$a^2 + \frac{9a^2 + 5a^2 - 6a^2\sqrt{5}}{4} = \frac{9a^2 - 3a^2\sqrt{5}}{2},$$

ou enfin l'identité

$$\frac{9a^2 - 3a^2\sqrt{5}}{2} = \frac{9a^2 - 3a^2\sqrt{5}}{2}.$$

801. *Partager la surface d'un triangle en moyenne et extrême raison par une parallèle à la base.*

Soit le triangle ABC à partager en moyenne et extrême raison par une parallèle à la base. Si l'on prend le triangle AMN pour le plus grand segment, on aura

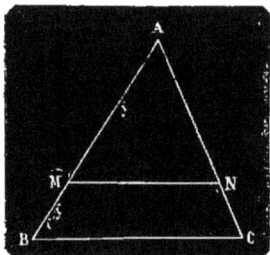

$$[1] \qquad \frac{\text{AMN}}{\text{ABC} - \text{AMN}} = \frac{\text{ABC}}{\text{AMN}}.$$

Mais si l'on désigne l'inconnue AM par x, et le côté AB par c, il vient, par suite de la similitude des triangles AMN et ABC,

$$\frac{\text{AMN}}{\text{ABC}} = \frac{x^2}{c^2} :$$

Fig. 65.

d'où

$$\frac{\text{AMN}}{\text{ABC} - \text{AMN}} = \frac{x^2}{c^2 - x^2}.$$

D'autre part, on a

$$\frac{\text{ABC}}{\text{AMN}} = \frac{c^2}{x^2}.$$

L'égalité [1] peut donc être remplacée par

$$\frac{x^2}{c^2 - x^2} = \frac{c^2}{x^2} :$$

d'où

$$[2] \qquad x^4 + c^2 x^2 - c^4 = 0.$$

Dans cette équation bicarrée on a (n° **285**, *Cours d'algèbre*)

$$b^2 - 4ac > 0 \quad \text{et} \quad \frac{c}{a} < 0.$$

Donc, sur les quatre valeurs de x, deux sont imaginaires, et les deux autres sont égales et de signes contraires. La seule valeur qui convient directement à la question est donc la racine positive, à la condition cependant que cette valeur sera moindre que c, et c'est bien ce qui a lieu; car si dans l'équation [2] on fait $x^2 = y$, elle devient

$$y^2 + c^2 y - c^4 = 0.$$

Or, le produit $-c^4$ des deux racines de cette équation est négatif, la somme $-c^2$ des mêmes racines est aussi négative; donc la valeur positive de y est moindre que c^2, et, par suite, la valeur correspondante de x est moindre que c. La solution du problème proposé est donc donnée par

$$x = \sqrt{\frac{-c^2 + \sqrt{5c^4}}{2}},$$

ou
$$x = \sqrt{c \times \frac{c\left(\sqrt{5}-1\right)}{2}}.$$

On voit que x est une moyenne proportionnelle entre le côté c et le plus grand segment du côté c divisé en moyenne et extrême raison.

Quant à la valeur négative de x, elle répond au triangle symétrique de ABC.

802. *Trouver la surface d'un triangle dont le périmètre a* 24^m; *on sait d'ailleurs qu'un côté* a *est égal au tiers de la somme des deux autres* b *et* c, *et que le produit de ces deux derniers est* 80.

Rép. : 24^{mq}.

On a, d'après l'énoncé,

[1] $a + b + c = 24$,

[2] $3a = b + c$,

[3] $bc = 80$.

Si l'on additionne [1] et [2], il vient
$$4a = 24 :$$
d'où
$$a = 6.$$

Portant cette valeur dans [2], on a

[4] $b + c = 18$.

Il résulte des équations [3] et [4] que b et c sont les racines de l'équation
$$x^2 - 18x + 80 = 0 :$$
d'où
$$b = 10 \quad \text{et} \quad c = 8.$$

La surface demandée est donc
$$S = \sqrt{12\left(12-6\right)\left(12-10\right)\left(12-8\right)} = 24^{mq}.$$

803. *Partager un cercle en moyenne et extrême raison, par une circonférence concentrique.*

Soient R le rayon du cercle donné et x le rayon du cercle cherché, formant le plus grand segment.

On a alors, pour l'équation du problème

$$\frac{\pi x^2}{\pi (R^2 - x^2)} = \frac{\pi R^2}{\pi x^2},$$

ou

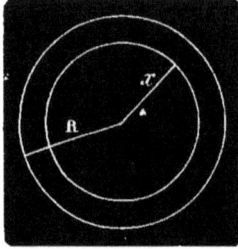

$$\frac{x^2}{R^2 - x^2} = \frac{R^2}{x^2},$$

ou enfin

$$x^4 + R^2 x^2 - R^4 = 0.$$

Si l'on fait un raisonnement identique à celui auquel nous a conduits l'équation [2] de l'exercice **801**, on trouve que la seule valeur admissible de x est

$$x = \sqrt{R \times \frac{R(\sqrt{5} - 1)}{2}}.$$

On voit que x est une moyenne proportionnelle entre le rayon R et le même rayon divisé en moyenne et extrême raison.

804. *On donne deux côtés* b *et* c *d'un triangle et la surface* s. *Trouver le troisième côté* a.

On a, d'après l'énoncé,

$$s^2 = p(p - a)(p - b)(p - c),$$

ou, en remplaçant p par sa valeur

$$s^2 = \frac{1}{16}(b + c + a)(b + c - a)(a + b - c)[(a - (b - c)],$$

ou encore

$$16 s^2 = [(b + c)^2 - a^2][a^2 - (b - c)^2].$$

Si l'on effectue, il vient

$$16 s^2 = 2a^2(b^2 + c^2) - a^4 - (b^2 - c^2)^2 :$$

d'où

$$a^4 - 2(b^2 + c^2)a^2 + (b^2 - c^2)^2 + 16 s^2 = 0.$$

Cette équation bicarrée fera connaître la valeur de a.

Pour que les valeurs de a^2 soient réelles, on doit avoir

$$4(b^2 + c)^2 - 4[16 s^2 + (b^2 - c^2)^2] > 0,$$

ou

$$4 b^2 c^2 > 16 s^2,$$

ou encore

$$2 bc > 4 s.$$

La plus grande valeur de s est donc

$$s = \frac{1}{2} bc.$$

Alors $a^2 = b^2 + c^2$. Donc, parmi les triangles qui ont deux côtés donnés, le plus grand est le triangle rectangle.

805. *Décrire une circonférence tangente à une droite donnée* MN *et à deux circonférences données* C *et* C′.

Soient x le rayon du cercle cherché, a et b les distances CM et C′N, c la distance AB des deux perpen-diculaires, enfin y la distance du centre O à la première perpendiculaire.

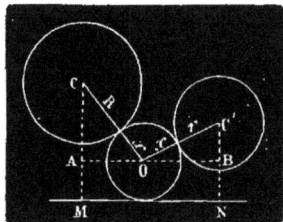

Fig. 67.

Il est facile de voir que les trian-gles rectangles AOC, OBC′ donnent les équations :

$$(R + x)^2 = y^2 + (a - x)^2,$$

et

$$(r + x)^2 = (c - y)^2 + (b - x)^2.$$

On élimine très-facilement x entre ces deux équations, on trouve alors la valeur de y, puis celle de x.

806. *Calculer les côtés d'un triangle rectangle, connaissant la somme* a *des deux côtés de l'angle droit et la hauteur* h *qui correspond à l'hypoténuse.*

Soient x l'hypothénuse et y la différence entre les deux côtés de l'angle droit. On a

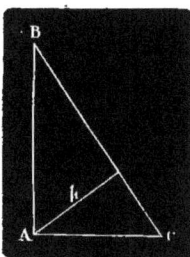

$$AB + AC = a \quad \text{et} \quad AB - AC = y.$$

Fig. 68.

d'où

$$AB = \frac{a + y}{2} \quad \text{et} \quad AC = \frac{a - y}{2}.$$

Mais $AB \times AC$ représente le double de la surface du triangle, de même que $h \times x$; donc on a

$$\frac{a + y}{2} \times \frac{a - y}{2} = hx,$$

ou

[1] $$a^2 - y^2 = 4hx.$$

On a, d'ailleurs,

$$\left(\frac{a + y}{2} \right)^2 + \left(\frac{a - y}{2} \right)^2 = x^2,$$

ou

[2] $$a^2 + y^2 = 2x^2.$$

Ajoutant membres [1] et [2], on obtient

$$x^2 + 2hx - a^2 = 0 :$$

d'où

$$x = -h + \sqrt{h^2 + a^2}.$$

La valeur de x fera connaître celle de y, et, à l'aide de cette dernière, on déterminera AB et AC.

807. *Trouver le côté du décagone inscrit dans un cercle de rayon* R. *Cas où* R $= 1^m$.

Rép. : $0^m,618$.

Le côté du décagone inscrit étant égal au grand segment du rayon divisé en moyenne et extrême raison, on a, si l'on désigne par x le côté cherché,

$$\frac{R}{x} = \frac{x}{R - x} :$$

d'où

$$x^2 + Rx - R^2 = 0.$$

Résolvant, on trouve

$$x = \frac{R}{2}\left(\sqrt{5} - 1\right).$$

Faisant dans cette formule R $= 1$, il vient

$$x = 0,5\left(\sqrt{5} - 1\right) = 0^m,618.$$

808. *Calculer les côtés de l'angle droit d'un triangle rectangle, connaissant l'hypoténuse* a *et la somme* b *des deux côtés de l'angle droit et de la hauteur qui correspond à l'hypoténuse.*

Soient x et y les deux côtés de l'angle droit du triangle et z sa hauteur. On a, d'après l'énoncé et les propriétés connues du triangle rectangle

[1] $$x + y = b - z,$$
[2] $$x^2 + y^2 = a^2,$$
[2] $$xy = az.$$

Si l'on élève [1] au carré et qu'on retranche [2] du résultat, on obtient

$$2xy = b^2 + z^2 - 2bz - a^2.$$

Remplaçant xy par sa valeur az, il vient

[4] $$z^2 - 2(a + b)z + b^2 - a^2 = 0.$$

Cette équation fera connaître la valeur de z. D'ailleurs, si l'on multiplie les deux membres de [3] par 2, et qu'on retranche ensuite de [2], puis qu'on extraie la racine carrée de chaque membre de l'équation obtenue, on a

[5] $$x - y = \sqrt{a^2 - 2az}.$$

L'équation [4] ayant fait connaître z, on détermine x et y à l'aide de [1] et de [5].

809. *Par un point O situé sur la bissectrice d'un angle droit, mener une sécante telle que la partie de cette droite comprise entre les deux côtés de l'angle ait une longueur donnée l.*

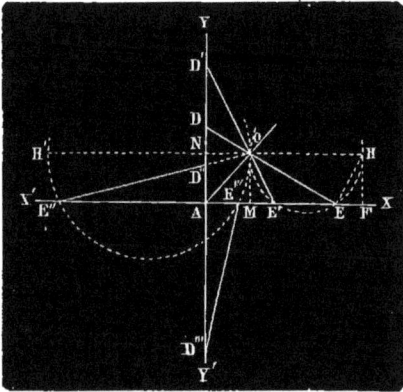

Fig. 69.

Soient ED $= l$, la sécante demandée, et OM $=$ ON $= a$. Si l'on mène par le point O une parallèle à AX, et par le point E une perpendiculaire à ED, cette perpendiculaire rencontrera la parallèle à AX en un certain point H. Il en résulte qu'on peut prendre OH pour inconnue, car, OH une fois déterminé, il suffira de décrire sur OH comme diamètre une circonférence qui coupera AX au point E puisque l'angle OEH est droit. Par conséquent, soit OH $= x$.

Or, le triangle rectangle OEH donne

$$x^2 = \overline{\text{OE}}^2 + \overline{\text{EH}}^2.$$

Mais les triangles rectangles EHF et ODN sont égaux; car HF $=$ ON $= a$, et de plus les angles EHF, DON sont égaux comme ayant leurs côtés respectivement perpendiculaires; donc OD $=$ EH, et, par suite, on a

$$x^2 = \overline{\text{OE}}^2 + \overline{\text{OD}}^2,$$

ou

$$x^2 = (\text{OE} + \text{OD})^2 - 2\text{OE} \times \text{OD},$$

ou encore

[1] $$x^2 = l^2 - 2\text{OE} \times \text{OD}.$$

Il s'agit maintenant de trouver OE et OD en fonction de l et de x.

Or, les deux triangles semblables OEH, OME donnent :

$$\frac{OE}{OH} = \frac{OM}{HE}, \quad \text{ou} \quad \frac{OE}{OH} = \frac{OM}{OD},$$

ou enfin

$$\frac{OE}{x} = \frac{a}{OD};$$

il en résulte

$$ax = OE \times OD.$$

Si l'on porte cette valeur dans [1], il vient

$$x^2 = l^2 - 2ax :$$

d'où

$$x^2 + 2ax - l^2 = 0.$$

Résolvant, on trouve pour première valeur de x

$$x' = -a + \sqrt{a^2 + l^2};$$

or, à l'inspection seule de la figure, on voit que le problème ne sera possible qu'autant qu'on aura $x' > 2HF$ ou $x' > 2a$. La condition de possibilité est donc

$$-a + \sqrt{a^2 + l^2} > 2a,$$

ou

$$\sqrt{a^2 + l^2} > 3a,$$

ou encore

$$a^2 + l^2 > 9a^2,$$

ou enfin

$$l > 2a\sqrt{2}.$$

Si l'on a

$$l > 2a\sqrt{2},$$

la circonférence décrite sur OH comme diamètre coupe la ligne AX en deux points et donne lieu aux deux solutions ED, E'D'.

Si l'on a

$$l = 2a\sqrt{2},$$

la circonférence décrite sur OH comme diamètre est tangente à AX et il n'y a plus qu'une solution. La plus petite valeur de l est donc

$$l = 2a\sqrt{2}.$$

Cette expression, $2a\sqrt{2}$, représente le double de la diagonale du carré dont le côté est a.

La seconde valeur de x est

$$x'' = -a - \sqrt{a^2 + l^2}.$$

Cette valeur détermine un point H' qui est à gauche de O et à une distance égale à :

$$a + \sqrt{a^2 + l^2} :$$

d'où il résulte que les points H et H' sont à la même distance du point N.

On a d'ailleurs toujours

$$a + \sqrt{a^2 + l^2} > 2a.$$

Si donc on décrit une circonférence sur OH′ comme diamètre, cette circonférence coupera toujours X′X en deux points E″ et E‴, ce qui donnera les deux nouvelles solutions E″D″ et E‴D‴.

En résumé, le problème comporte quatre solutions, dont deux sont toujours possibles.

Cette question est connue sous le nom de problème de Pappus[1].

810. *Un triangle équilatéral étant donné, on demande de décrire 6 circonférences égales et tangentes entre elles autour de ce triangle : savoir, 3 tangentes en même temps aux côtés du triangle, et 3 passant par les sommets.*

Longueur du rayon. — Construisez un triangle rectangle DEF, de manière que DE $= 2h$, et DF $= h$, prolongez l'hypoténuse EF d'une grandeur FG $= h$, puis prenez le $\frac{1}{6}$ de EG, et vous aurez le rayon r.

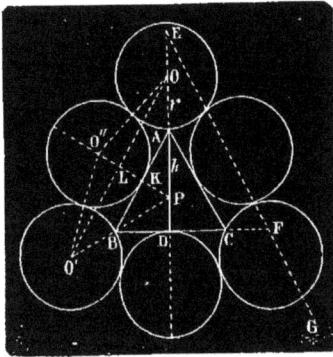

Démonstration. — Supposons le problème résolu. Le triangle POO′ est isocèle, car PO $= \frac{2}{3}h + r$; de même PO′ $= \frac{2}{3}h + r$; par suite, PL perpendiculaire sur le milieu de AB est aussi perpendiculaire sur le milieu de OO′ parallèle à AB, et, par conséquent, PAK est semblable à POL; or, dans le triangle PAK, le côté PK étant égal à la moitié de PA, la longueur LK est la moitié de AO et par conséquent la moitié de KO″. Cela étant posé, si l'on fait LO $= x$, il sera facile d'établir les égalités suivantes, fournies par les triangles POL et LOO″ :

$$[1] \qquad x^2 + \left(\frac{r}{2} + \frac{1}{3}h\right)^2 = \left(\frac{2}{3}h + r\right)^2,$$

$$[2] \qquad \left(\frac{r}{2}\right)^2 + x^2 = (2r)^2.$$

La relation [1] donne, en développant chaque carré,

$$[3] \quad x^2 + \frac{r^2}{4} + \frac{1}{9}h^2 + \frac{1}{3}hr = \frac{4}{9}h^2 + r^2 + \frac{4}{3}hr,$$

ou, après toutes réductions faites,

$$[4] \qquad x^2 = \frac{1}{3}h^2 + \frac{3}{4}r^2 + hr.$$

Fig. 70.

1. Mathématicien d'Alexandrie qui vivait vers la fin du IVᵉ siècle.

L'égalité [2] donne

[5]
$$\frac{1}{4}r^2 + x^2 = 4r^2,$$

ou

[6]
$$x^2 = \frac{15}{4}r^2.$$

On déduit des deux valeurs de x^2 [(4) et (6)]

$$\frac{1}{5}h^2 + \frac{5}{4}r^2 + 4r = \frac{15}{4}r^2,$$

ou

$$\frac{1}{5}h^2 + hr = 3r^2,$$

ou enfin
$$3r^2 - hr - \frac{1}{5}h^2 = 0.$$

Résolvant, on trouve

$$r = \frac{1}{6}h \pm \frac{\sqrt{4h^2 + h^2}}{6}.$$

La valeur négative étant inadmissible, on a

$$r = \frac{1}{6}h + \frac{\sqrt{4h^2 + h^2}}{6}.$$

Nous voyons que la valeur de r est d'abord égale à $\frac{1}{6}h$ plus le $\frac{1}{6}$ de l'hypoténuse d'un triangle rectangle qui a pour côtés de l'angle droit $2h$ et h; la valeur totale de ce rayon est donc bien $\frac{1}{6}$ de la ligne EG.

811. *On demande de décrire 12 circonférences égales tangentes entre elles autour d'un hexagone régulier donné : savoir, 6 tangentes en même temps aux côtés de l'hexagone, et 6 passant par les sommets.*

Soit ABC la moitié d'un des six triangles égaux dans lesquels l'hexagone régulier peut être décomposé. La distance $AA' = OB = r$ représentant le rayon des 12 circonférences égales, et A'B'C étant un triangle rectangle, on a

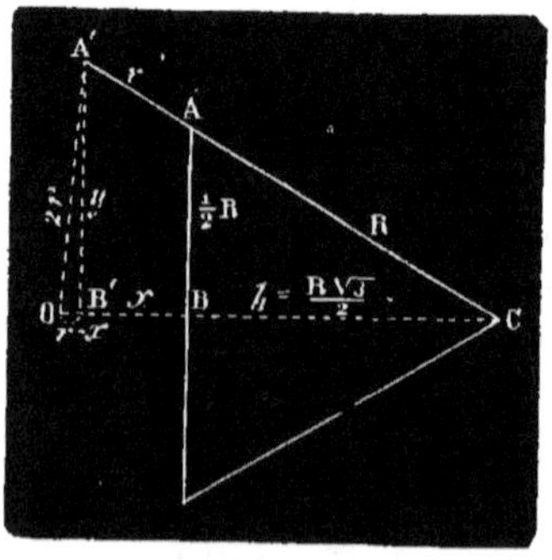

$$y^2 = (r + R)^2 - \left(x + R\frac{\sqrt{5}}{2}\right)^2$$

$$= r^2 + \frac{R^2}{4} + 2Rr - x^2 - Rx\sqrt{5}.$$

Le triangle rectangle A'OB' donne, d'autre part,

$$y^2 = (2r)^2 - (r-x)^2 = 3r^2 - x^2 + 2rx.$$

Fig. 71

Égalant les deux valeurs de y^2, il vient

$$r^2 + \frac{R^2}{4} + 2Rr - x^2 - Rx\sqrt{3} = 3r^2 - x^2 + 2rx,$$

ou

$$\frac{R^2}{4} + 2Rr - Rx\sqrt{3} = 2r^2 + 2rx.$$

Mais par suite des parallèles AB, A'B', on a

$$\frac{x}{r} = \frac{R\sqrt{3}}{2R} = \frac{\sqrt{3}}{2} :$$

d'où

$$x = \frac{r\sqrt{3}}{2}.$$

Si l'on porte cette valeur dans la dernière équation, on trouve, après toutes simplifications,

$$(8 + 4\sqrt{3})r^2 - 2Rr - R^2 = 0.$$

Résolvant, on a

$$r = \frac{R + \sqrt{R^2 + R^2(8 + 4\sqrt{3})}}{8 + 4\sqrt{3}},$$

ou

$$r = \frac{R(1 + \sqrt{9 + 4\sqrt{3}}}{8 + 4\sqrt{3}},$$

et, si l'on effectue les calculs, on obtient à très-peu près

$$r = \frac{R}{3}.$$

La construction ne présente donc aucune difficulté, puisque le rayon commun aux 12 circonférences est le $\frac{1}{3}$ du rayon du cercle circonscrit à l'hexagone donné.

812. *Décrire 8 circonférences égales tangentes entre elles autour d'un carré donné : savoir, 4 tangentes en même temps aux côtés du carré, et les 4 autres passant par les sommets.*

Soit ABCD un carré égal au quart du carré dont il s'agit. La distance $AA' = OB = r$ représentant le rayon des 8 circonférences égales et A'B'C étant un triangle rectangle, on a

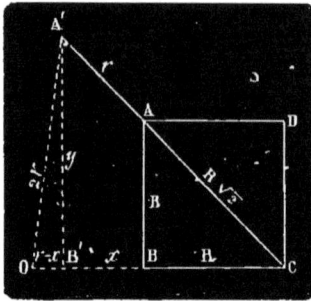

Fig. 72.

$$y^2 = (r + (R\sqrt{2})^2 - (R + x)^2$$
$$= r^2 + R^2 + 2Rr\sqrt{2} - x^2 - 2Rx.$$

Le triangle rectangle A'OB' donne, d'autre part,

$$y^2 = (2r)^2 - (r-x)^2 = 3r^2 - x^2 + 2rx.$$

Égalant les deux valeurs de y^2, il vient

$$r^2 + R^2 + 2Rr\sqrt{2} - x^2 - 2Rx = 3r^2 - x^2 + 2rx,$$

ou

$$R^2 + 2Rr\sqrt{2} - 2Rx = 2r^2 + 2rx.$$

Mais par suite des parallèles AB, A'B', on a

$$\frac{x}{r} = \frac{R}{R\sqrt{2}} :$$

d'où

$$x = \frac{r}{\sqrt{2}}.$$

Si l'on porte cette valeur dans la dernière équation, on trouve

$$R^2 + 2Rr\sqrt{2} - \frac{2Rr}{\sqrt{2}} = 2r^2 + \frac{2r^2}{\sqrt{2}},$$

ou, après toutes simplifications,

$$(2 + \sqrt{2})r^2 - Rr\sqrt{2} - R^2 = 0.$$

Résolvant, on a

$$r = \frac{R\sqrt{2} + \sqrt{2R^2 + 4R^2(2 + \sqrt{2})}}{4 + 2\sqrt{2}},$$

ou

$$r = \frac{R(\sqrt{2} + \sqrt{10 + 4\sqrt{2}})}{4 + 2\sqrt{2}}.$$

Le rapport du rayon r à la demi-diagonale du carré est donc égal à

$$\frac{R(\sqrt{2} + \sqrt{10 + 4\sqrt{2}})}{R\sqrt{2}(4 + 2\sqrt{2})} = \frac{\sqrt{2} + \sqrt{10 + 4\sqrt{2}}}{4\sqrt{2} + 4} = \frac{5}{9} \text{ à très-peu près.}$$

Si donc on appelle $d = R\sqrt{2}$ cette demi-diagonale, on aura

$$r = \frac{5}{9} \times d.$$

La longueur r est donc très-facile à construire.

813. *Un parallélipipède rectangle a pour volume* 840^{mc}. *Calculer la longueur de ses arêtes, sachant qu'elles sont entre elles comme les nombres* 3, 5 *et* 7.

Rép. : 6^m, 10^m et 14^m.

D'après l'énoncé, on peut désigner les arêtes par $3x$, $5x$ et $7x$: d'où

$$3x \times 5x \times 7x = 105x^3 = 840.$$

De

$$105x^3 = 840$$

on tire

$$x = 2.$$

Les longueurs des trois arêtes sont donc

6^m, 10^m et 14^m.

814. *La différence des rayons de deux sphères est* 0^m,20 ; *la différence de leur volume est* 3^{mc} : *calculer chacun des rayons à* 0,001 *près.*

Rép. : 1^m,191 et 0^m,991.

Si l'on désigne le rayon de la plus petite sphère par x et que l'on prenne le décimètre pour unité, on aura, d'après l'énoncé,

$$\frac{4}{3}\pi(x+2)^3 - \frac{4}{3}\pi x^3 = 3000,$$

ou

$$\frac{4}{3}\pi[(x+2)^3 - x^3] = 3000.$$

Développant le cube de $x+2$, il vient

$$\frac{4}{3}\pi(6x^2 + 12x + 8) = 3000,$$

ou, après toutes simplifications,

$$x^2 + 2x - 118,033 = 0.$$

Résolvant, on trouve

$$x = -1 + \sqrt{1 + 118,033} = 9^{dm},910 = 0^m,991.$$

Le rayon de la plus grosse sphère sera donc :

$$0^m,991 + 0^m,20 = 1^m,191.$$

815. *D'un point donné comme pôle, décrire sur la sphère un cercle qui détermine une zone d'une surface égale à celle d'un cercle donné.*

Soient R le rayon de la sphère, r celui du cercle donné, x la hauteur de la zone et enfin y l'ouverture du compas qui doit servir à déterminer cette zone. La surface du cercle donné étant πr^2 et celle de la zone $2\pi Rx$, on a l'équation

$$\pi r^2 = 2\pi Rx.$$

D'autre part, une propriété connue du triangle rectangle donne

$$y^2 = 2Rx.$$

On a donc

$$\pi y^2 = \pi r^2 :$$

d'où

$$y = r.$$

Ainsi, il faudra tracer un cercle sur la sphère, avec une ouverture de compas égale à celle qui a servi à tracer sur un plan le cercle donné.

816. *Déterminer les dimensions d'un parallélipipède rectangle équivalent à un cube donné, connaissant la somme de ses trois arêtes, et sachant que l'une est moyenne proportionnelle entre les deux autres.*

Soient x, y et z les trois arêtes du parallélipipède, s leur somme et a le côté du cube. On a, d'après l'énoncé, les trois équations suivantes

$$[1] \qquad xyz = a^3,$$
$$[2] \qquad x + y + z = s,$$
$$[3] \qquad x^2 = yz.$$

La valeur de yz portée dans [1] donne

$$x^3 = a^3, \quad \text{d'où} \quad x = a.$$

Si l'on substitue la valeur de x dans [2], on a

$$x + z = s - a.$$

Mais comme on a déjà

$$yz = x^2 = a^2,$$

il en résulte que y et z sont les racines de l'équation

$$X^2 - (s - a)X + a^2 = 0.$$

817. *Trouver en fonction de l'arête* a *d'un tétraèdre :* 1° *le rayon* r *de la sphère inscrite ;* 2° *le rayon* R *de la sphère circonscrite.*

$$\text{Rép.} : r = \frac{1}{12} a \sqrt{6} \; ; \; R = \frac{1}{4} a \sqrt{6}.$$

Il est évident que le rayon R de la sphère circonscrite est la distance du centre du tétraèdre à ses quatre sommets et que le rayon r est la distance du même centre aux quatre faces du tétraèdre. Cela étant dit, il est facile de comprendre que le rayon R est l'hypoténuse d'un triangle rectangle ayant pour côtés de l'angle droit le rayon r et le rayon $\dfrac{a}{\sqrt{3}}$ (*Cours de géométrie*) du cercle circonscrit à l'une des faces du tétraèdre. On a donc

$$[1] \qquad\qquad R^2 = r^2 + \frac{a^2}{3}.$$

Mais d'autre part, si l'on désigne par B la base du tétraèdre et par H sa hauteur, on a

$$\text{Volume du tétraèdre} = B \times \frac{1}{3} H,$$

ou encore

$$\text{Volume du tétraèdre} = 4B \times \frac{1}{3} r ;$$

il vient, par suite,

$$4B \times \frac{1}{3} r = B \times \frac{1}{3} H :$$

d'où

$$r = \frac{1}{4} H.$$

Or, on a aussi

$$R + r = H ;$$

par conséquent

$$R = \frac{5}{4} H = 5 r.$$

Si l'on porte cette valeur de R dans [1], on trouve

$$9 r^2 = r^2 + \frac{a^2}{3} :$$

d'où

$$r = \frac{1}{12} a \sqrt{6} \text{ et, par suite, } R = \frac{1}{4} a \sqrt{6}.$$

818. *Un cuvier ayant la forme d'un tronc de cône doit contenir*

900 *litres, avoir une profondeur de* 1^m, *et un diamètre égal à* 1^m,80 :
on demande l'autre diamètre.

$$\text{Rép. : } 0^m,92.$$

Ce cuvier ayant la forme d'un tronc de cône, on aura, si l'on désigne son volume et ses dimensions par les lettres en usage,

$$V = \frac{1}{5}\pi h \left(R^2 + r^2 + Rr\right).$$

Or, toutes ces quantités sont connues, excepté R ou r; si l'on prend r pour inconnue, il viendra

$$r = -\frac{R}{2} + \sqrt{5\left(\frac{V}{h\pi} - \frac{R^2}{4}\right)};$$

et, si l'on substitue aux lettres leurs valeurs, on a

$$r = -\frac{0,6}{2} \pm \sqrt{5\left(\frac{0,900}{8 \times 3,1416} - \frac{\overline{0,6}^2}{4}\right)} = 0^m,46.$$

Le diamètre cherché sera donc 0,46 $\times$ 2 $= 0^m$,92.

---

819. *Mener par l'extrémité d'un diamètre une corde AC, telle que le segment qu'elle détermine dans le cercle en tournant autour du diamètre AB engendre un volume dont le rapport au volume de la sphère soit égal à* m.

Soient AC$=x$ la corde et y sa projection sur le diamètre AB$=2$R.

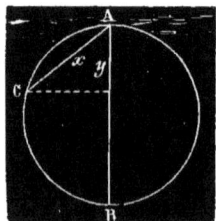

Fig. 73.

D'après la géométrie et l'énoncé, on a l'équation

$$\frac{1}{6}\pi x^2 y = \frac{4}{3}\pi R^3 \times m.$$

D'autre part, une propriété connue du triangle rectangle donne

$$x^2 = 2Ry.$$

Substituant à x^2 sa valeur, $2Ry$, il vient

$$\frac{1}{6}\pi \times 2Ry^2 = \frac{4}{3}\pi R^3 \times m,$$

ou

$$y^2 = 4R^2 m ;$$

d'où

$$y = 2R\sqrt{m}.$$

Par l'extrémité de y, on mènera une perpendiculaire au diamètre. Cette perpendiculaire déterminera la corde demandée.

820. *Le volume d'un tronc de cône est équivalent à celui d'une sphère de* 3^m *de rayon ; la hauteur du tronc égale* 2^m, *le rayon de l'une des bases,* 4^m : *calculer le rayon de l'autre base.*

Rép. : 10^m,35.

Soient R le rayon de la sphère, h, r et x la hauteur et les rayons du tronc de cône. On a

$$\frac{4}{3}\pi R^3 = \frac{\pi h}{3}(r^2 + x^2 + rx),$$

ou

$$x^2 + rx + r^2 - \frac{4R^3}{h} = 0.$$

Substituant aux lettres leurs valeurs respectives, il vient

$$x^2 + 4x + 16 - 2 \times 27 = 0,$$

ou

$$x^2 + 4x - 38 = 0.$$

Résolvant, on a

$$x = 10,35 \text{ environ.}$$

821. *Couper une sphère par un plan, de manière que l'aire de la section soit égale à la différence des zones déterminées.*

Soient R le rayon de la sphère, x la distance du centre à la section et y le rayon du cercle formé par la section. On a alors R $+ x$ pour la hauteur de la plus grande zone et R $- x$ pour la hauteur de la plus petite ; d'où l'équation

$$2\pi R(R + x) - 2\pi R(R - x) = \pi y^2,$$

ou

$$4Rx = y^2.$$

Mais le rayon de la sphère, le rayon de la section et la distance du centre de la sphère à la section forment un triangle rectangle : d'où cette seconde équation

$$y^2 = R^2 - x^2.$$

On a donc

$$4Rx = R^2 - x^2 :$$

d'où

$$x^2 + 4Rx - R^2 = 0.$$

Résolvant, on trouve

$$x = R(\sqrt{5} - 2).$$

822. *Mener un plan parallèle à la base d'un cylindre droit et cir-*

culaire, de manière qu'il divise sa surface convexe en deux parties telles
que la base soit moyenne proportionnelle entre elles.

Soient R le rayon du cylindre, h sa hauteur et x la distance de
l'une des bases à la section. D'après ces notations, les deux cylindres déterminés par la section auront x et $h - x$ pour hauteurs
respectives, de sorte qu'on aura, par suite de l'énoncé,

$$\frac{\pi R^2}{2\pi R(h - x)} = \frac{2\pi R x}{\pi R^2},$$

ou

$$\frac{R}{2(h - x)} = \frac{2x}{R},$$

ou encore

$$4x^2 - 4hx + R^2 = 0.$$

Résolvant, on trouve

$$x = \frac{h + \sqrt{h^2 - R^2}}{2}.$$

On voit que si $R^2 = h^2$ ou $R = h$, on aura $x = \frac{h}{2}$; mais le problème sera impossible si l'on a $R > h$.

823. *On donne la surface totale d'un cône et son côté ou son rayon :*
trouver son volume.

Si l'on désigne par πS^2 la surface totale du cône, par A son côté,
par H sa hauteur et R le rayon de sa base, on aura (*Cours de*
géométrie)

$$\pi AR + \pi R^2 = \pi S^2,$$

ou

[1] $$AR + R^2 = S^2.$$

D'autre part, on a

[2] $$A^2 = H^2 + R^2.$$

Si le côté A est donné, l'équation [1] fait connaître R, et la
valeur de R portée dans [2] donne H : connaissant R et H, on trouve
le volume V du cône.

Si, au contraire, R est donné, la relation [1] fait connaître A, et
la valeur de A portée dans [2] donne H : on calcule ensuite V.

824. *On demande de couper une sphère de rayon R par un plan,*
de manière que le segment et la zone soient représentés par le même

nombre. Le problème est-il toujours possible? Application au cas où R = 3.

Soient AD = r le rayon de la section qui sert de base au segment sphérique demandé, et BD = h la hauteur de ce segment. Si donc on désigne par S la surface de la zone et par V le volume du segment, on aura

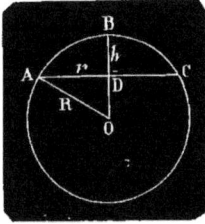

$$S = V.$$

Mais (*Cours de géométrie*) on a

$$S = 2\pi R h,$$

et

$$V = \frac{1}{6}\pi h^3 + \frac{1}{2}\pi r^2 h ;$$

Fig. 74.

par suite,

$$2\pi R h = \frac{1}{6}\pi h^3 + \frac{1}{2}\pi r^2 h ,$$

ou, après simplifications,

[α] $h^2 + 3r^2 = 12 R.$

Or,

$$r^2 = R^2 - (R - h)^2 = 2Rh - h^2.$$

Cette valeur portée dans [α] donne, après simplifications,

$$h^2 - 3Rh + 6R = 0.$$

Résolvant, on trouve

$$h = \frac{3R \pm \sqrt{9R^2 - 24R}}{2}.$$

Pour que le problème soit possible, on doit donc avoir

$$9R^2 > 24R$$

ou

$$R > \frac{8}{3}.$$

Dans le cas de R = 3, on a :

$$h = \frac{9 \pm 3}{2} :$$

d'où

$$h' = 6 \quad \text{et} \quad h'' = 3.$$

On voit par ces résultats que si R = 3, la sphère et l'hémisphère répondent à la question proposée.

825. *Le rayon d'une sphère étant égal à 1, calculer à 0,001 près*

*la hauteur d'un cône dont la base est un petit cercle, dont le sommet est
au centre de la sphère, et dont la surface latérale est égale au $\frac{1}{10}$ de la
surface de la sphère.*

Rép. : 0,916.

Soient x la hauteur du cône et y son rayon de base. On a pour
surface de la sphère

$$S = 4\pi R^2 = 4\pi.$$

La surface latérale du cône sera donc $0,4\pi$; mais elle est aussi
égale à $2\pi y \times \dfrac{R}{2} = \pi y$. On a donc

$$\pi y = 0,4\pi :$$

d'où

$$y = 0,4.$$

D'ailleurs

$$x^2 + y^2 = R^2 = 1,$$

et si l'on remplace y par sa valeur, il vient

$$x = 0,916.$$

826. *Le volume d'un tronc de pyramide est de 20^{mc}, la hauteur de
ce tronc est de 6^m; l'une des bases a une surface de $7^{mq},9$. On demande
l'autre base.*

Rép. : $0^{mq},3766$.

Soient V le volume du tronc, h sa hauteur, B^2 sa grande base et
b^2 sa petite. On a

$$V = \frac{1}{3} h (B^2 + b^2 + B \times b)$$

ou

$$hb^2 + Bhb + B^2 h - 3V = 0,$$

et si l'on prend b^2 pour inconnue, il vient d'abord

$$b = \frac{-Bh + \sqrt{B^2 h^2 - 4h(B^2 h - 3V)}}{2h}$$

ou

$$b = \frac{-Bh + \sqrt{12Vh - 3B^2 h^2}}{2h},$$

et ensuite

$$b^2 = \frac{B^2 h + 12Vh - 3B^2 h^2 - 2Bh\sqrt{12Vh - 3B^2 h^2}}{4h^2},$$

ou

$$b^2 = \frac{6V - B^2 h - \sqrt{12B^2 hV - 3B^4 h^2}}{2h}.$$

Enfin, si l'on substitue aux lettres leurs valeurs, on a :

$$b^2 = \frac{72,6 - \sqrt{23,7 \times 6 \times 32,60}}{12} = \frac{72,6 - 68,08}{12} = 0^{\text{mq}},3766.$$

827. *La surface totale d'un prisme droit hexagonal régulier est égale à* $0^{\text{mq}},12$; *la hauteur est de* $0^{\text{m}},10$. *Le prisme est en aluminium dont la densité est* $2,5$. *On demande de calculer le volume et le poids du prisme.*

Rép. : $V = 2^{\text{dmc}},855$; poids, $7^{\text{Kg}},138$.

Soit x le côté de l'hexagone de base. La surface de cette base sera (*Cours de géométrie*) :

$$\frac{5}{2} x^2 \sqrt{3}.$$

Si l'on prend le décimètre pour unité, chaque face sera un rectangle ayant pour dimensions x et 1, de sorte qu'on aura pour la surface totale du prisme hexagonal :

$$\frac{3}{2} x^2 \sqrt{3} \times 2 + 6x = 3x^2 \sqrt{3} + 6x.$$

On aura donc l'équation

[1] $\qquad 3x^2 \sqrt{3} + 6x = 12,$

ou

[2] $\qquad x^2 \sqrt{3} + 2x - 4 = 0,$

ou encore, en multipliant tous les termes par $\sqrt{3}$,

$$3x^2 + 2\sqrt{3}x - 4\sqrt{3} = 0.$$

Résolvant, on trouve pour racine positive

$$x = \frac{-\sqrt{3} + \sqrt{3 + 12\sqrt{3}}}{3}.$$

Le volume du prisme ayant pour expression la surface de sa base par sa hauteur, on a

$$V = \frac{3}{2} x^2 \sqrt{3} \times 1 = \frac{3}{2} x^2 \sqrt{3}.$$

Mais, équation [1],

$$\frac{3}{2} x^2 \sqrt{3} = \frac{12 - 6x}{2} = 6 - 3x;$$

donc

$$V = 6 + \sqrt{3} - \sqrt{3 + 12\sqrt{3}} = 2^{\text{dmc}},855.$$

Le poids du prisme sera par conséquent

$$2\,855 \times 2,50 = 7^{\text{Kg}},138.$$

828. *Une sphère a 1^m de rayon. On inscrit dans cette sphère un cylindre dont la surface latérale est la moitié de la surface d'un grand cercle de cette sphère. On demande le volume du cylindre.*

Rép. : $0^{mc},779141$ ou $0^{mc},098957$.

Soient S la surface latérale du cylindre, x son rayon de base et y sa hauteur. On a

$$S = 2\pi xy.$$

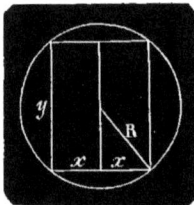

Fig. 75.

D'après l'énoncé, on doit donc avoir, en désignant le rayon de la sphère par R,

$$2\pi xy = \frac{1}{2}\pi R^2,$$

ou, puisque $R = 1$,

[1] $$xy = \frac{1}{4}.$$

D'autre part, on a

$$x^2 + \frac{y^2}{4} = R^2 = 1,$$

ou

[2] $$4x^2 + y^2 = 4.$$

L'équation [1] donne

$$y^2 = \frac{1}{16x^2}.$$

Cette valeur portée dans [2] donne

$$64x^4 - 64x^2 + 1 = 0 :$$

d'où

$$x^2 = \frac{4 \pm \sqrt{15}}{8}$$

et

$$x = \sqrt{\frac{4 \pm \sqrt{15}}{8}}.$$

Si l'on représente le volume cherché par V, on aura

$$V = \pi x^2 y,$$

ou, équation [1],

$$V = \pi x^2 \times \frac{1}{4x} = \frac{1}{4}\pi x.$$

On a donc, en remplaçant x par sa valeur,

$$V = \frac{1}{4}\pi \sqrt{\frac{4 + \sqrt{15}}{8}} = 0^{mc},779141,$$

ou

$$V = \frac{1}{4}\pi \sqrt{\frac{4 - \sqrt{15}}{8}} = 0^{mc},098957.$$

829. *On connaît la surface totale d'un segment sphérique à une base et le rayon de la sphère. On demande la hauteur du segment.*

Soient S la surface donnée, R le rayon de la sphère, r le rayon de la base du segment et x sa hauteur. On a, par suite d'une propriété connue du triangle rectangle,

$$r^2 = x(2R - x) = 2Rx - x^2.$$

La surface de la base du segment sera donc

$$\pi r^2 = \pi(2Rx - x^2) = 2\pi Rx - \pi x^2.$$

D'autre part, la surface de la zone est égale à $2\pi Rx$. La surface totale du segment sphérique est donc

$$2\pi Rx - \pi x^2 + 2\pi Rx \quad \text{ou} \quad 4\pi Rx - \pi x^2;$$

par suite, on a l'équation

$$4\pi Rx - \pi x^2 = S,$$

ou

$$x^2 - 4Rx + \frac{S}{\pi} = 0.$$

Résolvant, on trouve

$$x = 2R \pm \sqrt{4R^2 - \frac{S}{\pi}}.$$

Pour que le problème soit possible, on doit avoir

$$\frac{S}{\pi} < 4R^2 \quad \text{ou} \quad S < 4\pi R^2,$$

c'est-à-dire que la surface donnée doit être moindre que la surface de la sphère : cela est évident. D'ailleurs x doit être plus petit que $2R$: donc $x = 2R - \sqrt{4R^2 - \frac{S}{\pi}}$ est la seule valeur qui réponde à la question.

830. *Un cylindre et un tronc de cône ont une base commune et même hauteur : le volume du tronc est les deux tiers du volume du cylindre. Trouver le rapport des rayons des deux bases du tronc.*

$$\text{Rép.} : \quad \frac{r}{R} = \frac{618}{1000}.$$

Soient V le volume du cylindre et v celui du tronc du cône. On a

$$V = \pi R^2 H,$$

$$v = \frac{1}{3}\pi H(R^2 + r^2 + Rr).$$

Mais d'après l'énoncé

$$\frac{2}{3} V = v.$$

On a donc

$$\frac{2\pi R^2 H}{3} = \frac{\pi H (R^2 + r^2 + Rr)}{3},$$

ou

$$2R^2 = R^2 + r^2 + Rr,$$

ou encore

$$r^2 + Rr - R^2 = 0.$$

Résolvant, par rapport à r, on trouve

$$r = \frac{-R \pm \sqrt{R^2 + 4R^2}}{2} = \frac{-R \pm R\sqrt{5}}{2}.$$

La seule valeur admissible est

$$r = \frac{-R + R\sqrt{5}}{2} = \frac{R(\sqrt{5} - 1)}{2} = R \times 0{,}618.$$

On a donc pour le rapport demandé

$$\frac{r}{R} = 0{,}618 = \frac{618}{1000}.$$

831. *Couper une sphère par un plan, de manière que le segment sphérique* ADB *ait, avec le secteur sphérique correspondant* ADBO, *un rapport donné* m.

Soient R le rayon de la sphère, x la hauteur du segment et y le rayon de sa base. On a, d'après l'énoncé,

$$\frac{\frac{1}{2}\pi y^2 x + \frac{1}{6}\pi x^3}{\frac{2}{3}\pi R^2 x} = m,$$

ou

[1] $$3y^2 + x^2 = 4R^2 m.$$

Mais une propriété du triangle rectangle donne

[2] $$y^2 = x(2R - x).$$

Portant cette valeur dans [1], on obtient

$$x^2 - 3Rx + 2R^2 m = 0.$$

Résolvant, on a

$$x = \frac{3R \pm \sqrt{9R^2 - 8R^2 m}}{2},$$

ou

$$x = \frac{3R \pm R\sqrt{9 - 8m}}{2}.$$

Pour que le problème soit possible, on doit avoir

$$8m < 9 \quad \text{ou} \quad m < \frac{9}{8}.$$

La plus grande valeur de m est donc $m = \frac{9}{8}$, et dans ce cas on

a $x = \frac{3}{2}R$. Cette valeur portée dans [2] donne $y = \frac{R\sqrt{3}}{2}$. Alors on

a : diamètre de la base du segment $= 2y = R\sqrt{3}$.

832. *Inscrire à une sphère donnée un cylindre ayant un rapport donné* m *avec la somme des deux segments sphériques adjacents.*

Si l'on désigne par x le rayon du cylindre, par y la moitié de sa hauteur et par R le rayon de la sphère, la géométrie et l'énoncé donnent :

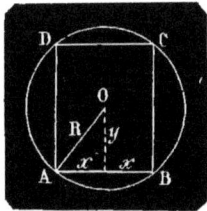

Fig. 76.

$$\frac{\pi x^2 \times 2y}{\pi x^2 (R - y) + \frac{1}{3}\pi (R - y)^3} = m,$$

ou

$$6x^2 y = 3mx^2(R - y) + m(R - y)^3;$$

ou encore

$$6x^2 y = m(R - y)[3x^2 + (R - y)^2],$$

mais

$$x^2 = R^2 - y^2,$$

et cette substitution dans l'équation précédente donne

$$6(R^2 - y^2)y = m(R - y)[3(R^2 - y^2) + (R - y)^2].$$

Supprimant le facteur $R - y$, ce qui retranche la solution inutile $R = y$, il vient

$$6y(R + y) = m[3(R^2 - y^2) + (R - y)^2],$$

$$6y(R + y) = 2m(2R^2 - y^2 - Ry),$$

ou encore, après avoir supprimé le facteur 2 et transposé,

$$(m + 3)y^2 + R(m + 3)y - 2mR^2 = 0.$$

Divisant tous les termes par $m + 5$, on a enfin

$$y^2 + Ry - \frac{2m\,R^2}{m+3} = 0.$$

Cette équation du second degré fera connaître la valeur de y, et la valeur de y donnera celle de x. Cette même équation indique d'ailleurs que le problème est toujours possible.

833. *Trouver les arêtes d'un parallélipipède rectangle, connaissant sa surface totale* $2m^2$, *la diagonale* d *d'une face et la somme* a *des arêtes.*

On peut poser d'après l'énoncé,

[1] $\qquad\qquad 2xy + 2xz + 2yz = 2m^2,$

[2] $\qquad\qquad\qquad x^2 + y^2 = d^2,$

[3] $\qquad\qquad\qquad x + y + z = a.$

Élevant [3] au carré, il vient

[4] $\qquad x^2 + y^2 + z^2 + 2xy + 2yz + 2xz = a^2.$

Retranchant [1] de [4], on trouve

[5] $\qquad\qquad x^2 + y^2 + z^2 = a^2 - 2m^2,$

ou

[6] $\qquad\qquad d^2 + z^2 = a^2 - 2m^2.$

Cette dernière équation donne la valeur de z. Substituant dans [3], on a

[7] $\qquad\qquad\qquad x + y = a - z.$

Si l'on élève au carré les 2 membres de [7], on obtient

[8] $\qquad x^2 + y^2 + 2xy = (a - z)^2 :$

d'où, en remplaçant $x^2 + y^2$ par d^2,

[9] $\qquad\qquad xy = \frac{1}{2}[(a - z)^2 - d^2].$

On connaît donc $x + y$ et xy, il est alors facile de trouver ces deux inconnues.

834. *La somme de toutes les arêtes d'un parallélipipède rectangle est égale à* 40^m, *la somme des carrés des trois arêtes contiguës est égale à* 38^m, *et l'aire de la base est égale à* 6^{mq}. *On demande le volume du parallélipipède.*

Rép. : 30^{mc}.

Soient x, y et z les trois arêtes contiguës du parallélipipède. L'énoncé donne

[1] $$x + y + z = \frac{40}{4} = 10,$$

[2] $$x^2 + y^2 + z^2 = 58,$$

[3] $$xy = 6.$$

Si l'on double [3] et qu'on ajoute à [2], il vient

[4] $$x^2 + y^2 + 2xy + z^2 = 50,$$

ou

$$(x + y)^2 = 50 - z^2.$$

Mais de [1] on déduit

[6] $$x + y = 10 - z;$$

puis

$$(x + y)^2 = 100 + z^2 - 20z.$$

Égalant les deux valeurs de $(x + y)^2$, on a

$$100 + z^2 - 20z = 50 - z^2 :$$

d'où

$$z^2 - 10z + 25 = 0.$$

Résolvant, on trouve la seule valeur

$$z = 5.$$

Si l'on porte ce résultat dans [6], on a

$$x + y = 5,$$

et comme on a d'ailleurs $xy = 6$, il en résulte que x et y sont les racines de l'équation

$$X^2 - 5X + 6 = 0.$$

Résolvant, on trouve

$$x = 2, \quad \text{et} \quad y = 3.$$

Le volume demandé est donc égal à

$$2 \times 3 \times 5 = 30^{mc}.$$

833. *Partager le volume d'une sphère en moyenne et extrême raison par une sphère concentrique.*

Soient R le rayon de la sphère donnée et x le rayon de la sphère concentrique formant le grand segment. On aura, à cause des facteurs communs à supprimer,

[1] $$\frac{x^3}{R^3 - x^3} = \frac{R^3}{x^3} :$$

d'où

[2] $$x^6 + R^3 x^3 - R^6 = 0.$$

Pour avoir la racine positive de cette équation trinôme, on posera

$$y = x^3.$$

La substitution de y dans [2] donne

$$y^2 + R^3 y - R^6 = 0.$$

Résolvant, on a pour racine positive

$$y = \frac{R^3 (\sqrt{5} - 1)}{2}.$$

La valeur positive correspondante de x est donc :

$$x = R \sqrt[3]{\frac{\sqrt{5} - 1}{2}}.$$

836. *La somme des trois dimensions d'un parallélipipède rectangle égale* 15^m; *une diagonale de ce solide a* 9^m, *et l'une des bases a* 18^{mq} *de surface : on demande le volume du parallélipipède.*

Rép. : 108^{mc}.

Soient x, y et z les dimensions du solide. On sait que dans un parallélipipède rectangle le carré d'une diagonale est égal à la somme des carrés des arêtes. On a donc les trois équations

[1] $x + y + z = 15,$

[2] $x^2 + y^2 + z^2 = 81.$

[3] $xy = 18.$

Ce système est le même que celui de l'exercice **834**. Il est donc facile au lecteur de le résoudre.

On trouve

$$x = 3 , \quad y = 6 , \quad z = 6.$$

Le volume demandé est donc égal à

$$3 \times 6 \times 6 = 108^{mc}.$$

837. *Circonscrire à une sphère donnée un cône droit dont la surface totale soit équivalente à celle d'un cercle donné.*

Soient R le rayon de la sphère, a celui du cercle donné et x le rayon de la base du cône, y sa hauteur et enfin z son côté.

La surface du cercle donné est πa^2; d'ailleurs la surface totale du cône est $\pi x^2 + \pi x z$. On a donc

[1] $x(x + z) = a^2.$

D'autre part, on a par suite des triangles semblables ABD, AEO,

$$[2] \quad \frac{x}{R} = \frac{z}{y-R} \quad \text{et} \quad \frac{x}{R} = \frac{y}{AE}.$$

Mais

$$AE = \sqrt{y(y-2R)}.$$

On a donc

$$[3] \quad \frac{x}{R} = \frac{y}{\sqrt{y(y-2R)}}.$$

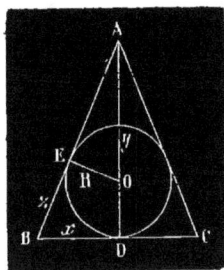

Fig. 77.

Si dans [2] on fait la somme des numérateurs et des dénominateurs, il vient

$$\frac{x+z}{y} = \frac{x}{R}, \quad \text{ou} \quad \frac{x(x+z)}{xy} = \frac{x}{R}.$$

On a, par suite (équation [1]),

$$\frac{a^2}{xy} = \frac{x}{R} :$$

d'où

$$[4] \quad x^2 y = a^2 R.$$

D'ailleurs l'équation [3] donne

$$[5] \quad \frac{x^2 y}{R^2} = \frac{y^2}{y-2R}.$$

Remplaçant dans [5] $x^2 y$ par sa valeur $a^2 R$, on a

$$\frac{a^2}{R} = \frac{y^2}{y-2R} :$$

d'où

$$R y^2 - a^2 y + 2a^2 R = 0.$$

Résolvant, on trouve

$$y = \frac{a^2 \pm \sqrt{a^2(a^2 - 8R^2)}}{2R}.$$

Pour que le problème soit possible, il faut qu'on ait

$$a^2 \gtrless 8R^2.$$

Si donc on a $a^2 = 8R^2$, la surface a^2 sera la plus petite possible. Dans ce cas, on a

$$y = \frac{a^2}{2R} = \frac{8R^2}{2R} = 4R.$$

Les valeurs de a^2 et de y portées dans [4] donnent

$$x = R\sqrt{2}.$$

ALGÈBRE (EXERCICES.)   21

Enfin les valeurs de a^2 et x portées dans [1] donnent

$$z = 3R\sqrt{2}.$$

Ainsi $4R$, $R\sqrt{2}$, $3R\sqrt{2}$ sont les dimensions du cône de la plus petite surface possible circonscrite à une sphère.

838. *Circonscrire à une sphère un cône droit dont la surface convexe soit le double de la base.*

Si l'on conserve les mêmes notations que dans l'exercice précédent, il vient

[1] $$z = \sqrt{x^2 + y^2}.$$

D'ailleurs, le double de la surface de la base étant $2\pi x^2$, on a

$$\pi x \sqrt{x^2 + y^2} = 2\pi x^2,$$

ou

[2] $$\sqrt{x^2 + y^2} = 2x,$$

ou encore, en élevant au carré et simplifiant,

[3] $$y^2 = 3x^2.$$

Mais l'équation [5], trouvée dans l'exercice précédent, donne

$$x^2 = \frac{R^2 y}{y - 2R};$$

on a donc

$$y^2 = \frac{5R^2 y}{y - 2R} :$$

d'où

$$y^2 - 2Ry - 5R^2 = 0.$$

Résolvant, on a $y = R \pm 2R$. La seule valeur admissible est évidemment $y = 3R$. La hauteur du cône sera donc égale à trois fois le rayon de la sphère. Si l'on porte la valeur de y dans [3], on trouve $x = R\sqrt{3}$.

839. *Inscrire dans une sphère un cône droit dont la surface latérale soit le double de la surface de sa base.*

Soit R le rayon de la sphère. La figure donne

$$z^2 = x^2 + y^2.$$

D'après l'énoncé, on doit avoir (exercice précédent)

$$\pi x \sqrt{x^2 + y^2} = 2\pi x^2,$$

ou

$$\sqrt{x^2 + y^2} = 2x,$$

ou encore, en élevant au carré et simplifiant,

$$y^2 = 3x^2.$$

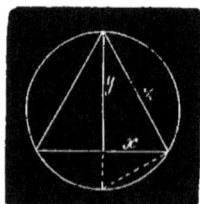

Fig. 78.

Mais, par suite d'une propriété connue du triangle rectangle, on a

$$x^2 = y\,(2R - y);$$

donc

$$y^2 = 3y\,(2R - y) :$$

d'où

$$y(4y - 6R) = 0.$$

La solution $y = 0$ ne pouvant convenir à la question, on a

$$4y = 6R :$$

d'où

$$y = \frac{3}{2} R.$$

840. *Calculer les deux côtés de l'angle droit d'un triangle rectangle, connaissant l'hypoténuse* a, *et sachant que le solide engendré par la révolution du triangle autour de l'hypoténuse est égal au volume d'une sphère de rayon donné* R.

Le volume de la sphère est $\frac{4}{3} \pi R^3$.

D'autre part, le triangle en faisant une révolution autour de son hypoténuse engendre deux cônes dont

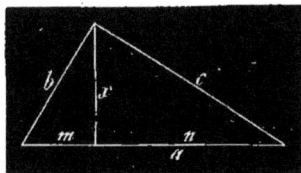

Fig. 79.

les volumes sont $\pi x^2 \times \frac{m}{3}$ et $\pi x^2 \times \frac{n}{3}$.

On a donc :

$$\pi x^2 \times \frac{m}{3} + \pi x^2 \times \frac{n}{3} = \frac{4}{3} \pi R^3,$$

ou

$$x^2 \times m + x^2 \times n = 4R^3,$$

on encore

$$x^2(m + n) = 4R^3,$$

ou enfin

$$x^2 = \frac{4R^3}{a}.$$

D'après la propriété connue du triangle rectangle, on a donc

$$\frac{4R^3}{a} = m\,(a - m).$$

Cette équation fera connaître m et par suite n. Connaissant m, n et x, il sera facile de déterminer ensuite b et c.

841. *Inscrire dans une sphère donnée un cylindre dont la surface convexe soit égale à une quantité donnée* $4\pi m^2$.

L'énoncé et la figure donnent

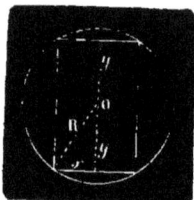

$$4\pi xy = 4\pi m^2,$$

ou

$$[1] \qquad xy = m^2,$$

$$[2] \qquad x^2 + y^2 = R^2.$$

De [2] on tire, en premier lieu,

$$(x+y)^2 = R^2 + 2xy,$$

ou

$$[3] \qquad (x+y)^2 = R^2 + 2m^2,$$

et en second lieu

$$[4] \quad (x-y)^2 = R^2 - 2m.$$

Fig. 80.

Des équations [3] et [4], on déduit $x+y$ et $x-y$: d'où x et y. D'ailleurs, comme $(x-y)^2$ est nécessairement positif, on doit avoir $2m^2 < R^2$ ou au plus $2m^2 = R^2$. Dans ce cas, on a $(x-y)^2 = 0$, ou $x = y$. Si dans [3] on fait $x = y$ et $2m^2 = R^2$, il vient $4x^2 = 2R^2$: d'où $x = \dfrac{R\sqrt{2}}{2}$.

Par suite, la hauteur du cylindre, ou $2y = 2x$, est $R\sqrt{2}$; c'est-à-dire qu'elle est égale à la diagonale du carré inscrit dans un grand cercle de la sphère.

PROBLÈMES DE PHYSIQUE.

842. *Deux lumières* A *et* B *dont les intensités sont entre elles comme* 2 *est à* 3 *sont distantes de* 20^m. *Trouver sur la droite qui joint ces lumières un point également éclairé par chacune d'elles.*

Les données du problème étant appliquées aux formules connues (*Cours,* n° **325**), on a

$$x' = \frac{20\sqrt{2}}{\sqrt{2}+\sqrt{3}} = \frac{20 \times 1,414}{3,146} = 7^m,25 \; ; \; x'' = \frac{20\sqrt{2}}{\sqrt{2}-\sqrt{3}} = \frac{20 \times 1,414}{-0,318} = -71^m,78.$$

Si l'on considère la lumière A comme étant la plus à droite, le 1er point également éclairé est entre les deux lumières, et à $7^m,25$ de la lumière A. Le second point également éclairé est à $71^m,78$ du point A, et à gauche de ce point.

843. *Deux mobiles A et B partent du sommet d'un angle droit : le mobile A sur un côté, et le mobile B sur l'autre. Le 1ᵉʳ mobile part une seconde avant le second, et fait 6ᵐ par seconde ; le second mobile fait 5ᵐ par seconde : après combien de temps seront-ils éloignés de 75ᵐ ?*

Rép. : 9 secondes.

Soit t le nombre de secondes qui devront s'écouler jusqu'au moment où les deux mobiles seront distants de 75ᵐ. L'énoncé et la propriété connue du triangle rectangle donnent l'équation

$$[1] \qquad (6t+6)^2 + (5t)^2 = 75^2 = 5\,625:$$

d'où

$$61t^2 + 72t - 5589 = 0.$$

Résolvant, on trouve

$$t' = 9 \quad \text{et} \quad t'' = -\frac{621}{61}.$$

Ainsi, c'est après 9 secondes que les deux mobiles se trouveront à 75 mètres l'un de l'autre. La vérification est facile.

Interprétation de la solution négative. — Si dans l'équation [1] on change le signe de t, il vient

$$(-6t+6)^2 + (-5t)^2 = 75^2,$$

ou

$$(6t-6)^2 + (5t)^2 = 75^2.$$

Cette équation est la traduction algébrique du problème suivant :

Deux mobiles A et B partent du sommet d'un angle droit, le mobile A sur un côté et le mobile B sur l'autre. Le premier mobile part une seconde avant le second, et fait 6ᵐ par seconde (sens OY) puis revient en sens opposé (sens OY'); le second mobile fait 5ᵐ par seconde (sens OX') : après combien de temps les deux mobiles seront-ils éloignés de 75ᵐ ?

Fig. 81.

Rép. : $\dfrac{621}{61}$ secondes.

844. *Deux mobiles M et M' animés d'un mouvement uniforme et partis en même temps des extrémités d'une droite AB se rencontrent en un point R de la ligne AB ; en ce moment, le mobile M a déjà parcouru 60ᵐ de plus que le mobile M'. On sait d'ailleurs que les vitesses des mobiles sont telles que M continuant son chemin parcourt la distance RB en 9 secondes, et M' la distance RA en 25 secondes. On demande les dis-*

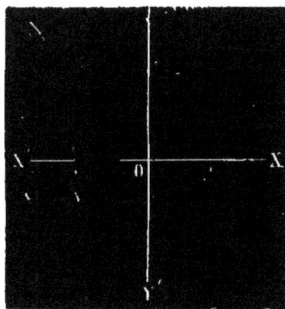

tances du point R *aux points* A *et* B, *ainsi que la vitesse de chaque mobile.*

Rép. : AR $= 150^m$, BR $= 90^m$. Vitesses : 10^m , 6^m.

Soit BR $= x$, on a AR $= x + 60$. Le mobile M parcourant x^m en 9 secondes, pour parcourir 1^m, il

Fig. 82.

met un temps égal à $\dfrac{9}{x}$, et pour parcourir $(x + 60)$ un temps égal à

$$\frac{9}{x}(x + 60).$$

De même, le mobile M' parcourant $(x + 60)^m$ en 25 secondes met $\dfrac{25}{x + 60}$ pour parcourir 1^m, et pour parcourir x^m il met $\dfrac{25x}{x + 60}$.
Mais les deux mobiles mettent le même temps pour aller le premier de A en R, et le second de B en R : on a donc l'équation

$$\frac{9(x + 60)}{x} = \frac{25x}{x + 60},$$

ou

$$9(x + 60)^2 = 25x^2.$$

Extrayant la racine carrée de chaque membre, il vient

$$3(x + 60) = 5x :$$

d'où

$$x = 90.$$

On a donc

BR $= 90^m$ et AR $= 60 + 90 = 150^m$.

Le mobile M, parcourant RB $= 90^m$ en 9 secondes, a une vitesse égale à $\dfrac{90}{9} = 10^m$. Le second a une vitesse égale à $\dfrac{150}{25} = 6^m$.

845. *Une lampe et une bougie sont distantes l'une de l'autre de* $4^m,15$. *On sait que les intensités des deux lumières sont entre elles comme* 6 *est à* 1 : *à quelle distance de la lampe, sur la ligne droite qui joint les deux lumières, doit-on placer un écran pour qu'il soit également éclairé par l'une et par l'autre?*

Rép. : $2^m,947$ et $7^m,013$.

Soit x la distance de la lampe à l'écran, la distance de la bougie à l'écran sera $4^{15} - x$. Mais on sait que l'intensité de la lumière reçue par un corps est en raison inverse du carré de la distance de ce corps au foyer lumineux. On aura donc, d'après l'énoncé,

$$\frac{6}{x^2} = \frac{1}{(4,15 - x)^2}.$$

Résolvant, on trouve

$$x' = 2^m,947 \quad \text{et} \quad x'' = 7^m,013.$$

846. *Un corps opaque est éclairé par une bougie et par une lampe ; les ombres projetées par ce corps sur un écran ont la même intensité. Les distances à l'écran sont pour la bougie* 1^m, *pour la lampe* 2^m,50. *Quel est le rapport des intensités des deux lumières ?*

$$\text{Rép. :} \quad \frac{4}{25}.$$

Si l'on désigne les intensités des lumières par i et i', on a, d'après l'exercice précédent,

$$\frac{i}{1} = \frac{i'}{(2,50)^2},$$

ou

$$\frac{i}{i'} = \frac{1}{(2,50)^2} = \frac{1}{6,50} = \frac{100}{625} = \frac{4}{25}.$$

847. *Deux mobiles, abandonnés sans vitesse initiale à l'action de la pesanteur, sont partis du même point de l'espace à une seconde d'intervalle l'un de l'autre. Au bout de combien de temps la distance qui les sépare sera-t-elle devenue égale à* 98^m? *On ne tiendra pas compte de la résistance de l'air et l'on fera* g *égal à* 9^m,8088.

$$\text{Rép. :} \quad 10^s,49 \text{ après le départ du } 1^{er} \text{ mobile.}$$

Soit t le temps qui s'écoule après le départ du premier mobile. On a pour l'espace e parcouru par le premier mobile

$$e = \frac{1}{2} g t^2,$$

et pour l'espace e' parcouru par le second

$$e' = \frac{1}{2} g(t - 1)^2;$$

il vient par suite

$$e - e' = \frac{1}{2} g t^2 - \frac{1}{2} g(t - 1)^2 = 98,$$

ou

$$gt - \frac{1}{2} g = 98.$$

Si l'on remplace g par sa valeur, il vient

$$t = 10^s,49.$$

848. *Deux lumières* A *et* B *ont des intensités qui sont entre elles comme* 5 *est à* 7. *La lumière* A *est fixée à* 3^m *d'un objet qu'on veut également éclairer par les deux lumières : à quelle distance de l'objet, et sur la ligne qui le joint à la lumière* A, *doit-on placer la lumière* B?

Rép. : 3^m,549.

Soit x la distance demandée. On a, d'après l'exercice **845** et les données de la question,

$$\frac{5}{3^2} = \frac{7}{x^2} :$$

d'où

$$x' = 3^m,549 \quad , \quad x'' = -3^m,549.$$

Ainsi la lumière B, pour éclairer l'objet autant que la lumière A, devra être à 3^m,549 à droite ou à gauche de l'objet.

849. *Deux mobiles* M *et* M' *animés d'un mouvement uniforme partent en même temps des extrémités* A *et* B *d'une droite et vont à la rencontre l'un de l'autre. Le premier arrive en* B 2^h,15^m, *et le second en* A 6^h,15^m *après leur rencontre. Trouver le temps que chaque mobile a mis pour parcourir la droite* AB.

Rép. : 6^h et 10^h.

Soient x et y les temps demandés. Si l'on désigne la droite par 1, la vitesse du 1er mobile par heure est égale à $\frac{1}{x}$, et celle du second est $\frac{1}{y}$. Mais après la rencontre des mobiles le premier parcourt la distance qui le sépare du point B en 2^h,15^m ou 2^h,25, c'est-à-dire dans un temps égal à $x - 2,25$. L'espace qu'il parcourt dans ce temps est évidemment égal à

$$(x - 2,25) \times \frac{1}{x}.$$

De même le second, pour arriver en A, parcourt un espace égal à

$$(y - 6,25) \times \frac{1}{y}.$$

Mais ces deux espaces forment la ligne entière; on a donc

[1] $$\frac{x-2,25}{x} + \frac{y-6,25}{y} = 1.$$

Il est facile de trouver une seconde équation, car le mobile M est évidemment au point de rencontre dans un temps égal à $x - 2,25$. De même le mobile M' est au point de rencontre dans un temps égal à $y - 6,25$; et comme les deux mobiles sont partis en même temps des points A et B, on a cette seconde équation

$$x - 2,25 = y - 6,25 :$$

d'où

[2] $$x = y - 4.$$

Cette valeur de x portée dans [1] donne

$$\frac{y-4-2,25}{y-4} + \frac{y-6,25}{y} = 1 :$$

d'où, après simplifications,

$$y^2 - 12,5y + 25 = 0.$$

Résolvant, on trouve

$$y' = 10 \quad \text{et} \quad y'' = 2,5.$$

La valeur de y'' donnant pour x une valeur négative, nous la laisserons de côté.

Quant à la valeur de y', si on la porte dans [2], on trouve $x = 6$. Il est facile de vérifier.

850. *Un corps de pompe a un tuyau d'aspiration de* 4^m *de hauteur ; le piston peut se mouvoir entre* $0^m,1$ *et* $0^m,5$, *à partir du fond du corps de pompe où se trouve la soupape du tuyau d'aspiration. Le rayon du corps de pompe est de* $0^m,06$; *celui du tuyau d'aspiration est de* $0^m,01$. *On demande à quelle hauteur l'eau montera au premier coup de piston.*

Rép. : 147 millimètres.

On peut prendre le centimètre pour unité. Soit x la hauteur à laquelle l'eau s'élèvera dans le tuyau d'aspiration, après le premier coup de piston. Si l'on suppose que la pression atmosphérique est $0^m,76$, elle équivaut à une colonne d'eau dont le volume est égal à

$$76 \times 13,598 = 1033^{cmc}.$$

Le volume de l'air compris entre le bas du tuyau d'aspiration et le piston lorsqu'il est au bas de sa course est

$$\pi \times 1^2 \times 400 + \pi \times 6^2 \times 10;$$

après le premier coup de piston, il est alors

$$\pi \times 1^2 \times (400 - x) + \pi \times 6^2 \times 50.$$

D'ailleurs la pression, qui était 1033 avant le coup de piston, est après 1033 — x. On a donc, par suite de la loi de Mariotte,

$$\frac{\pi \times 400 + \pi \times 6^2 \times 10}{\pi \times (400 - x) + \pi \times 6^2 \times 50} = \frac{1033 - x}{1033};$$

d'où on tire

$$x^2 - 3233x + 1487520 = 0.$$

Si l'on résout cette équation, on trouve pour x' et pour x'' des valeurs plus grandes que 400. Au premier coup de piston, l'eau ne s'arrêtera donc pas dans le tuyau d'aspiration ; elle montera par conséquent dans le corps de pompe.

Soit x la hauteur à laquelle elle s'élèvera au-dessus de la soupape. Avant le coup de piston, le volume de l'air était

$$\pi \times 1^2 \times 400 + \pi \times 6^2 \times 10.$$

Après, il est

$$\pi \times 6^2 \times (50 - x).$$

D'autre part, la pression, qui était 1033, n'est plus que

$$1033 - 400 - x \quad \text{ou} \quad 633 - x.$$

On a donc l'équation

$$\frac{\pi \times 400 + \pi \times 6^2 \times 10}{\pi \times 6^2 (50 - x)} = \frac{633 - x}{1033};$$

d'où

$$9x^2 - 6147x + 88580 = 0.$$

Résolvant, on trouve

$$x = \frac{6147 \pm \sqrt{6147^2 - 36 \times 88580}}{18}.$$

La valeur de x devant être moindre que 50 centimètres, hauteur du corps de pompe, la première des valeurs de x n'est point admissible, et l'on a par conséquent $x = 14,7$ environ. L'eau s'élèvera donc à 147 millimètres dans le corps de pompe.

851. *Deux mobiles M, M' animés d'un mouvement uniforme sont sur une droite ABR et se dirigent dans le même sens : le mobile M est en A et le mobile M' est en B. La distance AB est de 120^m. D'ailleurs la vitesse du mobile M est telle qu'il atteint le mobile M' en R. On sait en outre que le premier parcourt la distance BR en 5 secondes et que le* *second peut parcourir la distance* ABR *en* 80 *secondes. Trouver la distance* BR *et la vitesse de chaque mobile.*

Rép. : Vitesses : 8^m et 2^m ; BR $= 40^m$.

Soit x la distance BR. On a ABR $= 120 + x$. Le mobile M parcourant la distance x en 5 secondes parcourt 1 dans $\dfrac{5}{x}$, et pour parcourir $120 + x$ il met

Fig. 83.

un temps égal à $\dfrac{5}{x} \times (120 + x)$. De même le mobile M' parcourant

$120 + x$ en 80 secondes parcourt 1 dans $\dfrac{80}{120 + x}$, et pour parcourir

la distance x il met un temps égal à $\dfrac{80x}{120 + x}$. Mais le mobile parti

de B met le même temps pour arriver en R que le mobile parti de A : on a donc l'équation

$$\frac{5(120 + x)}{x} = \frac{80x}{120 + x},$$

ou

$$5(120 + x)^2 = 80x^2,$$

ou encore

$$(120 + x)^2 = 16x^2.$$

Extrayant la racine carrée de chaque membre, il vient

$$120 + x = 4x :$$

d'où

$$x = 40.$$

La vitesse du mobile M est donc $\dfrac{40}{5} = 8^m$ par seconde. La vitesse

du mobile M' est $\dfrac{120 + 40}{80} = 2^m$ par seconde.

QUESTIONS DE MAXIMUM ET DE MINIMUM.

EXERCICES DIVERS.

Trouver les valeurs maximum et minimum des fonctions suivantes, et étudier leurs variations :

852.
$$\frac{x^2}{x - 1}.$$

Rép. : *Minimum :* 4 ; *maximum :* 0.

Si l'on égale la fonction donnée à la variable m, on a

$$\frac{x^2}{x-1} = m :$$

d'où

$$x^2 - mx + m = 0.$$

Résolvant, il vient

$$x = \frac{m \pm \sqrt{m^2 - 4m}}{2}.$$

La condition de réalité des racines est

$$m^2 - 4m > 0.$$

On doit donc avoir au moins

$$m^2 - 4m = 0.$$

Or les racines de cette équation sont 4 et 0. Donc (*Cours*, n° **270**) toute valeur supérieure à 4 et inférieure à 0 rendra $m^2 - 4m > 0$: donc 4 est un minimum et 0 un maximum. Au minimum 4 correspond : $x = \frac{4}{2} = 2$; au maximum 0 correspond : $x = \frac{0}{2} = 0$.

D'ailleurs, puisque cette fonction a 4 pour minimum et 0 pour maximum, elle peut varier de $+4$ à $+\infty$ et de $-\infty$ à 0.

Dans le cas où $x = \pm\infty$, la fonction est égale à $\pm\infty$, car

$$\frac{x^2}{x-1} = \frac{1}{\frac{1}{x} - \frac{1}{x^2}}.$$

Or, si x tend vers $+\infty$, le dénominateur du second membre de cette égalité reste toujours positif, mais l'expression tend vers $\frac{1}{0} = \infty$; si, au contraire, x tend vers $-\infty$, le dénominateur du second membre reste toujours négatif et l'expression tend vers $\frac{1}{-0} = -\infty$. Pour $x = \pm\infty$, on a donc bien $m = \pm\infty$.

Il est, du reste, facile de suivre la marche de la fonction, quand x passe par tous les états de grandeur, c'est-à-dire quand il croît de $-\infty$ à $+\infty$. Ainsi :

Quand x croît de $-\infty$ à 0,
    m croît de $-\infty$ à 0, son maximum.

Quand x croît de 0 à 1,
    m décroît de 0 à $-\infty$, et saute *brusquement* à $+\infty$ pour $x = 1$.

Quand x croît de 1 à 2,
    m décroît de ∞ à 4, son minimum.

Quand x croît de 2 à ∞,
    m croît de 4 à ∞.

853.
$$x + \frac{1}{x}.$$

Rép. : *Minimum* : 2 , *maximum* : — 2.

Égalant la fonction donnée à la variable m, on a

$$x + \frac{1}{x} = m,$$

ou

$$x^2 - mx + 1 = 0.$$

Résolvant, on a

$$x = \frac{m \pm \sqrt{m^2 - 4}}{2}.$$

Pour que x soit réel, on doit avoir

$$m^2 - 4 > 0.$$

Mais les racines de l'équation

$$m^2 - 4 = 0$$

sont 2 et — 2. Donc toute valeur supérieure à 2 et inférieure à — 2 rendra $m^2 - 4 > 0$: donc 2 est un minimum et — 2 un maximum. Ainsi la fonction peut varier de $+ 2$ à $+\infty$ et de — 2 à —∞.

D'ailleurs au minimum 2 correspond $x = \frac{2}{2} = 1$, et au maximum — 2 correspond $x = \frac{-2}{2} = -1$.

Remarque. — Si le lecteur désire connaître, pour cet exercice et les suivants (jusqu'à **878**), la marche de la fonction quand x passe par tous les états de grandeur, nous le prions de se reporter à l'exercice précédent et à nos ouvrages d'algèbre.

854.
$$3x + \frac{27}{x}.$$

Rép. : *Minimum* : 18 ; *maximum* : — 18.

On pose

$$3x + \frac{27}{x} = m :$$

d'où

$$3x^2 - mx + 27 = 0.$$

Résolvant, on trouve

$$x = \frac{m \pm \sqrt{m^2 - 324}}{6}.$$

La condition de réalité de x est

$$m^2 - 324 > 0.$$

Or, les racines de l'équation

$$m^2 - 324 = 0$$

sont 18 et — 18. Donc toute valeur supérieure à 18 et inférieure à
— 18 rendra $m^2 - 324 > 0$: donc 18 est un minimum et — 18 un
maximum. Au minimum 18 correspond $x = \frac{18}{6} = 3$, et au maximum

— 18 correspond $x = -\frac{18}{6} = -3$.

855. $\qquad\qquad -2x^2 + 5x - 2.$

$$\text{Rép. : } \textit{Maximum} : \frac{8}{9}.$$

On pose

$$-2x^2 + 5x - 2 = m :$$

d'où

$$2x^2 - 5x + 2 + m = 0.$$

Résolvant, on trouve

$$x = \frac{5 \pm \sqrt{25 - 8(2 + m)}}{4},$$

où

$$x = \frac{5 \pm \sqrt{9 - 8m}}{4}.$$

Pour que x soit réel, on doit avoir

$$9 - 8m > 0 \quad \text{ou} \quad m < \frac{9}{8}.$$

Le maximum est donc $\frac{9}{8}$: il n'y a pas de minimum.

Ainsi la fonction peut varier de $+\frac{8}{9}$ à $-\infty$. D'ailleurs au maxi-

mum $\frac{9}{8}$ correspond $x = \frac{5}{4}$.

856. $$8 + 2x - x^2.$$

Rép. : *Maximum* : 9.

On pose
$$8 + 2x - x^2 = m ;$$
d'où
$$x^2 - 2x - 8 + m = 0.$$

Résolvant, on a
$$x = 1 \pm \sqrt{1 - (-8 + m)},$$
ou
$$x = 1 \pm \sqrt{9 - m}.$$

Pour que x soit réel, il faut qu'on ait
$$m > 9.$$

Le maximum de la fonction est donc 9, il n'y a pas de minimum. Ainsi la fonction peut varier de $+9$ à $-\infty$. D'ailleurs au maximum 9 correspond $x = 1$.

857. $$x^2 + (x - 6)^2.$$

Rép. : *Minimum* : 18.

On pose
$$x^2 + (x - 6)^2 = m ;$$
d'où, en développant le carré,
$$2x^2 - 12x + 36 - m = 0.$$

Si l'on résout cette équation, on trouve
$$x = \frac{6 \pm \sqrt{36 - 2(36 - m)}}{2},$$
ou
$$x = \frac{6 \pm \sqrt{2m - 36}}{2}.$$

Pour que x soit réel, on doit avoir
$$2m - 36 > 0 \quad \text{ou} \quad m > 18.$$

La valeur minimum de m est donc 18; il n'y a pas de maximum. Ainsi la fonction peut varier de $+18$ à $+\infty$. D'ailleurs à $m = 18$ correspond $x = \frac{6}{2} = 3.$

858.
$$\frac{15 - 4x^2}{8 - 4x}.$$

Rép. : *Minimum* : 5 ; *maximum* : 3.

On pose

$$\frac{15 - 4x^2}{8 - 4x} = m :$$

d'où

$$4x^2 - 4mx + 8m - 15 = 0.$$

Résolvant, on trouve

$$x = \frac{2m \pm \sqrt{4m^2 - 4(8m - 15)}}{4},$$

ou

$$x = \frac{m \pm \sqrt{m^2 - 8m + 15}}{2}.$$

Pour que x soit réel, il faut qu'on ait

$$m^2 - 8m + 15 > 0.$$

Or les racines de l'équation

$$m^2 - 8m + 15 = 0$$

sont 5 et 3. Donc (*Cours*, n° **270**) toute valeur supérieure à 5 et inférieure à 3 rendra $m^2 - 8m + 15 > 0$: donc 5 est un minimum et 3 un maximum. Ainsi la fonction peut varier de $+5$ à $+\infty$ et de $+3$ à $-\infty$; d'ailleurs au minimum 5 correspond $x = \frac{5}{2}$ et au maximum 3 correspond $x = \frac{3}{2}$.

859.
$$\frac{x^2 - x - 4}{x - 1}.$$

Rép. : Il n'y a ni *maximum* ni *minimum*.

On a

$$\frac{x^2 - x - 4}{x - 1} = m,$$

ou

$$x^2 - (m + 1)x + m - 4 = 0.$$

Résolvant, il vient

$$x = \frac{m+1 \pm \sqrt{m^2 + 2m + 1 - 4(m-4)}}{2},$$

ou

$$x = \frac{m+1 \pm \sqrt{m^2 - 2m + 17}}{2}.$$

Les racines du trinôme placé sous le radical sont imaginaires : donc ce trinôme est la somme de deux carrés. Toute valeur de m le rendra par conséquent positif : donc la fonction n'a ni maximum ni minimum.

860. $\qquad\qquad 2x + 3(4-x)^2.$

Rép. : *Minimum* : $\dfrac{23}{3}$.

On a $\qquad\qquad 2x + 3(4-x)^2 = m,$

ou $\qquad\qquad 3x^2 - 22x + 48 - m = 0.$

Résolvant, on trouve

$$x = \frac{11 \pm \sqrt{121 - 3(48-m)}}{3},$$

ou

$$x = \frac{11 \pm \sqrt{3m - 23}}{3}.$$

Pour que x soit réel, on doit avoir

$$3m - 23 > \quad \text{ou} \quad m > \frac{23}{3}.$$

La valeur minimum de m est donc $m = \dfrac{23}{3}$. Ainsi la fonction peut varier de $+\dfrac{23}{3}$ à $+\infty$. Il n'y a pas de maximum. Au minimum correspond $x = \dfrac{11}{3}$.

861. $\qquad\qquad \dfrac{3x}{x^2 + x + 1}.$

Rép. : *Maximum* : 1 ; *minimum* : -3.

On pose

$$\frac{3x}{x^2 + x + 1} = m :$$

d'où

$$mx^2 + (m - 3)x + m = 0.$$

Résolvant, il vient

$$x = \frac{3 - m \pm \sqrt{(m - 3)^2 - 4m^2}}{2m},$$

ou

$$x = \frac{3 - m \pm \sqrt{-3m^2 - 6m + 9}}{2m}.$$

Pour que x soit réel, on doit avoir

$$-3m^2 - 6m + 9 > 0,$$

ou

[α] $$-m^2 - 2m + 3 > 0.$$

Or, les racines de l'équation

$$-m^2 - 2m + 3 = 0,$$

ou

$$m^2 + 2m - 3 = 0$$

sont 1 et -3. Mais comme le coefficient de m^2 est négatif (relation [α]), il en résulte que le trinôme ne sera positif que si m varie entre 1 et -3 (*Cours d'algèbre*, n° **270**) : donc 1 est le maximum de la fonction et -3 en est le minimum. Pour le maximum, on a $x = \frac{3 - 1}{2 \times 1} = 1$; et pour le minimum $x = \frac{3 - (-3)}{2 \times -3} = \frac{6}{-6} = -1$.

862. $$\frac{x - 4}{x^2 - 3x - 3}.$$

Rép. : *Minimum* : $\frac{1}{3}$; *maximum* : $\frac{1}{7}$.

On pose

$$\frac{x - 4}{x^2 - 3x - 3} = m;$$

d'où

$$mx^2 - (3m + 1)x + 4 - 3m = 0.$$

Si l'on résout, on trouve

$$x = \frac{3m + 1 \pm \sqrt{(3m + 1)^2 - 4m(4 - 3m)}}{2m},$$

ou

$$x = \frac{3m + 1 \pm \sqrt{21m^2 - 10m + 1}}{2m}.$$

Pour que x soit réel, on doit avoir

$$21m^2 - 10m + 1 > 0.$$

Or, l'équation

$$21m^2 - 10m + 1 = 0$$

donne $m' = \frac{1}{3}$ et $m'' = \frac{1}{7}$: donc toute valeur supérieure à $\frac{1}{3}$ et infé-

rieure à $\frac{1}{7}$ rendra $21m^2 - 10m + 1 > 0$: donc $\frac{1}{3}$ est un minimum et

$\frac{1}{7}$ un maximum. Au minimum $\frac{1}{3}$ correspond $x = \dfrac{3 \times \frac{1}{3} + 1}{2 \times \frac{1}{3}} = 3$;

au maximum $\frac{1}{7}$ correspond $x = 5$.

863. $$\frac{x^2 - 7}{x + 4}.$$

Rép. : *Minimum : — 2 ; maximum : — 14.*

Si l'on pose

$$\frac{x^2 - 7}{x + 4} = m,$$

il vient

$$x^2 - mx - 7 - 4m = 0 :$$

d'où

$$x = \frac{m \pm \sqrt{m^2 - 4(-7 - 4m)}}{2},$$

ou

$$x = \frac{m \pm \sqrt{m^2 + 16m + 28}}{2}.$$

La condition de réalité de x est

$$m^2 + 16m + 28 > 0.$$

Or, les racines de l'équation

$$m^2 + 16m + 28 = 0$$

sont — 2 et — 14. Donc toute valeur supérieure à — 2 et inférieure
à — 14 rendra $m^2 + 16m + 28 > 0$: donc — 2 est le minimum et

— 14 le maximum. Au minimum — 2 correspond $x = \dfrac{-2}{2} = -1$ et au maximum — 14 correspond $x = \dfrac{-14}{2} = -7$.

864. $$\frac{1}{x} + \frac{1}{1-x}.$$

Rép. : *Minimum :* 4 ; *maximum :* 0.

Si l'on pose

$$\frac{1}{x} + \frac{1}{1-x} = m,$$

on a

$$mx^2 - mx + 1 = 0 :$$

d'où

$$x = \frac{m \pm \sqrt{m^2 - 4m}}{2m}.$$

Pour que x soit réel, on doit avoir

$$m^2 - 4m > 0.$$

Or les racines de l'équation

$$m^2 - 4m = 0$$

sont 4 et 0. Donc 4 est un minimum et 0 un maximum. Au minimum 4 correspond $x = \dfrac{4}{2 \times 4} = \dfrac{1}{2}$, et au maximum 0 correspond

$$x = \frac{0}{2 \times 0} = \frac{0}{0}.$$

865. $$\frac{x^2 + 1}{x^2 - 4x + 3}.$$

Rép. : *Minimum :* $-2 + \sqrt{5}$; *maximum :* $-2 - \sqrt{5}$.

On pose

$$\frac{x^2 + 1}{x^2 - 4x + 3} = m :$$

d'où

$$(m - 1) x^2 - 4mx + 3m - 1 = 0.$$

Résolvant, on a

$$x = \frac{2m \pm \sqrt{4m^2 - (m-1)(3m-1)}}{m - 1},$$

ou

$$x = \frac{2m \pm \sqrt{m^2 + 4m - 1}}{m - 1}.$$

Pour que x soit réel, on doit donc avoir

$$m^2 + 4m - 1 \gtrless 0.$$

Les racines de l'équation

$$m^2 + 4m - 1 = 0$$

étant $-2 + \sqrt{5}$ et $-2 - \sqrt{5}$, il résulte de là que $-2 + \sqrt{5}$ est le minimum de la fonction, et $-2 - \sqrt{5}$ en est le maximum. Au minimum $-2 + \sqrt{5}$ correspond

$$x = \frac{2(-2 + \sqrt{5})}{-2 + \sqrt{5} - 1} = \frac{2\sqrt{5} - 4}{\sqrt{5} - 1},$$

et au maximum $-2 - \sqrt{5}$ correspond

$$x = \frac{2(-2 - \sqrt{5})}{-2 - \sqrt{5} - 1} = \frac{-4 - 2\sqrt{5}}{-3 - \sqrt{5}} = \frac{2\sqrt{5} + 4}{\sqrt{5} + 3}.$$

866. $\qquad \dfrac{5x^2 + 8x - 1}{x^2 + 1}.$

Rép. : *Maximum :* 7 ; *minimum :* -3.

Si l'on fait

$$\frac{5x^2 + 8x - 1}{x^2 + 1} = m,$$

il vient

$$(5 - m)x^2 + 8x - m - 1 = 0.$$

Résolvant, on a

$$x = \frac{-4 \pm \sqrt{16 - (5 - m)(-m - 1)}}{5 - m},$$

ou

$$x = \frac{-4 \pm \sqrt{-m^2 + 4m + 21}}{5 - m}.$$

Pour que x soit réel, on doit avoir

$[\alpha] \qquad -m^2 + 4m + 21 \gtrless 0.$

Si l'on résout l'équation

$$m^2 - 4m - 21 = 0,$$

on trouve pour racines 7 et -3. Puisque dans $[\alpha]$ le coefficient de

m^2 est négatif, cette relation ne sera vérifiée que pour des valeurs comprises entre 7 et — 3 : donc 7 est le maximum et — 3 le minimum.

Au maximum 7 correspond $x = \dfrac{-4}{5-7} = 2$, et au minimum —3

correspond $x = \dfrac{-4}{5-(-3)} = \dfrac{-4}{8} = -\dfrac{1}{2}$,

867. $\dfrac{x^2 - 2x + 21}{6x - 14}$.

Rép. : *Minimum* : 2 ; *maximum* : $-\dfrac{10}{9}$.

On pose

$$\frac{x^2 - 2x + 21}{6x - 14} = m :$$

d'où

$$x^2 - (2 + 6m)x + 21 + 14m = 0.$$

Résolvant, on a

$$x = 3m + 1 \pm \sqrt{(1 + 3m)^2 - 21 - 14m},$$

ou

$$x = 3m + 1 \pm \sqrt{9m^2 - 8m - 20}.$$

Pour que x soit réel, on doit avoir

$$9m^2 - 8m - 20 > 0.$$

Or, si l'on résout l'équation

$$9m^2 - 8m - 20 = 0,$$

on trouve $m' = 2$ et $m'' = -\dfrac{10}{9}$:

donc 2 est le minimum de la fonction, et $-\dfrac{10}{9}$ en est le maximum. Au minimum 2 correspond $x = 3 \times 2 + 1 = 7$, et au maximum correspond $x = 3 \times -\dfrac{10}{9} + 1 = -\dfrac{10}{3} + 1 = -\dfrac{7}{3}$.

868. $\dfrac{3x^2 - 4x - 1}{x^2 + 2}$.

Rép. : *Maximum* : 3,5 ; *minimum* : — 1.

On a :

$$\frac{3x^2 - 4x - 1}{x^2 + 2} = m,$$

ou

$$(3 - m)x^2 - 4x - 2m - 1 = 0.$$

Résolvant, on obtient

$$x = \frac{2 \pm \sqrt{4 - (3 - m)(-2m - 1)}}{3 - m},$$

ou

$$x = \frac{2 \pm \sqrt{-2m^2 + 5m + 7}}{3 - m}.$$

Pour que x soit réel, il faut qu'on ait

$$-2m^2 + 5m + 7 > 0.$$

Or, si l'on résout l'équation

$$2m^2 - 5m - 7 = 0,$$

on trouve pour racines 3,5 et −1.

Donc (exercice **861**) le maximum de la fonction est 3,5 et le minimum −1. Au maximum correspond $x = \dfrac{2}{3 - 3,5} = -4$, et au minimum correspond $x = -1$.

869. $$\frac{3x^2 - 12x + 1}{x^2 + 2}.$$

Rép. : *Maximum :* 6,17 ; *minimum :* −2,67.

On pose

$$\frac{3x^2 - 12x + 1}{x^2 + 2} = m :$$

d'où

$$(3 - m)x^2 - 12x + 1 - 2m = 0.$$

Résolvant, on a

$$x = \frac{6 \pm \sqrt{36 - (3 - m)(1 - 2m)}}{3 - m},$$

ou

$$x = \frac{6 \pm \sqrt{-2m^2 + 7m + 33}}{3 - m}.$$

Pour que x soit réel, on doit avoir

[α] $$-2m^2 + 7m + 33 > 0.$$

Mais, si l'on résout l'équation

$$2m^2 - 7m - 33 = 0,$$

on trouve pour racines $\dfrac{7 \pm \sqrt{1}}{4}$ ou $\dfrac{7 \pm 17,68\ldots}{4}$.

On a par conséquent $m' = 6,17\ldots$ et $m'' = -2,67\ldots$ Or, (relation [α]), le coefficient de m^2 est négatif; donc $6,17$ est un maximum et $-2,67$ un minimum.

Au maximum correspond $x = \dfrac{6}{3 - 6,17} = -1,89$, et au mini-

mum correspond $x = \dfrac{6}{3 - (-2,67)} = 1,05$.

870. $\dfrac{3x^2 - 3x + 1}{5x^2 - 4x + 1}.$

Rép. : *Maximum:* $\dfrac{3}{2}$; *minimum:* $\dfrac{1}{2}$.

On pose

$$\frac{3x^2 - 3x + 1}{5x^2 - 4x + 1} = m:$$

d'où

$$3x^2 - 5mx^2 + 4mx - 3x + 1 - m = 0,$$

ou encore, en changeant tous les signes,

$$(5m - 3)x^2 + (3 - 4m)x + (m - 1) = 0.$$

Résolvant, on a

$$x = \frac{4m - 3 \pm \sqrt{(5 - 4m)^2 - 4(5m - 3)(m - 1)}}{2(5m - 3)},$$

ou

$$x = \frac{4m - 3 \pm \sqrt{-4m^2 + 8m - 3}}{2(5m - 3)}.$$

Pour que x soit réel, on doit avoir

[α] $-4m^2 + 8m - 3 > 0.$

Or, si l'on résout l'équation

$$4m^2 - 8m + 3 = 0,$$

on trouve pour racines $\dfrac{3}{2}$ et $\dfrac{1}{2}$: donc, d'après la relation [α], dans

laquelle le coefficient de m^2 est négatif, $\dfrac{3}{2}$ est le maximum de la fonction et $\frac{1}{2}$ en est le minimum. Au maximum $\frac{3}{2}$ correspond $x = \frac{1}{3}$, et au minimum $\frac{1}{2}$ correspond $x = 1$.

871.
$$\frac{6x^2 - 4x + 3}{x^2 - 4x + 1}.$$

Rép. : *Minimum* : 2 ; *maximum* : $-\frac{7}{3}$.

On pose
$$\frac{6x^2 - 4x + 3}{x^2 - 4x + 1} = m,$$
ou
$$(6 - m)x^2 + 4(m - 1)x + 3 - m = 0.$$
Résolvant, on trouve
$$x = \frac{2(1 - m) \pm \sqrt{4(m - 1)^2 - (6 - m)(3 - m)}}{6 - m},$$
ou
$$x = \frac{2(1 - m) \pm \sqrt{3m^2 + m - 14}}{6 - m}.$$
Les valeurs de x ne seront réelles qu'autant qu'on aura
$$3m^2 + m - 14 > 0.$$
Si l'on résout l'équation
$$3m^2 + m - 14 = 0,$$
il vient $m' = 2$ et $m'' = -\frac{7}{3}$. Donc 2 est le minimum de la fonction et $-\frac{7}{3}$ en est le maximum. Au minimum correspond $x = -\frac{1}{3}$, et au maximum correspond $x = \frac{2\left(1 + \frac{7}{3}\right)}{6 + \frac{7}{3}} = \frac{4}{5}$.

872.
$$\frac{x^2 - x - 1}{x^2 + x - 1}.$$

Rép. : Il n'y a ni *maximum* ni *minimum*.

On pose

$$\frac{x^2 - x - 1}{x^2 + x - 1} = m :$$

d'où

$$(1 - m)x^2 - (1 + m)x + m - 1 = 0.$$

Résolvant, il vient

$$x = \frac{1 + m \pm \sqrt{(1 + m)^2 - 4(1 - m)(m - 1)}}{2(1 - m)},$$

ou

$$x = \frac{1 + m \pm \sqrt{5m^2 - 6m + 5}}{2(1 - m)}.$$

Il est facile de voir que les racines du trinôme placé sous le radical sont imaginaires; il en résulte que ce trinôme est la somme de deux carrés. Toute valeur de m le rendra donc positif. La fonction n'a par conséquent ni maximum ni minimum.

873.
$$\frac{x^2 + 2x - 3}{x^2 - 2x + 3}.$$

Rép. : *Maximum* : 2 ;   *minimum* : — 1.

Si l'on pose

$$\frac{x^2 + 2x - 3}{x^2 - 2x + 3} = m,$$

on a

$$x^2 - mx^2 + 2mx + 2x - 3m - 3 = 0,$$

ou, en changeant les signes,

$$(m - 1)x^2 - 2(m + 1)x + 3(m + 1) = 0.$$

Résolvant, il vient

$$x = \frac{m + 1 \pm \sqrt{(m + 1)^2 - (m - 1) \times 3(m + 1)}}{m - 1},$$

ou

$$x = \frac{m + 1 \pm \sqrt{-2m^2 + 2m + 4}}{m - 1}.$$

Pour que x soit réel, on doit avoir

$$-2m^2 + 2m + 4 > 0,$$

ou

[α] $-m^2 + m + 2 > 0.$

Si l'on résout l'équation

$$m^2 - m - 2 = 0,$$

on trouve $m' = 2$ et $m'' = -1$. D'après la relation [α], on voit que la fonction ne peut varier qu'entre 2 et — 1 : donc 2 est le maximum et — 1 le minimum. Au maximum 2 correspond $x = 3$ et au minimum — 1 correspond $x = 0$.

874. $$\dfrac{x^2 + x - 1}{x^2 - x - 2}.$$

Rép. : La fonction n'a ni *maximum* ni *minimum*.

Si l'on fait
$$\frac{x^2 + x - 1}{x^2 - x - 2} = m,$$
il vient
$$(1 - m)x^2 + (1 + m)x + 2m - 1 = 0 :$$
d'où
$$x = \frac{-(1 + m) \pm \sqrt{(1 + m)^2 - 4(1 - m)(2m - 1)}}{2(1 - m)},$$
ou encore
$$x = \frac{-(1 + m) \pm \sqrt{9m^2 - 10m + 5}}{2(1 - m)}.$$

Il est facile de voir que les racines du trinôme soumis au radical sont imaginaires : ce trinôme est donc la somme de deux carrés. Toute valeur de m le rendra donc positif, et, par suite, la fonction ne pourra avoir ni maximum ni minimum.

875. $$\sqrt{3 - x} + \sqrt{5x - 4}.$$

Rép. : *Maximum :* $\sqrt{\dfrac{66}{5}}.$

On pose
$$\sqrt{3 - x} + \sqrt{5x - 4} = m;$$
puis on élève chaque membre au carré : il vient alors
$$3 - x + 5x - 4 + 2\sqrt{(5x - 4)(3 - x)} = m^2,$$
ou
$$2\sqrt{(5x - 4)(3 - x)} = m^2 - 4x + 1.$$

Élevant de nouveau au carré, on a
$$4(5x - 4)(3 - x) = m^4 - 8m^2x - 8x + 2m^2 + 16x^2 + 1,$$
ou
$$60x - 48 - 20x^2 + 16x = m^4 - 8m^2x - 8x + 2m^2 + 16x^2 + 1,$$

ou encore, en changeant les signes,

$$36x^2 - 4(21 + 2m^2)x + m^4 + 2m^2 + 49 = 0.$$

Si l'on résout, il vient

$$x = \frac{2(21 + 2m^2) \pm \sqrt{4(21 + 2m^2)^2 - 36(m^4 + 2m^2 + 49)}}{36},$$

ou

$$x = \frac{21 + 2m^2 \pm \sqrt{-5m^4 + 66m^2}}{18}.$$

Pour que x soit réel, on doit avoir

$$-5m^4 + 66m^2 > 0, \quad \text{ou} \quad m^2 < \frac{66}{5}.$$

Le maximum de m est donc $m = \sqrt{\dfrac{66}{5}}$.

Au maximum correspond $x = \dfrac{21 + 2 \times \dfrac{66}{5}}{18} = \dfrac{79}{30}.$

876. $$\frac{-x^2 + 2x - 3}{3x^2 - x + 2}.$$

Rép. : *Maximum :* $-0,23$; *minimum :* $-1,5.$

On pose

$$\frac{-x^2 + 2x - 3}{3x^2 - x + 2} = m,$$

et il vient

$$-x^2 + 2x - 3 = 3mx^2 - mx + 2m,$$

ou, en changeant les signes,

$$(3m + 1)x^2 - (m + 2)x + 2m + 3 = 0.$$

Résolvant, on trouve

$$x = \frac{m + 2 \pm \sqrt{(m + 2)^2 - 4(3m + 1)(2m + 3)}}{2(3m + 1)},$$

ou

$$x = \frac{m + 2 \pm \sqrt{-23m^2 - 40m - 8}}{2(3m + 1)}.$$

Pour que x soit réel, on doit donc avoir

[α] $$-23m^2 - 40m - 8 > 0.$$

Or, si l'on résout l'équation

$$23m^2 + 40m + 8 = 0,$$

on a

$$m = \frac{-20 \pm \sqrt{216}}{23} : \text{d'où } m' = -0,23\ldots, \text{ et } m'' = -1,5\ldots$$

On voit, d'après la relation [α], que — 0,23 est le maximum de la fonction, et — 1,5 en est le minimum. Au maximum — 0,23 correspond $x = 2,86$, et au minimum — 1,50 correspond $x = -\dfrac{1}{14}$.

877. $\qquad \dfrac{2x - 3 + \sqrt{13 - 4x}}{2}.$

Rép. : *Maximum :* 2.

On pose

$$\frac{2x - 3 + \sqrt{13 - 4x}}{2} = m :$$

d'où

$$\sqrt{13 - 4x} = 2m - 2x + 3.$$

Élevant chaque membre au carré, il vient

$$13 - 4x = 4m^2 - 8mx + 12m + 4x^2 - 12x + 9,$$

ou

$$4 = 4m^2 - 8mx + 12m + 4x^2 - 8x.$$

Si l'on divise par 4, puis qu'on fasse passer tous les termes dans le même membre, on a

$$x^2 - 2(m + 1)x + m^2 + 3m - 1 = 0.$$

Résolvant, on trouve

$$x = m + 1 \pm \sqrt{(m + 1)^2 - m^2 - 3m + 1},$$

ou

$$x = m + 1 \pm \sqrt{2 - m}.$$

Pour que x soit réel, on doit avoir

$$2 - m > 0 : \text{d'où } m < 2.$$

Le maximum de m est donc 2. A cette valeur correspond $x = 2 + 1 = 3$.

878. $$\frac{2x + 5 \pm \sqrt{-7 - 4x^2 + 20x}}{2}.$$

Rép. : *maximum : 8 ; minimum : 2.*

On pose

$$\frac{2x + 5 \pm \sqrt{-7 - 4x^2 + 20x}}{2} = m :$$

d'où

$$\pm \sqrt{-7 - 4x^2 + 20x} = 2m - 2x - 5.$$

Élevant chaque membre au carré, on a

$$-7 - 4x^2 + 20x = 4m^2 - 8mx - 20m + 4x^2 + 20x + 25.$$

Si l'on fait tout passer dans le même membre, puis qu'on divise par 4, il vient

$$2x^2 - 2mx + m^2 - 5m + 8 = 0.$$

Résolvant, on trouve

$$x = \frac{m \pm \sqrt{m^2 - 2(m^2 - 5m + 8)}}{2},$$

ou

$$x = \frac{m \pm \sqrt{-m^2 + 10m - 16}}{2}.$$

Pour que x soit positif, il faut qu'on ait

$$[\alpha] \qquad -m^2 + 10m - 16 > 0,$$

Or, si l'on résout l'équation

$$m^2 - 10m + 16 = 0,$$

on trouve $m' = 8$ et $m' = 2$. On voit donc, relation $[\alpha]$, que 8 est le maximum de la fonction et 2 en est le minimum. Au maximum 8 correspond $x = \frac{8}{2} = 4$, et au minimum 2 correspond $x = 1$.

879. *Partager 40 en deux parties dont le produit soit maximum.*

Rép. : *20 et 20.*

Soit x l'une des parties, l'autre sera $40 - x$. Si donc on désigne par m le produit maximum, on aura

$$x(40 - x) = m :$$

d'où

$$x^2 - 40x + m = 0.$$

Résolvant, on trouve

$$x = 20 \pm \sqrt{400 - m}.$$

On voit, d'après le radical, que le maximum de m est $m = 400$, et alors $x = 20$. L'autre partie du nombre étant $40 - 20$ ou 20, il résulte de là que le produit sera maximum lorsque le nombre 40 sera partagé en deux parties égales.

880. *Partager* 12 *en deux parties telles que la somme de leurs carrés soit maximum.*

Rép. : 12 et 0.

Soient x et y les deux parties dans lesquelles le nombre 12 doit être divisé et m le maximum demandé. On a, d'après l'énoncé,

[1] $$x + y = 12,$$
[2] $$x^2 + y^2 = m.$$

L'équation [1] donne

$$x^2 + y^2 = 12^2 - 2xy.$$

Donc on a

$$m = 12^2 - 2xy.$$

Or, il est évident que 12^2 augmente, et par suite m, quand le produit $2xy$ diminue : donc le maximum m correspond à x ou $y = 0$. Ainsi, 0 et 12, voilà les deux parties dans lesquelles 12 doit être partagé pour que la somme des carrés de ces parties soit maximum.

881. *Partager* 27 *en deux parties telles que la somme de* 4 *fois le carré de la première, plus la somme de* 5 *fois le carré de la deuxième, soit la plus petite possible.*

Rép. : 15 et 12.

Si l'on désigne la première partie par x, l'autre sera $27 - x$, et l'on aura alors, d'après l'énoncé,

$$4x^2 + 5(27 - x)^2 = m :$$

d'où

$$9x^2 - 270x + 3645 - m = 0.$$

Résolvant, on trouve

$$x = \frac{135 \pm \sqrt{135^2 - 9(3645 - m)}}{9},$$

ou

$$x = \frac{135 \pm \sqrt{9m - 14580}}{9}.$$

Le minimum de m est donc

$$m = \frac{14580}{9} = 1620.$$

Au minimum correspond $x = \frac{135}{9} = 15.$

L'autre partie de 27 est donc 27 — 15 ou 12.

882. *Partager un nombre donné* a *en deux parties telles que la somme de leurs rapports direct et inverse soit minimum.*

Rép. : Chaque partie est $\frac{a}{2}$.

Soit x l'une des parties, l'autre sera $a - x$; et, d'après l'énoncé, on aura à rendre minimum la fonction

$$\frac{x}{a - x} + \frac{a - x}{x}.$$

Si l'on pose

$$\frac{x}{a - x} + \frac{a - x}{x} = m,$$

il vient

$$x^2 + (a - x)^2 = mx(a - x),$$

ou

$$(m + 2)x^2 - a(m + 2)x + a^2 = 0.$$

Résolvant, on a

$$x = \frac{a(m + 2) \pm \sqrt{a^2(m + 2)^2 - 4a^2(m + 2)}}{2(m + 2)},$$

ou

$$x = \frac{a(m + 2) \pm a\sqrt{m^2 - 4}}{2(m + 2)}.$$

Pour que x soit réel, on doit avoir *au moins* $m^2 = 4$ ou $m = 2$. Le minimum est donc $m = 2$.

A ce minimum correspond $x = \frac{a(2 + 2)}{2(2 + 2)} = \frac{a}{2}$. Il faut donc partager le nombre a en 2 parties égales.

883. *Partager un nombre donné* a *en deux parties telles que la somme de leurs racines carrées soit maximum.*

Rép. : Chaque partie est $\frac{a}{2}$.

Soit x^2 l'une des parties, l'autre sera $a - x^2$; de sorte qu'on aura à rendre maximum la fonction $x + \sqrt{a - x^2}$. On pose

$$x + \sqrt{a - x^2} = m :$$

d'où

$$\sqrt{a - x^2} = m - x.$$

Si l'on élève chaque membre au carré, il vient

$$a - x^2 = m^2 - 2mx + x^2,$$

ou

$$2x^2 - 2mx + m^2 - a = 0.$$

Résolvant, on trouve

$$x = \frac{m \pm \sqrt{m^2 - 2m^2 + 2a}}{2},$$

ou

$$x = \frac{m \pm \sqrt{2a - m^2}}{2}.$$

Pour que la valeur de x soit réelle, il faut qu'on ait *au plus*

$$m^2 = 2a.$$

Le maximum de m est donc $m = \sqrt{2a}$. A cette valeur correspond

$$x = \frac{\sqrt{2a}}{2} = \sqrt{\frac{a}{2}};$$

et comme la première partie du nombre est x^2 ou $\dfrac{a}{2}$, il s'ensuit que le nombre doit être partagé en deux parties égales.

884. *Partager le nombre 1225 en deux parties telles que la somme de 3 fois la racine carrée de la première, et de 4 fois la racine carrée de la deuxième, soit maximum.*

$$\text{Rép. : } 441 \text{ et } 784.$$

Soit x^2 la première partie; la seconde sera $1225 - x^2$; et alors, d'après l'énoncé, on pourra poser

$$3x + 4\sqrt{1225 - x^2} = m,$$

ou

$$4\sqrt{1225 - x^2} = m - 3x.$$

Élevant chaque membre au carré, il vient

$$16(1225 - x^2) = m^2 + 9x^2 - 6mx,$$

ou

$$25x^2 - 6mx + m^2 - 19600 = 0.$$

Résolvant, on trouve

$$x = \frac{3m \pm \sqrt{9m^2 - 25m^2 + 25 \times 19600}}{25},$$

ou

$$x = \frac{3m \pm \sqrt{490000 - 16m^2}}{25}.$$

Pour que x soit réel, on doit avoir

$$16m^2 < 490000.$$

Le maximum de m est donc

$$m = \sqrt{\frac{490000}{16}} = 175.$$

La valeur de x qui correspond à ce maximum est

$$x = \frac{3 \times 175}{25} = 21.$$

La première partie du nombre est donc $x^2 = 21^2 = 441$. La deuxième est 784.

885. *Décomposer un nombre a en deux facteurs tels que la somme des quotients de chacun d'eux par la racine carrée de l'autre soit un minimum.*

Rép. : Chaque facteur est égal à $\sqrt{a}$.

Soit x le premier facteur, le second sera $\dfrac{a}{x}$: et alors on aura, d'après l'énoncé,

$$\frac{x}{\sqrt{\dfrac{a}{x}}} + \frac{\dfrac{a}{x}}{\sqrt{x}} = m,$$

ou.

$$x \times \frac{\sqrt{x}}{\sqrt{a}} + \frac{a}{x\sqrt{x}} = m,$$

ou encore, en chassant les dénominateurs,

$$x^3 + a\sqrt{a} = m\sqrt{a} \times x\sqrt{x}.$$

Si l'on pose

$$y = x\sqrt{x}, \text{ on a } y^2 = x^3.$$

Remplaçant ces valeurs, dans l'équation précédente, elle devient

$$y^2 + a\sqrt{a} = m\sqrt{a} \times y,$$

ou

$$y^2 - m\sqrt{a} \times y + a\sqrt{a} = o.$$

On a par suite

$$y = \frac{m\sqrt{a} \pm \sqrt{m^2 a - 4a\sqrt{a}}}{2}.$$

Pour que y soit réel, on doit avoir

$$m^2 a - 4a\sqrt{a} > o,$$

ou

$$m^2 > 4\sqrt{a},$$

ou encore

$$m > 2\sqrt[4]{a}.$$

Le minimum de m est donc $m = 2\sqrt[4]{a}$. A ce minimum correspond $y = \dfrac{2\sqrt[4]{a} \times \sqrt{a}}{2} = \sqrt{a}\sqrt[4]{a}$. On a donc, en remplaçant y par sa valeur $x\sqrt{x} = \sqrt{a}\sqrt[4]{a}$, et, si l'on élève au carré, il vient $x^3 = a\sqrt{a} = \sqrt{a^3}$: d'où

$x = \sqrt{a}$. Le second facteur est aussi $\sqrt{a}$, car on a bien $\dfrac{a}{\sqrt{a}} = \sqrt{a}$.

886. *Trouver le maximum de* xy, *quand* x + y = a.

La somme des facteurs x et y étant constante et égale à a, le produit de ces facteurs sera maximum pour $x = y$. (*Cours d'algèbre*, n° **342**.)

887. *Trouver le maximum de* xy, *quand* x² + y² = a².

Le produit xy sera évidemment maximum en même temps que $x^2 y^2$. Mais la somme des facteurs $x^2 y^2$ étant constante leur produit sera maximum pour $x^2 = y^2$, ou $x = y$.

888. *Trouver le maximum et le minimum de* $x^2 + y^2$, *quand* $x + y = a$.

La 1re partie de cet exercice n'est que le problème **880** généralisé. On a, d'après l'énoncé,

[1] $$x + y = a,$$
[2] $$x^2 + y^2 = m.$$

Or, de [1], on tire

$$x^2 + y^2 = a^2 - 2xy;$$

il vient par suite

$$m = a^2 - 2xy.$$

Le maximum m aura donc lieu lorsque le produit $2xy$ sera le plus petit possible : ce qui aura lieu pour $x = 0$ ou $y = 0$. Ainsi le maximum aura lieu quand l'un des nombres sera nul, l'autre sera égal à a.

Quant au minimum de

$$m = a^2 - 2xy,$$

il est évident qu'il aura lieu lorsque le produit xy sera maximum, c'est-à-dire quand on aura $x = y$,

889. *Étant donnés les trois nombres positifs* a, b, c, *trouver deux nombres positifs* x *et* y *tels que l'on ait :* ax + by = c, *et que la somme* $x^2 + y^2$ *soit minimum. Application au cas où* a = 3, b = 4, c = 6,25.

D'après l'énoncé, on peut poser

[1] $$ax + by = c,$$
[2] $$x^2 + y^2 = m.$$

L'équation [1] donne

$$y = \frac{c - ax}{b}.$$

Si l'on porte cette valeur dans [2], il vient

$$x^2 + \frac{c^2 - 2ax + a^2 x^2}{b^2} = m,$$

ou

$$(a^2 + b^2) x^2 - 2acx + c^2 - mb^2 = 0.$$

Résolvant, on a

$$x = \frac{ac \pm \sqrt{a^2 c^2 - (a^2 + b^2)(c^2 - mb^2)}}{a^2 + b^2},$$

ou

$$x = \frac{ac \pm \sqrt{a^2 b^2 m + m b^4 - b^2 c^2}}{a^2 + b^2}.$$

Pour que x soit réel, on doit avoir

$$a^2 b^2 m + m b^4 - b^2 c^2 > o,$$

ou

$$a^2 m + m b^2 > c^2,$$

ou encore

$$m > \frac{c^2}{a^2 + b^2}.$$

Le minimum de m est donc $m = \dfrac{c^2}{a^2 + b^2}$. A ce minimum corres-

pond $x = \dfrac{ac}{a^2 + b^2}$. Cette valeur de x portée dans [1] donne $by = c - \dfrac{a^2 c}{a^2 + b^2}$: d'où $y = \dfrac{bc}{a^2 + b^2}$.

Si dans les formules trouvées pour m, x et y, on remplace les lettres par leurs valeurs correspondantes, on a

$$m = \frac{(6,25)^2}{9 + 16} = 1,5625 \ ; \ x = \frac{18,75}{25} = 0,75 \ ; \ y = \frac{25}{25} = 1.$$

890. *Les nombres* x *et* y *étant assujettis à vérifier l'équation* ax + by = c, *dans laquelle les quantités données* a, b, c *sont positives, on propose de déterminer ces quantités de manière que le produit* xy *soit maximum. Application au cas où l'on a* a = 5, b = 3, c = 12.

On peut poser, d'après l'énoncé,

[1] $\qquad ax + by = c,$

[2] $\qquad xy = m.$

De l'équation [1], on déduit

$$y = \frac{c - ax}{b}.$$

Si l'on porte cette valeur dans [2], il vient

$$ax^2 - cx + bm = o :$$

d'où

$$x = \frac{c \pm \sqrt{c^2 - 4abm}}{2a}.$$

La valeur de x ne sera réelle qu'autant qu'on aura

$$c^2 - 4abm \gtreqless 0, \quad \text{ou} \quad m \lesseqgtr \frac{c^2}{4ab}.$$

Le maximum de m est donc

$$m = \frac{c^2}{4ab}.$$

A cette valeur correspond $x = \dfrac{c}{2a}$. Si l'on porte dans [2] les valeurs de m et de x, il vient $y = \dfrac{c}{2b}$.

Substituant dans m et y les valeurs aux lettres, on a

$$m = \frac{144}{60} = 2,4 \; ; \; x = \frac{12}{10} = 1,2 \; ; \; y = \frac{12}{6} = 2.$$

891. *Trouver le minimum de* x + y + z..., *quand* xyz... = a.

On a vu (*Cours d'algèbre*, n° **346**) que le minimum a lieu lorsque tous les facteurs sont égaux. Voici encore une démonstration de ce théorème. Soit m le minimum cherché : on peut écrire d'après l'énoncé

[1] $\qquad\qquad x + y + z... = m,$

[2] $\qquad\qquad xyz... = a.$

Si l'on suppose dans [1] x et y inégaux, on pourra remplacer, sans changer le produit, ces facteurs par les nombres égaux $\sqrt{xy}$, $\sqrt{xy}$; et alors on aura

[3] $\qquad\qquad \sqrt{xy} + \sqrt{xy} + z = m.$

Mais cette seconde somme est plus petite que la première ; car (*Cours*, n° **343**) on a $\dfrac{x+y}{2} > \sqrt{xy}$ et par suite $\dfrac{2(x+y)}{2} > 2\sqrt{xy}$, ou $x + y > \sqrt{xy} + \sqrt{xy}$. Donc le minimum cherché aura lieu quand tous les facteurs seront égaux.

892. *Trouver le minimum de* x² + y² + z²..., *quand* x + y + z... = a.

Le minimum aura lieu lorsque tous les nombres seront égaux. En effet, soit m le minimum cherché. On a, d'après l'énoncé,

[1] $\qquad\qquad x^2 + y^2 + z^2 + ... = m,$

[2] $\qquad\qquad x + y + z + ... = a.$

Si l'on suppose dans [1] x^2 et y^2 inégaux, on pourra remplacer ces nombres, sans changer la valeur de a, par les nombres égaux $\left(\dfrac{x+y}{2}\right)^2, \left(\dfrac{x+y}{2}\right)^2$, et on aura

$$[3] \qquad \left(\frac{x+y}{2}\right)^2 + \left(\frac{x+y}{2}\right)^2 + z^2 = m.$$

Mais (exercice **888**) cette seconde somme est plus petite que la première. Donc le minimum cherché aura lieu lorsque tous les nombres seront égaux.

893. *Partager 10 en deux parties telles que le carré de la première partie multiplié par le cube de la seconde soit maximum.*

Rép. : 4 et 6.

Si l'on désigne par x l'une des parties, l'autre sera $10 - x$, et l'on aura, en appelant m le maximum cherché,

$$x^2(10 - x)^3 = m.$$

Or,

$$x^2 = \left(\frac{x}{2}\right) \times 2^2 \text{ et } (10 - x)^3 = \left(\frac{10 - x}{3}\right)^3 \times 3^3.$$

On a donc

$$x^2(10 - x)^3 = \left(\frac{x}{2}\right)^2 \times \left(\frac{10 - x}{3}\right)^3 \times 2^2 \times 3^3.$$

Mais le produit $2^2 \times 3^3$ est constant; donc le premier membre sera maximum, lorsque le produit $\left(\dfrac{x}{2}\right)^2 \times \left(\dfrac{10 - x}{3}\right)^3$ sera lui-même maximum. Les cinq facteurs de ce produit étant $\dfrac{x}{2}, \dfrac{x}{2}, \dfrac{10 - x}{3}$, $\dfrac{10 - x}{3}, \dfrac{10 - x}{3}$, il est facile de voir que leur somme est égale à 10. Puisque cette somme est constante, le produit sera maximum, lorsque les facteurs seront égaux. On devra donc avoir $\dfrac{x}{2} = \dfrac{10 - x}{3}$: d'où $x = 4$. L'autre partie du nombre sera $10 - x$, ou 6.

*Étudier les variations des deux fonctions ci-dessous (**894, 895**) et construire les courbes de ces fonctions.*

894.
$$\frac{x^2 + 2x - 3}{x^2 - 2x + 3}.$$

Si l'on égale le dénominateur de cette fonction à zéro, on trouve que les racines de l'équation ainsi formée sont imaginaires. Ce dénominateur est donc la somme de deux carrés, et par conséquent la fonction ne peut jamais prendre la forme $\frac{m}{o}$.

Si on lui attribue une valeur quelconque y, on a

$$[\text{1}] \qquad \frac{x^2 + 2x - 3}{x^2 - 2x + 3} = y,$$

ou, après avoir chassé les dénominateurs et transposé,

$$(y - 1)x^2 - 2(y + 1)x + 3(y + 1) = 0.$$

Résolvant, on a

$$x = \frac{y + 1 \pm \sqrt{y^2 + 2y + 1 - (y - 1)3(y + 1)}}{y - 1},$$

ou

$$x = \frac{y + 1 \pm \sqrt{-2y^2 + 2y + 4}}{y - 1}.$$

Pour que x soit réel, on doit avoir

$$-2y^2 + 2y + 4 > 0.$$

Or, si l'on résout l'équation

$$-2y^2 + 2y + 4 = 0,$$

ou

$$y^2 - y - 2 = 0$$

et qu'on fasse, comme dans le *Cours d'algèbre*, $y' < y''$, on trouve $y' = -1$ et $y'' = 2$: d'où il résulte, d'après ce qu'on a vu plus haut (exercice **861** et suivants), que -1 est le minimum cherché et 2 le maximum. Ainsi la fonction ne pourra prendre que des valeurs comprises entre -1 et 2.

Au minimum correspond $x' = \dfrac{-1 + 1}{-1 - 1} = \dfrac{0}{-2} = 0.$

Au maximum correspond $x'' = \dfrac{2 + 1}{2 - 1} = 3.$

Dans le cas où $x = \pm\infty$, la fonction est égale à l'unité, car on a

$$\frac{x^2 + 2x - 3}{x^2 - 2x + 3} = \frac{1 + \dfrac{2}{x} - \dfrac{3}{x^2}}{1 - \dfrac{2}{x} + \dfrac{3}{x^2}},$$

et si x tend vers $\pm\infty$, le second membre de cette égalité se réduit à l'unité (exercice **852**).

La marche de la fonction, lorsque x croît de $-\infty$ à $+\infty$, est indiquée dans le tableau ci-dessous :

x (de $-\infty$ croît à x' ou 0, croît à x'' ou 3, croît à $+\infty$,

y (de 1 décroît à y' ou -1, croît à y'' ou 2, décroît à 1.

On voit, d'après ce tableau, que quand x croît de $-\infty$ à o, y décroît de 1 à -1, sa valeur minimum; quand x croît de o à 3, y croît de -1 à 2, sa valeur maximum; quand x croît de 3 à $+\infty$, y décroît de 2 à 1.

Courbe de la fonction. — Pour construire la courbe qui représente la marche de la fonction, on prend $OA' = y' = -1$; puis $OP = x'' = 3$. On élève ensuite au point P l'ordonnée $PA = y'' = 2$. On a alors les ordonnées y' et y'' qui correspondent au *minimum* et au *maximum* de la courbe.

Pour trouver d'autres points, il suffit de donner à x diverses valeurs positives et négatives, on obtiendra pour y autant de valeurs

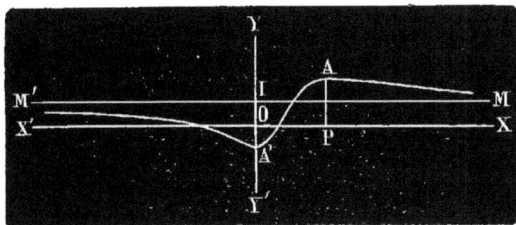

Fig. 84.

correspondantes. Ainsi, par exemple, si l'on fait dans [1] $x = 1$, il vient $y = \dfrac{1+2-3}{1-2+3} = \dfrac{0}{2} = 0$. On voit que la courbe coupe l'axe des x pour $x = 1$. Si l'on fait $x = 4$, on a $y = \dfrac{16+8-3}{16-8+3} = \dfrac{21}{11}$, etc.

D'ailleurs, la valeur de y étant égale à 1 pour $x = -\infty$ et inférieure à 1 pour toute valeur de x comprise entre $-\infty$ et o, il en résulte que la courbe a une branche qui s'étend indéfiniment vers la gauche, ayant pour asymptote la droite M′M menée parallèlement à l'axe des x, et à la distance $OI = 1$ de cet axe. D'autre part, la branche de la courbe étant au point A, extrémité de l'ordonnée maximum, redescend pour devenir de nouveau asymptote à la droite M′M, puisque la valeur y est 1 pour $x = +\infty$, et qu'elle est supérieure à 1 pour toute valeur de x comprise entre 3 et $+\infty$.

895. $$\dfrac{x^2 + 3}{x^2 - 7x + 10}.$$

Si l'on égale le dénominateur de cette fonction à zéro, on a

$$x^2 - 7x + 10 = 0 \,;$$

et si l'on résout on trouve pour racines 2 et 5.

Les nombres 2 et 5 annulant le dénominateur, sans annuler le numérateur, la fonction prendra deux fois la forme $\dfrac{m}{0}$.

Soit y une valeur quelconque de la fonction. Alors on peut poser

$$\frac{x^2 + 5}{x^2 - 7x + 10} = y,$$

ou, après avoir chassé les dénominateurs et transposé,

$$(y - 1)x^2 - 7yx + 10y - 5 = 0.$$

Résolvant, il vient

$$x = \frac{7y \pm \sqrt{49y^2 - 4(y-1)(10y-5)}}{2(y-1)},$$

ou

$$x = \frac{7y \pm \sqrt{9y^2 + 52y - 12}}{2(y-1)}.$$

Pour que x soit réel, on doit avoir

$$9y^2 + 52y - 12 \gtreqless 0.$$

Or, si l'on résout l'équation

$$9y^2 + 52y - 12 = 0,$$

on trouve

$$y' = \frac{2}{9} \text{ et } y'' = -6 :$$

d'où il résulte que $\dfrac{2}{9}$ est un minimum et -6 un maximum. Au minimum correspond $x' = -1$, et au maximum correspond $x'' = 5$.

Ainsi, lorsque x croît de $-\infty$ à $+\infty$, la fonction $\dfrac{x^2 + 5}{x^2 - 7x + 10}$ reste toujours extérieure à y' et y'', ses valeurs minimum et maximum.

Il est facile de voir, comme dans l'exemple précédent, que si l'on fait $x = \pm\infty$, la fonction devient égale à 1.

Sa marche, lorsque x croît de $-\infty$ à $+\infty$, est d'ailleurs indiquée dans le tableau ci-dessous :

x | de $-\infty$ à x' ou -1, croît à 2, croît à x'' ou 5, croît à 5, croît à $+\infty$.

y | de 1 décroît à y' ou $\dfrac{2}{9}$, croît à $+\infty$ | de $-\infty$ croît à $-y''$ ou -6, décroît à $-\infty$ | de $+\infty$ décroît à 1.

On voit, d'après ce tableau, que quand x croît de $-\infty$ à -1, y décroît de 1 à $\dfrac{2}{9}$, sa valeur *minimum*, quand x croît de -1 à 2, y croît de $\dfrac{2}{9}$ à $+\infty$; car on sait que le dénominateur de la fonction s'annule pour $x = 2$, et, par suite, la fonction a une grandeur infinie; mais aussitôt que x devient supérieur à 2 la fonction prend une valeur négative; elle passe donc *brusquement* de $+\infty$ à $-\infty$, et pendant que x croît de 2 à 5, y croît de $-\infty$ à -6, sa valeur *maximum*. D'ailleurs, pendant que x croît de 3 à 5, y décroît de son maximum -6 à $-\infty$; car on sait que pour $x = 5$ la fonction prend encore une valeur infinie en valeur absolue; mais aussitôt que x devient supérieur à 5 la fonction prend une valeur positive; elle passe donc encore *brusquement* de $-\infty$ à $+\infty$; enfin, pendant que x croît de 5 à $+\infty$, y décroît de $+\infty$ à 1.

Courbe de la fonction. — Pour construire la courbe qui représente la marche de la fonction, on construit d'abord le point A' dont les coordonnées x' et y' sont -1 et $\dfrac{2}{9}$; puis le point A'', dont les coordonnées x'' et y'' sont 3 et -6. On prend ensuite $OI = 1$,

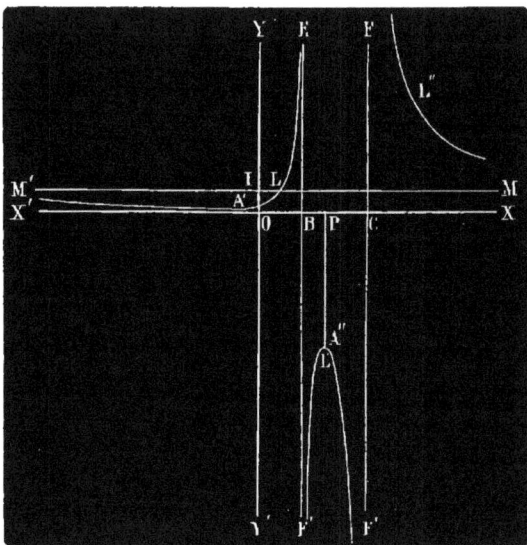

Fig. 85.

$OB = 2$, $OC = 5$, et par ces points on mène des perpendiculaires aux axes. Un raisonnement tout à fait identique à celui de l'exemple précédent prouve que la première branche L de la courbe est asymptote aux droites M'M et EE', que la branche L' est asymptote aux droites EE', FF', et enfin que la branche L″ est asymptote aux droites FF', M'M.

GÉOMÉTRIE.

896. *Étant donnée une droite* AB *dont la longueur est* 575^m, *partager cette droite en deux parties* AC, CB *telles que* $AC^2 + 3CB^2$ *soit un minimum. Donner la valeur du minimum.*

Si l'on fait pour abréger $l = AB = 575$ et $x = AC$, on a $l - x = CB$. On peut donc poser, en désignant par m le minimum cherché,

$$x^2 + 3(l - x)^2 \, m,$$

ou

$$4x^2 - 6lx + 3l^2 - m = 0.$$

Résolvant, il vient

$$x = \frac{3l \pm \sqrt{9l^2 - 4(3l^2 - m)}}{4},$$

ou

$$x = \frac{3l \pm \sqrt{4m - 3l^2}}{4}.$$

Pour que x soit réel, on doit avoir

$$4m - 3l^2 \gtrless 0.$$

Le minimum de m est donc $m = \dfrac{3}{4} l^2$. A ce minimum correspond

$$x = \frac{3l}{4} = \frac{3 \times 575}{4} = 431^m,25.$$

La valeur du minimum est

$$m = \frac{3}{4} \times 575^2 = 247\,968^{mq},75.$$

897. *Parmi tous les rectangles de même surface, trouver celui qui a le périmètre minimum.*

L'aire du rectangle étant constante, son périmètre, c'est-à-dire $2b + 2h$, ne sera *minimum* qu'autant qu'on aura $2b = 2h$ ou $b = h$ (*Cours d'algèbre*, **346**) : dans ce cas, le rectangle devient donc un carré.

898. *Inscrire dans un carré le rectangle maximum.*

Soit EFGH le rectangle demandé inscrit dans le carré donné.
Les deux triangles rectangles BEF, DGH ont les hypoténuses
égales et les angles aigus en E et en G égaux comme ayant les côtés
parallèles et dirigés en sens contraires. Or, les angles HGD et BFE
sont aussi égaux ; par suite, BFE = BEF, et les deux triangles
BEF, DGH sont égaux et isocèles. On a, par conséquent,

$$EB = BF = DG = DH.$$

De là un moyen facile d'inscrire un rectangle dans un carré.
Si l'on pose AB = a et EB = x, on aura,

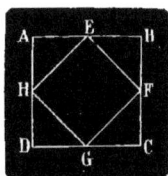

Fig. 86.

$$\overline{EF}^2 = 2x^2 :$$

d'où

$$EF = x\sqrt{2},$$

et

$$\overline{EH}^2 = 2(a - x)^2 :$$

d'où

$$EH = (a - x)\sqrt{2}.$$

La surface du rectangle sera donc

$$x\sqrt{2} \times (a - x)\sqrt{2} = 2x(a - x),$$

et son maximum correspond au maximum du produit

$$x(a - x),$$

maximum qui a lieu quand on a

$$a - x = x,$$

puisque la somme des facteurs x et $a - x$ est constante et égale à a.
Mais

$$a - x = x$$

donne

$$x = \frac{a}{2}.$$

Le rectangle *maximum* a donc ses sommets sur les milieux des
côtés du carré donné et devient par conséquent le carré inscrit.

899. *Inscrire dans un carré le carré minimum.*

Pour inscrire un carré dans le carré donné ABCD, il suffit de
prendre sur les côtés de ce carré (fig. 86) et en marchant toujours
dans le même sens des longueurs égales AE, BF, CG, DH ; les points
E, F, G, H sont les sommets d'un second carré. (Voir nos *Exercices
de géométrie*, problème **38**.)

Soit donc EFGH le carré demandé. Si l'on désigne par y le côté de ce carré et par m le minimum, on a cette première équation

$$y^2 = m.$$

D'autre part, si l'on représente par a le côté du carré donné et qu'on fasse $BE = x$, on aura $BF = a - x$; et par suite le triangle rectangle EBF donnera cette seconde équation

$$y^2 = x^2 + (a - x)^2.$$

Remplaçant y par sa valeur, il vient

$$m = 2x^2 - 2ax + a^2 : $$

d'où

$$2x^2 - 2ax + a^2 - m = 0.$$

Résolvant cette équation, on a

$$x = \frac{a \pm \sqrt{a^2 - 2(a^2 - m)}}{2},$$

ou

$$x = \frac{a \pm \sqrt{2m - a^2}}{2}.$$

Pour que x soit réel, il faut qu'on ait

$$2m - a^2 > 0.$$

Le minimum est donc $m = \dfrac{a^2}{2}$. A ce minimum correspond $x = \dfrac{a}{2}$.

Donc le carré *minimum* est le carré qui a ses sommets sur les milieux des côtés du carré donné.

Remarque. — Il résulte de ces deux exercices que le carré minimum inscrit est égal au rectangle maximum inscrit.

900. *Trouver le triangle isocèle maximum qu'on peut inscrire dans un cercle.*

Si l'on désigne par m la surface du triangle maximum, on aura, d'après la figure,

$$[1] \qquad x(R + y) = m,$$

et

$$x^2 = R^2 - y^2,$$

ou

$$[2] \qquad x^2 = (R + y)(R - y).$$

Élevant au carré les deux membres de l'équation [1], il vient,

$$[3] \qquad x^2(R + y)^2 = m^2.$$

Fig. 87.

Remplaçant dans [3] la valeur de x^2, tirée de [2], on a

$$(R + y)(R - y)(R + y)^2 = m^2,$$

ou

$$(R + y)^3 (R - y) = m^2.$$

Or, la somme des facteurs $R + y$ et $R - y$ étant égale à $2R$ est constante ; leur produit maximum aura donc lieu pour

$$\frac{R + y}{R - y} = \frac{3}{1} = 3 :$$

d'où

$$y = \frac{1}{2} R.$$

La hauteur totale du triangle est par conséquent $\frac{3}{2} R$. Le triangle *maximum* est donc *équilatéral ;* car on sait que la hauteur du triangle équilatéral inscrit dans un cercle de rayon R est égale à $\frac{3}{2} R$.

901. *Parmi tous les triangles rectangles de même périmètre, trouver celui dont l'hypoténuse est minimum.*

Soit s le périmètre, b et c les deux côtés de l'angle droit et m l'hypoténuse à rendre minimum. On a, d'après l'énoncé,

[1] $\qquad\qquad b + c = s - m.$

[2] $\qquad\qquad b^2 + c^2 = m^2.$

D'ailleurs,

$$2bc = (b + c)^2 - (b^2 + c^2),$$

ou

$$2bc = (s - m)^2 - m^2 = s^2 - 2sm ;$$

par suite,

[3] $\qquad\qquad bc = \frac{s^2 - 2sm}{2}.$

Il résulte des équations [1] et [3] que b et c sont les racines de l'équation

$$z^2 - (s - m)z + \frac{s^2 - 2sm}{2} = 0,$$

ou

$$2z^2 - 2(s - m)z + s^2 - 2sm = 0.$$

Résolvant, on a

$$z = \frac{s - m \pm \sqrt{s^2 + m^2 - 2sm - 2s^2 + 4sm}}{2},$$

ou

$$z = \frac{s - m \pm \sqrt{m^2 + 2sm - s^2}}{2}.$$

Pour que z soit réel, on doit avoir

$$m^2 + 2sm - s^2 > 0.$$

Si l'on résout l'équation

$$m^2 + 2sm - s^2 = 0,$$

on trouve que la valeur minimum de m est $m = -s + s\sqrt{2}$. A ce

minimum correspond $z = \dfrac{s + s - s\sqrt{2}}{2} = \dfrac{2s - s\sqrt{2}}{2}$. Les valeurs

de b et de c sont donc égales l'une et l'autre à $\dfrac{2s - s\sqrt{2}}{2}$. Comme

vérification, 2 fois le carré de cette expression doit être égal au carré

de $-s + s\sqrt{2}$: c'est bien ce qui a lieu. Ainsi l'hypoténuse est *mini-*
mum lorsque le triangle est *isocèle*.

902. *L'hypoténuse d'un triangle rectangle restant constante,*
trouver le maximum de la surface.

Soient a, b, c les trois côtés du triangle rectangle et m le maximum
cherché. On a, d'après l'énoncé, et une propriété connue du triangle
rectangle,

[1] $bc = 2m,$

[2] $b^2 + c^2 = a^2.$

De [2], on déduit

[3] $(b + c)^2 = a^2 + 2bc = a^2 + 4m;$

par suite

[4] $b + c = \sqrt{a^2 + 4m}.$

D'après [1] et [4], les côtés b et c sont les racines de l'équation

$$z^2 - \left(\sqrt{a^2 + 4m}\right)z + 2m = 0.$$

Résolvant, on a

$$z = \frac{\sqrt{a^2 + 4m} \pm \sqrt{a^2 + 4m - 8m}}{2}.$$

Pour que b et c soient réels, on doit donc avoir

$$a^2 + 4m - 8m \quad \text{ou} \quad a^2 - 4m > 0.$$

Le maximum de m est donc $m = \dfrac{a^2}{4}$. Quand ce maximum a lieu,
les côtés de l'angle droit sont égaux l'un et l'autre à

$$\frac{\sqrt{a^2 + 4m}}{2} = \frac{\sqrt{a^2 + a^2}}{2} = \frac{a\sqrt{2}}{2}.$$

Ainsi le triangle rectangle *maximum* est *isocèle*.

903. *Trouver le triangle rectangle de périmètre maximum, parmi les triangles rectangles de même hypoténuse.*

Les notations connues donnent

[1] $$a + b + c = m,$$
[2] $$b^2 + c^2 = a^2.$$

On déduit de [1]

[3] $$b + c = m - a.$$

Les équations [2] et [3] donnent

$$2bc = (b + c)^2 - (b^2 + c^2) = (m - a)^2 - a^2 = m^2 - 2am;$$

par suite,

[4] $$bc = \frac{m^2 - 2am}{2}.$$

Il résulte de [3] et de [4] que b et c sont les racines de l'équation

$$z^2 - (m - a)z + \frac{m^2 - 2am}{2} = 0,$$

ou

$$2z^2 - 2(m - a)z + m^2 - 2am = 0.$$

Résolvant, on a

$$z = \frac{m - a \pm \sqrt{a^2 + m^2 - 2am - 2(m^2 - 2am)}}{2},$$

ou

$$z = \frac{m - a \pm \sqrt{a^2 - m^2 + 2am}}{2}.$$

Pour que b et c soient réels, on doit avoir

$$a^2 - m^2 + 2am > 0.$$

Le maximum est donc

$$a^2 - m^2 + 2am = 0.$$

Or, si l'on résout l'équation

$$a^2 - m^2 + 2am = 0,$$

ou

$$m^2 - 2am - a^2 = 0,$$

on trouve

$$m = a + a\sqrt{2} = a(1 + \sqrt{2}).$$

Tel est le maximum cherché (exercice **861**). Alors les côtés de l'angle droit sont égaux l'un et l'autre à

$$\frac{m - a}{2} = \frac{a + a\sqrt{2} - a}{2} = \frac{a\sqrt{2}}{2}.$$

Ainsi le *maximum* a lieu lorsque le triangle rectangle est *isocèle.*

904. *Parmi tous les triangles rectangles de même périmètre, trouver celui dont la surface est maximum.*

On a

[1] $$a + b + c = 2p,$$

[2] $$bc = 2m,$$

[3] $$b^2 + c^2 = a^2.$$

De [1], on tire

[4] $$b + c = 2p - a :$$

il vient, par suite,

$$(b + c)^2 = b^2 + c^2 + 2bc = a^2 + 4m = 4p^2 - 4ap + a^2.$$

L'égalité

$$a^2 + 4m = 4p^2 - 4ap + a^2$$

donne

[5] $$a = \frac{p^2 - m}{p}.$$

Si l'on porte cette valeur de a dans [4], il en résulte

[6] $$b + c = \frac{p^2 + m}{p}$$

Donc, relations [2] et [6], les côtés b et c sont les racines de l'équation

$$z^2 - \left(\frac{p^2 + m}{p}\right) z + 2m = 0,$$

ou

$$pz^2 - (p^2 + m)z + 2pm = 0.$$

Résolvant, on trouve

$$z = \frac{p^2 + m \pm \sqrt{p^4 + m^2 + 2p^2 m - 8p^2 m}}{2p}.$$

Pour que b et c soient réels, on doit avoir

$$m^2 - 6p^2 m + p^4 > 0.$$

Or, si l'on résout l'équation

$$m^2 - 6p^2 m + p^4 = 0,$$

on a

$$m = 3p^2 \pm \sqrt{9p^4 - p^4},$$

ou

$$m = p^2 (3 \pm 2\sqrt{2}).$$

Si l'on sépare les valeurs de m, on a $m' = p^2 (3 + 2\sqrt{2})$ et $m'' = p^2 (3 - 2\sqrt{2})$. On voit que la quantité soumise au radical restera positive pour toute valeur de m supérieure à m' et pour toute valeur inférieure à m''; mais a ne pouvant être négatif, on doit avoir, relation [4], $m < p^2$; donc m ne peut prendre que des valeurs inférieures à m'' et par suite le maximum est $m = p^2 (3 - 2\sqrt{2})$. Alors $b = c$. Le triangle rectangle *maximum* est donc le *triangle isocèle*.

905. *Le périmètre d'un triangle rectangle restant constant, trouver le maximum de la différence* b — c *des deux côtés de l'angle droit.*

Les équations du problème sont

[1] $\qquad b + c = 2p - a,$

[2] $\qquad b - c = m,$

[3] $\qquad b^2 + c^2 = a^2.$

La relation [1] donne
$$(b + c)^2 = (2p - a)^2.$$

De [3], on tire
$$(b + c)^2 = a^2 + 2bc :$$

donc
$$a^2 + 2bc = 4p^2 - 4ap + a^2 :$$

d'où
$$2bc = 4p^2 - 4ab.$$

D'autre part, l'équation [2] donne
$$b^2 + c^2 - 2bc = m^2 :$$

d'où, en remplaçant $b^2 + c^2$ par a^2,
$$a^2 - 2bc = m^2,$$

et par suite
$$2bc = a^2 - m^2.$$

Égalant les valeurs de $2bc$, il vient
$$a^2 - m^2 = 4p^2 - 4ap,$$

ou
$$a^2 + 4ap - (4p^2 + m^2) = 0.$$

Résolvant, on trouve
$$a = -2p + \sqrt{8p^2 + m^2}.$$

Le produit $2bc$ ne pouvant être négatif ni nul, on doit avoir $m^2 < a^2$, ou $m < a$, ou $m < -2p + \sqrt{8p^2 + m^2}$. De cette dernière inégalité, on déduit $m < p$; car si, dans cette inégalité, l'on fait $m = p$, on arrive à l'absurdité $p < -2p + 3p$ ou $p < p$. La quantité m peut approcher de p sans l'atteindre, car si $m = a$ ou $m = p$, il vient $bc = 0$ et par suite b ou $c = 0$, ce qui ne saurait avoir lieu. Le maximum est donc $m = p$.

906. *Trouver le triangle maximum, parmi ceux de même base et de même périmètre.*

On a

$$S = \sqrt{p(p-a)(p-b)(p-c)}.$$

Or, si a représente la base constante, il en résulte que p et $p-a$ sont constants. Donc S sera maximum en même temps que $(p-b)(p-c)$. Mais

$$(p-b)+(p-c) = 2p - b - c = a.$$

Cette somme étant constante, le maximum a lieu quand

$$p - b = p - c \text{ ou } b = c.$$

Le triangle *maximum* est donc le *triangle isocèle*.

907. *Circonscrire à un demi-cercle donné un trapèze rectangle ayant une surface minimum* m².

Le trapèze *rectangle minimum* est le *demi-carré circonscrit*, (Voir la solution, exercice **784**.)

908. *Trouver le maximum ou le minimum du rayon de la circonférence inscrite dans un triangle rectangle de périmètre donné* 2p.

Soient m le rayon à rendre maximum ou minimum, x et y les côtés de l'angle droit du triangle rectangle et z son hypoténuse. On sait que les tangentes à un même cercle et issues d'un même point sont égales. La figure donne donc

$$x - m = z - (y - m) = z - y + m :$$

d'où

$$[1] \qquad\qquad x + y - z = 2m.$$

D'autre part, l'énoncé du problème et l'une des propriétés du triangle rectangle donnent

$$[2] \quad x + y + z = 2p,$$
$$[3] \quad x^2 + y^2 = z^2.$$

Si l'on retranche [1] de [2], il vient

$$2z = 2p - 2m :$$

d'où

$$[4] \qquad z = p - m.$$

Portant la valeur de z dans [2] et [3], on a

$$[5] \quad x + y = p + m,$$
$$[6] \quad x^2 + y^2 = (p - m)^2.$$

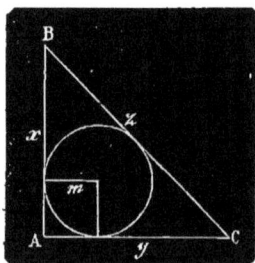

Fig. 88.

Élevant au carré les deux membres de [5] et retranchant [6] du résultat, on obtient

$$2xy = 4pm,$$

ou

[7] $$xy = 2pm.$$

Il résulte des équations [5] et [7] que x et y sont les racines de l'équation

$$X^2 - (p + m) X + 2pm = 0 :$$

d'où

$$X = \frac{p + m \pm \sqrt{m^2 - 6pm + p^2}}{2}.$$

Pour que la valeur de z soit admissible, il faut qu'elle soit positive; on doit donc avoir $m < p$ (équation [4]). On ne saurait avoir $m = p$, sans quoi z serait nul.

D'autre part, si les deux côtés x et y sont réels, ils seront positifs, puisque leur produit $2pm$ est positif, ainsi que leur somme $p + m$. Or, pour qu'ils soient réels, il faut qu'on ait

$$m^2 - 6pm + p^2 > 0.$$

Si l'on résout l'équation

$$m^2 - 6pm + p^2 = 0,$$

on trouve

$$m' = 3p + 2p \sqrt{2} \quad \text{et} \quad m'' = 3p - 2p \sqrt{2}.$$

Le trinôme soumis au radical sera par conséquent positif pour toute valeur supérieure à m' et pour toute valeur inférieure à m'' : par suite, m' est le *minimum* et m'' le *maximum*.

Pour le minimum, c'est-à-dire pour $m = m'$, le radical s'annule; alors on a $x' = y'$; le triangle est donc isocèle; il en est de même pour $m = m''$. D'ailleurs au minimum m' correspond

$$x' = y' = p(2 + \sqrt{2}).$$

Au maximum m'' correspond

$$x'' = y'' = p(2 - \sqrt{2}).$$

Les valeurs correspondantes de l'hypoténuse sont

$$z' = -2p(\sqrt{2} + 1),$$

$$z'' = 2p(\sqrt{2} - 1).$$

Le minimum m' est donc à rejeter, puisqu'il rend négative la valeur de z. Les trois côtés du triangle seront par conséquent

$$x = y = p(2 - \sqrt{2}) \quad \text{et} \quad z = 2p(\sqrt{2} - 1).$$

909. *Parmi les triangles rectangles de même surface* a², *quel est celui qui a le périmètre minimum?*

Rép. : Le triangle rectangle isocèle.

Si l'on représente par m le périmètre à rendre minimum, on a, d'après l'énoncé, les notations ordinaires et les propriétés du triangle rectangle.

$$[1] \qquad x + y + z = m,$$
$$[2] \qquad x^2 + y^2 = z^2,$$
$$[3] \qquad xy = 2a^2.$$

L'équation [1] donne

$$[4] \qquad x + y = m - z,$$

et, si l'on élève au carré et qu'on retranche [2] du résultat, on a

$$[5] \qquad 2xy = m^2 - 2mz,$$

et par suite

$$[6] \qquad xy = \frac{m^2 - 2mz}{2}.$$

Remplaçant xy par $2a^2$, il vient

$$[7] \qquad 2a^2 = \frac{m^2 - 2mz}{2} :$$

d'où

$$[8] \qquad z = \frac{m^2 - 4a^2}{2m}.$$

Cette valeur portée dans [4] donne

$$[9] \qquad x + y = \frac{m^2 + 4a^2}{2m}.$$

Les côtés x et y sont donc les racines de l'équation

$$X^2 - \frac{m^2 + 4a^2}{2m} X + 2a^2 = 0,$$

ou

$$[10] \qquad 2mX^2 - (m^2 + 4a^2)X + 4a^2m = 0.$$

La condition de réalité de ces racines est

$$[11] \qquad (m^2 + 4a^2)^2 - 32a^2m^2 > 0.$$

Cette expression peut s'écrire encore, en la considérant comme la différence de deux carrés,

$$[12] \qquad (m^2 + 4a^2 + 4am\sqrt{2})(m^2 + 4a^2 - 4am\sqrt{2}) > 0.$$

Mais le premier facteur du premier membre est essentiellement positif, car m et a sont positifs; par conséquent la condition de réalité se réduit à

$$m^2 - 4am\sqrt{2} + 4a^2 > 0.$$

Résolvant l'équation

$$m^2 - 4am\sqrt{2} + 4a^2 = 0,$$

on trouve

$$m' = 2a(\sqrt{2} + 1) \quad \text{et} \quad m'' = 2a(\sqrt{2} - 1).$$

La valeur m' représente donc un **minimum** et la valeur m'' un *maximum*. Si l'on porte dans [8] la valeur de $m'' = m$, on a

$$z = \frac{(2a\sqrt{2} - 2a)^2 - 4a^2}{4a(\sqrt{2} - 1)} = \frac{-2a\sqrt{2} + 2a}{\sqrt{2} - 1} = -2a.$$

Comme z doit être positif, cette valeur **est à rejeter. Si l'on porte** maintenant dans [8] la valeur de $m' = m$, **on a**

$$z = \frac{(2a\sqrt{2} + 2a)^2 - 4a^2}{4a(\sqrt{2} + 1)} = 2a.$$

Cette valeur de z et celle de m' portées dans [4] donnent

$$x + y = 2a\sqrt{2}.$$

D'après ce dernier résultat et l'équation [3], on voit que les côtés x et y sont donnés par l'équation

$$X^2 - 2a\sqrt{2}\, X + 2a^2 = 0,$$

ou

$$(X - a\sqrt{2})^2 = 0.$$

Donc

$$x = y = a\sqrt{2}.$$

Le triangle cherché est donc le *triangle rectangle isocèle*.

910. *Circonscrire à un cercle donné le triangle isocèle de surface minimum.*

Soient r le rayon de la circonférence donnée, x la demi-base et y la hauteur du triangle circonscrit demandé. On a, par conséquent, à trouver le *minimum* de la surface xy. Par suite de la similitude des triangles AFO, ABD, on a

$$\frac{x}{y} = \frac{r}{AE},$$

ou
$$\frac{x^2}{y^2} = \frac{r^2}{\overline{AE}^2}.$$

Mais comme $\overline{AE}^2 = y(y - 2r)$, il vient

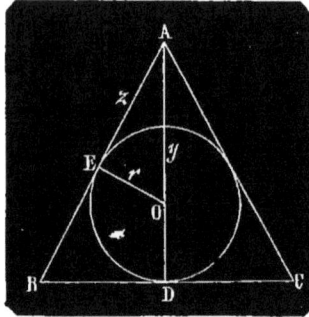

[α] $$x^2 = \frac{r^2 y}{y - 2r}.$$

Or, le minimum de xy a lieu en même temps que le minimum de

$$x^2 y^2 = \frac{r^2 y^3}{y - 2r}.$$

Il s'agit donc de chercher le minimum de l'expression

$$\frac{r^2 y^3}{y - 2r} = \frac{r^2}{\dfrac{1}{y^2}\left(1 - \dfrac{2r}{y}\right)} = \frac{r^2}{2r \times \dfrac{1}{y^2}\left(\dfrac{1}{2r} - \dfrac{1}{y}\right)}.$$

Il est évident que le minimum de cette expression a lieu quand

$$\frac{1}{y^2}\left(\frac{1}{2r} - \frac{1}{y}\right) \quad \text{ou} \quad \left(\frac{1}{y}\right)^2\left(\frac{1}{2r} - \frac{1}{y}\right)$$

est maximum.

Mais la somme des facteurs $\left(\dfrac{1}{y}\right), \left(\dfrac{1}{2r} - \dfrac{1}{y}\right)$ est constante et égale

à $\dfrac{1}{2r}$; par conséquent, le maximum de leur produit a lieu quand on a

$$\frac{\dfrac{1}{y}}{\dfrac{1}{2r} - \dfrac{1}{y}} = \frac{2}{1} :$$

d'où
$$y = 3r.$$

La valeur de y portée dans la relation [α] donne $x = r\sqrt{3}$. La *surface minimum* est donc

$$r\sqrt{3} \times 3r = 3r^2\sqrt{3}.$$

911. *On donne une circonférence. Construire un rectangle maxi-*

mum ayant une base tangente à la circonférence donnée, et pour base opposée une corde inscrite dans cette même circonférence.

Soient $2x$ la base du rectangle, $r + y$ sa hauteur et $2m$ la surface maximum. On a

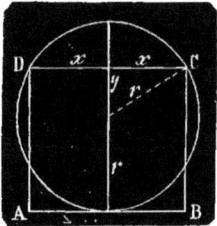

Fig. 90.

$$[1] \qquad x^2 + y^2 = r^2,$$

$$[2] \qquad x(r + y) = m.$$

Si l'on élève au carré l'équation [2], il vient

$$[3] \qquad x^2 (r + y)^2 = m^2.$$

La valeur de x^2 tirée de l'équation [1] et substituée dans [3] donne

$$[4] \qquad (r^2 - y^2)(r + y)^2 = m^2,$$

ou

$$[5] \qquad (r - y)(r + y)(r + y)(r + y) = m^2,$$

ou encore

$$[6] \qquad (3r - 3y)(r + y)(r + y)(r + y) = 3m^2.$$

Mais la somme des quatre facteurs qui composent le premier membre est constante et égale à $6r$: donc le maximum demandé aura lieu lorsque ces facteurs seront égaux.

On doit, par conséquent, avoir

$$3r - 3y = r + y :$$

d'où

$$y = \frac{1}{2} r.$$

Il est, comme on le voit, facile de construire le rectangle demandé.

912. *On mène dans un cercle deux diamètres perpendiculaires, et, d'un point M de la circonférence, on abaisse sur ces deux diamètres deux perpendiculaires. On demande si la somme des deux perpendiculaires MP et MQ est susceptible d'un maximum ou d'un minimum, et quelle est la position du point M qui correspond au maximum ou au minimum.*

Si l'on représente par m le maximum ou le minimum cherché, on a, d'après l'énoncé,

$$[1] \qquad x + y = m.$$

D'autre part, la figure donne

$$[2] \qquad x^2 + y^2 = r^2.$$

Élevant au carré les deux membres de [1], et retranchant [2] du résultat, on obtient

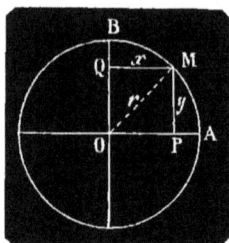

$$[3] \qquad 2xy = m^2 - r^2 ;$$

d'où

$$[4] \qquad xy = \frac{m^2 - r^2}{2}.$$

Il résulte de [1] et de [4] que x et y sont les racines de l'équation

$$z^2 - mz + \frac{m^2 - r^2}{2} = 0,$$

ou

$$2z^2 - 2mz + m^2 - r^2 = 0.$$

Fig. 91.

Résolvant, on trouve

$$z = \frac{m \pm \sqrt{m^2 - 2m^2 + 2r^2}}{2}.$$

Pour que x et y soient réels, on doit donc avoir

$$m^2 - 2m^2 + 2r^2 \quad \text{ou} \quad 2r^2 - m^2 > 0.$$

Le maximum est donc $m^2 = 2r^2$ ou $m = r\sqrt{2}$.

Au maximum correspond

$$x = y = \frac{m}{2} = \frac{r\sqrt{2}}{2}.$$

On voit que les perpendiculaires x et y sont l'une et l'autre égales au côté du carré inscrit dans le quart de cercle, de sorte que le point M est le milieu de l'arc AB.

913. *Sur la ligne* AB $= 1^m$, *on prend un point* O *entre* A *et* B ; *on construit le triangle équilatéral* AOE *sur la partie* AO, *et le carré* ABCD *sur la partie* OB. *Cela posé, la surface du pentagone* ABCDE *dépend de la position du point* O *sur* AB, *et l'on demande :* 1° *de déterminer la position du point* O *qui convient au maximum ou au minimum du pentagone* ABCDE ; 2° *de calculer les surfaces maximum ou minimum à* 0,001 *près.*

Rép. : AO $= 0^m,74$; $m = 0^{mq},1547$.

Soient $AB = a$, $AO = x$ et m le minimum ou le maximum cherché. On a :

Surface pentagone

$$ABCDE = tri.AEH + trap.EDOH + car.OBCD.$$

Or, triangle $AEH = \dfrac{1}{2}$ triangle équilatéral AEO, ou (*Cours de géométrie*)

$$1° \text{ Triangle } AEH = \frac{x^2\sqrt{3}}{8},$$

Trapèze

$$EDOH = \frac{EH + OD}{2} \times OH = \frac{\dfrac{x\sqrt{3}}{2} + a - x}{2} \times \frac{x}{2} = \frac{x\sqrt{3} + 2a - 2x}{4} \times \frac{x}{2};$$

$$2° \text{ Trapèze } EDOH = \frac{x^2\sqrt{3} + 2ax - 2x^2}{8};$$

$$\text{carré } OBCD = \overline{OB}^2 = (a - x)^2 = a^2 - 2ax + x^2;$$

$$3° \text{ Carré } OBCD = \frac{8a^2 - 16ax + 8x^2}{8} :$$

d'où pentagone

$$ABCDE = \frac{x^2\sqrt{3} + x^2\sqrt{3} + 2ax - 2x^2 + 8a^2 - 16ax + 8x^2}{8} = m,$$

ou

$$\frac{2x^2\sqrt{3} + 6x^2 - 14ax + 8a^2}{8} = m,$$

ou encore

$$x^2(\sqrt{3} + 3) - 7ax + 4a^2 - 4m = 0,$$

et on a, si l'on résout cette équation,

$$x = \frac{7a \pm \sqrt{49a^2 - 4(\sqrt{3} + 3)(4a^2 - 4m)}}{2(\sqrt{3} + 3)}.$$

Effectuant les calculs indiqués sous le radical, il vient :

$$x = \frac{7a \pm \sqrt{49a^2 - 16a^2\sqrt{3} - 48a^2 + 16m\sqrt{3} + 48m}}{2(\sqrt{3} + 3)},$$

ou

$$x = \frac{7a \pm \sqrt{a^2 - 16a^2\sqrt{3} + 16m\sqrt{3} + 48m}}{2(\sqrt{3} + 3)}.$$

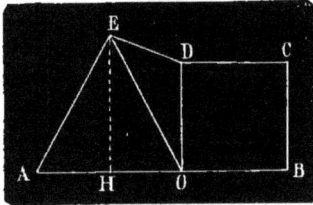

Fig. 92.

Afin d'avoir des valeurs réelles pour x, il faut que la quantité soumise au radical soit positive, et qu'on ait, par conséquent,

$$16m\sqrt{3} + 48m > 16a^2\sqrt{3} - a^2,$$

ou

$$m > \frac{a^2(16\sqrt{3} - 1)}{16(\sqrt{3} + 3)}.$$

Il y aura donc un *minimum* pour la valeur

$$[1] \qquad m = \frac{a^2(16\sqrt{3} - 1)}{16(\sqrt{3} + 3)}.$$

Dans ce cas, le radical disparaît, et l'on a

$$[2] \qquad x = \frac{7a}{2(\sqrt{3} + 3)}.$$

Il n'y a pas de maximum, car, d'après l'énoncé, la surface sera la plus grande possible pour $x = 0$; dans ce cas, $m = a^2$, mais le pentagone n'existe plus. D'où il suit que le pentagone est d'autant plus grand que le point O se rapproche davantage du point A.

La position qui convient au minimum est donc donnée par la relation [2]. Si l'on y fait $a = 1^m$, on a

$$x = 0^m,74.$$

Le minimum de la surface est donné par la relation [1]. Si l'on fait dans cette égalité $a = 1^m$, on a

$$m = 0^{mq},1547.$$

914. *Parmi tous les triangles qui ont deux côtés égaux chacun à chacun, trouver le maximum.*

Rép. : Le triangle maximum est le triangle rectangle.

Soient b et c les côtés donnés, A l'angle compris et S la surface à rendre maximum. La trigonométrie donne

$$S = \frac{1}{2} bc \sin A.$$

Le maximum S ne dépend donc que du facteur variable $\sin A$. Or, le maximum de $\sin A$ est 1; par suite $S = \frac{1}{2} bc$ est la plus grande surface possible. Mais, pour $\sin A = 1$, on a $A = 90°$. Donc le *triangle maximum* est le *triangle rectangle.*

915. *Parmi tous les parallélipipèdes rectangles isopérimètres, trou-*
ver celui dont le volume est maximum.

Rép. : Le parallélipipède maximum est le cube.

En effet, si l'on désigne par a, b, c les trois arêtes, le périmètre
sera $4a + 4b + 4c$ et le volume abc. Or, le produit abc sera maximum dans le même cas que $4a \times 4b \times 4c$. Mais la somme de ces
trois facteurs est constante et égale au périmètre donné : donc le
maximum aura lieu pour $4a = 4b = 4c$, ou $a = b = c$.
Le *parallélipipède maximum* est donc le *cube*.

916. *De tous les parallélipipèdes rectangles de même surface totale,*
quel est celui qui a le volume maximum?

Rép. : Le cube.

Soient S la surface constante et a, b, c les trois arêtes, on a
$$S = 2ab + 2ac + 2bc = 2(ab + ac + bc).$$
S étant constant, il en sera de même de $ab + ac + bc$.
Mais le volume abc deviendra maximum en même temps que
$a^2 b^2 c^2 = ab \times ac \times bc$. Comme la somme de ces trois facteurs est
constante, le produit sera maximum quand on aura
$$ab = ac = bc,$$
ou
$$a = b = c.$$
Le *cube* est donc le *parallélipipède maximum*.

917. *Trouver le minimum de la surface du parallélipipède rec-*
tangle de volume donné.

Rép. : Le parallélipipède minimum est un cube.

Soient V le volume constant, x, y, z les trois arêtes, et $2m$ la
surface à rendre minimum. Alors on a les équations
[1] $$V = xyz,$$
[2] $$xy + xz + yz = m.$$
Mais
$$V^2 = x^2 y^2 z^2 = xy \times xz \times yz.$$
Or, V^2 est constant et par suite le produit $x^2 y^2 z^2$; donc la somme
m de ses facteurs sera minimum pour
$$xy = xz = yz \quad \text{ou} \quad x = y = z.$$
Le *parallélipipède minimum* est donc un *cube*.

918. *Trouver le maximum du volume d'un parallélipipède rectangle ayant une surface totale donnée.*

Rép. : Le parallélipipède maximum est un cube.

Soient $2a^2$ la surface constante, x, y, z les trois arêtes et m le volume à rendre maximum.

On a

$$xy + xz + yz = a^2,$$
$$m = xyz.$$

Or, le maximum m a lieu en même temps que m^2. Mais

$$m^2 = x^2 y^2 z^2 = xy \times xz \times yz = a^2.$$

La somme des trois facteurs de ce produit étant constante, le maximum de leur produit a lieu quand on a

$$xy = xz = yz \quad \text{ou} \quad x = y = z.$$

Le *parallélipipède maximum* est donc un *cube*.

919. *Parmi les cylindres de même volume, trouver celui dont la surface totale est minimum.*

Soient πa^3 le volume donné, x le rayon de base et y la hauteur du cylindre ayant une surface totale minimum. Si l'on désigne par $2\pi m^2$ la surface dont il s'agit, on a les deux équations

$$\pi x^2 y = \pi a^3 \quad \text{et} \quad 2\pi x^2 + 2\pi xy = 2\pi m^2,$$

ou

$$[1] \qquad x^2 y = a^3 \quad \text{et} \quad x^2 + xy = m^2. \qquad [2]$$

De [1], on tire $xy = \dfrac{a^3}{x}$. Portant cette valeur dans [2], il vient

$$x^2 + \frac{a^3}{x} = m^2,$$

ou

$$[3] \qquad \frac{x^3 + a^3}{x} = m^2.$$

Mais le minimum de $\dfrac{x^3 + a^3}{x}$ a lieu en même temps que le maximum de $\dfrac{x}{x^3 + a^3}$, ou de son cube $\dfrac{x^3}{(x^3 + a^3)^3}$.

Or,

$$\frac{x^3}{(x^3 + a^3)^3} = \frac{x^3}{x^3 + a^3} \times \left(\frac{1}{x^3 + a^3}\right)^2 = \frac{x^3}{x^3 + a^3} \times \left(\frac{a^3}{x^3 + a^3}\right)^2 \times \frac{1}{a^6}.$$

Mais le facteur $\dfrac{1}{a^6}$ étant constant, le maximum est indépendant de ce facteur. D'ailleurs, comme on a

$$\frac{x^3}{x^3 + a^3} + \frac{a^3}{x^3 + a^3} = 1,$$

il en résulte que le maximum aura lieu quand les facteurs $\dfrac{x^3}{x^3 + a^3}$ et $\dfrac{a^3}{x^3 + a^3}$ seront entre eux dans le rapport de leurs exposants, c'est-à-dire quand on aura

$$\frac{x^3}{a^3} = \frac{1}{2};$$

d'où

$$x = \frac{a}{\sqrt[3]{2}}.$$

L'équation [1] donne

$$y = \frac{a^3}{x^2} = \frac{a^3 \times \left(\sqrt[3]{2}\right)^2}{a^2} = \frac{a\sqrt[3]{4} \times \sqrt[3]{2}}{\sqrt[3]{2}} = \frac{2a}{\sqrt[3]{2}} = 2x.$$

Ainsi, le cylindre cherché a un diamètre de base égal à sa hauteur.

920. *Inscrire dans une sphère le parallélipipède maximum.*

Soient D le diamètre de la sphère, x, y, z les dimensions du parallélipipède P, on a

$$P = xyz, \quad \text{ou} \quad P^2 = x^2 y^2 z^2 ;$$

mais (*Exercices de géométrie*, **523**) $x^2 + y^2 + z^2 = D^2$. Et comme D^2 est un nombre constant, le produit $x^2 y^2 z^2$ sera maximum pour $x^2 = y^2 = z^2$ ou $x = y = z$. Donc le *parallélipipède maximum* inscrit dans une sphère est le *cube*.

921. *Inscrire dans une sphère le cône maximum.*

'Soit SAB le cône demandé. Si l'on désigne par x le rayon de sa base, et par $R + y$ sa hauteur, la figure donne les deux équations

$$[1] \quad V = \frac{1}{3}\pi x^2 (R + y),$$

$$[2] \quad x^2 = R^2 - y^2.$$

Remplaçant x^2 par sa valeur, il vient

$$V = \frac{1}{3}\pi (R^2 - y^2)(R + y).$$

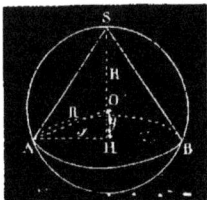

Fig. 93.

Le maximum de cette expression est indépendant du nombre constant $\frac{1}{3}\pi$; le volume sera donc maximum en même temps que

$$(R^2 - y^2)(R + y) = (R - y)(R + y)^2.$$

Or, la somme des deux facteurs $(R - y)$ et $(R + y)$ est constante et égale à 2R. Le maximum aura par conséquent lieu pour

$$\frac{R - y}{R + y} = \frac{1}{2};$$

d'où

$$y = \frac{1}{3}R.$$

Cette valeur de y, portée dans la relation [2], donne

$$x^2 = R^2 - \frac{R^2}{9};$$

d'où

$$x = \frac{2}{3}R\sqrt{2}.$$

La hauteur $y + R$, du cône maximum, est donc égale à $\frac{4}{3}$ du rayon de la sphère; et le rayon x de la base aux $\frac{2}{3}$ du côté du carré inscrit dans un grand cercle (*Cours de géom.*).

922. *Inscrire dans un cône le cylindre maximum.*

Soient R le rayon de base du cône, H sa hauteur, x et y le rayon et la hauteur du cylindre inscrit. On aura pour le volume V du cylindre

[1] $$V = \pi x^2 y.$$

Par suite des triangles semblables que donne la figure, on a, d'autre part,

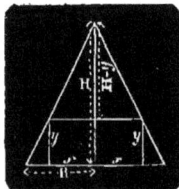

Fig. 94.

[2] $$\frac{H}{H - y} = \frac{R}{x};$$

d'où

[3] $$x = \frac{R}{H}(H - y),$$

et

$$x^2 = \frac{R^2}{H^2}(H - y)^2.$$

Portant la valeur de x^2 dans l'égalité [1], il vient

$$V = \frac{\pi R^2}{H^2} (H - y)^2 y.$$

Or, le maximum de cette expression est indépendant de la quantité constante $\frac{\pi R^2}{H^2}$; il ne peut donc provenir que du produit $(H - y)^2 y$.

Mais la somme des facteurs $H - y$ et y étant égale à H est constante : donc le maximum du produit $(H - y)^2 y$ aura lieu pour

$$\frac{y}{H - y} = \frac{1}{2} :$$

d'où

$$y = \frac{H}{3}.$$

Substituant cette valeur dans la relation [3], on a

$$x = \frac{R}{H} \left(H - \frac{H}{3} \right) = \frac{2}{3} R.$$

Le rayon x du cylindre maximum sera donc les $\frac{2}{3}$ du rayon du cône, et sa hauteur y, le $\frac{1}{3}$ de la hauteur du cône.

923. *Trouver le maximum de la surface latérale d'un cylindre inscrit dans une sphère donnée.*

Le cylindre demandé a pour rayon $\frac{R\sqrt{2}}{2}$ et pour hauteur $R\sqrt{2}$. (Voir exercice **841.**)

924. *Parmi les cônes de même côté, trouver celui de surface convexe maximum.*

Soient x le rayon de base du cône, y sa hauteur et a son côté constant.

La surface convexe du cône sera $\pi a x$; de sorte qu'on aura, en désignant par m le maximum cherché,

[1] $\pi a x = m.$

D'autre part, on sait que

[2] $x^2 + y^2 = a^2.$

Mais π et a sont constants : donc m sera maximum en même temps que x. Or (équation [2]), le maximum de x a lieu pour $y = 0$ et dans ce cas $x = a$. Ainsi la surface convexe du cylindre augmente à mesure que sa hauteur diminue; et le maximum est πa^2, c'est-à-dire l'aire du cercle ayant pour rayon le côté donné.

925. *Parmi les cônes de même côté, trouver celui de surface totale maximum.*

Les notations de l'exercice précédent donnent les deux équations

$$\pi x^2 + \pi a x = m,$$

ou

[1] $$\pi x (x + a) = m,$$

[2] $$x^2 + y^2 = a^2.$$

Puisque π et a sont constants, le maximum m a lieu en même temps que x. Mais, d'après l'équation [2], x atteint son maximum pour $y = 0$, et alors on a $x = a$. Le maximum cherché est donc $\pi a(2a) = 2\pi a^2$; c'est-à-dire qu'il est deux fois la surface du cercle dont le rayon est le côté donné.

926. *Parmi tous les cylindres inscrits dans un cône, trouver celui dont la surface convexe est maximum.*

Soient r et h le rayon et la hauteur du cône, x et y le rayon et la hauteur du cylindre. La surface convexe de ce cylindre est $2\pi xy$, et comme 2π est une quantité constante, il s'agit de rendre maximum xy : on peut donc poser

[1] $$xy = m.$$

D'autre part, la figure donne, par suite de la similitude des triangles,

[2] $$\frac{h}{h - y} = \frac{r}{x}.$$

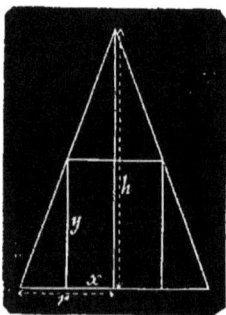

Fig. 95.

Éliminant x entre [1] et [2], il vient

$$ry^2 - hry + hm = 0.$$

Si l'on résout, on trouve

$$y = \frac{hr \pm \sqrt{h^2 r^2 - 4hrm}}{2r}.$$

Le maximum aura lieu quand le radical deviendra nul, c'est-à-dire quand on aura

$$4hrm = h^2r^2,$$

ou

$$m = \frac{hr}{4}.$$

Alors on a

$$y = \frac{hr}{2r} = \frac{h}{2}.$$

Les valeurs de m et de y portées dans [1] donnent

$$x = \frac{r}{2}.$$

Ainsi les dimensions du *cylindre maximum* sont *la moitié* des dimensions du cône.

927. *Déterminer les côtés d'un rectangle dont le périmètre est* 2p, *de façon que le cylindre engendré par ce rectangle, en tournant autour d'un de ses côtés, ait un volume maximum.*

Soient x et y les deux côtés du rectangle. On a, d'après l'énoncé,

[1] $$x + y = p.$$

D'ailleurs, si le rectangle tourne autour du côté y, il engendre un cylindre dont le volume V est

[2] $$V = \pi x^2 y.$$

Or, π étant invariable, ce volume sera maximum en même temps que $x^2 y$.

Mais la somme des facteurs x et y est constante et égale à p. Donc le produit $x^2 y$ sera maximum, quand on aura

[3] $$\frac{x}{y} = \frac{2}{1}.$$

Les équations [1] et [3] donnent

$$x = \frac{2p}{3} \quad , \quad y = \frac{p}{3}.$$

Le cylindre est donc maximum quand le rayon de la base est égal au double de la hauteur. Si l'on porte dans [2] les valeurs de x et de y, on trouve pour volume maximum

$$V = \frac{4\pi p^3}{27}.$$

928. *On enlève quatre petits carrés égaux, un à chaque coin d'une feuille de·carton formant elle·même un carré. Il reste alors quatre petits rectangles égaux qui entourent un carré. On propose de relever les rectangles de manière à former une boîte de capacité maximum.*

Soient $2a$ le côté de la feuille de carton et x le côté du petit carré à enlever à chaque coin de la feuille. La longueur MN sera égale à $2a - 2x$ ou $2(a - x)$; par suite, la surface du fond de la boîte sera $4(a - x)^2$. On aura donc pour le volume V de la boîte

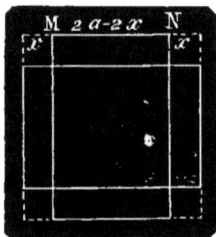

$$V = 4(a - x)^2 x.$$

Or, 4 étant invariable, ce volume sera maximum, en même temps que

$$(a - x)^2 x.$$

Fig. 96.

Mais la somme des facteurs $a - x$ et x est constante et égale à a. Donc le produit $(a - x)^2 x$ sera maximum quand on aura

$$\frac{a - x}{2} = \frac{x}{1};$$

d'où

$$x = \frac{a}{3} = \frac{2a}{6}.$$

Ainsi les carrés à enlever ont pour côté le $\frac{1}{6}$ de la longueur de la feuille de carton. D'ailleurs, on a, pour le volume maximum,

$$V = 4\left(a - \frac{a}{3}\right)^2 \times \frac{a}{3} = \frac{16a^3}{27}.$$

929. *Quel est le prisme maximum qu'on peut déduire d'une pyramide par une section parallèle à la base?*

Soient B et H la base et la hauteur de la pyramide, b et h la base et la hauteur du prisme.

Les polygones B et b, étant semblables, sont entre eux (*Cours de géométrie*) comme les carrés des hauteurs des pyramides dont elles sont les bases; on a donc

$$\frac{b}{B} = \frac{(H - h)^2}{H^2};$$

d'où

$$b = \frac{B}{H^2}(H - h)^2.$$

Le volume du prisme est donc égal à

$$bh = \frac{B}{H^2}(H - h)^2 \times h.$$

Or, $\frac{B}{H^2}$ étant invariable, ce volume sera maximum en même temps que

$$(H - h)^2 \times h.$$

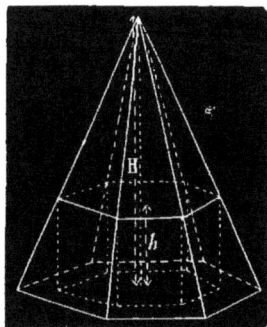

Mais la somme des facteurs $H - h$ et h est constante et égale à H. Donc le produit $(H - h)^2 \times h$ sera maximum quand on aura

$$\frac{H - h}{h} = \frac{2}{1};$$

d'où

$$h = \frac{1}{3}H.$$

Fig. 97.

On doit donc faire la section au tiers de la hauteur, à partir de la base, pour obtenir la section maximum.

930. *Trouver le maximum de la surface totale d'un cylindre inscrit dans une sphère donnée.*

Soient x le rayon de base et $2y$ la hauteur du cylindre cherché. Si l'on désigne par $2\pi m$ la surface totale de ce cylindre, on aura

$$[1] \quad 4\pi xy + 2\pi x^2 = 2\pi m ;$$

d'où

$$[2] \quad 2xy + x^2 = m.$$

D'autre part, la figure donne

$$[3] \quad x^2 + y^2 = r^2.$$

On déduit de cette équation

$$[4] \quad y = \sqrt{r^2 - x^2}.$$

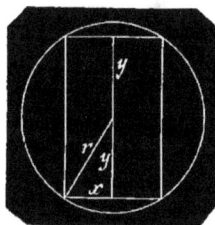

Fig. 98.

Si l'on porte cette valeur dans [2], il vient

$$[5] \quad 2x\sqrt{r^2 - x^2} + x^2 = m,$$

ou

$$[6] \quad 2x\sqrt{r^2 - x^2} = m - x^2.$$

Élevant au carré, on a

[7] $\qquad 4r^2x^2 - 4x^4 = m^2 + x^4 - 2mx^2 :$

d'où

[8] $\qquad 5x^4 - 2(2r^2 + m)x^2 + m^2 = 0.$

Résolvant par rapport à x^2, on trouve

[9] $\qquad x^2 = \dfrac{2r^2 + m \pm \sqrt{4r^4 + m^2 + 4r^2m - 5m^2}}{5},$

ou

[10] $\qquad x^2 = \dfrac{2r^2 + m \pm \sqrt{-4m^2 + 4r^2m + 4r^4}}{5}$

Pour que x^2 soit réel, il faut qu'on ait

$$-4m^2 + 4r^2 + 4r^4 > 0,$$

ou

[α] $\qquad -m^2 + r^2 + r^4 > 0.$

Or, si l'on résout l'équation

$$m^2 - r^2 - r^4 = 0,$$

on trouve

$$m' = \frac{r^2(1 + \sqrt{5})}{2} \quad \text{et} \quad m'' = \frac{r^2(1 - \sqrt{5})}{2}.$$

Mais comme le premier terme de l'inégalité [α] est négatif, il en résulte que m' est un maximum et m'' un minimum. D'ailleurs ce minimum étant négatif est à rejeter. Mais puisque $m' = m$, le maximum de la surface sera (équation [1])

$$2\pi m = 2\pi \times \frac{r^2(1 + \sqrt{5})}{2} = \pi r^2(1 + \sqrt{5}).$$

Le radical s'annulant pour la valeur maximum de m, on a

$$x^2 = \frac{2r^2 + m}{3} \quad \text{et} \quad y^2 = r^2 - \left(\frac{2r^2 + m}{3}\right) = \frac{r^2}{3} - \frac{m}{3}.$$

La valeur de m' portée dans les valeurs de x^2 et de y^2 fera connaître x^2 et y^2, puis x et y.

931. *Circonscrire à une sphère donnée un cône droit de surface totale minimum.*

Soient r le rayon de la sphère donnée, x le rayon de base du cône circonscrit, y sa hauteur, z son côté et πm^2 la surface qu'il s'agit de rendre minimum. On a

[1] $\qquad \pi x^2 + \pi xz = \pi m^2,$

ou

[2] $$x^2 + xz = m^2.$$

Mais

[3] $$z = \sqrt{x^2 + y^2}.$$

Cette valeur substituée dans [2] donne

[4] $$x^2 + x\sqrt{x^2 + y^2} = m^2.$$

Par suite des triangles semblables ABD, AEO, on a

[5] $$\frac{x}{r} = \frac{y}{\text{AE}}.$$

Mais

$$\text{AE} = \sqrt{y(y - 2r)};$$

par suite, il vient

[6] $$\frac{x}{r} = \frac{y}{\sqrt{y(y - 2r)}};$$

d'où

[7] $$x^2 = \frac{r^2 y}{y - 2r}.$$

Fig. 99.

Si l'on ajoute y^2 à chaque membre de cette égalité, on obtient

[8] $$x^2 + y^2 = \frac{y(y - r)^2}{y - 2r};$$

d'où, en multipliant membre à membre les équations [7] et [8],

[9] $$x^2(x^2 + y^2) = \frac{r^2 y^2 (y - r)^2}{(y - 2r)^2},$$

et, par suite,

[10] $$x\sqrt{x^2 + y^2} = \frac{ry(y - r)}{y - 2r}.$$

Les valeurs trouvées [7] et [10], étant portées dans [4], on a

$$\frac{r^2 y}{y - 2r} + \frac{ry(y - r)}{y - 2r} = m^2,$$

ou

$$\frac{ry^2}{y - 2r} = m^2,$$

ou encore

$$ry^2 - m^2 y + 2rm^2 = 0.$$

Résolvant, on trouve

$$y = \frac{m^2 \pm \sqrt{m^4 - 8r^2 m^2}}{2r}.$$

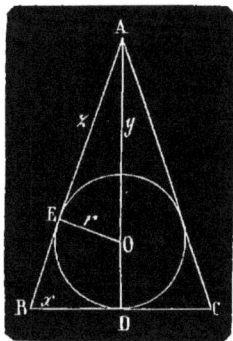

Pour que y soit réel, on doit donc avoir *au moins*

$$m^4 = 8r^2m^2,$$

ou

$$m^2 = 8r^2.$$

Tel est le minimum de m^2. A ce minimum correspond

$$y = \frac{8r^2}{2r} = 4r.$$

La valeur de y portée dans [7] donne

$$x^2 = \frac{4r^3}{2r} = 2r^2 :$$

d'où

$$x = r\sqrt{2}.$$

D'ailleurs, d'après la relation [1], la surface minimum est

$$\pi m^2 = 8\pi r^2.$$

932. *Circonscrire à une sphère donnée un cône droit de surface convexe minimum.*

Si l'on conserve les notations de l'exercice précédent, on a

[1] $$\pi x z = \pi m^2,$$

ou

[2] $$x z = m^2,$$

et

[3] $$z^2 = x^2 + y^2.$$

La valeur de z, tirée de [3] et portée dans [2], donne

[4] $$x\sqrt{x^2 + y^2} = m^2.$$

Si l'on remplace le premier membre de cette équation par sa valeur (équation [10], exercice précédent), il vient

$$\frac{ry(y - r)}{y - 2r} = m^2,$$

ou

$$ry^2 - (r^2 + m^2)y + 2rm^2 = 0.$$

Résolvant, on a

$$y = \frac{r^2 + m^2 \pm \sqrt{m^4 - 6r^2m^2 + r^4}}{2r}.$$

Pour que y soit réel, on doit donc avoir

$$m^4 - 6r^2m^2 + r^4 > 0.$$

Or, si l'on résout l'équation

$$m^4 - 6r^2m^2 + r^4 = 0$$

par rapport à m^2, on trouve

$$m'^2 = r^2(3 + 2\sqrt{2}) \quad \text{et} \quad m''^2 = r^2(3 - 2\sqrt{2}).$$

Donc m'^2 est un minimum et m''^2 un maximum. Mais le maximum est à rejeter; car, d'après ce maximum, on a $m''^2 < r^2$, ce qui ne peut avoir lieu puisque l'équation [1] donne $m^2 > x^2$; et comme d'ailleurs x^2 est nécessairement plus grand que r^2, on a *a fortiori* $m^2 > r^2$. Le minimum de la surface est donc $\pi m'^2 = \pi r^2(3 + 2\sqrt{2})$. A ce minimum m'^2 correspond

$$y = \frac{r^2 + r^2(3 + 2\sqrt{2})}{2r} = \frac{r + r(3 + 2\sqrt{2})}{2} = r(2 + \sqrt{2}).$$

La valeur de y portée dans l'équation [7] de l'exercice précédent donne

$$x^2 = \frac{r^3(2 + \sqrt{2})}{r(2 + \sqrt{2}) - 2r} = \frac{r^2(2 + \sqrt{2})}{\sqrt{2}} = \frac{r(2\sqrt{2} + 2)}{2},$$

ou

$$x^2 = r^2(\sqrt{2} + 1),$$

et, par suite,

$$x = r\sqrt{\sqrt{2} + 1}.$$

933. *Trouver le maximum du volume d'un cône dont l'arête est donnée.*

Soient a l'arête donnée, x le rayon de base du cône et y sa hauteur. Il s'agit alors de trouver le maximum du volume $\frac{1}{3}\pi x^2 y$, ou le maximum de $x^2 y$, puisque $\frac{1}{3}\pi$ est une quantité constante. Or, on a

$$a^2 = x^2 + y^2 :$$

d'où

[α] $$x^2 = a^2 - y^2;$$

et, par suite,

$$x^2 y = (a^2 - y^2)y.$$

Au lieu de rendre maximum $x^2 y$, on peut donc rendre maximum $(a^2 - y^2)y$, mais ce produit est maximum en même temps que son carré $(a^2 - y^2)^2 y^2$. Si l'on fait $a^2 - y^2 = z$ et $y^2 = z'$, il vient alors $(a^2 - y^2)^2 y^2 = z^2 z'$; mais $z + z' = a^2 - y^2 + y^2 = a^2$, c'est-à-dire un nombre constant; donc le produit z^2z' sera maximum quand on aura $\dfrac{z}{z'} = \dfrac{2}{1}$, d'où $z = 2z'$. On a, par conséquent, $z + z'$ ou $3z' = a^2$; on trouve, par suite, $y^2 = z' = \dfrac{a^2}{3}$: d'où $y = \dfrac{a\sqrt{3}}{3}$. Si l'on porte la valeur de y^2 dans [α], il vient

$$x^2 = a^2 - \frac{a^2}{3} = \frac{2a^2}{3} :$$

d'où

$$x = \frac{a\sqrt{2}}{\sqrt{3}} = \frac{a\sqrt{6}}{3}.$$

Le volume maximum sera d'ailleurs égal à

$$\frac{1}{3}\pi \times \frac{2a^2}{3} \times \frac{a\sqrt{3}}{3} = \frac{2\pi a^3 \sqrt{3}}{27}.$$

934. *On donne les hauteurs* h *et* h' *de deux cylindres, et on propose de déterminer les rayons de ces cylindres de manière que la somme de leurs surfaces latérales soit égale à celle d'une sphère de rayon* a, *et que la somme de leurs volumes soit minimum.*

Soient x et y les rayons des bases des cylindres. On aura, d'après l'énoncé,

$$2\pi xh + 2\pi yh' = 4\pi a^2,$$

ou

[1]
$$2\pi(hx + yh') = 4\pi a^2.$$

Mais la somme des volumes des cylindres est $\pi(x^2h + y^2h')$. Si donc on appelle πm^3 le volume minimum cherché, on aura

[2]
$$x^2h + y^2h' = m^3.$$

Il s'agit donc de trouver le minimum de m^3. Or, si de l'équation [1] on tire la valeur de y et qu'on substitue cette valeur dans [2], il vient

$$(hh' + h^2)x - 4a^2hx + 4a^4 - h'm^3 = 0.$$

Résolvant, on a

$$x = \frac{2a^2h \pm \sqrt{4a^4h^2 - (hh' + h^2)(4a^4 - h'm^3)}}{hh' + h^2},$$

ou

$$x = \frac{2a^2h \pm \sqrt{m^3hh'(h + h') - 4a^4hh'}}{hh' + h^2}.$$

Pour que x soit réel, on doit avoir *au moins*

$$m^3 hh'(h + h') = 4a^4 hh'.$$

Le minimum de m^3 est donc

$$m^3 = \frac{4a^4 hh'}{hh'(h + h')} = \frac{4a^4}{h + h'}.$$

A ce minimum correspond

$$x = \frac{2a^2 h}{hh' + h^2} = \frac{2a^2}{h + h'}.$$

La valeur de x portée dans [1] donne

$$y = \frac{2a^2}{h + h'}.$$

Les deux rayons sont donc égaux.

935. *La somme des côtés de deux cubes vaut 5^m, et la somme de leurs volumes vaut 65^{mc}. On demande les longueurs des deux côtés, et, la somme des côtés restant constante, on propose de trouver le minimum au-dessous duquel la somme des volumes ne saurait descendre.*

$$\text{Rép. : } 1^o \ 4^m \text{ et } 1^m \text{ ; } 2^o \ 31^{mc},25.$$

Soit, pour abréger, $5 = a$, $65 = b^3$. Si l'on désigne les côtés des cubes par x et y, on a

[1] $\qquad\qquad x + y = a,$

[2] $\qquad\qquad x^3 + y^3 = b^3.$

Élevant au cube les deux membres de [1], il vient

$$x^3 + 3x^2 y + 3xy^2 + y^3 = a^3,$$

ou

[3] $\qquad\quad x^3 + y^3 + 3xy(x + y) = a^3,$

et, si l'on remplace $x^3 + y^3$ par b^3 et $x + y$ par a, cette équation devient

$$b^3 + 3axy = a^3 :$$

d'où

[4] $\qquad\qquad xy = \frac{a^3 - b^3}{3a}.$

Il résulte de [1] et de [4] que x et y sont les racines de l'équation

$$z^2 - az + \frac{a^3 - b^3}{3a} = 0,$$

ou

[5] $\qquad\quad 3az^2 - 3a^2 z + a^3 - b^3 = 0.$

Résolvant, on a

$$z = \frac{3a^2 \pm \sqrt{9a^4 - 12a(a^3 - b^3)}}{6a},$$

ou

[6] $$z = \frac{3a^2 \pm \sqrt{12ab^3 - 3a^4}}{6a}.$$

On a donc

$$x = \frac{3a^2 + \sqrt{12ab^3 - 3a^4}}{6a} \quad \text{et} \quad y = \frac{3a^2 - \sqrt{12ab^3 - 3a^4}}{6a},$$

et, si l'on remplace les lettres par leurs valeurs, on trouve

$$x = 4 \quad \text{et} \quad y = 1.$$

Pour que x et y soient réels, on doit avoir *au moins* [6]

$$12ab^3 = 3a^4,$$

ou

$$b^3 = \frac{a^4}{4a} = \frac{a^3}{4}.$$

Le minimum de la somme des cubes est donc

$$b^3 = \frac{a^3}{4} = \frac{125}{4} = 31^{mc},25.$$

Pour le minimum, on a, puisque les radicaux s'annulent,

$$x = y = \frac{3a^2}{6a} = \frac{15}{6} = \frac{5}{2}.$$

Ainsi les deux cubes sont égaux.

936. *Trouver le maximum du volume d'un cylindre dont la surface totale est donnée.*

Soient x le rayon de la base du cylindre et y sa hauteur. Le volume est $\pi x^2 y$. On a donc à trouver le maximum de $x^2 y$, puisque π est constant. Or, si l'on représente la surface totale donnée par $2\pi a^2$, on a

$$2\pi xy + 2\pi x^2 = 2\pi a^2,$$

ou

$$xy + x^2 = a^2,$$

par suite

[α] $$xy = a^2 - x^2,$$

et

$$x^2 y = (a^2 - x^2)x.$$

Au lieu de rendre maximum $x^2 y$, on peut donc rendre maximum

$(a^2 - x^2)x$ ou $(a^2 - x^2)x^2$. Si l'on fait $a^2 - x^2 = z$ et $x^2 = z'$, il vient alors $(a^2 - x^2)^2 x^2 = z^2 z'$; mais $z + z' = a^2 - x^2 + x^2 = a^2$, c'est-à-dire un nombre constant. Donc le produit $z^2 z'$ sera maximum quand on aura $\dfrac{z}{z'} = \dfrac{2}{1}$: d'où $z = 2z'$. On a, par conséquent, $z + z' = 3z' = a^2$; par suite, on trouve $x^2 = z' = \dfrac{a^2}{3}$; donc $x = \dfrac{a\sqrt{3}}{3}$. Si l'on porte la valeur de x dans [α], il vient

$$\frac{a\sqrt{3}}{3} \times y = a^2 - \frac{a^2}{3} :$$

d'où

$$y = \frac{2a\sqrt{3}}{3}.$$

Ainsi le cylindre maximum cherché a pour rayon de base $\dfrac{a\sqrt{3}}{3}$ et pour hauteur $\dfrac{2a\sqrt{3}}{3}$.

937. *Trouver le maximum du volume d'un cône dont la surface convexe est donnée.*

Soient x le rayon de base du cône et y sa hauteur. Le volume du cône est $\dfrac{1}{3}\pi x^2 y$. On a alors à rendre maximum le produit $x^2 y$. Si l'on représente la surface donnée par πa^2, il vient (exercice **932**),

$$\pi x \sqrt{x^2 + y^2} = \pi a^2 :$$

d'où

$$x^2(x^2 + y^2) = a^4.$$

Or $x^2 y$ est maximum en même temps que $x^4 y^2$. Mais

$$x^4 + x^2 y^2 = a^4,$$

ou

[α] $$x^2 y^2 = a^4 - x^4,$$

ou encore

$$x^4 y^2 = x^2(a^4 - x^4).$$

Au lieu de $x^4 y^2$, on peut donc rendre maximum $x^2(a^4 - x^4)$, ou encore $x^4(a^4 - x^4)^2$. Si l'on fait $a^4 - x^4 = z$ et $x^4 = z'$, il vient alors $x^4(a^4 - x^4)^2 = z^2 z'$; mais $z + z' = a^4 - x^4 + x^4 = a^4$, c'est-à-dire un nombre constant. Donc le produit z^2z' sera maximum quand on aura $\dfrac{z}{z'}=\dfrac{2}{1}$: d'où $z=2z'$. On a donc $z+z'=3z'=a^4$; par suite, on trouve $x^4=z'=\dfrac{a^4}{3}$: d'où $x^2=\dfrac{a^2\sqrt{3}}{3}$. La valeur de x^2 portée dans [α] fera connaître la valeur de y, d'où le volume maximum.

938. *Trouver le maximum du volume d'un cône dont la surface totale est donnée.*

Si l'on conserve les notations de l'exercice précédent, on aura les équations :

$$\text{Volume} = \frac{1}{3}\pi x^2 y,$$

$$\pi x^2 + \pi x\sqrt{x^2+y^2} = \pi a^2.$$

La seconde devient successivement

$$x^2 + x\sqrt{x^2+y^2} = a^2,$$

[α]　　　$$x^2(x^2+y^2) = (a^2-x^2)^2,$$

$$x^4(x^2+y^2) = x^2(a^2-x^2)^2,$$

$$x^4y^2 = x^2(a^2-x^2)^2 - x^6,$$

$$x^4y^2 = x^2[(a^2-x^2)^2 - x^4],$$

$$x^4y^2 = x^2(a^4-2a^2x^2),$$

$$x^4y^2 = 2a^2x^2\left(\frac{a^2}{2}-x^2\right).$$

Mais le maximum de x^2y a lieu en même temps que celui de x^4y^2, lequel a lieu en même temps que celui de $x^2\left(\dfrac{a^2}{2}-x^2\right)$, puisque $2a^2$ est constant. Mais la somme des deux facteurs x^2 et $\left(\dfrac{a^2}{2}-x^2\right)$ est égale à $\dfrac{a^2}{2}$, c'est-à-dire à un nombre constant ; donc leur produit sera maximum quand on aura $x^2=\dfrac{a^2}{2}-x^2$: d'où $x^2=\dfrac{a^2}{4}$, et par suite $x=\dfrac{a}{2}$. Portant la valeur de x^2 dans [α], il vient $y=a\sqrt{2}$. Le *volume maximum* est donc égal à $\dfrac{1}{3}\pi x^2 y = \dfrac{1}{12}\pi a^3\sqrt{2}$.

EXERCICES
SUR LES PROGRESSIONS ARITHMÉTIQUES.

939. *Trouver le* 21ᵉ *terme d'une progression arithmétique dont le* 1ᵉʳ *est* 2 *et la raison* 3.

Rép. : 62.

Si dans la formule

$$l = a + (n - 1)r,$$

on remplace les lettres par leurs valeurs, il vient

$$l = 2 + (21 - 1) \times 3 = 62.$$

940. *Trouver le* 18ᵉ *terme d'une progression arithmétique dont le* 1ᵉʳ *est* 160 *et la raison* — 3.

Rép. : 109.

Si dans la formule

$$l = a - (n - 1)r$$

on remplace les lettres par leurs valeurs, il vient

$$l = 160 - (18 - 1)3 = 109.$$

941. *La somme des termes d'une progression arithmétique de* 7 *termes est* 77, *et la différence des extrêmes est* 18. *Trouver cette progression.*

Rép. : ÷ 2 . 5 . 8 . 11 . 14 . 17 . 20.

L'énoncé donne les deux équations

[1] $$\frac{7 (a + l)}{2} = 77,$$

[2] $$l - a = 18.$$

Résolvant ce système, on trouve

$$l = 20 \quad \text{et} \quad a = 2.$$

Portant la valeur de l et de a dans la formule

$$l = a + (n - 1)r,$$

on a

$$20 = 2 + 6 \times r :$$

d'où

$$r = 3.$$

La progression est donc

÷ 2 . 5 . 8 . 11 . 14 . 17 . 20.

942. *Combien doit-on prendre de termes dans la progression arith-métique* 5, 9, 13, 17...., *pour que la somme soit égale à* 10877?

Rép. : 73.

Il est facile de trouver le nombre de termes à prendre à l'aide des deux formules

$$[1] \qquad\qquad l = a + (n-1)r,$$

$$[2] \qquad\qquad S = \frac{(a+l)n}{2}.$$

On connaît dans ces formules a, r, S; il s'agit de trouver n. Or, si l'on porte dans [2] la valeur de l, on a

$$rn^2 - rn + 2an - 2S = 0.$$

Résolvant, on trouve

$$n = \frac{r - 2a \pm \sqrt{(r-2a)^2 + 8rS}}{2r};$$

et comme $r = 4$, $a = 5$, $S = 10877$, on a $r - 2a = -6$, et, par suite, il vient

$$n = \frac{-6 \pm \sqrt{36 + 8 \times 4 \times 10877}}{8},$$

ou

$$n = \frac{-6 \pm 590}{8}.$$

La valeur négative étant évidemment à rejeter, on trouve

$$n = 73.$$

943. *Partager* 195 *en* 3 *parties, qui forment une progression arith-métique, et de manière que la* 3° *surpasse la* 1re *de* 120.

Rép. : 5 . 65 . 125.

Si l'on représente la première partie par x, la troisième partie, dernier terme de la progression, sera égale à $x + 120$. Par consé-quent, 195 est la somme des termes d'une progression qui en renferme trois; d'ailleurs le premier est x et le dernier $x + 120$. Donc on a l'équation

$$195 = \frac{(2x + 120)3}{2};$$

d'où

$$x = 5.$$

Le dernier terme de la progression est donc 5 + 120 ou 125. Il est facile de voir que la raison est 6o. La progression demandée est alors

$$\div 5 . 65 . 125.$$

944. *Les formules* $l = a + (n - 1)r$ *et* $S = \dfrac{(a + l)n}{2}$, *des progressions arithmétiques, renferment les cinq quantités* a, l, n, r, S.
On donne n, r, S : *calculer* a *et* l. *Cas où* n = 10, r = 2, S = 180.

Rép. : $l = 27$; $a = 9$.

On a

[1] $\qquad\qquad l = a + (n - 1)r,$

[2] $\qquad\qquad S = \dfrac{(a + l)n}{2}.$

Or, [1] donne

[3] $\qquad\qquad l - a = (n - 1)r,$

et, de [2], on déduit

[4] $\qquad\qquad l + a = \dfrac{2S}{n}.$

De la différence et de la somme des deux inconnues, on tire

$$l = \frac{S}{n} + \frac{(n - 1)r}{2},$$

et

$$a = \frac{S}{n} - \frac{(n - 1)r}{2}.$$

Si l'on remplace enfin les lettres par leurs valeurs, il vient

$$l = 27 \quad \text{et} \quad a = 9.$$

945. *On donne* l, n, S : *calculer* a *et* r. *Cas où* l = 20, n = 7, S = 77.

Rép. : $a = 2$, $r = 3$.

L'équation [2] (exercice précédent) donne

$$a = \frac{2S}{n} - l.$$

Si l'on porte cette valeur dans [1], on a

$$r = \frac{1}{n - 1}\left(2l - \frac{2S}{n}\right).$$

Appliquant les données à ces formules, on trouve

$$a = 2 \quad \text{et} \quad r = 3.$$

ALGÈBRE (EXERCICES). $\qquad\qquad\qquad\qquad\qquad$ 26

946. *On donne* l, r, S : *calculer* a *et* n. *Cas où* l $=23$, r $=4$, S $=78$.

$$\text{Rép.} : a = 3 , n = 6.$$

L'équation [1] donne
$$a = l - nr + r.$$
Substituant cette valeur dans [2], on a
$$rn^2 - (2l + r)n + 2S = o :$$
d'où
$$n = \frac{2l + r \pm \sqrt{(2l + r)^2 - 8rS}}{2r}.$$

La valeur de n devant être positive, on trouve, en appliquant les données à la formule,
$$n = 6.$$
La valeur de n portée dans celle de a donne
$$a = 3.$$

947. *On donne* l, n, r : *calculer* a *et* S. *Cas où* l $= 19$, n $= 8$, r $= 2$.

$$\text{Rép.} : a = 5 , S = 96.$$

La première formule donne
$$a = l - (n - 1)r ;$$
si l'on substitue cette valeur dans la seconde, il vient
$$S = \frac{[2l - (n - 1)r]n}{2}.$$

Appliquant les données à ces deux formules, on trouve
$$a = 5 , S = 96.$$

948. *On donne* a, n, S : *calculer* l *et* r. *Cas où* a $= 10$, n $= 25$, S $= 850$.

$$\text{Rép.} : l = 58 , r = 2.$$

L'équation [2] donne
$$l = \frac{2S - an}{n}.$$

Portant cette valeur dans [1], il vient

$$r = \frac{2(S - an)}{n(n-1)}.$$

Si l'on applique les données à ces formules, on trouve

$$l = 58 \ , \ r = 2.$$

949. *On donne* a, r, S : *calculer* l *et* n. *Cas où* a = 7, r = 8, S = 1 072.

Rép. : $l = 127$, $n = 16$.

On a

$$l = a + rn - r.$$

Si l'on substitue cette valeur dans [2], on a

$$rn^2 + (2a - r)n - 2S = 0.$$

Résolvant, il vient, pour seule valeur admissible de n,

$$n = \frac{r - 2a + \sqrt{(2a - r)^2 + 8rS}}{2r}.$$

Si l'on applique les données à cette formule, on trouve

$$n = 16.$$

La valeur de n, portée dans celle de l, donne

$$l = 127.$$

950. *On donne* a, n, r : *calculer* l *et* S. *Cas où* a = 1, n = 38, r = 2.

Rép. : $l = 75$, $S = 1444$.

On a

$$l = a + (n - 1)r.$$

Cette valeur substituée dans [2] donne

$$S = \frac{[2a + (n - 1)r]n}{2}.$$

Si l'on applique les données à ces formules, on trouve

$$l = 75 \ , \ S = 1444.$$

951. *On donne* a, l, S : *calculer* r *et* n. *Cas où* a = 1, l = 75, S = 1444.

Rép. : $r = 2$, $n = 38$.

L'équation [2] donne

$$n = \frac{2S}{a+l}.$$

Substituant cette valeur dans [1], il vient

$$l = a + \left(\frac{2S}{a+l} - 1\right)r :$$

d'où

$$r = \frac{l^2 - a^2}{2S - a - l}.$$

Si l'on applique les données à ces formules, on trouve

$$n = 38 \ , \ r = 2.$$

952. *On donne* a, l, n : *calculer* r *et* S. *Cas où* $a = 1$, $l = 88$, $n = 30$.

Rép. : $r = 3$, $S = 1335$.

L'équation [1] donne

$$r = \frac{l-a}{n-1};$$

on a d'ailleurs

$$S = \frac{(a+l)n}{2}.$$

Appliquant les données, il vient

$$r = 3 \ , \ S = 1335.$$

953. *On donne* a, l, r : *calculer* n *et* S. *Cas où* $a = 2$, $l = 88$, $r = 2$.

Rép. : $n = 44$, $S = 1980$.

L'équation [1] donne

$$n = \frac{l - a + r}{r}.$$

Si l'on porte cette valeur dans [2], on a

$$S = \frac{(a+l)(l-a+r)}{2r}.$$

Appliquant les données à ces formules, on trouve

$$n = 44 \ , \ S = 1980.$$

954. *Les trois côtés* x, y, z *d'un triangle rectangle forment une progression arithmétique dont la raison est 5. Trouver ces trois côtés.*

Rép. : $x = 15$, $y = 20$, $z = 25$.

La propriété du triangle rectangle donne

[1] $$x^2 + y^2 = z^2.$$

Mais d'autre part les trois côtés sont

$$x , x + 5 , x + 2 \times 5.$$

Donc la relation [1] peut être remplacée par

$$x^2 + (x + 5)^2 = (x + 10)^2 :$$

d'où

$$x^2 - 10x - 75 = 0.$$

Résolvant, on trouve pour seule valeur admissible de x

$$x = 15.$$

Les trois côtés sont donc

$$15 , 20 , 25.$$

955. *La somme de trois nombres en progression arithmétique est* 21, *leur produit est* 315. *Trouver ces nombres.*

Rép. : 1° 5, 7, 9 ;   2° 9, 7, 5.

Si l'on représente le terme du milieu par x et la raison par r, la progression sera

$$\div x - r . x . x + r :$$

d'où cette première équation

$$x - r + x + x + r = 21,$$

de laquelle on tire

$$x = 7.$$

On a d'ailleurs cette seconde équation

$$(x - r)(x + r)x = 315,$$

ou

$$(7 - r)(7 + r) \times 7 = 315,$$

ou encore

$$49 - r^2 = \frac{315}{7} = 45.$$

On trouve alors

$$r = \pm 2 :$$

d'où

$$r' = 2 \quad \text{et} \quad r'' = -2.$$

Les nombres demandés sont donc

$$1° \quad 5, 7, 9 \quad ; \quad 2° \quad 9, 7, 5,$$

956. *Un corps tombant à Paris, dans le vide, parcourt* $4^m,9044$
dans la 1re *seconde de sa chute;* $14^m,7132$ *dans la* 2e *seconde;* $24^m,5220$
dans la 3e, *c'est-à-dire dans chaque seconde* $9^m,8088$ *de plus que dans
la seconde précédente. On demande l'espace parcouru en 20 secondes.*

$$\text{Rép. : } 1961^m,76.$$

D'après les données, les espaces parcourus forment la progression

$$\div 4,9044 . 14,713 . 24,5220 \dots\dots,$$

dont la raison est 9,8088 et le nombre des termes 20. Si dans la formule connue

$$l = a + (n-1)r$$

on remplace les lettres par leurs valeurs, il vient

$$l = 4,9044 + (20 - 1) \times 9,8088 = 191,2716.$$

L'espace parcouru, étant égal à la somme des termes de la progression, sera donc

$$(4,9044 + 191,2716) \times \frac{20}{2} = 1961^m,76.$$

957. *Quelle dette a-t-on acquittée en payant pendant 15 ans, la* 1re
année 300 *fr., la seconde* 400 *fr., et ainsi de suite, en augmentant de*
100 *fr. chaque année? Il ne sera pas tenu compte des intérêts.*

$$\text{Rép. : } 15000 \text{ fr.}$$

La dette acquittée est évidemment la somme des termes de la progression suivante

$$\div 300 . 400 . 500 \dots$$

Dans cette progression, la raison est 100, et comme d'ailleurs
elle a 15 termes, on a pour le dernier

$$l = 300 + (15 - 1) \times 100 = 1700.$$

Si l'on représente par S la somme éteinte, il vient

$$S = \frac{(300 + 1700)15}{2} = 15000.$$

958. *Un domestique a gagné dans une maison* 4050 *fr. en 15 années. La* 1re *année, il a gagné* 200 *fr., et, chacune des années successives,*

il a été augmenté d'une même somme : on demande l'augmentation annuelle.

Rép. : 10 fr.

D'après les données, on connaît la somme des termes de la progression, le nombre des termes et le premier : l'inconnue qu'il s'agit de déterminer est r; or on a (exercice **948**)

$$r = \frac{2(S - an)}{n(n - 1)}.$$

Appliquant les données à cette formule, il vient

$$r = \frac{2(4050 - 200 \times 15)}{15(15 - 1)} = 10.$$

L'augmentation annuelle était donc de 10 fr.

959. *Une terre était louée en 1780 pour 24 ans à raison de 875 fr. par an; en 1804 et pour le même temps 930 fr. par an. Si tous les 24 ans l'augmentation était constante, quel serait le prix de la location en 1900?*

Rép. : 1095.

Tous les 24 ans l'augmentation est de $930^f - 875 = 55$; d'ailleurs de 1780 à 1900 il y a 120 ans, c'est-à-dire 5 fois 24. Il s'agit, par conséquent, de trouver le dernier terme d'une progression dont le premier est 875, la raison 55 et le nombre des termes 5. Si donc dans la formule

$$l = a + (n - 1)r$$

on remplace les lettres par leurs valeurs, on a

$$l = 875 + (5 - 1) \times 55 = 1095.$$

960. *Combien une pendule qui sonne les heures et les demies sonne-t-elle de coups en 365 jours?*

Rép. : 65700 coups.

En 12 heures, elle sonne, et pour les heures seulement, un nombre de coups égal à la somme des termes d'une progression arithmétique dont le premier terme est 1, le dernier 12, et le nombre des termes 12; elle sonne donc un nombre de fois égal à

$$\frac{(1 + 12) \times 12}{2} = 78 \text{ coups.}$$

En 24 heures elle sonne par conséquent
$$78 \times 2 = 156 \text{ coups.}$$

Mais elle sonne en outre 24 demies; par suite, le nombre de coups pour un jour est égal à
$$156 + 24 = 180 \text{ coups.}$$

Le nombre de coups pour une année est donc égal à
$$180 \times 365 = 65700 \text{ coups.}$$

961. *Une horloge sonne les heures. En outre, elle sonne 2 coups au quart, 4 coups à la demie, 6 coups aux trois quarts et 8 coups à l'heure. Combien sonne-t-elle de coups par an?*

Rép. : 232140 coups.

D'après l'exercice précédent, elle sonnerait 156 coups, si elle ne sonnait que les heures, mais elle sonne en outre pour les quarts 20 coups par heure ou 480 coups en 24, ce qui fait en tout pour un jour
$$156 + 480 = 656 \text{ coups.}$$

Le nombre de coups par an sera donc égal à
$$656 \times 365 = 232140 \text{ coups.}$$

962. *On prend 12 points sur la circonférence d'un cercle, et, de chacun d'eux, on mène des droites à tous les autres points. Combien a-t-on mené de droites distinctes en tout?*

Rép. : 66 droites.

Du 1er point, on peut mener 11 droites aux 11 autres points :
Du 2e   —   10 droites aux 10 suivants ;
Du 3e   —   9 droites aux 9 suivants ;
et ainsi de suite jusqu'au 11e point.

Le nombre de ces droites forme donc la progression décroissante
$$\div 11 . 10 . 9 . 8 . 7 . 6 . 5 . 4 . 3 . 2 . 1,$$

dont la somme des termes est
$$(11 + 1) \times \frac{11}{2} = 66.$$

963. *Un voiturier doit conduire 250mc de pierre sur une route. La carrière est à 420m du lieu où doit être déposé le premier mètre cube, et chacun d'eux doit être espacé de 20 mètres. Le voiturier peut con_* *duire* 1me *à chaque voyage. On demande le nombre de jours qu'il mettra à conduire cette pierre, sachant qu'il travaille 8 heures par jour, et que le temps de charger et de décharger ne lui permet pas de faire plus de* 4^Km *à l'heure.*

$$\text{Rép. : } 45 \text{ jours } 3^h \frac{3}{4}.$$

Le premier mètre cube doit être à 420^m de la carrière ; le second, à 440^m ; le troisième, à 460^m, etc. Il s'agit donc de calculer la somme des termes d'une progression arithmétique dont le premier est 420, la raison 20, et le nombre des termes 250 : le dernier est égal à

$$420 + (250 - 1) \times 20 = 5400.$$

On a donc pour la somme S

$$S = \frac{420 + 5400}{2} \times 250 = 727500.$$

La distance totale est double, ou

$$727500 \times 2 = 1455000^m.$$

Le nombre d'heures que mettra le voiturier est égal à

$$\frac{1455000}{4000} = 363^h \frac{3}{4}.$$

Le nombre de jours est égal à

$$\frac{363,75}{8} = 45 \text{ jours } 3^h \frac{5}{4}.$$

964. *On veut faire sabler une allée de* 72^m ; *le jardinier chargé d'exécuter le travail prend le sable à* 20^m *du commencement de l'allée, et dépose la première brouettée à* 1^m,50 *dans l'allée ; la deuxième, 3^m plus loin, et ainsi de suite. 1° quel chemin le jardinier aura-t-il parcouru lorsqu'il aura terminé l'ouvrage et sera revenu au point de départ ? 2° Combien de temps aura-t-il mis, sachant qu'il parcourt* 50^m *par minute et qu'il met 5 minutes pour charger une brouette ?*

$$\text{Rép. : } 1° \ 2688^m \ ; \quad 2°. \ 2^h 54^m.$$

1° Puisque la première brouettée se trouve à 1^m,50 dans l'allée, et que d'ailleurs les autres sont espacées de 3^m, il est évident que la dernière brouettée se trouve encore à 1^m,50 de l'autre extrémité de l'allée ; par conséquent, le dernier terme de la progression formée par la distance parcourue par le jardinier pour *l'aller* est égal à

$$20^m + 72^m - 1^m,50 = 90^m,50.$$

De sorte qu'on a

$$90,50 = a + (n - 1) \times r.$$

Mais le premier terme est égal à $20 + 1,50 = 21,50$, et $r = 3$; on a, par suite,

$$90,50 = 21,50 + (n - 1) \times 5 :$$

d'où

$$n = 24.$$

Maintenant, si dans la formule

$$S = \frac{(a + l) \times n}{2}$$

on remplace les lettres par leurs valeurs respectives, on a

$$S = \frac{21,50 + 90,50}{2} \times 24 = 1344^{m}.$$

Mais cette distance représente seulement l'aller; comme le jardinier a parcouru la même distance pour le retour, il a parcouru en tout

$$1344 \times 2 = 2688^{m}.$$

2° Puisque le jardinier parcourt 50 mètres par minute, il mettra d'abord un nombre de minutes égal à

$$\frac{2688}{50} = 54 \text{ minutes environ.}$$

Comme d'ailleurs il emploie 5 minutes pour charger une brouette, et qu'il a 24 brouettées à conduire, il mettra de plus 24 fois 5 ou 120 minutes. En tout, il faudra donc pour conduire les 24 brouettées

$$54 + 120 = 174^{m} = 2^{h},54^{m}.$$

965. *Une personne a prêté 600 fr. à 5 %, il y a 15 ans; depuis cette époque, elle n'a rien reçu. Quelle somme doit-elle réclamer en tout, si l'on tient compte des intérêts simples de la rente à 5 %?*

Rép. : $1207^{f},50.$

On doit à cette personne :

1° Le capital . . . . 600^f.

2° 15 fois la rente 50 fr., ou . . . . 450^f.

5° L'intérêt de la première rente pendant 14 ans, de la deuxième pendant 15 ans; ainsi de suite.

· Il n'est pas dû d'intérêt pour la dernière année.

L'intérêt de 3o fr. à 5 %, pour 1 an est . . . $1^f,5o.$

— .   2 ans . . . . $1^f,5 \times 2.$

—   3 ans . . . . $1^f,5 \times 3.$

. . . .

— .   14 ans . . . . $1^f,5 \times 14.$

La somme de ces intérêts est

$$1,5o + 1,5o \times 2 \ldots\ldots + 1,5o \times 14,$$

ou, en mettant 1,5o en facteur commun,

$$1,5o \times (1 + 2 + 3 \ldots\ldots + 13 + 14);$$

mais la somme entre parenthèses, formant une progression arith-métique, est égale à

$$(1 + 14) \times \frac{14}{2} = 1o5.$$

La somme de ces intérêts est donc :

$$1,5o \times 1o5 = 157^f,5o.$$

Cette personne doit donc recevoir en tout

$$6oo + 45o + 157^f,5o = 1\,2o7^f,5o.$$

966. *Trouver cinq nombres en progression arithmétique : leur somme est 25 et leur produit 945.*

Si l'on représente le terme du milieu par x et la raison par r, la progression sera

$$\div (x - 2r).(x - r).x.(x + r).(x + 2r) :$$

d'où cette première équation

$$x - 2r + x - r + x + x + r + x + 2r = 25,$$

de laquelle on tire

$$x = 5.$$

On a d'ailleurs cette seconde équation

$$(x - 2r)(x + 2r)(x - r)(x + r)x = 945,$$

ou

$$(x^2 - 4r^2)(x^2 - r^2) = \frac{945}{x} = \frac{945}{5} = 189,$$

ou encore

$$4r^4 - 5x^2r^2 + x^4 = 189,$$

et, si l'on remplace x par sa valeur 5, il vient

$$4r^4 - 125r^2 + 456 = o.$$

Résolvant cette équation bicarrée, on trouve

$$r = \pm \sqrt{\frac{125 \pm \sqrt{15625 - 16 \times 456}}{8}},$$

ou

$$r = \pm \sqrt{\frac{125 \pm 93}{8}};$$

on a, par suite,

$$r' = \pm \sqrt{27,25}, \quad r'' = \pm 2.$$

Les nombres demandés sont par conséquent

1° $5 - 2\sqrt{27,25}$, $5 - \sqrt{27,25}$, 5, $5 + \sqrt{27,25}$, $5 + 2\sqrt{27,25}$.

2° $5 + 2\sqrt{27,25}$, $5 + \sqrt{27,25}$, 5, $5 - \sqrt{27,25}$, $5 - 2\sqrt{27,25}$.

3° 1, 3, 5, 7, 9.

4° 9, 7, 5, 3, 1.

967. *Trouver quatre nombres en progression arithmétique, connaissant le produit* 40 *des moyens et le produit* 22 *des extrêmes.*

Si l'on représente par x le premier terme et par r la raison de la progression, les quatre termes seront

$$x \quad, \quad x + r \quad, \quad x + 2r \quad, \quad x + 3r,$$

et, par conséquent, on aura

[1] $\qquad x(x + 3r) = x^2 + 3rx = 22,$

et

[2] $\qquad (x + r)(x + 2r) = x^2 + 3rx + 2r^2 = 40.$

Retranchant [1] de [2], il vient

$$2r^2 = 18 :$$

d'où

$$r' = 3 \quad \text{et} \quad r'' = -3.$$

Les valeurs de r portées dans [1] donnent

$$x^2 \pm 9x - 22 = 0 :$$

d'où

$$x = \frac{\mp 9 \pm \sqrt{81 + 88}}{2},$$

ou

$$x = \frac{\mp 9 \pm 13}{2}.$$

On a, par suite,

$$x' = 2 \ , \ x'' = -11 \ , \ x''' = 11 \ , \ x^{IV} = -2.$$

Les nombres demandés sont donc :

1° 2, 5, 8, 11 ; 2° -11, -8, -5, -2;

3° 11, 8, 5, 2 ; 4° -2, -5, -8, -11.

968. *Trouver la somme des* n *premiers termes de la progression arithmétique* $\dfrac{n-1}{n}, \dfrac{n-2}{n}, \dfrac{n-3}{n}$ .... *On appliquera la formule trouvée au cas où* n $= 61$.

Rép. : 30.

Le dernier terme de la progression

$$\cdot \frac{n-1}{n} \quad \cdot \quad \frac{n-2}{n} \ldots\ldots$$

est

$$\frac{n-n}{n} = 0.$$

Si donc on désigne la somme demandée par S, on a

$$S = \frac{n-1}{n} \times \frac{n}{2} = \frac{n-1}{2}.$$

Dans le cas où $n = 61$, on a donc

$$S = \frac{61-1}{2} = 30.$$

969. *Démontrer que, si* n *croît indéfiniment, les expressions* $\dfrac{1+2+3+4\ldots+(n-1)+n}{n^2}$ *et* $\dfrac{1+2+3+4\ldots+(n-1)}{n^2}$ *ont l'une et l'autre pour limite* $\dfrac{1}{2}$.

En effet, le numérateur de chaque expression est une progression arithmétique. On a donc pour la première

$$\frac{1+2+3+4\ldots+(n-1)+n}{n^2} = \frac{(1+n)n}{2n^2} = \frac{n^2+n}{2n^2} = \frac{1}{2} + \frac{1}{2n}.$$

Or, si n croît indéfiniment, $\dfrac{1}{2n}$ tend vers zéro, et, par suite, $\dfrac{1}{2} + \dfrac{1}{2n}$ tend vers $\dfrac{1}{2}$.

On a de même pour la seconde expression

$$\frac{1+2+3+4\ldots+(n-1)}{n^2} = \frac{(1+n-1)(n-1)}{2n^2} = \frac{n^2-n}{2n^2} = \frac{1}{2} - \frac{1}{2n}.$$

Donc encore la seconde expression tend vers $\dfrac{1}{2}$.

970. *Le plus petit angle d'un polygone convexe est de* 139°, *et les autres angles forment avec le premier une progression arithmétique dont la raison est* 2. *Trouver le nombre des côtés du polygone.*

Rép. : 12 côtés.

Soit x le nombre des côtés du polygone. D'après la formule

$$l = a + (n - 1)r,$$

le plus grand angle, qui est le dernier terme de la progression, est égal à

$$139 + (x - 1)2 = 137 + 2x.$$

Par suite, la somme des angles est

$$(139 + 137 + 2x)\frac{x}{2} = 138x + x^2;$$

mais cette somme est aussi égale à $(x - 2) \times 180$, c'est-à-dire à $180x - 360$.

On a donc l'équation

$$138x + x^2 = 180x - 360.$$

Résolvant, on trouve

$$x' = 30 \quad \text{et} \quad x'' = 12.$$

La valeur de x' est inadmissible; car le plus grand angle aurait 157° + 2 × 30 ou 197°. Le polygone ne serait pas convexe. La valeur de x'' donne pour le plus grand angle 157 + 2 × 12 ou 161°. Le polygone a donc 12 côtés.

971. *Le produit des quatre termes d'une progression est* 945, *la raison de la progression est* 2. *Former la progression.*

Si l'on représente les termes du milieu par $x - 1$ et $x + 1$, la progression sera

$$\div x - 3 \;.\; x - 1 \;.\; x + 1 \;.\; x + 3.$$

On aura donc

$$(x^2 - 9)(x^2 - 1) = 945,$$

ou

$$x^4 - 10x^2 - 936 = 0.$$

Résolvant, on a

$$x^2 = 5 \pm 31.$$

La valeur positive étant seule admissible, on a

$$x^2 = 36 :$$

d'où

$$x' = 6 \quad \text{et} \quad x'' = -6.$$

La progression est donc

$$1° \div 3 \;.\; 5 \;.\; 7 \;.\; 9 \;; \quad 2° \div -9 \;.\; -7 \;.\; -5 \;.\; -3.$$

972. *Deux mobiles partent en même temps de deux points* A *et* B *et marchent sur la droite* AB *dans le même sens,* A *poursuivant* B ; *le premier parcourt* 1 *mètre dans la première minute,* 3 *mètres dans la seconde,* 5 *mètres dans la troisième, et ainsi de suite, de sorte que la vitesse croisse en progression arithmétique ; le second parcourt* 3 *mètres dans la première minute,* 4 *mètres dans la deuxième,* 5 *mètres dans la troisième, et ainsi de suite. On demande après combien de minutes le mobile* A *atteindra le mobile* B, *sachant que la distance* AB *est* 75 *mètres.*

Rép. : 15^m.

Soit x le temps qui s'écoulera avant l'arrivée des deux mobiles au même point. La somme des espaces parcourus par A est donnée par la formule

$$S = \frac{(a+l)n}{2},$$

dans laquelle $a = 1$, $l = 1 + 2(x - 1)$ et $n = x$; on a donc

$$S = (1 + 1 + 2x - 2)\frac{x}{2} = x^2.$$

Pendant que A a parcouru l'espace x^2, le mobile B a évidemment parcouru l'espace $x^2 - 75$.

Mais ce même espace est aussi donné par la formule

$$S = \frac{(a+l)n}{2},$$

dans laquelle $a = 3$, $l = 3 + (x - 1)1$ et $n = x$; on a donc

$$S = \frac{(3 + 3 + x - 1)x}{2} = \frac{x^2 + 5x}{2}.$$

Égalant les deux valeurs qui représentent l'espace parcouru par B, on a l'équation

$$x^2 - 75 = \frac{x^2 + 5x}{2} :$$

d'où on tire

$$x' = 15 \quad \text{et} \quad x'' = -10.$$

La valeur de x' est seule admissible. La vérification est facile.

973. *Trouver la somme des carrés des* n *premiers nombres entiers.*

Si l'on représente par S_2 la somme des carrés des n premiers nombres, on trouve la formule

$$S_2 = \frac{n(n+1)(2n+1)}{6}.$$

Cette formule se déduit aisément des égalités suivantes

$$1^3 = \dots \dots 1^3,$$
$$2^3 = (1+1)^3 = 1^3 + 3 \cdot 1^2 + 3 \cdot 1 + 1,$$
$$3^3 = (2+1)^3 = 2^3 + 3 \cdot 2^2 + 3 \cdot 2 + 1,$$
$$4^3 = (3+1)^3 = 3^3 + 3 \cdot 3^2 + 3 \cdot 3 + 1,$$
$$5^3 = (4+1)^3 = 4^3 + 3 \cdot 4^2 + 3 \cdot 4 + 1,$$
$$\dots \dots \dots \dots \dots$$
$$\dots \dots \dots \dots \dots$$
$$(n+1)^3 = (n+1)^3 = n^3 + 3n^2 + 3n + 1.$$

Ajoutant membre à membre ces égalités, et réduisant, il vient :

$$(n+1)^3 = 3(1^2 + 2^2 + 3^2 + 4^2 + \dots n^2) + 3(1 + 2 + 3 + 4 \dots + n) + n + 1;$$

et si l'on remplace les carrés des n premiers nombres par S_2, et la série des n premiers nombres par sa valeur $\dfrac{(n+1)n}{2}$, on trouve successivement

$$(n+1)^3 = 3S_2 = 3\frac{(n+1)n}{2} + n + 1,$$

$$n^3 + 3n^2 + 3n + 1 = 3S_2 + \frac{3(n+1)n}{2} + n + 1,$$

$$2n^3 + 6n^2 + 6n + 2 = 6S_2 + 3n^2 + 3n + 2n + 2,$$

$$2n^3 + 3n^2 + n = 6S_2,$$

$$S_2 = \frac{2n^3 + 3n^2 + n}{6},$$

$$S_2 = \frac{n(2n^2 + 3n + 1)}{6},$$

$$S_2 = \frac{n(n+1)(2n+1)}{6}.$$

974. *Démontrer que si* n *croît indéfiniment, les expressions*

$$\frac{1 + 4 + 9 \dots + (n-1)^2 + n^2}{n^3} \quad et \quad \frac{1 + 4 + 9 \dots + (n-1)^2}{n^3}$$

ont l'une et l'autre pour limite $\dfrac{1}{3}$.

D'après l'exercice précédent et l'exercice **969**, on a

$$1° \quad \frac{1 + 4 + 9 \dots + (n-1)^2 + n^2}{n^3} = \frac{2n^3 + 3n^2 + n}{6n^3} = \frac{2 + \frac{3}{n} + \frac{1}{n^2}}{6} = \frac{2}{6} = \frac{1}{3};$$

$2°$ La somme des carrés des n premiers nombres étant égale à $\dfrac{2n^3 + 3n^2 + n}{6}$, on aura la somme des carrés des $n-1$ premiers nombres en retranchant de cette formule n^2 carré du $n^{ième}$ nombre.

On a donc

$$\frac{1+4+9\cdot\cdot\ +(n-1)^2}{n^3}=\frac{2n^3+3n^2+n}{6n^3}-\frac{n^2}{n^3}=\frac{2+\dfrac{3}{n}+\dfrac{1}{n^2}}{6}-\frac{1}{n}=\frac{2}{6}=\frac{1}{3}$$

975. *Trouver la somme des cubes des* n *premiers nombres entiers.*

Si l'on désigne par S_3 la somme des cubes des n premiers nombres, on trouve la formule

$$S_3 = \left[\frac{n(n+1)}{2}\right]^2.$$

Pour arriver à cette formule, il suffit de former les quatrièmes puissances des $(n+1)$ premiers nombres, au lieu des cubes (exercice **973**).

976. *On prend la suite des nombres impairs et on les groupe comme il suit : le* 1er; *le* 2e *et le* 3e; *le* 4e, *le* 5e *et le* 6e; *etc.*

$$1 \mid 3\ 5 \mid 7\ 9\ 11 \mid 13\ 15\ 17\ 19 \mid \ .\ .\ .\ .\ .$$

de sorte que le $n^{ième}$ *groupe contienne* n *termes. Trouver la somme des nombres composant le* $n^{ième}$ *groupe.*

Rép. : La somme est n^3.

Le $n^{ième}$ groupe contient n termes, les groupes précédents $n-1$, $n-2$, $n-3$, ..., $n-(n-1)$. Le nombre de termes contenus dans les n groupes est donc égal à la somme des termes de la progression

$$\div n - (n-1).\ n-(n-2)\ldots n-3.\ n-2.\ n-1.n.$$

Par conséquent, ce nombre de termes sera

$$[n - (n-1) + n]\frac{n}{2} = \frac{n^2+n}{2},$$

et la somme de tous ces termes est (*Cours d'algèbre*, applications, n° **362**)

$$\left(\frac{n^2+n}{2}\right)^2 = \frac{n^4+2n^3+n^2}{4}.$$

D'ailleurs, le groupe qui contient n termes a, avant lui, un nombre de termes égal à

$$\frac{n^2 + n}{2} - n = \frac{n^2 - n}{2},$$

et, par conséquent, la somme de tous les termes qui précèdent le $n^{\text{ième}}$ groupe est

$$\left(\frac{n^2 - n}{2}\right)^2 = \frac{n^4 - 2n^3 + n^2}{4}.$$

Donc enfin la somme de tous les nombres contenus dans le $n^{\text{ième}}$ groupe est

$$\frac{n^4 + 2n^3 + n^2}{4} - \frac{n^4 - 2n^3 + n^2}{4} = \frac{4n^3}{4} = n^3.$$

Ainsi, par exemple, la somme des nombres contenus dans le quatrième groupe est égale à

$$4^3 = 64.$$

Ce qu'on peut vérifier.

EXERCICES
SUR LES PROGRESSIONS GÉOMÉTRIQUES.

977. *Trouver la somme des cinq premiers termes de la progression*

$$\div 3 : \frac{9}{2} : \frac{27}{4}, \ldots$$

La raison est égale à $\frac{9}{2} : 3 = 1,5$. On a donc

$$S = \frac{3\left(\overline{1,5}^5 - 1\right)}{0,5} = 39,5625.$$

978. *On propose d'insérer 4 moyens proportionnels entre 32 et 243 : ces deux nombres sont les cinquièmes puissances de 2 et de 3.*

On a (*Cours*, n° **373**)

$$q = \sqrt[5]{\frac{243}{32}} = \frac{\sqrt[5]{243}}{\sqrt[5]{32}} = \frac{3}{2}.$$

La progression est donc

$$\div 32 : 48 : 72 : 108 : 162 : 243.$$

979. *Insérer 3 moyens géométriques entre 1 et 10, et 3 moyens arithmétiques entre 0 et 1, avec une approximation de 0,01, sans le secours des logarithmes.*

Si l'on désigne par q la raison de la progression géométrique et par r la raison de la progression arithmétique, on a

$$q = \sqrt[3+1]{10} = \sqrt[4]{10} = \sqrt{\sqrt{10}} = 1,77,$$

$$r = \frac{1-0}{3+1} = \frac{1}{4}.$$

Les deux progressions seront donc

$$\div 0 . 0,25 . 0,50 . 0,75 . 1,$$
$$\div\cdot 1 : 1,77 : 3,13 : 5,54 : 10.$$

980. *Insérer 5 moyens géométriques entre les nombres 2 et 1458, sans le secours des logarithmes.*

Si l'on appelle q la raison, on a

$$q = \sqrt[6]{\frac{1458}{2}} = \sqrt[3]{\sqrt{729}} = 3.$$

La progression est donc

$$\div\cdot 2 : 6 : 18 : 54 : 162 : 486 : 1458.$$

981. *Trouver la limite de la somme des termes de la progression géométrique* $\div\cdot \dfrac{1}{3} : \dfrac{1}{9} : \dfrac{1}{27} \ldots\ldots$

La limite étant désignée par S, on a (*Cours*, n° **380**)

$$S = \frac{\dfrac{1}{3}}{1 - \dfrac{1}{3}} = \frac{1}{2}.$$

982. *Quelle est la limite de la somme des termes de la progression géométrique* $\div\cdot 5 : \dfrac{15}{4} : \dfrac{45}{16}, \ldots\ldots?$

La raison de cette progression est $\dfrac{3}{4}$. Si l'on désigne la limite demandée par S, on a

$$S = \frac{5}{1 - \dfrac{3}{4}} = 20.$$

983. *Trouver la limite de la somme des termes de la progression géométrique* $\div 2 + \frac{2}{3} : 1 + \frac{1}{3} : \frac{2}{3} : \frac{1}{3}, \ldots$

La raison de cette progression est égale à $1 + \frac{1}{3}$ ou $\frac{4}{3}$ divisés par $2\frac{2}{3}$ ou $\frac{8}{3}$: on a donc $q = \frac{1}{2}$, et, par suite, si l'on représente la limite par S, il vient

$$S = \frac{\dfrac{8}{3}}{1 - \dfrac{1}{2}} = \frac{16}{3}.$$

984. *On demande la somme des 16 premiers termes de la suite :*
$1 - 3 + 3 - 6 + 9 - 12 + 27\ldots$

Il est évident qu'on a
$$S = (1 + 3 + 9 + 27 + \ldots) - (3 + 6 + 12 + 24 + \ldots).$$

Chacune de ces progressions ayant 8 termes, on a pour les deux sommes s et s'

$$s = \frac{1(3^8 - 1)}{3 - 1} = 3280,5 \; ; \; s' = \frac{3(2^8 - 1)}{2 - 1} = 768.$$

Donc
$$S = 3280,5 - 768 = 2512,5.$$

985. *Partager le nombre 195 en trois parties qui forment une progression géométrique, et dont la troisième surpasse la première de 120.*

Soient a le premier terme et q la raison. On a, d'après l'énoncé,

[1] $a + aq + aq^2 = 195,$

[2] $aq^2 - a = 120.$

Si l'on retranche [2] de [1], il vient

[3] $2a + aq = 75 :$

d'où

[4] $a = \dfrac{75}{2 + q}.$

Portant cette valeur dans [2], on trouve
$$75(q^2 - 1) = 120(2 + q),$$

ou
$$5q^2 - 8q - 21 = 0.$$

Résolvant, on obtient

$$q' = 3 \quad \text{et} \quad q'' = -1,4.$$

Les valeurs de q' et de q'' portées successivement dans [4] donnent

$$a = 15 \quad \text{et} \quad a = 125.$$

Les deux systèmes de progressions sont donc

$$1° \div 15 : 45 : 135 \; ; \; 2° \div 125 : -175 : 245.$$

986. *Trouver la fraction ordinaire génératrice qui a donné naissance à la fraction périodique* 0,423423.....

$$\text{Rép.} : \frac{423}{999}.$$

On a :

$$0,423423..... = \frac{423}{1000} + \frac{423}{1000000} + \frac{423}{1000000000} + ...$$

Cette fraction périodique est donc égale à une progression géométrique dont la raison est $\frac{1}{1000}$. La limite de la somme de ses termes est, par conséquent,

$$\frac{\frac{423}{1000}}{1 - \frac{1}{1000}} = \frac{\frac{423}{1000}}{\frac{999}{1000}} = \frac{423}{999}.$$

La théorie des fractions périodiques conduit bien à cette même valeur.

987. *Quelle est la limite de la somme des fractions*

$$\frac{1}{2} + \frac{2}{4} + \frac{3}{8} + \frac{4}{16} + \frac{5}{32}.....?$$

$$\text{Rép.} : 2.$$

Cette somme se compose évidemment de la somme du nombre infini de progressions suivantes

[a] $$\qquad \div \frac{1}{2} : \frac{1}{4} : \frac{1}{8} : \frac{1}{16}.....$$

[b] $$\qquad \div \frac{1}{4} : \frac{1}{8} : \frac{1}{16} : \frac{1}{32}.....$$

[c] $\div \dfrac{1}{8} : \dfrac{1}{16} : \dfrac{1}{32} : \dfrac{1}{62} \ldots$

[d] $\div \dfrac{1}{16} : \dfrac{1}{32} : \dfrac{1}{64} : \dfrac{1}{128} \ldots$

. . . .

. . . .

La somme des termes de la progression [a] est 1. La somme des termes de la progression [b] est $\dfrac{1}{2}$. La somme des termes de la progression [c] est $\dfrac{1}{4}$; et ainsi de suite. Donc la somme de toutes ces progressions forme la progression

$$\div 1 : \dfrac{1}{2} : \dfrac{1}{4} : \dfrac{1}{8} \ldots,$$

dont la somme est 2.

988. *Des ouvriers se présentent pour creuser un puits. Ils demandent un centime pour le premier mètre de profondeur, 2 pour le deuxième, 4 pour le troisième, 8 pour le quatrième, et ainsi de suite. On accepte avec empressement leur proposition. Combien coûtera le forage du puits, l'eau ayant été trouvée à 18 mètres de profondeur?*

Rép. : $2621^f,43$.

Le forage du puits coûtera la somme des termes de la progression
$$\div 1 : 2 : 2^2 : 2^3 : 2^4 : 2^5 : \ldots 2^{18}.$$
Si dans la formule
$$S = \frac{a(q^n - 1)}{q - 1}$$
on remplace les lettres par leurs valeurs respectives, on a
$$S = \frac{1 \times (2^{18} - 1)}{2 - 1} = 262143.$$

Le forage du puits coûtera donc 262143 centimes ou $2621^f,43$.

989. *Les trois angles d'un triangle rectangle forment une progression géométrique. On demande les angles aigus à 1″ près.*

Rép. : $34°22'37''$; $55°37'23''$.

Si l'on désigne les deux angles aigus par x et y, on a l'équation

[1] $x + y = 90.$

On a aussi, d'autre part, la progression

$$\div x : y : 90 :$$

d'où cette seconde équation

[2] $y^2 = 90x.$

La valeur de x tirée de [1] et portée dans [2] donne

$$y^2 = 90(90 - y),$$

ou

$$y^2 + 90y - 90^2 = 0.$$

Si l'on résout, on a, en ne conservant que le signe $+$, qui convient seul,

$$y = -45 + \sqrt{45^2 + 90^2},$$

ou

$$y = 55°,6230.$$

Convertissant la partie décimale en minutes et en secondes, on a

$$y = 55°37'23'',$$

et par suite

$$x = 54°22'37''.$$

990. *Dans une progression géométrique composée de 4 termes, la somme des termes de rang pair est 10, et la somme des termes de rang impair est 5 : trouver la progression.*

Rép. : $\div 1 : 2 : 4 : 8.$

Soient x le premier terme et q la raison. D'après l'énoncé, on a

[1] $xq + xq^3 = 10,$
[2] $x + xq^2 = 5.$

Si l'on multiplie les deux termes de [2] par q, il vient

$$xq + xq^3 = 5q :$$

donc

$$5q = 10 :$$

d'où

$$q = 2.$$

On déterminera le premier terme à l'aide de la formule

$$S = 10 + 5 = 15 = \frac{x(q^n - 1)}{q - 1} = \frac{x(2^4 - 1)}{2 - 1} = x \times 15 :$$

d'où

$$x = 1.$$

La progression est donc

$$\div 1 : 2 : 4 : 8.$$

991. *Dans une progression géométrique composée de 2n termes, la somme des termes de rang pair est* a, *et la somme des termes de rang impair est* b : *déterminer la progression.*

Soient x le premier terme et q la raison de la progression. On a, d'après l'énoncé,

$$[1] \qquad a = xq + xq^3 + xq^5 + \ldots;$$

$$[2] \qquad b = x + xq^2 + xq^4 + \ldots$$

Si l'on multiplie les deux membres de la seconde équation par q, il vient

$$bq = xq + xq^3 + xq^5 + \ldots :$$

donc

$$bq = a :$$

d'où

$$q = \frac{a}{b}.$$

D'ailleurs, on a

$$S = a + b = \frac{x(q^{2n} - 1)}{q - 1} :$$

d'où

$$x = \frac{(a + b)(q - 1)}{q^{2n} - 1},$$

équation qui donne la valeur de x, puisque a, b, q et $2n$ sont connus. Il est alors facile de former la progression, car on connaît le premier terme x et la raison q.

992. *Calculer quatre nombres faisant, deux à deux, partie de progressions géométriques ayant même raison. On sait d'ailleurs :* 1° *que le premier surpasse le deuxième de* 4; 2° *que le troisième surpasse le quatrième de* 3; 3° *que la somme des carrés des quatre nombres est égale à* 62,5.

Rép. : Les quatre nombres sont : 6 ; 2 ; 4,5 ; 1,5.

Soient x le premier nombre et y le troisième. D'après l'énoncé, le second sera $x - 4$ et le quatrième $y - 3$. On aura donc les équations

$$[1] \qquad \frac{x - 4}{x} = \frac{y - 3}{y},$$

$$[2] \qquad x^2 + (x - 4)^2 + y^2 + (y - 3)^2 = 62,5.$$

De [2] on déduit, en développant les carrés,

[3] $\qquad 2x^2 - 8x + 2y^2 - 6y = 37,5.$

On tire d'ailleurs de l'équation [1]

[4] $\qquad x = \dfrac{4y}{3},$

et, par suite,

$$x^2 = \frac{16y^2}{9}.$$

Portant dans [3] les valeurs de x et de x^2, on obtient, après toute simplification,

$$2y^2 - 6y - 13,5 = 0 :$$

d'où

$$y = 4,5.$$

Cette valeur portée dans [4] donne

$$x = 6.$$

Les quatre nombres sont, par conséquent,

$$6 \ ; \ 2 \ ; \ 4,5 \ ; \ 1,50.$$

Il est d'ailleurs facile de voir que la raison qui existe entre les deux premiers est $\dfrac{1}{3}$, et qu'elle est également $\dfrac{1}{3}$ entre les deux derniers.

993. *Dans une progression composée de quatre termes, la somme des moyens est* a, *et celle des extrêmes* b. *Former la progression. Cas où* a $= 24$ *et* b $= 56$.

Soient x le premier terme de la progression et q la raison. On a, d'après l'énoncé,

[1] $\qquad x + xq^3 = b,$

[2] $\qquad xq + xq^2 = a.$

Divisant ces équations membre à membre, il vient

$$\frac{1 + q^3}{q(1 + q)} = \frac{b}{a};$$

d'où, en effectuant dans le premier membre,

$$\frac{1 - q + q^2}{q} = \frac{b}{a}.$$

Chassant les dénominateurs et transposant, on a

$$aq^2 - (a + b)q + a = 0.$$

Résolvant, on trouve

$$[3] \qquad q = \frac{a + b \pm \sqrt{b^2 + 2ab - 3a^2}}{2a}.$$

La valeur de q étant connue, on obtient celle de x à l'aide des équations [1] ou [2].

Application. — Si dans [3] on substitue aux lettres leurs valeurs, on obtient

$$q' = 3 \quad \text{et} \quad q'' = \frac{1}{3}.$$

Ces valeurs, portées dans [1], donnent

$$x' = 2 \quad \text{et} \quad x'' = 54.$$

La progression est donc

$$\div 2 : 6 : 18 : 54 \ , \ \text{ou} \quad \div 54 : 18 : 6 : 2.$$

994. *On donne un carré ayant a pour côté. On joint les milieux des côtés, on obtient un nouveau carré, dont on joint les milieux des côtés : on a un troisième carré, et en continuant ainsi on obtient un quatrième carré, puis un cinquième, etc. Trouver en fonction de a la limite de la somme des aires des carrés inscrits.*

Rép. : a^2.

Si l'on désigne par a' le côté du second carré, on a

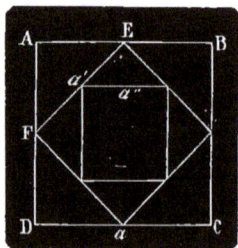

Fig. 100.

$$a'^2 = \overline{AE}^2 + \overline{AF}^2,$$

ou

$$a'^2 = \frac{a^2}{4} + \frac{a^2}{4},$$

ou encore

$$a'^2 = \frac{a^2}{2}.$$

Ainsi la surface du deuxième carré est la moitié de la surface du premier ; on verrait de même que la surface du troisième est la moitié de la surface du deuxième, et ainsi de suite. La somme des aires des carrés inscrits sera donc

$$\frac{a^2}{2} + \frac{a^2}{4} + \frac{a^2}{8} \cdots \cdots ,$$

c'est-à-dire la somme des termes d'une progression géométrique décroissante dont le premier terme est $\dfrac{a^2}{2}$ et la raison $\dfrac{1}{2}$. Si l'on représente la limite de la somme des aires par **A**, on aura donc

$$A = \dfrac{\dfrac{a^2}{2}}{1 - \dfrac{1}{2}} = a^2.$$

On voit que la somme des carrés inscrits est égale à l'aire a^2 du carré donné.

995. *On donne un triangle équilatéral ayant* a *pour côté. On inscrit un cercle dans ce triangle, puis trois cercles tangents au premier et aux côtés du triangle ; puis trois cercles tangents aux trois cercles qu'on vient d'inscrire et aux côtés du triangle, et ainsi de suite. Trouver la limite de la somme des aires des cercles inscrits.*

$$\text{Rép.} : \frac{11\pi a^2}{24}.$$

Soit r le rayon du cercle 0. Il est facile de voir que le rayon du cercle O' sera $\dfrac{r}{3}$, celui du cercle O'', $\dfrac{r}{9}$, et ainsi de suite. La somme des aires des cercles 0, O', O'',..... sera donc

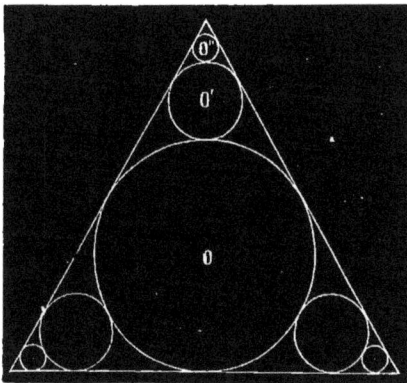

$$\pi r^2 + \frac{\pi r^2}{9} + \frac{\pi r^2}{81} \ldots,$$

c'est-à-dire la somme des termes d'une progression géométrique décroissante dont le premier terme est πr^2 et la raison $\dfrac{1}{9}$. La limite de la somme de cette progression est

$$\frac{\pi r^2}{1 - \dfrac{1}{9}} = \frac{9\pi r^2}{8}.$$

La limite de la somme de tous les cercles inscrits sera, par conséquent, égale à 3 fois $\dfrac{9\pi r^2}{8}$, moins 2 fois l'aire du cercle 0, ou égale à $\dfrac{27\pi r^2}{8} - 2\pi r^2 = \dfrac{11\pi r^2}{8}$. D'ailleurs (*Cours de géométrie*), $a = r\sqrt{3}$; par suite, $r^2 = \dfrac{a^2}{3}$. On a donc enfin $\dfrac{11\pi a^2}{24}$, pour la limite demandée.

Fig. 101.

996. *Dans un cône circulaire droit, on mène une section suivant l'axe : on obtient ainsi un triangle équilatéral dans lequel on inscrit une sphère, puis une deuxième, tangente à la première et aux côtés du cône, puis une troisième tangente à la deuxième et aux côtés du cône, et ainsi de suite. Trouver, en fonction de r, rayon de base du cône, la limite de la somme des volumes des sphères inscrites.*

$$\text{Rép.} : \frac{16\pi r^3 \sqrt{3}}{13}.$$

Soient O, O', O″ (fig. 101) les sphères inscrites et r' le rayon de la sphère O. D'après l'exercice précédent, le rayon de la sphère O' sera $\frac{r'}{3}$, celui de la sphère O″, $\frac{r'}{9}$, et ainsi de suite. La somme des volumes des sphères O, O', O″ sera donc

$$\frac{4\pi r'^3}{3} + \frac{4\pi r'^3}{3 \times 3^3} + \frac{4\pi r'^3}{3 \times 3^6} + \frac{4\pi r'^3}{3 \times 3^9} + \ldots,$$

c'est-à-dire la somme des termes d'une progression géométrique décroissante dont le premier terme est $\frac{4}{3}\pi r'^3$ et la raison $\frac{1}{27}$. La limite de la somme des termes de cette progression est

$$\frac{\dfrac{4\pi r'^3}{3}}{1 - \dfrac{1}{27}} = \frac{4\pi r'^3}{3} \times \frac{27}{26} = \frac{18}{13}\pi r'^3 :$$

Il s'agit de remplacer dans cette expression r'^3 par sa valeur en fonction de r. Or, $2r$ représente le côté du triangle équilatéral formant la section du cône, selon sa hauteur.

On a, par conséquent,

$$2r = r'\sqrt{3} :$$

d'où

$$r'^3 = \frac{8r^3}{3\sqrt{3}}.$$

La limite demandée est donc

$$\frac{18\pi}{13} \times \frac{8r^3}{3\sqrt{3}} = \frac{48\pi r^3}{13\sqrt{3}} = \frac{16\pi r^3 \sqrt{3}}{13}.$$

EXERCICES SUR LES LOGARITHMES.

Trouver les logarithmes des nombres suivants :

997.   5 829 ; 5 089 ; 7 850.

Rép. : Log 5 829 = 3,7655941 ; log 5 089 = 3,7066325 ;
log 7 850 = 3,8948697.

998.   51 642 345 ; 82 651 962.

Rép. : Log 51 642 345 = 7,7130060 ; log 82 651 962 = 7,9172532.

999.   41,5 ; 62,35 ; 544,32.

Rép. : Log 41,5 = 1,6180481 ; log 62,35 = 1,7948365 ;
log 544,32 = 2,7358543.

1000.   8 936,45 ; 75 892,64.

Rép. : Log 8 936,45 = 3,9511651 ; log 75 892,64 = 4,8801997.

1001.   5,06418 ; 2,134567.

Rép. : Log 5,06418 = 0,7045092 ; log 2,134567 = 0,3293099.

1002.   0,6829 ; 0,12345.

Rép. : Log 0,6829 = $\overline{1}$,8343571 ; log 0,12345 = $\overline{1}$,0914911.

1003.   0,00534 ; 0,0008364.

Rép. : Log 0,00534 = $\overline{3}$,7275413 ; log 0,0008364 = $\overline{4}$,9224140.

1004.   0,0004 ; 0,010054.

Rép. : Log 0,0004 = $\overline{4}$,6020600 ; log 0,010054 = $\overline{2}$,002389.

Évaluer au moyen des logarithmes les expressions suivantes :

1005.   364,21 × 6,35 ; 4 564,8 × 5,642.
Rép. : 2 312,734 ; 25 754,6.

1006.   0,6456 × 0,5456732 × 0,004523.
Rép. : 0,00159339.

1007. $\dfrac{654}{1\,228}$; $\dfrac{6\,541 \times 2}{8\,936 \times 0,45}$.
Rép. : 0,532573 ; 325,3256.

1008.
$$\frac{31,071 \times 21,372 \times 7,259}{0,515 \times 0,719 \times 0,021}.$$
Rép. : 536 193,8.

1009.
$$68^8 \times 2^3 \; ; \; 6745^3.$$
Rép. : 3 657 305 000 000 000 ; 306 864 000 000.

1010.
$$\overline{1,05}^{30} \; ; \; \overline{0,6401}^{7}.$$
Rép. : 4,321943 ; 0,04402856.

1011.
$$\left(\frac{1}{3}\right)^5 \; ; \; \left(\frac{2}{9}\right)^7.$$
Rép. : 0,00411522 ; 0,0000267616.

1012.
$$\sqrt[3]{\frac{23}{75.586}} \; ; \; \sqrt[4]{\frac{128}{9657}}.$$
Rép. : 0,067261 ; 0,33931.

1013.
$$\sqrt{654875} \; ; \; \sqrt{48,9656}.$$
Rép. : 809,2435 ; 6,997541.

1014.
$$\sqrt[7]{5} \; ; \; \sqrt[15]{6752 \times 0,42}.$$
Rép. : 1,2585 ; 1,699607.

1015.
$$\frac{\sqrt[5]{673 \times 0,45}}{\overline{0,00852}^{3}} \; ; \; \frac{\sqrt[3]{0,05467 \times 12}}{\overline{0,06458}^{6}}.$$
Rép. : 4 025 100 ; 11 978 400.

1016.
$$\frac{\sqrt[3]{8496}}{\sqrt[5]{6708}} \; ; \; \frac{\sqrt[8]{0,5678}}{\sqrt{0,0561}}.$$
Rép. : 3,50283 ; 3,93362.

1017.
$$\frac{5\sqrt{6,748}}{8\sqrt[3]{56,7923}} \; ; \; \frac{5,3632 \times \sqrt{8,9234}}{0,738}.$$
Rép. : 0,422381 ; 21,70864.

1018.
$$\frac{4\sqrt[3]{573,892} - 3\sqrt[5]{678,92}}{45\sqrt{63456} - 3\sqrt[3]{6,789}}.$$
Rép. : 0,0019583.

Trouver les nombres correspondants aux logarithmes suivants :

1019.   1,4583912   ;   2,6728341.

Rép. : 28,73367   ;   470,7974.

1020.   4,6480671   ;   5,6510841.

Rép. : 44470   ;   447800.

1021.   6,3210645   ;   7,8310942.

Rép. : 2095423   ;   67778860.

1022. $\overline{1}$,6610551   ; $\overline{2}$,0051234.

Rép. : 0,4582   ;   0,010119669.

1023. $\overline{3}$,3286942   ; $\overline{4}$,9543521.

Rép. : 0,002131543   ;   0,000900227.

1024.   0,0095674   ;   0,0008756.

Rép. : 1,022274   ;   1,0020181.

1025. *Faire la somme suivante :*

$$1,9548925 + \overline{1},6503728 + \overline{4},9223267.$$

Rép. : $\overline{2}$,5275920.

1026. *De log* 1,5345672 *retrancher log* $\overline{2}$,3574132.

1,5345672
$\overline{2}$,3574132

On a : $\overline{3}$,1771540 pour la différence demandée. Ce résultat est exact, car en l'ajoutant à $\overline{2}$,3574132 on retrouve bien 1,5345672.

1027. *De log* $\overline{3}$,6257829 *retrancher log* 5,4523284.

Rép. : $\overline{2}$,1734545.

1028. *Trouver le produit de* $\overline{2}$,5420031 *par* 3.

Rép. : 5,6260093.

1029. *Trouver le quotient de log* $\overline{2}$,3142171 *par* 3.

Rép. : $\overline{1}$,4380724.

1030. *Trouver le quotient de log.* $\overline{1},8361130$ *par log.* $1,9945371$.

Rép. : 30.

Il est évident qu'on a

$$\frac{\overline{1},8361130}{1,9945371} = \frac{-1+0,8361130}{-1+0,9945371} = \frac{-0,163887}{-0,0054629} = \frac{0,163887}{0,0054629} = 30.$$

1031. *Trouver les C^{ts} arithmétiques des log.* $0,0296730$ *et* $\overline{2},0456785$.

Rép. : $9,9703270$; $11,9543215$.

1032. *On sait que log* $2 = 0,3010300$; *log* $3 = 0,4771213$: *trouver, sans faire usage des tables, log* 8; *log* 12; *log* 150.

On sait que le logarithme d'un produit est égal à la somme des logarithmes des facteurs. On aura donc :

$$\log 8 = 0,3010300 \times 3 = 0,9030900,$$
$$\log 12 = 0,4771213 + 0,3010300 \times 2 = 1,0791813.$$

D'autre part,

$$\log \frac{3}{2} = \log 3 - \log 2 = \log 1,5 = 0,1760913,$$

donc

$$\log 150 = \log 1,50 + \log 100 = 2,1760913.$$

Résoudre les équations suivantes (de 1033 à 1044) :

1033.
$$\log x + \log y = 2.$$
$$x - \quad y = 15.$$

Rép. : $x = 20$, $y = 5$.

Log $x + \log y = 2 = \log xy$; mais 2 est le logarithme de 100. On a donc les deux équations

$$xy = 100,$$
$$x - y = 15 :$$

d'où

$$x = 20 \quad \text{et} \quad y = 5.$$

La racine négative est à rejeter, puisque les nombres négatifs n'ont pas de logarithmes.

1034.
$$\log x + \log y = 1,3802113.$$
$$5x - \quad 3y = 18.$$

Rép. $x = 6$; $y = 4$.

$Log\ x + log\ y = 1,3802113 = log\ xy$; mais log $1,3802113$ correspond au nombre 24. On a donc les deux équations

$$xy = 24,$$
$$5x - 3y = 18 :$$

d'où

$$x = 6 \quad \text{et} \quad y = 4.$$

La racine négative est à rejeter (exercice précédent).

1035. $\qquad 2\ log\ \text{x} - \ log\ \text{y} = 0,7269987.$
$\qquad\qquad log\ \text{x} + 2\ log\ \text{y} = 1,5563026.$

Rép. : $x = 4$; $y = 5.$

La première équation donne

$$[1] \qquad log\ x = \frac{0,7269987 + log\ y}{2},$$

et la seconde

$$[2] \qquad log\ x = 1,5563026 - 2\ log\ y) :$$

d'où

$$0,7269987 + log\ y = 2\ (1,5563026 - 2\ log\ y)$$
$$5\ log\ y = 2,3856065,$$
$$log\ y = 0,4771213.$$
$$y = 3.$$

Portant le log de y dans [1] on trouve le logarithme de x, puis $x = 4.$

1036. $\qquad log\ x + log\ y = 3,$
$\qquad\qquad 5x^2 - 3y^2 = 6125.$

Rép. : $x = 40$, $y = 25.$

$Log\ x + log\ y = 3 = log\ xy$; or, 3 est le logarithme de 1000 : donc on a les deux équations

$$xy = 1000,$$
$$5x^2 - 3y^2 = 6125.$$

La valeur de y tirée de la première de ces équations et portée dans la seconde donne

$$5x^4 - 3000000 = 6125x^2,$$

ou

$$x^4 - 1225x^2 - 600000 = 0.$$

Résolvant, il vient

$$x^2 = 1600:$$

d'où

$$x = 40,$$

et, par suite,

$$y = 25.$$

1037.
$$log \sqrt{x} - log \sqrt{9} = 0,1249387.$$
$$3 \, log \, x - 2 \, log \, y = 1,7038750.$$

Rép. : $x = 16$, $y = 9$.

$$log \sqrt{x} = 0,1249387 + log \sqrt{9}.$$

$$log \sqrt{x} = 0,6020600,$$
$$log \, x = 2 \times 0,6020600:$$

d'où

$$x = 16.$$

Si l'on porte la valeur de $3 \, log \, x$ dans la seconde équation donnée, on trouvera aisément $log \, y$, puis $y = 9$.

1038.
$$log \, x + log \, y = 2.$$
$$x^2 + y^2 = 641.$$

Rép. : $x = 25$, $y = 4$.

D'après l'exercice 1033, la première équation donne

$$xy = 100,$$

et par suite

$$x^2 y^2 = 10000.$$

On a donc à résoudre le système

$$x^2 y^2 = 10000,$$
$$x^2 + y^2 = 641.$$

Il résulte de ces équations que x^2 et y^2 sont les racines de

$$z^2 - 641z + 10000 = 0.$$

Résolvant, on trouve

$$x^2 = 625 \text{ et } y^2 = 16,$$

par conséquent,

$$x = 25 \text{ et } y = 4.$$

1039.
$$a^x = b \, (*).$$

On déduit de l'équation proposée
$$x \log a = \log b :$$
d'où
$$x = \frac{\log b}{\log a}.$$

1040.
$$a^{b^x} = c.$$

On a

[1]
$$a^{b^x} = c.$$

Si l'on fait

[2]
$$b^x = y,$$

il vient
$$a^y = c :$$
d'où
$$y = \frac{\log c}{\log a}.$$

Portant cette valeur dans [2], on a
$$b^x = \frac{\log c}{\log a},$$

et par suite
$$x = \frac{\log \dfrac{\log c}{\log a}}{\log b}.$$

1041.
$$a^x + ba^{-x} + c = 0.$$

On a (n° **80**, *Cours d'algèbre*)
$$ba^{-x} = \frac{b}{a^x},$$

par suite l'équation proposée devient

[1]
$$a^x + \frac{b}{a^x} + c = 0,$$

ou

[2]
$$a^{2x} + ca^x + b = 0.$$

Posant

[3]
$$a^x = y,$$

(*) Une équation telle que $a^x = b$, où l'inconnue est en exposant, est dite *équation exponentielle*.

et faisant cette substitution dans l'équation précédente, on a

$$y^2 + cy + b = 0.$$

On tire de cette équation deux valeurs de y qui portées successivement dans [3] donnent pour x deux valeurs correspondantes. On a en effet

$$a^x = y' \quad \text{et} \quad a^x = y'' :$$

d'où

$$x' = \frac{\log y}{\log a} \quad \text{et} \quad x'' = \frac{\log y''}{\log a}.$$

1042.
$$a^{x+y} = b.$$
$$xy = c.$$

La première équation proposée donne

$$(x + y) \log a = \log b :$$

d'où

$$x + y = \frac{\log b}{\log a}.$$

On a donc à résoudre le système

$$x + y = \frac{\log b}{\log a},$$

$$xy = c.$$

Il est facile alors de trouver les inconnues x et y, puisqu'on connaît leur somme et leur produit.

1043.
$$9^{2x} = 531441.$$

Rép. : $x = 3$.

On déduit de l'équation proposée

$$2x \log 9 = \log 531441 :$$

d'où

$$2x = \frac{\log 531441}{\log 9} = \frac{5,7254550}{0,9542425} = 6;$$

par suite

$$x = 3.$$

1044.
$$4,62^{7x-2} = 5629,5$$

Rép. : $x = 1,09183$.

L'équation proposée donne

$$(7x - 2) \log 4,62 = \log 5629,5,$$

$$7x - 2 = \frac{\log 5629,5}{\log 4,62} = \frac{3,7504698}{0,6646420},$$

$$7x - 2 = 5,64284 :$$

d'où

$$x = 1,09183.$$

1045. *Une ville trop sujette aux inondations a été successivement abandonnée par ses habitants; tous les ans sa population diminue d'environ $\frac{1}{80}$. Aujourd'hui cette ville n'a plus que 41 140 habitants. Quelle devait être sa population il y a 30 ans?*

Rép. : 60000.

Soit x la population que cette ville possédait il y a 30 ans.
Il y a 29 ans, la population était évidemment

$$x - \frac{x}{80} = x \times \left(1 - \frac{1}{80}\right) = x \times \frac{79}{80}.$$

Si l'on pose $x \times \frac{79}{80} = x'$, on trouve que la population était il y a 28 ans

$$x' - \frac{x'}{80} = x' \times \frac{79}{80};$$

et si l'on remplace x' par sa valeur, on voit que la population était, il y a 28 ans

$$x \times \frac{79}{80} \times \frac{79}{80} = x \times \left(\frac{79}{80}\right)^2.$$

On verrait de même que la population était, il y a 27 ans,

$$x = \left(\frac{79}{80}\right)^3,$$

et qu'elle est aujourd'hui

$$x = \left(\frac{79}{80}\right)^{30};$$

de sorte qu'on a

$$x \times \left(\frac{79}{80}\right)^{30} = 41140 :$$

d'où

$$x = \frac{41140 \times 80^{30}}{79^{30}}.$$

$$Log \ x = log \ 41140 + 3o \ log \ 8o - 3o \ log \ 79.$$
$$log \ 41140 = \ 4,6142645$$
$$3o \ log \ 8o = 57,0927000$$
$$c^t \ 3o \ log \ 79 = \overline{47,0711870}$$
$$log \ x = \ 4,7781515$$
$$x = 6o \ ooo.$$

1046. *La population d'un État était de 3o millions d'habitants, il y a 3o ans; chaque année, cette population s'est accrue d'une même fraction, et aujourd'hui elle se trouve être de 33149520 habitants : de quelle fraction la population de cet État s'est-elle accrue annuellement?*

$$\text{Rép.} : \ \frac{1}{3oo}.$$

Soient $\frac{1}{x}$ cette fraction et P la population de l'État, il y a 3o ans.

Il y a 29 ans la population était

$$P + \frac{P}{x} = P \times \left(1 + \frac{1}{x}\right) = P \times \left(\frac{x+1}{x}\right).$$

Si l'on fait

$$P \times \left(\frac{x+1}{x}\right) = P',$$

on trouve que la population était il y a 28 ans

$$P' + \frac{P'}{x} = P' \times \left(\frac{x+1}{x}\right).$$

Si l'on remplace P' par sa valeur, il vient

$$P \times \left(\frac{x+1}{x}\right) \times \left(\frac{x+1}{x}\right) = P \times \left(\frac{x+1}{x}\right)^2.$$

En continuant ce raisonnement, on voit que la population ac- tuelle est

$$P \times \left(\frac{x+1}{x}\right)^{30};$$

de sorte qu'on a

$$33149520 = 3o\,ooo\,ooo \times \left(\frac{x+1}{x}\right)^{30},$$

$$3o \ log \left(\frac{x+1}{x}\right) = log \ 33149520 - log \ 3o\,ooo\,ooo.$$

$$Loy\left(\frac{x+1}{x}\right) = \frac{\log 33\,147\,520 - \log 30\,000\,000}{30}$$

$$= \frac{0,0433559}{30} = 0,0014452.$$

Ce log correspond au nombre 1,003333. On a donc

$$\frac{x+1}{x} = 1 + \frac{1}{x} = 1,003333;$$

par suite

$$\frac{1}{x} = 0,003333:$$

d'où

$$x = \frac{1}{0,003333} = 300 \text{ environ.}$$

La fraction demandée $\frac{1}{x}$ est donc égale à $\frac{1}{300}$.

1047. *Un domestique infidèle avoue avoir tiré, à 60 fois différentes environ, un litre de vin dans un tonneau de 230 litres, et avoir, à chaque fois, remplacé le litre de liquide qu'il tirait par un litre d'eau. On demande dans quel rapport le vin et l'eau se trouvent mélangés dans le tonneau.*

$$\text{Rép. : } \frac{177,09}{52,91}.$$

La 1re fois, le domestique prend 1 litre de vin,

La 2e fois, il prend $\frac{1}{230}$ de 229 ou $\frac{229}{230}$ de litre de vin,

La 3e, — $\frac{1}{230}$ du vin qui reste ou

$$\left(230 - 1 - \frac{229}{230}\right) \times \frac{1}{230} = \left(229 - \frac{229}{230}\right) \times \frac{1}{230}$$

$$= \left(\frac{229 \times 230 - 229}{230}\right) \times \frac{1}{230} = 229 \times \left(\frac{230-1}{230}\right) \times \frac{1}{230} = \frac{229^2}{230^2}.$$

La 4e fois, on trouverait de même qu'il prend $\frac{229^3}{230^3}$.

La 60e fois, le domestique prend donc $\frac{229^{59}}{230^{59}}$ de litre.

Il prend, par conséquent, en tout la somme des termes d'une

progression géométrique décroissante dont le premier terme est 1,
la raison $\dfrac{229}{230}$ et le dernier $\dfrac{229^{59}}{230^{59}}$.

Si l'on représente par x la quantité de vin qui a été prise, on a

$$x = \frac{1 - \left(\dfrac{229}{230}\right)^{60}}{1 - \dfrac{229}{230}} = \frac{1 - \left(\dfrac{229}{230}\right)^{60}}{\dfrac{1}{230}}.$$

Or, $60 \times (log\ 229 - log\ 230) = 1{,}8864620$.

Ce log correspond au nombre $0{,}769949$. On a donc

$$1 - \left(\frac{229}{230}\right)^{60} = 1 - 0{,}769949 = 0{,}230051.$$

Il vient, par suite,

$$x = \frac{0{,}230051}{\dfrac{1}{230}} = 0{,}230051 \times 230 = 52^{lit}{,}91.$$

Puisque le tonneau contenait 230 litres de vin, il contient donc
encore $230^{lit} - 52{,}91 = 177^{lit}{,}09$ de vin, et, par suite, $52^{lit}{,}91$ d'eau.

Le rapport demandé est par conséquent

$$\frac{177.09}{52{,}91}.$$

1048. *La population d'un pays s'accroît chaque année de $\frac{1}{240}$ de sa
valeur. Après combien d'années sera-t-elle triplée?*

Rép. : 264 ans 2 mois 18 jours.

Soient P la population actuelle du pays et n le temps demandé.
Un an après, la population sera

$$P + \frac{P}{240} = P\left(1 + \frac{1}{240}\right) = P\left(\frac{241}{240}\right).$$

Si l'on fait

$$P\left(\frac{241}{240}\right) = P',$$

on trouve que la population sera à la fin de la deuxième année

$$P' + \frac{P'}{240} = P'\left(\frac{241}{240}\right);$$

et remplaçant P' par sa valeur, il vient

$$P\left(\frac{241}{240}\right)^2.$$

On verrait de même que la population sera, à la fin de la troisième année,

$$P\left(\frac{241}{240}\right)^3,$$

et à la fin de la $n^{\text{ième}}$ année

$$P\left(\frac{241}{240}\right)^n.$$

Mais si alors la population est triplée, on a

$$P\left(\frac{241}{240}\right)^n = 3P,$$

ou

$$\left(\frac{241}{240}\right)^n = 3.$$

Donc

$$n = \frac{log\ 3}{log\ 241 - log\ 240} = 264,215,$$

ou

264 ans 2 mois 18 jours.

1049. *Une population de 60000 habitants s'est accrue de 4000 habitants dans l'espace de 5 ans. Dans combien d'années sera-t-elle doublée si elle continue à s'accroître dans la même proportion?*

Rép. : 53 ans 8 mois 17 jours.

Dans une période de 5 ans, la population augmente dans la proportion de 4000 pour 60000, c'est-à-dire des $\frac{4}{60} = \frac{1}{15}$ de sa valeur. Si donc on désigne par P la population primitive, elle sera, après une période de 5 ans,

$$P + P \times \frac{1}{15} = P\left(\frac{16}{15}\right);$$

et si l'on fait

$$P \times \left(\frac{16}{15}\right) = P',$$

on trouve que la population, après une nouvelle période de 5 ans, est

$$P' \times \left(\frac{16}{15}\right),$$

ou en remplaçant P' par sa valeur,

$$P \times \left(\frac{16}{15}\right)^2.$$

Si l'on continue le même raisonnement, on voit qu'après x périodes la population sera

$$P \times \left(\frac{16}{15}\right)^x ;$$

et si alors la population primitive est doublée, on peut poser

$$P\left(\frac{16}{15}\right)^x = 2P :$$

d'où

$$\left(\frac{16}{15}\right)^x = 2.$$

Donc

$$x = \frac{\log 2}{\log 16 - \log 15} = 10,74.$$

Maiš $5x$ exprime le nombre d'années. Donc le temps demandé sera égal à

53 ans 8 mois 17 jours.

1050. *Une population de 100 000 habitants augmente chaque année de $\frac{1}{32}$ de sa valeur précédente, et elle diminue : 1° de $\frac{1}{37}$ de cette même valeur par suite des décès; 2° de 300 personnes chaque année par suite d'émigrations. On demande dans combien d'années cette population se trouvera augmentée du quart du nombre primitif.*

Rép. : Le temps demandé est compris entre 107 et 108 ans.

La population augmente annuellement de

$$\frac{1}{32} - \frac{1}{37} = \frac{5}{1184}$$

de sa valeur.

Si l'on ne tient pas compte des émigrations, la population sera, au bout d'un an,

$$100\,000 + 100\,000 \times \frac{5}{1184} = 100\,000\left(1 + \frac{5}{1184}\right);$$

au bout de deux ans elle sera

$$100\,000\left(1 + \frac{5}{1184}\right)^2,$$

et après n années elle deviendra

$$100\,000\left(1 + \frac{5}{1184}\right)^n = 100\,000\left(\frac{1189}{1184}\right)^n.$$

Si donc on tient compte des émigrations, et de l'augmentation qui doit avoir lieu après n années, on aura

$$100\,000 \left(\frac{1189}{1184}\right)^n - 300n = 125\,000.$$

Si l'on fait n égal à 100 et qu'on cherche, à l'aide de logarithmes, la valeur de

$$100\,000 \left(\frac{1189}{1184}\right)^{100} - 300 \times 100,$$

on trouve moins de 125 000 : donc 100 est trop faible. Après une série de tâtonnements, on trouve que la valeur n est comprise entre

$$107 \text{ et } 108.$$

INTÉRÊTS COMPOSÉS.
PLACEMENTS ANNUELS. — AMORTISSEMENT.

1051. *Trouver ce que devient, après 6 ans, une somme de* $11058^f,20$ *placée à intérêt composé, à* 5 %.

Rép. : $14\,819^f,05$.

Si, dans la formule

$$A = a(1 + r)^n,$$

on remplace les quantités connues par leurs valeurs respectives, on a

$$A = 11\,058,20 \times (1,05)^6 :$$
$$log\ 11\,058,20 = 4,0436845$$
$$6\ log\ 1,05 = 0,1271358$$
$$\overline{log\ A = 4,1708203}$$
$$A = 14\,819^f,05.$$

1052. *Que deviendront* 8250 *fr. placés pendant 12 ans à intérêt composé à* 6 %?

Rép. : $16600^f,60$.

On a

$$A = 8\,250^f \times (1,06)^{12} :$$
$$log\ 8\,250 = 3,9164539$$
$$12\ log\ 1,06 = 0,3036708$$
$$\overline{log\ A = 4,2201247}$$
$$A = 16\,600^f,60.$$

1053. *Quelle somme rapporteront* 12000 *fr. placés à* 5 %, *et à intérêt composé, pendant* 16 *ans* 2 *mois et* 12 *jours?*

Rép. : 14451^f,45.

On a (*Cours d'algèbre*, n° **432**)

$$A = 12000 \times (1,05)^{\frac{5832}{360}} :$$
$$log\ 12000 = 4,0791812$$
$$\frac{5832}{360}\ log\ 1,05 = 0,3432667$$
$$\overline{log\ A = 4,4224479}$$
$$A = 26451^f,45.$$

Les 12000 francs ont donc rapporté

$$26451^f,45 - 12000 = 14451,45.$$

1054. *On doit payer* 10000 *fr. dans* 12 *ans : quelle somme devrait-on actuellement, si l'on tient compte de l'intérêt composé à* 5 %?

Rép. : 5568^f,35.

Il s'agit de déterminer a. Si, dans la formule

$$a = \frac{A}{(1+r)^n},$$

on remplace les quantités connues par leurs valeurs respectives, il vient

$$a = \frac{10000}{(1,05)^{12}}.$$
$$log\ 10000 = 4$$
$$12\ log\ 1,05 = 0,2542716$$
$$\overline{log\ a = 3,7457284}$$
$$a = 5568^f,35.$$

1055. *On a souscrit deux billets à la même personne, l'un de* 500 *fr., payable dans* 2 *ans, et l'autre de* 800 *fr., payable dans* 5 *ans : quel devrait être le montant d'un seul billet équivalent et payable dans* 3 *ans, le taux étant* 5 %? *On tiendra compte des intérêts composés.*

Rép. : 1250^f,60.

Le premier billet vaudra dans 3 ans, ou 1 an après son échéance,

$$500 \times 1,05 = 525^f.$$

Le deuxième billet vaudra dans 3 ans, ou 2 ans avant son échéance,

$$\frac{800}{(1,05)^2} = 725^f,60 \text{ à } 2^c \text{ près, en moins.}$$

Si l'on représente par x le montant du billet unique, on aura donc

$$x = 525 + 725,60 = 1\,250^f,60.$$

1056. *Trouver le capital qui, placé à intérêt composé à* $4^f,50$, *vaut après 15 ans, capital et intérêt,* $7\,741^f,15$.

Rép. : $4\,000^f$.

Si, dans la formule

$$a = \frac{A}{(1+r)^n},$$

on remplace les quantités connues par leurs valeurs, on a

$$a = \frac{7\,741,15}{(1,045)^{15}} :$$

$$log\ 7\,741^f,15 = 3,8888056$$
$$15\ log\ 1,045 = 0,2867445$$
$$\overline{log\ a = 3,6020611.}$$

Ce log correspond à très-peu près au nombre $4\,000$.

1057. *Un certain capital placé à intérêt composé, et à* 4 %. *a rapporté en 10 ans* $7\,683^f,90$ *d'intérêt. On demande ce capital.*

Rép. : $16\,000^f$.

Soit a le capital demandé, il est évident qu'on a

$$a + 7\,683^f,90 = A.$$

On peut donc écrire successivement :

$$a + 7\,683^f,90 = a \times (1,04)^{10}$$
$$7\,683,90 = a \times (1,04)^{10} - a$$
$$7\,683,90 = a \times [(1,04)^{10} - 1].$$

Or,

$$log\ 1,04 = 0,0170333$$
$$10\ log\ 1,04 = 0,1703330.$$

Ce log correspond au nombre $1,480243$; donc

$$\overline{1,04}^{10} - 1 = 0,480243.$$

Par suite, on a
$$7\,683,90 = a \times 0,480243 :$$
d'où
$$log\,a = log\,7\,683,90 - log\,0,480243,$$
$$log\,7\,683,90 = 3,8855817,$$
$$log\,0,480243 = \overline{1},6814610,$$
$$log\,a = \overline{4},2041207$$
$$a = 16\,000^{f}.$$

1058. *Au bout de combien d'années une somme de* 20 000 *fr., placée à intérêt composé à* 4^f,5o, *est-elle devenue* 37 038^f,9o ?

Rép. : 14 ans.

Si, dans la formule
$$n = \frac{log\,A - log\,a}{log\,(1 + r)},$$
on remplace les quantités connues par leurs valeurs respectives, on a
$$n = \frac{log\,37\,038,90 - log\,20\,000}{log\,1,045} = \frac{4,5686580 - 4,3010300}{0,0191163} = 14.$$

1059. *Après combien de temps une somme de* 15 000 *fr., placée à intérêt composé et à* 5 °/₀, *a-t-elle rapporté* 8 750 *fr.?*

Rép. : 9 ans 5 mois.

Il est évident qu'on a
$$A = 15000 + 8750 = 23750.$$
Si, dans la formule connue
$$n = \frac{log\,A - log\,a}{log\,(1 + r)},$$
on substitue aux quantités connues leurs valeurs, il vient
$$n = \frac{log\,23750 - log\,15000}{log\,1,05} = \frac{4,3756636 - 4,1760913}{0,0211893} = 9\text{ ans }5\text{ mois.}$$

1060. *Après combien d'années un capital placé à intérêt composé et à* 4 °/₀ *sera-t-il triplé?*

Rép. : 28 ans 4 jours.

Il s'agit de déterminer n pour le cas où $A = 3a$. Si dans la formule

$$A = a(1 + r)^n$$

on remplace A par sa valeur $3a$, il vient

$$a(1 + r)^n = 3a,$$

ou

[α] $$(1 + r)^n = 3,$$

ou encore, en substituant à r sa valeur,

$$(1,04)^n = 3.$$

On a, par suite,

$$n = \frac{\log 3}{\log 1,04} = \frac{0,4771213}{0,0170333} = 28 \text{ ans } 4 \text{ jours.}$$

1061. *Une somme de $20\,000$ fr., placée à intérêt composé pendant 4 ans, a rapporté $17\,038^f,90$. A quel taux était-elle placée?*

Rép. : 4,50.

Il est évident qu'on a

$$A = 20000 + 17038,90 = 37\,038^f,90.$$

Si dans la formule

$$A = a(1 + r)^n$$

on remplace les quantités connues par leurs valeurs, on a

$$37\,038,90 = 20\,000 \times (1 + r)^{14} :$$

d'où

$$14 \log (1 + r) = \log 37\,038,90 - \log 20\,000$$

$$\log (1 + r) = \frac{\log 37\,038,90 - \log 20\,000}{14}$$

$$\log (1 + r) = \frac{4,5686580 - 4,3010300}{14} = 0,0191163,$$

$$1 + r = 1,045$$

$$r = 0,045.$$

Le taux était donc 4,50.

1062. *Dans combien de temps, si l'on capitalise tous les 6 mois, une somme placée à 5 %, et à intérêts composés, sera-t-elle triplée?*

Rép. : 22 ans 2 mois 28 jours.

On fera usage de la formule [α] de l'exercice **1060**, dans laquelle $r = \dfrac{0,05}{2} = 0,025$; d'ailleurs n représente le nombre de périodes de 6 mois.

On a donc

$$n = \frac{\log 5}{\log 1,025} = \frac{0,4771213}{0,0107239} = 44,4913.$$

Le temps demandé se compose donc de 44 périodes de 6 mois ou de 22 ans, plus 0,4913 d'une période de 6 mois ou 2 mois 28 jours. Le temps cherché est par conséquent égal à

$$\text{22 ans 2 mois 28 jours.}$$

1063. *On place 800 fr., à intérêt composé à 4ᶠ,50 %, au commencement de chaque année, pendant 20 ans. Quelle somme aura-t-on?*

$$\text{Rép. : } 26226^f,50$$

Si dans la formule

$$A = \frac{a(1 + r)[(1 + r)^n - 1]}{r}$$

on substitue aux lettres leurs valeurs, on a

$$A = \frac{800 \times 1,045 \times \overline{(1,045^{20} - 1)}}{0,045}.$$

Or,

$$\log 1,045 = 0,0191163.$$
$$20 \log 1,045 = 0,3823260.$$

Ce log correspond au nombre 2,411715. On a donc :

$$A = \frac{800 \times 1,045 \times 1,411715}{0,045};$$

$$\log 800 = \quad 2,9030900$$
$$\log 1,045 = \quad 0,0191163$$
$$\log 1,411715 = \quad 0,1497470$$
$$c^t \log 0,045 = \underline{11,3467875}$$
$$\log A = \quad 4,4187408$$

$$A = 26126^f,50 \text{ à 2 cent. près en moins.}$$

1064. *Quelle somme faudrait-il placer au commencement de chaque année, à intérêt composé et à 4 %, pour avoir 46880ᶠ,35 après 12 ans?*

$$\text{Rép. : } 3000 \text{ fr.}$$

Si, dans la formule (*Cours d'algèbre*, n° **454**)

$$a = \frac{Ar}{(1+r)^{n+1} - (1+r)},$$

on substitue aux lettres leurs valeurs, on a

$$a = \frac{46880.35 \times 0,04}{1,04^{13} - 1,04},$$

$$log \; 1,04 = 0,0170333$$

$$13 \, log \; 1,04 = 0,2214329.$$

Ce log. correspond au nombre 1,665071.

On a donc

$$a = \frac{46880,35 \times 0,04}{1,665071 - 1,04} = \frac{1875,214}{0,625071}:$$

$$log \; 1875,214 = 3,2730508$$

$$log \; 0,625071 = \overline{1},7959294$$

$$\overline{log \; a = 3,4771214}$$

$$a = 3000 \; fr.$$

1065. *Un commerçant emprunte 25000 fr. à 5 %, à intérêt composé : quelle annuité devra-t-il donner pour éteindre cette dette en 20 ans?*

Rép. : 2006^f,05.

Si, dans la formule

$$a = \frac{Ar(1+r)^n}{(1+r)^n - 1},$$

on substitue aux lettres les valeurs qu'elles représentent, on a

$$a = \frac{25000 \times 0,05 \times (1,05)^{20}}{(1,05)^{20} - 1}.$$

Or, 20 *log.* 1,05 = 0,4237860.

Ce *log.* correspond au nombre 2,6533. On a donc

$$(1,05)^{20} - 1 = 1,6533;$$

il vient, par suite,

$$a = \frac{25000 \times 0,05 \times (1,05)^{20}}{1,6533}.$$

$$log \; 25000 = 4,3979400$$

$$log \; 0,05 = \overline{2},6989700$$

$$20 \, log \; 1,05 = 0,4237860$$

$$c^l \, log \; 1,6533 = 9,7816483$$

$$\overline{log \; a = 3,5023443}$$

$$a = 2006^f,05 \; \text{à} \; 0,01 \; \text{près en moins.}$$

ALGÈBRE (EXERCICES).   29

1066. *Quelle dette pourrait-on éteindre en payant à la fin de chaque année, pendant 8 ans, une somme de 20000 fr., l'intérêt étant 5 %?*

Rép. : 129264^f,10.

Si, dans la formule

$$A = \frac{a[(1 + r)^n - 1]}{r(1 + r)^n},$$

on remplace les quantités connues par leurs valeurs, il vient

$$A = \frac{20000 \times [(1,05)^8 - 1]}{0,05 (1,05)^8},$$

or,

$$8 \, log \, 1,05 = 0,1695144.$$

Ce log. correspond au nombre 1,477455. Donc

$$1,05^8 - 1 = 0,477455;$$

on a, par conséquent,

$$A = \frac{20000 \times 0,477455}{0,05 \times 1,477455}:$$

$$log \, 20000 = 4,3010300$$
$$log \, 0,477455 = \overline{1},6789325$$
$$c^t \, log \, 0,05 = 11,3010300$$
$$c^t \, log \, 1,477455 = 9,8304856$$
$$\overline{log \, A = 5,1114781}$$
$$A = 129264^f,10.$$

1067. *Pendant combien de temps devra-t-on payer 4000 fr., à la fin de chaque année, pour éteindre une dette de 20302^f,75, l'intérêt étant 5 %?*

Rép. : 6 ans.

Si, dans la formule

$$n = \frac{log \, a - log \, (a - Ar)}{log \, (1 + r)},$$

on remplace les lettres par leurs valeurs, on a

$$n = \frac{log \, 4000 - log(4000 - 1015,1375)}{log \, 1,05}$$

$$log \, 4000 = 3,6020600$$
$$log \, 2984,8625 = \overline{3,4749243}$$
$$\text{différence } \overline{0,1271357}$$
$$log \, 1,05 = 0,0211893$$

$$n = \frac{0,1271357}{0,0211893} = 6.$$

1068. *Si l'on tient compte à 4°/₀ et à 4,50 °/₀ des intérêts composés de 18000 fr. et de 12000 fr., au bout de combien de temps ces sommes, augmentées de leurs intérêts, seront-elles égales?*

$$\text{Rép. : } 84 \text{ ans } 6 \text{ mois } 13 \text{ jours.}$$

Soit n le temps cherché. Après n années, le premier capital sera devenu

$$18000 \times (1{,}04)^n;$$

de même, après n années, le second vaudra

$$12000 \times (1{,}045)^n.$$

On aura donc

$$12000 \times (1{,}045)^n = 18000 \times (1{,}04)^n :$$

d'où

$$\frac{(1{,}045)^n}{(1{,}04)^n} = \frac{18000}{12000},$$

par suite

$$n \log \frac{1{,}045}{1{,}04} = \log \frac{18000}{12000}.$$

Or

$$\log \frac{1{,}045}{1{,}04} = \log 1{,}045 - \log 1{,}04 = 0{,}0020830,$$

et

$$\log \frac{18000}{1200} = \log 18000 - \log 12000 = 0{,}1760913.$$

On a donc

$$n \times 0{,}0020830 = 0{,}1760913 :$$

d'où

$$n = \frac{0{,}1760913}{0{,}0020830} = 84 \text{ ans } 6 \text{ mois } 13 \text{ jours environ.}$$

1069. *On emprunte 15000 fr. qu'on doit rembourser avec les intérêts à l'aide de 12 paiements égaux effectués à la fin de chaque année. Quel est le montant de chaque paiement, le taux d'intérêt étant 5 °/₀?*

$$\text{Rép. : } 1692^f{,}40.$$

Si, dans la formule

$$a = \frac{Ar(1 + r)^n}{(1 + r)^n - 1},$$

on remplace les lettres par leurs valeurs correspondantes, on a

$$a = \frac{15000 \times 0{,}05 \times (1{,}05)^{12}}{(1{,}05)^{12} - 1},$$

$$12 \log 1{,}05 = 0{,}2542716.$$

Ce log. correspond au nombre $1,795856$; de sorte qu'on a

$$a = \frac{15\,000 \times 0,05 \times (1,05)^{12}}{0,795856} :$$

$$
\begin{aligned}
log\ 15\,000 &= 4,1760913 \\
log\ 0,05 &= \bar{2},6989700 \\
12\ log\ 1,05 &= 0,2542716 \\
c^t\ log\ 0,795856 &= 10,0991655 \\
\hline
log\ a &= \overline{3,2284984}
\end{aligned}
$$

$a = 1692^f,40$ à $0,02$ près par excès.

1070. *On achète une propriété* $25\,000$ *fr. On paie* $8\,700$ *fr. au comptant. Le reste doit être payé, avec les intérêts à* $4\,^o/_o$, *en* 15 *paiements égaux effectués à la fin de chaque année. On demande le montant de chaque annuité.*

Rép. : $1466^f,35$.

On redoit sur la propriété $25\,000^f - 8\,700 = 16\,300$ fr. Il s'agit de payer cette somme en 15 paiements égaux. Si l'on fait usage de la formule

$$a = \frac{Ar\,(1+r)^n}{(1+r)^n - 1},$$

et qu'on remplace dans cette formule les lettres par leurs valeurs respectives, on a

$$a = \frac{16\,300 \times 0,04 \times (1,04)^{15}}{(1,04)^{15} - 1},$$

$$15\ log\ 1,04 = 0,2554995.$$

Ce log. correspond au nombre $1,80094$; de sorte qu'on a

$$a = \frac{16\,300 \times 0,04 \times (1,04)^{15}}{0,80094}$$

$$
\begin{aligned}
log\ 16\,300 &= 4,2121876 \\
log\ 0,04 &= \bar{2},6020600 \\
15\ log\ 1,04 &= 0,2554995 \\
c^t\ log\ 0,80094 &= 10,0964000 \\
\hline
log\ a &= \overline{5,1661471}
\end{aligned}
$$

$a = 1466^f,05$, à $0,01$ près.

1071. *On doit à une personne* $14\,720^f,20$; *à la fin de chaque année, on lui donne* $2\,000$ *fr. Dans combien de temps sera-t-elle entièrement payée, le taux d'intérêt étant* $6\,^o/_o$?

Rép. : 10 ans.

Si, dans la formule

$$n = \frac{log\, a - log\,(a - Ar)}{log\,(1 + r)},$$

on remplace les quantités connues par leurs valeurs, on a

$$n = \frac{log\, 2000 - log\,(2000 - 14720,20 \times 0,06)}{log\, 1,06}:$$

$$log\, 2000 = 3,3010300$$

$$log\,(2000 - 14720,20 \times 0,06) = 3,0479709$$

$$\text{différence} = 0,2530591$$

$$log\, 1,06 = 0,0253059:$$

on a donc

$$n = \frac{0,2530591}{0,0253059} = 10.$$

1072. *Une personne emprunte une certaine somme dont elle s'acquittera par trois paiements égaux de chacun 9261 fr. : le premier après un an, le deuxième après 2 ans, et le troisième après 3 ans. On demande la somme empruntée. Le taux est de 5 °/₀.*

Rép. : 25220 fr.

L'annuité étant de 9261 fr., si, dans la formule

$$A = \frac{a\,[(1 + r)^n - 1]}{r(1 + r)^n},$$

on substitue aux lettres leurs valeurs, il vient

$$A = \frac{9261 \times [(1,05)^3 - 1]}{0,05 \times (1,05)^3},$$

$$3\, log\, 1,05 = 0,0635679.$$

Ce *log.* correspond au nombre 1,157625 ; on a donc

$$A = \frac{9261 \times 0,157625}{0,05 \times 1,157625}:$$

$$log\, 9261 = 3,9666579$$

$$log\, 0,157625 = \bar{1},1976251$$

$$c^t\, log\, 0,05 = 11,3010300$$

$$c^t\, log\, 1,157625 = 9,9364321$$

$$log\, A = 4,4017451$$

$$A = 25220 \text{ fr.}$$

1073. *On a placé tous les ans* 3000 *fr. à intérêt composé et à* 4 °/₀ : *au bout de combien d'années a-t-on eu* 46880ᶠ,35?

Rép. : 12 ans.

Si, dans la formule

$$n = \frac{\log\,[Ar + a(1 + r)] - \log a}{\log\,(1 + r)} - 1,$$

on substitue aux lettres leurs valeurs, il vient

$$n = \frac{\log\,4995.214 - \log\,3000}{\log\,1,04} = \frac{3,6985541 - 3,4771213}{0,0170333} - 1$$

$$= 13 - 1 = 12.$$

1074. *On place* 25000 *fr. à intérêt composé à* 5 °/₀. *A la fin de chaque année on retire* 1000 *fr. Quelle somme restera placée au bout de* 12 *ans?*

Rép. : 28979ᶠ,30.

Les 25000 fr. valent après 12 ans

$$25000 \times (1,05)^{12} = 44896ᶠ,40.$$

D'autre part les 1000 fr. retirés à la fin de la 1ʳᵉ année auraient valu, entre les mains de l'emprunteur, une somme de $1000 \times (1,05)^{11}$; les 1000 fr. retirés à la fin de la 2ᵉ . . . . $1000 \times (1,05)^{10}$;

—   —   11ᵉ. . . . . . . $1000 \times (1,05)$

—   —   12ᵉ. . . . . . . 1000.

Le prêteur a donc retiré en tout la somme des termes d'une progression géométrique, ou

$$\frac{1000 \times [(1,05)^{12} - 1]}{0,05} = 15917ᶠ10.$$

La somme qui reste placée est donc

$$44896ᶠ,40 - 15917,10 = 28979ᶠ,30$$

1075. *On doit payer à la fin de chaque année, et pendant* 12 *ans, une somme de* 2000 *fr. : on demande de remplacer cette annuité par un seul paiement effectué dans* 4 *ans. Quelle sera la somme à payer, le taux étant* 5 °/₀?

Rép. : 21546ᶠ,65.

En payant à la fin de chaque année 2000 fr. pendant 12 ans, on paye en réalité une somme égale à (*Cours d'algèbre,* n° **459**)

$$\frac{2\,000 \times [(1,05)^{12} - 1]}{0,05};$$

ce qui revient à une somme de

$$\frac{2\,000 \times [(1,05)^{12} - 1]}{0,05} \times \frac{1}{(1,05)^{12}}$$

payée actuellement.

La somme qui, payée dans 4 ans, pourra remplacer cette dernière, sera donc

$$\frac{2\,000 \times [(1,05)^{12} - 1]}{0,05} \times \frac{(1,05)^4}{(1,05)^{12}} = \frac{2\,000 [(1,05)^{12} - 1]}{0,05 \times (1,05)^8} = 21\,546^f,65$$

à 0,01 près en moins.

1076. *En plaçant tous les ans* 3 000 *fr. à intérêt composé, on a eu* 46 880^f,35 *après* 12 *ans. Quel a été le taux du placement ?*

Rép. : 4 fr.

Si, dans la formule

[1] $$A = \frac{a(1 + r)^{n+1} - a(1 + r)}{r},$$

on substitue aux lettres leurs valeurs correspondantes, on a

[2] $$46\,880,35 = \frac{3\,000 \times (1 + r)^{13} - 3\,000 \times (1 + r)}{r}.$$

Or, il est évident que si l'on donne à r une valeur trop grande, le second membre sera plus grand que le premier. Si l'on fait, par exemple, $r = 0,05$ et qu'on substitue cette valeur dans l'égalité [2], on a pour le premier membre

46 880,35,

et pour le second

$$\frac{3\,000 \times (1,05)^{13} - 3\,000 \times 1,05}{0,05} = 50\,139.$$

Le taux r a donc été supposé trop élevé. On verrait de même que dans l'hypothèse de $r = 0,045$, le second membre est encore plus grand que le premier ; mais si l'on fait $r = 0,04$, on trouve qu'il y a égalité dans les deux membres : le taux demandé est donc 4.

1077. *Une personne a dépensé inutilement, pendant* 25 *années successives de sa vie, au moins* 150 *fr, par an. Combien après ce temps* *devrait-elle avoir en plus à sa disposition, si l'on tient compte de l'intérêt composé à 5 %?*

Rép. : 7 159,05.

Il est évident que cette personne a dépensé inutilement la somme des termes de la progression géométrique suivante :

$$150 \times (1,05)^{24} + 150 \times (1,05)^{23} + \ldots\ldots 150,$$

ou

$$\frac{150 \times [(1,05)^{25} - 1]}{0,05};$$

or,

$$25 \; log \; 1,05 = 0,5297325.$$

Ce logarithme correspond au nombre 3,386355 ; de sorte que la somme dépensée inutilement est

$$\frac{150 \times 2,386355}{0,05} = 7 \; 159^f,05.$$

1078. *Une personne emprunte 6000 fr. pour commencer un petit commerce. Elle rembourse cette somme comme il suit : 3 ans après l'emprunt, le succès de ses affaires lui permet de donner 2500 fr.; 3 ans encore après, elle rembourse 3200 fr.; enfin, 18 mois après, elle solde ce qu'elle devait encore. On demande le montant du dernier paiement. On tiendra compte des intérêts composés à 5 %.*

Rép. : 3340^f,80.

Après 3 ans, la personne devait

$$6000 \times \overline{1,05}^3 = 7 \; 945^f,75.$$

A cette époque, elle doit donc

$$7945^f,75 - 2500 = 5445^f,75.$$

3 ans après, elle doit

$$5445^f,75 \times \overline{1,05}^3 = 6 \; 304^f,10.$$

A cette même époque, elle doit donc

$$6304^f,10 - 3200 = 3 \; 104^f,10.$$

18 mois après, elle doit encore

$$3104^f,10 \times 1,05 \times 1,025 = 3340^f,80 \; \text{environ.}$$

Le dernier paiement est donc 3340^f,80.

1079. *Un oncle donne 15000 fr. à ses trois neveux âgés de 5 ans*

6 mois, 9 ans et 11 ans. Il leur partage cette somme de manière que, si l'on plaçait immédiatement à intérêt composé la part de chaque enfant, tous les trois recevraient la même somme à leur majorité. Comment le partage a-t-il été effectué ?

Rép. : Le 1ᵉʳ a eu 4 292ᶠ,45 ; le 2ᵉ, 5 093ᶠ ; le 3ᵉ, 5 614ᶠ,30.

La part du plus jeune restera placée pendant 21 — 5,5 ou 15ᵃⁿˢ,5 ; celle du cadet pendant 12 ans, et celle de l'aîné pendant 10 ans.

Soient 5, par exemple, le taux d'intérêt et 100 fr. la somme donnée au plus jeune. Après 15ᵃⁿˢ,5, les 100 fr. deviendront à intérêt composé et à 5 %

$$100 \times (1,05)^{15} \times 1,025 = 213^f,10.$$

En faisant usage de la formule

$$a = \frac{A}{(1 + r)^n},$$

on trouve aisément la somme a qu'il faut donner au cadet, pour que cette somme devienne après 12 ans 213ᶠ,10.

Si dans la formule citée, on remplace les lettres par leurs valeurs respectives, il vient

$$a = \frac{213,10}{(1,05)^{12}} = 118^f,65.$$

De même, l'aîné devra recevoir

$$\frac{213,10}{(1,05)^{10}} = 130^f,80.$$

Or,

$$100^f + 118^f,65 + 130^f,80 = 349^f,45.$$

Si donc la somme donnée aux neveux était 349ᶠ,50, le premier aurait 100 fr., le second 118ᶠ,65 et le troisième 130ᶠ,80.

Par conséquent,

$$349^f,45 \text{ correspondant à } 15\,000^f,$$

$$1^f \quad \text{correspond à } \frac{5\,000}{349,45} :$$

d'où

$$1^{re} \text{ part} = \frac{15\,000 \times 100}{349,45} = 4\,292^f,45,$$

$$2^e \text{ part} = \frac{15\,000 \times 118,65}{349,45} = 5\,093,$$

$$3^e \text{ part} = \frac{15\,000 \times 130,80}{349,45} = 5\,614,30.$$

$$\text{Total.} \ldots \ldots \quad \overline{14\,999^f,75.}$$

La faible différence qu'on trouve entre ce résultat et le véritable tient à ce qu'on a négligé quelques centimes dans les premiers calculs.

Comme vérification, ces trois sommes placées à 5 %, et à intérêts composés, la première pendant $15^{ans},5$, la seconde pendant 12 ans et la troisième pendant 10 ans doivent devenir égales. C'est ce qui a lieu à quelques centimes près.

1080. *On a payé 280 fr. une action émise par une Compagnie. Cette action a rapporté 20 fr. par an pendant 25 ans. Au bout de ce temps la compagnie se ruine dans de mauvaises spéculations, et le souscripteur perd son capital. On demande s'il a gagné ou perdu dans cette affaire et combien. On suppose qu'il a pu placer à raison de 5 %, et à intérêt composé, le revenu de son action.*

Rép. : Il a gagné $7^f,30$.

280 fr. placés à 5 % rapportent par an :
$$5 \times 2,80 = 14 \text{ fr.}$$

Si le souscripteur avait placé son argent à 5 %, il aurait donc reçu 14 fr. chaque année; comme il touche 20 fr., son placement lui rapporte 6 fr. de plus par an. On peut donc supposer qu'il place ces 6 fr. tous les ans. Or, les premiers 6 fr. sont restés pendant 24 ans, et deviennent au bout de ce temps
$$6 \times (1,05)^{24}.$$
Les 6 fr. suivants deviennent $6 \times (1,05)^{23}$,
$$\quad - \quad - \quad - \quad 6 \times (1,05)^{22},$$
$$\cdots\cdots\cdots\cdots\cdots\cdots\cdots$$
$$\quad - \quad - \quad - \quad 6 \times 1,05,$$
$$\quad - \quad - \quad - \quad 6.$$

La somme de ces capitaux est
$$\frac{6 \times (1,05)^{24} \times 1,05 - 6}{0,05} = \frac{6[(1,05)^{25}-1]}{0,05} = 120[(1,05)^{25}-1] :$$
$$25 \; log \; 1,05 = 0,5297325.$$

Ce logarithme correspondant au nombre 3,39416, on a
$$120[(1,05)^{25}-1] = 120 \times 2,39416 = 287^f,30.$$

Ainsi l'excès d'intérêt a produit $287^f,30$, et comme le souscripteur a perdu 280 fr., il a gagné par conséquent dans cette affaire $7^f,30$.

1081. *Une personne a prêté pour 5 années une somme de $8\,000^f$; on lui paye tous les trimestres l'intérêt à 5 %. Cette personne meurt* *après avoir reçu le troisième trimestre. Les héritiers veulent avoir de l'argent immédiatement : combien peuvent-ils vendre leur titre ?*

Rép. : 6477 fr.

5 années comprennent 20 trimestres, et comme la personne en a déjà touché 3, il en reste 17 à recevoir.

Or, l'intérêt de 100 fr. par trimestre est

$$\frac{5^f}{4} = 1^f,25,$$

et l'intérêt de 1 fr. est 0,0125 ; de sorte que

1 fr. vaudra au bout du 1er trimestre restant à payer 1,0125,

1 fr.   —   — 2e —   — $(1,0125)^2$,

. . . .

1 fr. vaudra   — 17e —   — $(1,0125)^{17}$.

Réciproquement, une somme de $(1,0125)^{17}$ payable à la fin de la 5e année, vaut aujourd'hui 1 fr.

1 fr.   —   —   — $\dfrac{1}{(1,0125)^{17}}$,

8 000 fr.   —   —   — $\dfrac{8\,000}{(1,0125)^{17}}$.

En représentant la somme cherchée par x, on a donc

$$x = \frac{8\,000}{(1,0125)^{17}} :$$

$$log\ 8\,000 = 3,9030900,$$
$$17\ log\ 1,0125 = 0,0917155,$$
$$log\ x = 3,8113745,$$
$$x = 6477\ \text{fr.}$$

Les héritiers peuvent recevoir 6477 fr., on leur retiendra donc

$$8\,000^f - 6477 = 1523\ \text{fr.}$$

1082. *Une somme de 6000^f a été placée à intérêt composé pendant un certain temps. Si elle était restée placée un an de moins, le capital définitif eût été inférieur de 3996^f,12 ; si au contraire elle était restée placée un an de plus, le capital définitif eût été supérieur de 4156^f,02. Trouver le taux de l'intérêt et la durée du placement.*

Rép. : 71 ans 8 mois 18 jours.

Soit A $+$ 3996^f,12 le capital définitif ayant été placé pendant

n années. D'après l'énoncé, on aurait eu seulement A, si le capital était resté placé pendant $n-1$ années. Donc $3\,996^f,12$ est l'intérêt de A pour un an. D'ailleurs, si le capital était resté placé pendant $n+1$ années, on aurait eu A$+4\,156^f,02$. Or, cette dernière somme n'est que la somme A$+3\,996^f,12$ augmentée de son intérêt pendant un an; mais l'intérêt de A, pendant un an, est égal à $3\,996^f,12$, donc la différence $4\,156^f,02-3\,996^f,12$, ou $159^f,90$, représente l'intérêt de $3\,996^f,12$ pendant un an. On aura donc le taux en posant

$$\frac{x}{100}=\frac{159,90}{3\,999,12}:$$

d'où

$$x=4 \text{ fr. environ.}$$

Après n années, le capital définitif est $6\,000\,(1,04)^n$, et après $n-1$ années il est $6\,000\,(1,04)^{n-1}$.

Mais la différence entre ces deux capitaux est $3\,996^f,12$; on a donc l'équation

$$6\,000\,(1,04)^n-6\,000\,(1,04)^{n-1}=3\,996,12,$$

ou en mettant $6\,000\,(1,04)^{n-1}$ en facteur commun

$$6\,000\,(1,04)^{n-1}\times(1,04-1)=3\,996,12,$$

ou encore

$$6\,000\,(1,04)^{n-1}\times 0,04=3\,996,12,$$

ou enfin

$$240\,(1,04)^{n-1}=3\,996,12;$$

on a, par suite,

$$log\ 240+(n-1)\ log\ 1,04=log\ 3\,996,12:$$

d'où

$$n-1=\frac{log\ 3\,996,12-log\ 240}{log\ 1,04}=71 \text{ ans 8 mois 18 jours.}$$

EXERCICES SUR L'ANALYSE INDÉTERMINÉE DU PREMIER DEGRÉ.

1083. *Une personne achète des volumes à 3^f et à 5^f; elle donne 66^f en tout : combien a-t-elle de volumes de chaque espèce?*

Si l'on représente par x et y les nombres de volumes à 3 fr. et à 5 fr., on a l'équation

$$[1]\qquad\qquad 3x+5y=66:$$

d'où, en résolvant par rapport à x,

$$x=\frac{66-5y}{3},$$

ou encore, si l'on effectue autant que possible la division indiquée,

$$x = 22 - y - \frac{2y}{3}.$$

Si l'on pose

$$\frac{2y}{3} = t,$$

on a

[2] $\qquad x = 22 - y - t.$

Mais, de

$$\frac{2y}{3} = t,$$

on tire

$$y = \frac{3t}{2} = t + \frac{t}{2};$$

et si l'on fait

$$\frac{t}{2} = t',$$

il vient

[3] $\qquad y = t + t'.$

Mais, de

$$\frac{t}{2} = t',$$

on déduit

$$t = 2t'.$$

Si l'on porte la valeur de t dans [3], on trouve

[4] $\qquad y = 3t'.$

Les valeurs de y et de t portées dans [2] donnent

[5] $\qquad x = 22 - 5t'.$

Il résulte des équations [4] et [5] que les valeurs de x et de y seront positives, si l'on a

$$3t' > 0,$$

et

$$22 - 5t' > 0,$$

ou

$$t' < \frac{22}{5}.$$

Ainsi, pour que les valeurs de x et de y soient positives et entières, l'indéterminée t' doit être entière et plus petite que $\frac{22}{5}$. Les seules valeurs que puisse prendre t' sont donc 1, 2, 3 et 4.

Les valeurs correspondantes de t', de x et de y sont par conséquent

$$
\begin{aligned}
t' &= 1 \quad, 2 \quad, 3 \quad, 4, \\
x &= 17 \,, 12 \,, 15 \,, 2, \\
y &= 3 \quad, 6 \quad, 9 \quad, 12.
\end{aligned}
$$

Vérification. — 17 volumes à 3 fr. et 3 à 5 fr. font 66 fr. ; 12 volumes à 3 fr. et 6 à 5 fr. donnent encore 66 fr., etc.

1084. *On demande deux nombres tels que la différence qui existe entre 8 fois le premier et 13 fois le second soit 54.*

Si l'on désigne les nombres demandés par x et y, on a l'équation

[1]
$$8x - 13y = 54 :$$

$$x = \frac{54 + 13y}{8}.$$

En effectuant la division autant que possible, on a

$$x = 6 + y + \frac{6 + 5y}{8}.$$

Si l'on pose

$$\frac{6 + 5y}{8} = t,$$

il vient

[2]
$$x = 6 + y + t.$$

Mais l'équation

$$\frac{6 + 5y}{8} = t$$

donne

$$y = \frac{8t - 6}{5},$$

ou

$$y = t - 1 + \frac{3t - 1}{5}.$$

Faisant

$$\frac{3t - 1}{5} = u,$$

on a

[3]
$$y = t - 1 + u.$$

Mais, de

$$\frac{3t - 1}{5} = u,$$

on déduit

$$t = \frac{5u + 1}{3},$$

ou

$$t = u + \frac{2u + 1}{3} ;$$

et si l'on fait

$$\frac{2u+1}{3}=v$$

on a

[4] $$t=u+v.$$

Mais

$$\frac{2u+1}{3}=v$$

donne

$$u=\frac{3v-1}{2},$$

ou

$$u=v+\frac{v-1}{2};$$

et si l'on pose

$$\frac{v-1}{2}=z,$$

on a

[5] $$u=v+z;$$

mais

$$\frac{v-1}{2}=z$$

donne

$$v=2z+1.$$

Portant cette valeur de v dans [4] et [5], il vient

[6] $$t=u+2z+1,$$
$$u=3z+1.$$

La valeur de u substituée dans les équations [3] et [6] donne

[7] $$y=t+3z,$$
$$t=5z+2.$$

Si l'on porte la valeur de t dans [2] et dans [7], on a

$$x=8+y+5z,$$
$$y=8z+2.$$

Substituant la valeur de y dans celle de x, on a enfin

$$x=10+13z,$$
$$y=2+8z.$$

Il est facile de voir que toute quantité positive attribuée à z vérifie ces équations. Le problème admet donc une infinité de solutions, ce qu'indique du reste l'équation [1]. On conçoit, en effet, que dans une infinité de cas la différence entre 8 fois un nombre et 13 fois un autre sera 54.

Si l'on fait successivement

$$z = 0, 1, 2, 3 \ldots$$

on a

$$x = 10 + 13 \times 0 = 10 \quad , \quad y = 2 + 8 \times 0 = 2,$$
$$x = 10 + 13 \times 1 = 23 \quad , \quad y = 2 + 8 \times 1 = 10.$$
$$x = \text{etc.}$$

La vérification est facile.

1085. *De combien de manières peut-on payer une somme de* 102^f, *avec des pièces de* 1^f, *de* 2^f *et de* 5^f?

Si l'on désigne par x, y et z les pièces de 1 fr., de 2 fr. et de 5 fr., on aura l'équation

$$x + 2y + 5z = 102 :$$

d'où

$$x = 102 - 2y - 5z.$$

Les quantités x, y et z doivent toujours être entières et positives ; soit donc

$$z = 1,$$

on aura

$$x = 102 - 2y - 5,$$

ou

$$x = 97 - 2y.$$

Pour que x soit positif, il faut qu'on ait $2y < 97$ ou $y < \dfrac{97}{2}$, ce qui donne 48 pour valeur maximum de y. Ainsi l'hypothèse de $z = 1$ donne une série de 48 solutions. La première est $z = 1$, $y = 1$ et $x = 95$; la seconde $z = 1$, $y = 2$ et $x = 93$; la troisième $z = 1$, $y = 3$ et $x = 91$; la quatrième, etc. Si maintenant on fait $z = 2$, il viendra

$$x = 102 - 2y - 10,$$

ou

$$x = 92 - 2y.$$

Pour que x soit positif, on doit avoir $2y < 92$ ou $y < 46$; y devant être entier et plus petit que 46 ne pourra dépasser 45 : ce qui donnera une autre série de 45 solutions.

La première est $z = 2$, $y = 1$ et $x = 90$; la seconde $z = 2$, $y = 2$ et $x = 88$; la troisième, etc. Comme on le voit, à chaque valeur de z répond une nouvelle série de solutions. Le lecteur peut s'exercer à les chercher ; mais disons que 19 sera la plus grande valeur de z et qu'il y aura par conséquent 19 séries de solutions. Dans l'hypothèse de $z = 19$, il vient

$$x = 102 - 2y - 95,$$

ou

$$x = 7 - 2y.$$

Mais on doit avoir $2y < 7$; cette série ne fournira donc que 3 solutions. On ne peut faire $z = 20$, car on obtiendrait

$$x = 102 - 2y - 100,$$

ou
$$x = 2 - 2y.$$

Or, on ne peut donner à y la plus petite valeur 1, car il viendrait
$$x = 2 - 2 = 0,$$

ce qui est contraire à l'énoncé du problème, puisqu'on doit prendre des pièces de 1 fr. Les 19 séries qu'on peut aisément trouver donnent 480 solutions.

1086. *Un maître d'hôtel achète 100 pièces de gibier pour 100ᶠ : des lièvres à 5ᶠ, des cailles à 0ᶠ,40 et des alouettes à 0ᶠ,05. Combien a-t-il de pièces de chaque espèce?*

Si l'on désigne par x, y et z les nombres de lièvres, de cailles et d'alouettes, on obtient les deux équations

[1] $x + y + z = 100,$
[2] $5x + 0{,}40y + 0{,}05z = 100.$

Mu.tipliant tous les termes de [2] par 100, il vient

$$500x + 40y + 5z = 10\,000,$$

ou, en divisant tous les termes par 5,

[3] $100x + 8y + z = 2\,000;$

retranchant [1] de [3], on trouve

$$99x + 7y = 1\,900 :$$

d'où $y = \dfrac{1\,900 - 99x}{7} = 271 - 14x + \dfrac{3 - x}{7}.$

Si l'on fait

$$\frac{3 - x}{7} = t,$$

il vient

[4] $y = 271 - 14x + t;$

mais
$$\frac{3 - x}{7} = t$$

donne

[5] $x = 3 - 7t.$

Cette valeur de x portée dans [4] donne

$$y = 271 - 14(3 - 7t) + t,$$

ou   [6] $y = 229 + 99t.$

Pour que x soit positif dans l'équation [5], il faut que t soit négatif, et alors il vient

[7] $x = 3 + 7t,$
[8] $y = 229 - 99t.$

Portant ces valeurs dans [1], on obtient

[9] $$z = 92t - 132.$$

Pour que la valeur de z soit positive, on doit avoir

$$t > \frac{132}{92};$$

mais, pour que y soit positif, on doit avoir, équation [8],

$$t < \frac{229}{99}.$$

Il faudra donc qu'on ait

$$\frac{132}{92} < t < \frac{229}{99}.$$

Puisque t doit être entier, sa seule valeur sera $t = 2$. Si l'on porte cette valeur dans les équations [7], [8] et [9], on aura la seule solution

$$x = 17,$$
$$y = 31,$$
$$z = 52.$$

La vérification est facile.

1087. *On demandait à un berger combien il avait de moutons; il répondit : « J'en ai plus de 100 et moins de 200; lorsque je les compte par 7, il m'en reste 2, et si je les compte par 11, il m'en reste 3. Combien en ai-je? »*

Soit x le nombre de moutons,
     y le nombre de fois 7,
     z le nombre de fois 11.

On a les deux équations

[1] $$x = 7y + 2,$$
[2] $$x = 11z + 5.$$

Les deux valeurs de x donnent

$$7y + 2 = 11z + 3 :$$

d'où

$$y = z + \frac{4z + 1}{7}.$$

Et, si l'on fait

$$\frac{4z + 1}{7} = t,$$

il vient

[3] $$y = z + t.$$

Mais

$$\frac{4z + 1}{7} = t$$

donne

$$z = t + \frac{3t - 1}{4},$$

et si l'on pose
$$\frac{5t - 1}{4} = u,$$

on a   [4]
$$z = t + u.$$

Mais
$$\frac{3t - 1}{4} = u$$

donne
$$t = u + \frac{u + 1}{5};$$

faisant
$$\frac{u + 1}{5} = v,$$

on obtient

[5]
$$t = u + v.$$

Mais, de
$$\frac{u + 1}{5} = v,$$

on déduit

[6] $$u = 5v - 1.$$

Portant cette valeur de u dans les équations [4] et [5], on a

[7] $$z = t + 5v - 1,$$
[8] $$t = 4v - 1.$$

Si dans [3] et [7] on substitue la valeur de t, il vient

[9] $$y = z + 4v - 1,$$
[10] $$z = 7v - 2.$$

La valeur de z portée dans [9] donne

[11] $$y = 11v - 3.$$

Enfin, si l'on porte la valeur de y dans [1], il vient

$$x = 7(11v - 3) + 2,$$

ou   [12] $$x = 77v - 19.$$

Pour que x soit entier et positif, il faut donner à v une valeur entière et positive; mais, d'après l'énoncé, on a

$$x > 100 \text{ et } x < 200;$$

donc on devra avoir aussi

$$77v - 19 > 100 \text{ et } 77v - 19 < 200.$$

La première hypothèse donne

$$77v > 100 + 19 \text{ ou } v > \frac{119}{77}.$$

La seconde donne

$$77v < 200 + 19 \text{ ou } v < \frac{219}{77}.$$

L'indéterminée v devant être entière > 1 et < 3 sera 2. Cette valeur portée dans [12] donnera la seule solution

$$x = 155.$$

Le berger avait donc 155 moutons. Ce nombre répond bien à l'énoncé, car il est compris entre 100 et 200; en le divisant par 7, il reste 2, et en le divisant par 11 il reste 3.

1088. *On a 3 lingots d'argent, aux titres suivants : 0,750, 0,880,
0,990. Quel poids faut-il prendre de chaque espèce, pour avoir un lingot au titre 0,900 et pesant 35^{Kg}?*

Si l'on désigne par x, y et z les nombres de kilog. à prendre de
chaque espèce pour obtenir le lingot pesant 35^{Kg}, on aura cette
première équation

$$[1] \qquad x + y + z = 35.$$

Mais il est évident que dans les trois lingots, aux différents titres,
il doit y avoir autant d'argent que dans le lingot au titre 0,900 ; on
aura donc cette seconde équation

$$0,750x + 0,880y + 0,990z = 35 \times 0,900,$$

ou, en multipliant par 100,

$$[2] \qquad 75x + 88y + 99z = 3150.$$

Si l'on multiplie [1] par 75 et qu'on retranche de [2], il viendra

$$[3] \qquad 13y + 24z = 525 :$$

d'où

$$y = \frac{525 - 24z}{13} = 40 - z + \frac{5 - 11z}{13};$$

et si l'on fait

$$\frac{5 - 11z}{13} = t,$$

on a   [4]

$$y = 40 - z + t.$$

Mais

$$\frac{5 - 11z}{13} = t$$

donne

$$z = \frac{5 - 13t}{11} = -t + \frac{5 - 2t}{11},$$

et posant

$$\frac{5 - 2t}{11} = u,$$

on obtient

$$[5] \qquad z = -t + u.$$

D'ailleurs, de

$$\frac{5 - 2t}{11} = u,$$

on tire

$$t = \frac{5 - 11u}{2} = 2 - 5u + \frac{1 - u}{2};$$

faisant

$$\frac{1 - u}{2} = v,$$

on a   [6]

$$t = 2 - 5u + v.$$

Mais

$$\frac{1 - u}{2} = v$$

donne

$$u = 1 - 2v.$$

Portant cette valeur de u dans [5] et [6], on obtient

$$[7] \qquad z = -t + 1 - 2v,$$

$$[8] \qquad t = 2 - 5(1 - 2v) + v = 11v - 3.$$

La valeur de t substituée dans [7] donne

[9] $$z = 4 - 13v.$$

Si l'on porte dans [4] les valeurs de z et de t, on obtient

[10] $$y = 33 + 24v.$$

Toute valeur positive de v rendrait z négatif [9]; on ne peut donc donner à v que des valeurs négatives, et alors on a

$$z = 4 - 13 \times -v = 4 + 13v,$$
$$y = 33 - 24v.$$

Pour que y soit positif, on doit donc avoir

$$24v < 33 \quad \text{ou} \quad v < \frac{33}{24}.$$

La seule valeur admissible de v est donc $v = 1$, et il vient

$$z = 4 + 13 = 17,$$
$$y = 33 - 24 = 9.$$

Ces valeurs portées dans [1] donnent $x = 9$.

On a donc la seule solution

$$z = 17 \; , \; y = 9 \; , \; x = 9.$$

Vérification: $9 + 9 + 17 = 35,$

$$0,750 \times 9 + 0,880 \times 9 + 0,990 \times 17 = 35 \times 0,900.$$

1089. *Un commerçant a du vin à* $0^f,50$, $0^f,60$, $0^f,30$ *et* $0^f,25$; *il veut en faire un mélange de* 600 *litres qui lui revienne à* $0^f,55$ *le litre : combien doit-il en prendre de chaque espèce?*

Si l'on désigne par x, y, z et t les inconnues de la question, on a les deux équations

[1] $$x + y + z + t = 600,$$
$$0,50x + 0,60y + 0,30z + 0,25t = 600 \times 0,55,$$

ou   [2] $$10x + 12y + 6z + 5t = 6600.$$

Multipliant [1] par 5 et retranchant de [2], il vient

[3] $$5x + 7y + z = 3600 :$$

d'où   [4] $$z = 3600 - 5x - 7y.$$

Portant cette valeur de z dans [1], on a

[5] $$t = 4x + 6y - 3000.$$

Si dans les équations [4] et [5] on fait $x = 1$, on obtient

[6] $$z = 3600 - 5 - 7y = 3595 - 7y,$$
[7] $$t = 4 + 6y - 3000 = 6y - 2996.$$

Pour que z et t soient positifs dans [6] et [7], il faut qu'on ait

$$7y < 3595 \quad \text{ou} \quad y < \frac{3595}{7} \quad \text{ou encore} \quad y < 513\frac{4}{7},$$

et $6y > 2996$ ou $y > \dfrac{2996}{6}$ ou encore $y > 499\dfrac{2}{6}$.

Ainsi, pour l'hypothèse de $x = 1$, on devra avoir $y < 513\frac{4}{7}$ et

$y > 499\frac{2}{6}$; par conséquent, on pourra faire successivement $y = 500$, 501, 502, ... 513.

En posant $y = 500$, on a
$$z = 3595 - 7 \times 500 = 95,$$
$$t = 6 \times 500 - 2996 = 4.$$

Il est facile de vérifier cette solution
$$1 + 500 + 95 + 4 = 600,$$
$$0,50 + 500 \times 0,60 + 95 \times 0,50 + 4 \times 0,25 = 600 \times 0,55.$$

Le lecteur pourra s'exercer à trouver d'autres solutions.

SOLUTION GRAPHIQUE D'UNE ÉQUATION D'UN DEGRÉ QUELCONQUE.

Représenter les deux équations suivantes par des courbes et trouver, d'après ces courbes, les racines de ces équations.

1090. $\qquad x^3 + 3,6x^2 - 9,4x = 12.$

L'équation proposée peut s'écrire
$$x^3 + 3,6x^2 - 9,4x - 12 = 0.$$

Si l'on fait $\qquad x^3 + 3,6x^2 - 9,4x - 12 = y,$

et qu'on attribue à x diverses valeurs, on trouvera pour y autant de valeurs correspondantes, cela est évident. Pour construire les valeurs de x et de y, on trace deux axes rectangulaires X'X, Y'Y (voir le *Cours d'algèbre*).

Les valeurs de
$$x = 0, ... 1, ... 2, ... 3, ...$$
donnent
$$y = -13 - 16,8 - 7,4, 19,2.....$$

Puisque y est négatif pour $x = 2$, et positif pour $x = 3$, on voit que y devient égal à o pour une valeur de x comprise entre 2 et 3. Cette valeur de x annulant le premier membre est évidemment une racine de l'équation proposée.

Toute valeur de x supérieure à 3 rendant y positif, il en résulte que l'équation n'a qu'une seule racine positive; si donc on trace la courbe passant par les extrémités

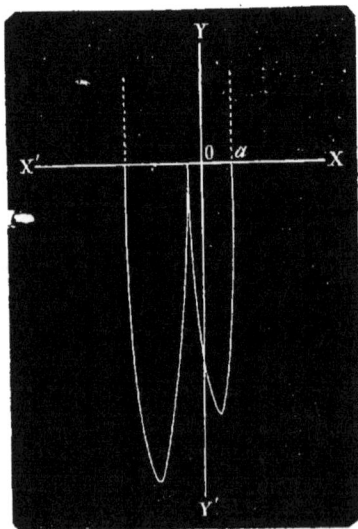
Fig. 102.

des ordonnées — 12, — 16,8, — 7,4, 19,2..... elle coupera l'axe des x en un point a pour lequel y sera égal à zéro, et par conséquent la distance Oa fera connaître la racine de l'équation : $Oa = 2,4$ (*).

Cette valeur est bien une racine de l'équation, car substituée à x elle annule le premier membre.

Pour déterminer les racines négatives, on fait
$$x = -1, -2, -3, -4, -5.....$$
Alors on a $\qquad y = 0, -13,2, -21,6 - 19,2,0.$

L'équation proposée a donc encore — 1 et — 5 pour racines. Par suite, la courbe qui représentera cette équation aura la forme indiquée par la figure.

1091. $\qquad x^4 - 6x^3 - 5x^2 + 42x + 40 = 0.$

Si l'on suit exactement la même marche que dans l'exemple précédent, on trouve que les racines de l'équation sont 4, 5, — 1 et — 2.

Nous laisserons au lecteur le soin de construire la courbe, ce qui, du reste, ne présente aucune difficulté.

EXERCICES DIVERS (**).

I. *Quel est le temps nécessaire pour amortir un capital quelconque, le taux de l'amortissement étant 2 °/₀ et le taux d'intérêt 5 °/₀?*

Rép. : 25 ans 247 jours.

Si, dans la formule (voir *Algèbre de l'Enseignement spécial, page* 314) $\qquad (1 + r)^n = \dfrac{r + t}{t},$

on remplace les lettres par leurs valeurs, il vient
$$(1,05)^n = \frac{0,05 + 0,02}{0,02} = \frac{7}{2} = 3,5 :$$
d'où $\qquad n = \dfrac{\log 3,5}{\log 1,05} = 25$ ans 247 jours.

II. *Trouver le taux nécessaire pour amortir un capital en 31 ans, le taux d'intérêt étant 3 °/₀.*

Rép. : 2 °/₀.

Si l'on applique les données à la formule $t = \dfrac{r}{(1 + r)^n - 1},$

(*) Pour tracer plus facilement la courbe, on donne à x des valeurs comprises entre 0 et 1, entre 1 et 2, entre 2 et 3.

(**) Les énoncés des exercices qui suivent ne se trouvent que sur notre *Algèbre de l'Enseignement spécial.*

trouvée dans le *Cours*, on a

$$t = \frac{0,03}{(1,03)^{31} - 1} = \frac{0,03}{1,50008} = 0,019999 = 0,02 \text{ environ.}$$

Ainsi, le taux d'intérêt étant 3 %, il faut, pour amortir un capital quelconque, en 31 ans, payer chaque année 2 % du capital.

III. *On prend au hasard une carte dans un jeu de 32 cartes : quelle est la probabilité d'amener un roi?*

D'après le n° **463** du *Cours*, la probabilité demandée est

$$\frac{4}{32} \text{ ou } \frac{1}{8}.$$

IV. *Les 6 faces d'un dé à jouer portent des points dont les nombres sont 1, 2, 3, 4, 5, ou 6. On jette un dé : quelle est la probabilité de ramener un multiple de 3?*

Il y a deux multiples de 3 dans les six premiers nombres entiers : 3 et 6. On a donc 2 chances sur 6. La probabilité demandée est par conséquent $\frac{2}{6}$ ou $\frac{1}{3}$.

V. *Il y a dans une urne des boules blanches et des boules noires. La probabilité d'amener une boule noire est $\frac{5}{11}$: quelle est la probabilité d'amener une boule blanche?*

La probabilité d'amener une boule blanche est (*Cours*, n° **462**)

$$1 - \frac{5}{11} \text{ ou } \frac{6}{11}.$$

VI. *Dans une urne, il y a 8 boules blanches, 7 boules rouges et 5 noires. Une personne tire une boule au hasard : quelle est la probabilité que cette boule soit rouge ou noire?*

La probabilité que la boule tirée soit rouge ou noire est (*Cours*, n° **463**)

$$\frac{7 + 5}{8 + 7 + 5} \text{ ou } \frac{3}{4}.$$

VII. *On a deux sacs, l'un qui contient les 32 premiers nombres entiers écrits sur des jetons rouges, l'autre les 25 premiers nombres entiers écrits sur des jetons verts. On tire un jeton de chaque sac : quelle est la probabilité d'amener deux multiples de 3?*

Il y a 10 multiples de 3 dans les 32 premiers nombres entiers et 8 dans les 25 premiers. En tirant un jeton rouge, la probabilité de ramener un multiple de 3 est donc $\frac{10}{32}$; de même, en tirant un jeton vert, la probabilité de ramener un multiple de 3 est $\frac{8}{25}$. La probabilité de tirer à la fois 2 multiples de 3 est donc (*Cours*, n° **464**)

$$\frac{10}{32} \times \frac{8}{25} \text{ ou } \frac{1}{10}.$$

VIII. *On a réuni dans un paquet les 13 cartes de la même couleur d'un jeu complet. Une personne tire 2 cartes au hasard : quelle est la probabilité que la première soit un roi et la seconde un as?*

Dans les 13 cartes, il y a un seul roi et un seul as. Si donc on veut que la première carte tirée soit un roi, la probabilité de le tirer est $\frac{1}{13}$; mais, le roi enlevé, il ne reste plus que 12 cartes, la probabilité de tirer l'as est alors $\frac{1}{12}$. Par conséquent, la probabilité de tirer le roi et l'as est

$$\frac{1}{13} \times \frac{1}{12} \text{ ou } \frac{1}{156}.$$

IX. *Quelle est la probabilité d'amener, dans 2 coups de dé, au moins un multiple de 3?*

La probabilité de ne pas amener un multiple de 3 au 1er coup de dé est (exercice IV) $\frac{4}{6}$. De même, la probabilité de ne pas amener un multiple de 3 au second coup de dé est $\frac{4}{6}$: donc la probabilité de ne pas amener un multiple de 3 dans les deux coups de dé est

$$\frac{4}{6} \times \frac{4}{6} \text{ ou } \frac{4}{9};$$

par suite, la probabilité d'amener un multiple de 3 dans les deux coups de dé est $1 - \frac{4}{9}$ ou $\frac{5}{9}$.

X. *Trouver, d'après la table de Deparcieux, la durée de la vie probable* (*) *à 26 ans, 30 ans et 45 ans?*

D'après la table de Deparcieux, sur 766 personnes âgées de 26 ans, la moitié ou 383 parviennent à un âge compris entre 65 ans et 66 ans. Or la différence entre les vivants à 65 ans et les vivants à 66 est de 15. D'ailleurs la différence entre les vivants à 65 ans et le nombre 383

(*) La vie probable d'une personne d'un certain âge est égale au nombre d'années qui doivent s'écouler pour que le nombre des vivants de cet âge soit réduit à moitié.

est 12. On peut donc dire : 15 personnes meurent dans un an, quel temps probable 12 personnes mettront-elles, dans ces conditions, avant de mourir?

Si l'on désigne ce temps par x, on a $\dfrac{x}{12} = \dfrac{1}{15}$:

d'où $x = 0,8$ d'année ou 292 jours.

La durée probable de la vie à 26 ans est donc 65 ans 292 jours moins 26 ans, ou 39 ans 292 jours.

On trouve de même que la vie probable à 30 ans et à 45 ans est 36 ans 296 jours et 25 ans environ.

XI. *A quel âge, d'après Deparcieux, le nombre des survivants est-il réduit aux $\frac{3}{4}$, au $\frac{1}{3}$, au $\frac{1}{5}$?*

Les $\frac{3}{4}$ de 1286 sont 964 à une unité près; or, dans la table de Deparcieux, ce nombre tombe entre ceux qui correspondent à 3 ans et à 4 ans; c'est donc de 3 à 4 ans que le nombre des survivants est réduit aux $\frac{3}{4}$.

On voit de même que c'est de 62 à 63 ans que le nombre des survivants est réduit au $\frac{1}{3}$, et enfin que c'est de 72 à 73 ans qu'il est réduit au $\frac{1}{5}$.

XII. *A quel âge, selon Deparcieux, les survivants seront-ils réduits au quart de ce qu'ils étaient à 25 ans?*

A 25 ans, le nombre des survivants est de 774, dont le $\frac{1}{4}$ est 193. Ce nombre correspond à très-peu près à 76 ans. Il arrive que c'est vers 76 ans que le nombre des survivants de 25 ans sera réduit au $\frac{1}{4}$.

XIII. *Sur 52000 personnes âgées de 30 ans, combien, selon Deparcieux, atteindront vraisemblablement l'âge de 58 ans?*

D'après la table de Deparcieux, le nombre des survivants à 30 ans est de 734, et le nombre des survivants à 58 ans est de 489. Si l'on représente le nombre cherché par x, on pourra donc poser la proportion

$$\frac{x}{52000} = \frac{489}{734} :$$

d'où $x = 34643.$

1° Ainsi, des 52000 personnes âgées de 30 ans, 34643 atteindront vraisemblablement l'âge de 58 ans.

XIV. *D'après la formule du n° 475, à quel âge est-on arrivé à la moitié, aux deux tiers de sa vie probable?*

1° Lorsqu'on est arrivé à la moitié de sa vie probable, le temps qui reste à vivre est égal au temps qu'on a déjà vécu. On fera donc $y = a$, dans la formule du n° **475**. Alors on a

$$a = 59 - \frac{3}{4} a :$$

d'où
$$a = 33 \frac{5}{7} \text{ ou } 34 \text{ environ.}$$

C'est bien à 34 ans environ qu'on est arrivé à la moitié de sa vie probable ; car à cet âge le nombre des survivants est 702, dont la moitié, 351, est très-près de 347, nombre qui répond à l'âge de 68 ans, ou 2 fois 34 ans.

2° Lorsqu'on est arrivé aux deux tiers de sa vie probable, le temps qui reste à vivre est égal à la moitié du temps qu'on a déjà vécu. Dans ce cas, on aura donc $y = \frac{1}{2} a$. Si l'on fait cette substitution dans la formule, il vient

$$\frac{1}{2} a = 59 - \frac{3}{4} a :$$

d'où
$$a = 47 \text{ ans environ.}$$

C'est bien à 47 ans environ qu'on est arrivé à la moitié de sa vie probable ; car à cet âge le nombre des survivants est 607, dont la moitié, $303 \frac{1}{2}$, tombe entre les nombres 70 et 71. Or, si à 47 ans on ajoute la moitié de 47 ou $23 \frac{1}{2}$, on obtient pour somme $70 \frac{1}{2}$, nombre qui se trouve également compris entre 70 et 71.

XV. *Quelle est, pour une personne de 30 ans, la probabilité de vivre encore 45 ans ?*

A 30 ans, le nombre des vivants est 734.
A 30 + 45 ou 75 ans, le nombre des vivants est 211.
La probabilité demandée est donc

$$\frac{211}{734} \text{ ou } \frac{7}{25} \text{ environ.}$$

XVI. *Quelle est la probabilité qu'un père de 40 ans et un fils de 16 ans vivront tous deux dans 30 ans ?*

A 40 ans, le nombre des vivants est 657.
A 40 + 30 ou 70 ans le nombre des vivants est 310.
La probabilité que le père vivra encore dans 30 ans est donc

$$\frac{310}{657}.$$

A 16 ans, le nombre des vivants est 842.

A 16 + 30 ou 46 ans, le nombre des vivants est 615.

La probabilité que le fils vivra encore dans 30 ans est donc

$$\frac{615}{842}.$$

Par conséquent, la probabilité que le père et le fils vivront encore dans 30 ans est

$$\frac{310}{657} \times \frac{615}{842} \text{ ou } \frac{1}{3} \text{ environ.}$$

XVII. *Un père, âgé de 34 ans, a un fils de 3 ans : quelle est la probabilité : 1° que le fils, âgé de 30 ans, aura encore son père; 2° que le père, à 61 ans, n'ait plus son fils; 3° que le fils, à 30 ans, n'ait plus son père; 4° que le père et le fils soient morts avant les 27 ans dont il s'agit?*

1° A 34 ans, le nombre des vivants est 702.

A 34 + 30 — 3 ou à 61 ans le nombre des vivants est 450.

La probabilité que le père sera au monde lorsque son fils aura 30 ans est donc

$$\frac{450}{702} \text{ ou } \frac{25}{39}.$$

A 3 ans, le nombre des vivants est 970.

A 30 ans, le nombre des vivants est 734.

La probabilité que le fils sera encore au monde à l'âge de 30 ans est donc

$$\frac{734}{970} \quad \text{ou} \quad \frac{367}{485}.$$

Par conséquent, la probabilité que le père et le fils vivront encore dans 27 ans est

$$\frac{25}{39} \times \frac{367}{485} \text{ ou } \frac{12}{25} \text{ environ.}$$

2° La probabilité que le père n'ait plus son fils est

$$1 - \frac{367}{485} \text{ ou } \frac{118}{485}.$$

3° La probabilité que le fils n'ait plus son père est

$$1 - \frac{25}{39} \text{ ou } \frac{14}{39}.$$

4° La probabilité que le père et le fils meurent avant les 27 ans est

$$\frac{118}{485} \times \frac{14}{39} \text{ ou } \frac{2}{25} \text{ environ.}$$

FIN.

SCEAUX. TYP. ET STÉR. M. ET P.-E CHARAIRE.